"十三五"江苏省高等学校重点教材

高等职业教育系列教材

S7-1200 PLC 编程及应用技术

第2版

奚茂龙　向晓汉　主编

机 械 工 业 出 版 社

本书从基础和实用出发，全面系统介绍西门子 S7-1200 PLC 编程及应用。具体内容为西门子 S7-1200 PLC 的硬件与接线、TIA Portal 软件的使用、常用指令及其编程、S7-1200 PLC 的工艺功能、S7-1200 PLC 在运动控制中的应用、S7-1200 PLC 的通信和工程应用等。

本书是新形态、立体化教材，可扫描二维码观看微课。本书内容丰富，重点突出，强调知识的实用性，重视对学生实践技能的培养和激发学生的学习兴趣。每章配有典型、实用的例题，共 100 多道，另外配有作业供读者训练之用，可扫描二维码查看答案。

本书可以作为高等职业技术院校和应用型本科、中专及高等专科学校机械类、电气类和信息类专业的教材，也可以作为职大、电大等有关专业的教材，还可以供工程技术人员参考。

为配合教学，本书配有教学用 PPT、试卷（含答案及评分标准）、作业参考答案、项目源程序等教学资源。需要的教师可登录机工教育服务网（www.cmpedu.com）免费注册，审核通过后下载，或联系编辑索取（微信：18515977506/电话：010-88379753）。

图书在版编目（CIP）数据

S7-1200 PLC 编程及应用技术 / 奚茂龙，向晓汉主编. 2 版. --北京 ：机械工业出版社，2025. 1. --（高等职业教育系列教材）. -- ISBN 978-7-111-77791-5

Ⅰ. TM571.61

中国国家版本馆 CIP 数据核字第 2025QM9691 号

机械工业出版社（北京市百万庄大街 22 号　邮政编码 100037）

策划编辑：李馨馨　　责任编辑：李馨馨　汤　枫

责任校对：樊钟英　丁梦卓　　责任印制：刘　媛

北京中科印刷有限公司印刷

2025 年 1 月第 2 版第 1 次印刷

184mm×260mm・15.25 印张・413 千字

标准书号：ISBN 978-7-111-77791-5

定价：59.80 元

电话服务　　网络服务

客服电话：010-88361066　　机　工　官　网：www.cmpbook.com

010-88379833　　机　工　官　博：weibo.com/cmp1952

010-68326294　　金　书　网：www.golden-book.com

机工教育服务网：www.cmpedu.com

前　言

党的二十大报告指出，“加快建设制造强国”。实现制造强国，智能制造是必经之路。随着计算机技术的发展，以可编程序控制器、变频器调速、计算机通信和组态软件等技术为主体的新型电气控制系统已经逐渐取代传统的继电器电气控制系统，并广泛应用于各行各业。在新一轮产业变革中，PLC 技术作为自动化技术的重要一环，在智能制造中扮演着不可或缺的角色。德国的西门子（SIEMENS）公司是欧洲最大的电子和电气设备制造商之一，生产的 SIMATIC（西门子自动化）可编程序控制器在全球处于领先地位。西门子 PLC 以其卓越的性能在工控市场占有非常大的份额，应用十分广泛。S7-1200 PLC 是西门子公司 2009 年推出的一款功能较强的小型 PLC，除了包含许多创新技术外，还设定了新标准，极大地提高了工程效率。

S7-1200 PLC 技术比较复杂，对初学者而言要想入门并熟练掌握比较困难。为帮助读者系统掌握 S7-1200 PLC 编程及实际应用，我们在总结长期的教学经验和工程实践的基础上，联合相关企业人员，共同编写了本书。

本书共 10 章，主要以实际的工程项目作为“教学载体”，让学生在“学中做、做中学”，以提高学生的学习兴趣和学习效果。本书具有以下特点。

（1）本书是新形态、立体化教材，配有微课和视频，可扫描二维码观看，有利于激发学生学习兴趣；作业题有 PDF 文档和答案；配有授课 PPT、教案和 6 套试卷以方便教师教学。

（2）针对高职高专院校培养“应用型人才”的特点，本书在编写时，弱化理论知识，注重实践，让学生在“工作过程”中完成项目。

（3）体现最新技术。本书在技术上紧跟当前技术发展，书中所选 PLC 的品牌为当前主流品牌。同时，将数字孪生技术应用于教学中，加强了代入感和真实性。书中还探讨了人工智能技术在工业自动化领域的应用，特别是 AI 在自动生成 PLC 程序方面的突破性进展。

（4）全面贯彻党的教育方针，通过精心设计的内容旨在潜移默化地培养学生的专业技能与职业操守，同时激发他们的爱国情怀与民族自豪感，积极践行绿色低碳和可持续发展的理念。

本书由无锡职业技术学院的奚茂龙、向晓汉主编，无锡职业技术学院的郭琼主审。其中，第 1、2、6 章由无锡职业技术学院奚茂龙编写，第 3、4、5、8 章由无锡职业技术学院的向晓汉编写，第 7 章由无锡职业技术学院的张宁菊编写，第 9 章由无锡职业技术学院的陆荣编写，第 10 章由无锡雪浪环境科技有限公司的宋昕高级工程师编写。

由于编者水平和时间有限，书中不足之处在所难免，敬请广大读者批评指正。

编　者

二维码索引

微课视频名称	页　码	微课视频名称	页　码
认识 PLC	1	三挡电炉加热的 PLC 控制	94
数制和编码	9	彩灯花样的 PLC 控制	98
S7-1200 PLC 的体系与安装	11	函数（FC）及其应用	103
S7-1200 安装实操	11	直流电动机正反转控制	105
S7-1200 拆卸实操	11	组织块（OB）及其应用	107
CPU 1214C 模块简介	13	数字滤波控制程序设计	113
S7-1200 CPU 模块及其接线	15	数据块（DB）及其应用	116
CPU 1214C 输入端接线	16	函数块（FB）及其应用	120
CPU 1214C 输出端接线	17	气缸的手动自动控制（用 FB 实现）	121
S7-1200 PLC 数字量模块及其接线	18	功能图的设计方法	126
S7-1200 PLC 的数据类型	21	“起保停”设计逻辑控制程序	135
S7-1200 PLC 的数据存储区	24，58	S7-1200 PLC 模拟量模块及其接线	148
PLC 的工作原理	25	用数字孪生调试移动小车距离测量	153
拓展内容：S7-1200 PLC 数字量信号板及其接线	27	用数字孪生调试阀门的开度控制	154
拓展内容：S7-1200 PLC 模拟量信号板及其接线	27	通信的基本概念	159
TIA Portal（博途）软件简介	28	现场总线介绍	161
TIA Portal 软件的安装	28	以太网通信基础知识	162
解决计算机重启问题	29	两台 S7-1200 PLC 之间的 S7 通信	163
用离线法创建点动程序	33	S7-1200 PLC 与分布式模块 ET200SP 之间的 PROFINET 通信	168
用在线检测法创建一个完整的 TIA Portal 项目	47	ET200SP 模块的安装	169
S7-1200 PLC 程序上载	54	ET200SP 模块的拆卸	170
变量表的创建	59	S7-1200 PLC 的 Modbus 通信	172
用“数字孪生”对电动机起停控制虚拟调试	61	S7-1200 PLC 与温度仪表之间的 Modbus-RTU 通信	174
复位、置位、复位域和置位域指令及其应用	63	拓展内容：S7-1200 PLC 之间的 TCP 通信	179
RS/SR 触发器指令及其应用	65	拓展内容：S7-1200 PLC 与 ET200M 之间的 PROFIBUS-DP 通信	179
上升沿和下降沿指令及其应用	66	拓展内容：S7-1200 PLC 与 G120 变频器之间的 PROFINET 通信	179
定时器及其应用 1	72	步进驱动系统的工作原理及其接线	181
定时器及其应用 2	75	S7-1200 PLC 运动控制指令介绍	182
计数器指令及其应用	78	S7-1200 PLC 对步进驱动系统的速度控制	187
密码锁的 PLC 控制	80	S7-1200 PLC 对步进驱动系统的位置控制	191
传送指令及其应用	82	SCL 应用举例-电动机起停控制	210
比较指令及其应用	85	SCL 应用举例-鼓风机的控制	211
转换指令及其应用	87	折边机控制系统设计	219
数学函数指令及其应用	88	旋转料仓控制系统的设计	226

目　　录

前言
二维码索引
第 1 章　可编程序控制器（PLC）基础 …… 1
1.1　认识 PLC …… 1
1.1.1　PLC 是什么 …… 1
1.1.2　PLC 的发展历史 …… 1
1.1.3　PLC 的应用范围 …… 2
1.1.4　PLC 的分类与性能指标 …… 2
1.1.5　知名品牌 PLC 介绍 …… 3
1.2　PLC 的结构和工作原理 …… 4
1.2.1　PLC 的硬件组成 …… 4
1.2.2　PLC 的工作原理 …… 7
1.2.3　PLC 的立即输入、输出功能 …… 8
作业 …… 9
第 2 章　S7-1200 PLC 的硬件系统 …… 10
2.1　S7-1200 CPU 模块的接线 …… 10
2.1.1　西门子 PLC 简介 …… 10
2.1.2　S7-1200 PLC 的体系 …… 11
2.1.3　S7-1200 PLC 的 CPU 模块及接线 …… 12
2.2　S7-1200 PLC 的扩展模块及接线 …… 18
2.2.1　S7-1200 PLC 数字量扩展模块及接线 …… 18
2.2.2　S7-1200 PLC 通信模块 …… 20
2.3　S7-1200 PLC 的数据类型与数据存储区 …… 21
2.3.1　数据类型 …… 21
2.3.2　S7-1200 PLC 的存储区 …… 24
作业 …… 27
第 3 章　用 TIA Portal（博途）软件创建简单项目 …… 28
3.1　TIA Portal（博途）软件简介 …… 28
3.1.1　初识 TIA Portal（博途）软件 …… 28
3.1.2　TIA Portal 软件的安装及注意事项 …… 28
3.2　TIA Portal 视图与项目视图 …… 29
3.2.1　TIA Portal 视图结构 …… 29
3.2.2　项目视图 …… 30
3.2.3　项目树 …… 32
3.3　用离线硬件组态法创建 TIA Portal 项目——电动机点动控制 …… 33
3.3.1　在博途视图中新建项目 …… 33
3.3.2　添加设备 …… 34
3.3.3　PLC 安全设置 …… 35
3.3.4　CPU 参数配置 …… 37
3.3.5　I/O 参数的配置 …… 41
3.3.6　程序的输入 …… 42
3.3.7　程序下载到仿真软件 S7-PLCSIM …… 43
3.3.8　程序的监视 …… 47
3.4　用在线检测法创建 TIA Portal 项目——电动机点动控制 …… 47
3.4.1　在项目视图中新建项目 …… 47
3.4.2　在线检测设备 …… 48
3.4.3　程序下载到 CPU 模块 …… 52
3.5　程序上载 …… 54
3.5.1　程序上载步骤 …… 54
3.5.2　程序上载与检测的区别 …… 55
3.6　使用快捷键 …… 55
作业 …… 56
第 4 章　S7-1200 PLC 的指令应用 …… 58
4.1　编程基础知识介绍 …… 58
4.1.1　全局变量与区域变量 …… 58

4.1.2 编程语言 58
4.2 位逻辑运算指令 59
4.2.1 触点与线圈相关逻辑 59
4.2.2 复位、置位、复位域和置位域指令 63
4.2.3 RS/SR 触发器指令 65
4.2.4 上升沿和下降沿指令 66
4.3 定时器指令 72
4.3.1 通电延时定时器（TON） 72
4.3.2 断电延时定时器（TOF） 75
4.3.3 时间累加定时器（TONR） 77
4.4 计数器指令 78
4.4.1 加计数器（CTU） 78
4.4.2 减计数器（CTD） 79
4.5 传送指令、比较指令和转换指令 82
4.5.1 传送指令 82
4.5.2 比较指令 85
4.5.3 转换指令 87
4.6 数学函数指令、移位和循环指令 88
4.6.1 数学函数指令 88
4.6.2 移位和循环指令 95
作业 100
第 5 章 S7-1200 PLC 的程序结构与编程方法应用 102
5.1 块、函数和组织块 102
5.1.1 块的概述 102
5.1.2 函数（FC）及其应用 103
5.1.3 组织块（OB）及其应用 107
5.2 数据块和函数块 116
5.2.1 数据块（DB）及其应用 116
5.2.2 函数块（FB）及其应用 120
5.3 功能图 126
5.3.1 功能图的设计方法 126
5.3.2 梯形图编程的原则 132
5.4 逻辑控制的梯形图编程方法 133
5.4.1 经验设计法 133
5.4.2 功能图设计法介绍 134
5.4.3 用“起保停”方法编写逻辑控制程序 135
5.4.4 用 MOVE 指令编写逻辑控制程序 137
5.4.5 综合应用 139
作业 143
第 6 章 S7-1200 PLC 的模拟量模块及其应用 146
6.1 基本概念 146
6.1.1 模拟量与数字量 146
6.1.2 传感器与变送器 146
6.2 S7-1200 PLC 模拟量模块及其接线 148
6.2.1 模拟量输入模块（SM1231）及其接线 148
6.2.2 模拟量输出模块（SM1232）及其接线 150
6.2.3 热电偶和热电阻模拟量输入模块（SM1231）及其接线 151
6.3 S7-1200 PLC 模拟量模块综合应用 151
6.3.1 相关指令介绍 151
6.3.2 S7-1200 PLC 模拟量模块应用实例 156
作业 158
第 7 章 S7-1200 PLC 的通信应用 159
7.1 通信基础知识 159
7.1.1 通信的基本概念 159
7.1.2 现场总线介绍 161
7.2 S7 通信及其应用 162
7.2.1 S7 通信基础 162
7.2.2 两台 S7-1200 PLC 之间的 S7 通信 163
7.3 PROFINET 通信及其应用 168
7.3.1 PROFINET IO 通信基础 168
7.3.2 S7-1200 PLC 与分布式模块 ET200SP 之间的 PROFINET 通信 169
7.4 Modbus 通信及其应用 172
7.4.1 Modbus 通信介绍 172
7.4.2 Modbus 通信指令 173

7.4.3 S7-1200 PLC 与温度仪表之间的 Modbus-RTU 通信 174
作业 178
第 8 章 S7-1200 PLC 的高速输出及其应用 180
8.1 步进驱动系统的结构和工作原理 180
8.1.1 步进电动机简介 180
8.1.2 步进电动机的结构和工作原理 181
8.1.3 步进驱动器的工作原理 182
8.2 S7-1200 对步进驱动系统的速度和位置控制 182
8.2.1 S7-1200 PLC 运动控制指令介绍 182
8.2.2 S7-1200 PLC 对步进驱动系统的速度控制 187
8.2.3 S7-1200 PLC 对步进驱动系统的位置控制 191
作业 200
第 9 章 西门子 PLC 的 SCL 编程 201
9.1 西门子 PLC 的 SCL 编程基础 201
9.1.1 SCL 简介 201
9.1.2 SCL 程序编辑器 201
9.1.3 SCL 编程语言基础 203
9.1.4 控制语句 207
9.2 SCL 语言程序设计法及其应用 210
9.2.1 SCL 语言程序设计入门案例 210
9.2.2 用 SCL 语言编写逻辑控制程序 213
9.2.3 用 AI 软件生成 SCL 程序 216
作业 217
第 10 章 S7-1200 PLC 工程应用 219
10.1 折边机控制系统的设计 219
10.2 旋转料仓控制系统的设计 226
参考文献 235

第 1 章　可编程序控制器（PLC）基础

本章介绍 PLC 的发展历史、应用范围、分类与性能指标、在我国的使用情况、结构和工作原理等知识，使读者初步了解可编程序控制器（PLC），这是学习本书后续内容的必要准备。

1.1　认识 PLC

微课：认识 PLC

1.1.1　PLC 是什么

PLC 是 Programmable Logic Controller（可编程序控制器）的简称，国际电工委员会（IEC）于 1985 年对可编程序控制器（PLC）做了如下定义：可编程序控制器是一种数字运算操作的电子系统，专为在工业环境下应用而设计。它采用可编程序的存储器，用来在其内部存储执行逻辑运算、顺序控制、定时、计数和算术运算等操作的指令，并通过数字、模拟的输入和输出，控制各种类型的机械或生产过程。可编程序控制器及其有关设备，都应按易于与工业控制系统连成一个整体，易于扩充功能的原则设计。PLC 是一种工业计算机，其种类繁多，不同厂家的产品有各自的特点，但作为工业标准设备，PLC 又有一定的共性。常见品牌的 PLC 外形如图 1-1 所示。

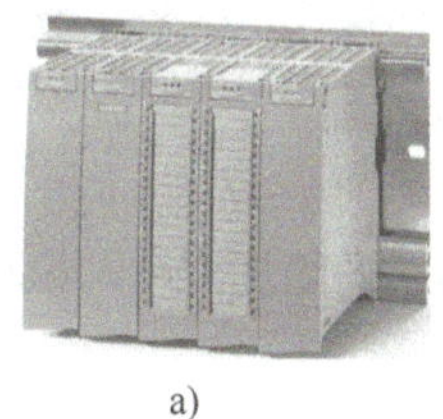

a)

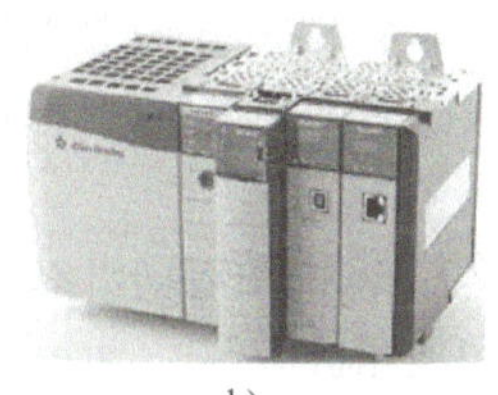

b)

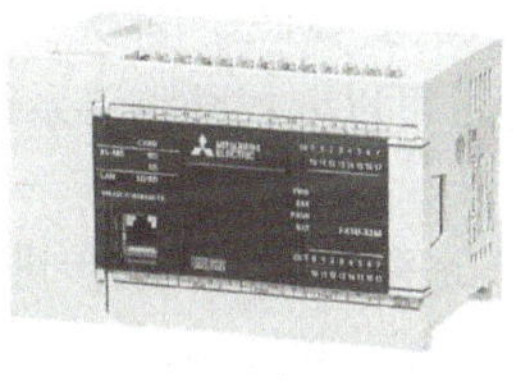

c)

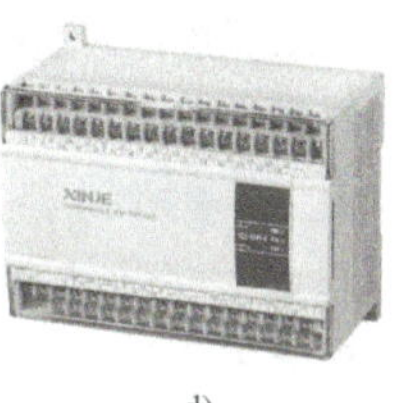

d)

图 1-1　常见品牌的 PLC 外形

a) 西门子 PLC　b) 罗克韦尔（AB）PLC　c) 三菱 PLC　d) 信捷 PLC

1.1.2　PLC 的发展历史

20 世纪 60 年代以前，汽车生产线的自动控制系统基本上都是由继电器控制装置构成的。当时每次改型都直接导致继电器控制装置的重新设计和安装，美国福特汽车公司创始人亨利·福特曾说过："不管顾客需要什么，我生产的汽车都是黑色的。"从侧面反映汽车改型和升级换代比较困难。为了改变这一现状，1969 年，美国通用汽车公司（GM）公开招标，要求用新的装置取代继电器控制装置，并提出十项招标指标，要求编程方便、现场可修改程序、维修方便、采用模块化设计、体积小及可与计算机通信等。同一年，美国数字设备公司（DEC）研制出了世界上第一台 PLC，即 PDP-14，在美国通用汽车公司的生产线上试用成功，并取得了满意的效果，PLC 从此诞生。由于当时的 PLC 只能取代继电器接触器控制，功能仅限于逻辑运算、计时及计数等，所以称为"可编程逻辑控制器"。随着微电子技术、控制技术与信息技术的不断发展，PLC 的功能不断增强。美国电气制造商协会（NEMA）于 1980 年正式将其命名为"可编程序控制器"，简称 PC，由于这个名称和个人计算机的简称相同，容易混淆，因此很多人仍然习惯称可编程序控制器为 PLC。

由于 PLC 具有易学易用、操作方便、可靠性高、体积小、通用灵活和使用寿命长等一系列优点，因此，很快就在工业领域得到了广泛应用。同时，这一新技术也受到其他国家的重视。1971 年日本引进这项技术，很快研制出日本第一台 PLC；欧洲于 1973 年研制出第一台 PLC；我国从 1974 年开始研制，1977 年国产 PLC 正式投入工业应用。

进入 20 世纪 80 年代以来，随着电子技术的迅猛发展，以 16 位和 32 位微处理器构成的微机化 PLC 得到快速发展（例如，德国倍福公司的 PLC，已经使用了英特尔的 i9 型 PLC，其信息处理能力和个人计算机相当），使得 PLC 在设计、性能价格比以及应用方面有了突破，不仅控制功能增强、电磁兼容性（EMC）好、功耗和体积减小、成本下降、可靠性提高及编程和故障检测更为灵活方便，而且随着远程 I/O 和通信网络、数据处理和图像显示的发展，PLC 已经普遍用于控制复杂的生产过程。PLC 已经成为工厂自动化的三大支柱（PLC、机器人、CAD/CAM）之一。

1.1.3 PLC 的应用范围

目前，PLC 在国内外已广泛应用于专用机床、机床、控制系统、自动化楼宇、钢铁、石油、化工、电力、建材、汽车、纺织机械、交通运输、环保以及文化娱乐等各行各业。随着 PLC 性能价格比的不断提高，其应用范围还将不断扩大，其应用场合可以说是无处不在，具体应用大致可归纳为如下几类。

1. 顺序控制

顺序控制是 PLC 最基本、最广泛应用的领域，它取代传统的继电器顺序控制，PLC 用于单机控制、多机群控制和自动化生产线的控制。例如数控机床、注塑机、印刷机械、电梯控制和纺织机械等。

2. 计数和定时控制

PLC 为用户提供了足够的定时器和计数器，并设置相关的定时和计数指令，PLC 的计数器和定时器精度高、使用方便，可以取代继电器系统中的时间继电器和计数器。

3. 位置控制

目前大多数的 PLC 制造商都提供驱动步进电动机或伺服电动机的单轴或多轴位置控制模块，这一功能可广泛用于各种机械，如金属切削机床和装配机械等。

4. 模拟量处理

PLC 通过模拟量的输入/输出模块，实现模拟量与数字量的转换，并对模拟量进行控制，有的还具有 PID 控制功能。例如用于锅炉的水位、压力和温度控制。

5. 数据处理

现代的 PLC 具有数学运算、数据传递、转换、排序和查表等功能，也能完成数据的采集、分析和处理。

6. 通信联网

PLC 的通信包括 PLC 相互之间、PLC 与上位计算机以及 PLC 和其他智能设备之间的通信。PLC 系统与通用计算机可以直接或通过通信处理单元、通信转接器相连构成网络，以实现信息的交换，并可构成“集中管理、分散控制”的分布式控制系统，满足工厂自动化系统的需要。

1.1.4 PLC 的分类与性能指标

1. PLC 的分类

（1）按组成结构形式分类

可以将 PLC 分为两类：一类是整体式 PLC（也称单元式），其特点是电源、中央处理单元和 I/O 接口都集成在一个机壳内；另一类是标准模板式结构化的 PLC（也称组合式），其特点是电源模板、中央处理单元模板和 I/O 接口模板等在结构上是相互独立的，可根据具体的应用要求，选择合适的模板，安装在固定的机架或导轨上，构成一个完整的 PLC 应用系统。

（2）按 I/O 点容量分类

1）小型 PLC。小型 PLC 的 I/O 点数一般在 128 点以下。

2）中型 PLC。中型 PLC 采用模块化结构，其 I/O 点数一般在 256～1024 点之间。

3）大型 PLC。一般 I/O 点数在 1024 点以上的称为大型 PLC。

以上按照 I/O 点容量分类区分小型、中型和大型 PLC 是常规的分类方法。

2. PLC 的性能指标

各厂家的 PLC 虽然各有特色，但其主要性能指标是相同的。

（1）输入/输出（I/O）点数

输入/输出（I/O）点数是最重要的一项技术指标，是指 PLC 面板上连接外部输入、输出的端子数，常称为“点数”，用输入与输出点数的和表示。点数越多表示 PLC 可接入的输入器件和输出器件越多，控制规模越大。点数是 PLC 选型时最重要的指标之一。

（2）扫描速度

扫描速度是指 PLC 执行程序的速度。扫描速度的单元为 ms/K，即执行 1K 步指令所需的时间。一步占一个地址单元。

（3）存储容量

存储容量通常用 K 字（KW）、K 字节（KB）或 K 位来表示。这里 1K=1024。有的 PLC 用“步”来衡量，一步占用一个地址单元。存储容量表示 PLC 能存放多少用户程序。例如，三菱型号为 FX2N-48MR 的 PLC 存储容量为 8000 步。有的 PLC 的存储容量可以根据需要配置，有的 PLC 的存储器可以扩展。

（4）指令系统

指令系统表示该 PLC 软件功能的强弱。指令越多，编程功能就越强。

（5）内部寄存器（继电器）

PLC 内部有许多寄存器用来存放变量、中间结果、数据等，还有许多辅助寄存器可供用户使用。因此寄存器的配置也是衡量 PLC 功能的一项指标。

（6）扩展能力

扩展能力是反映 PLC 性能的重要指标之一。PLC 除了主控模块外，还可配置实现各种特殊功能的功能模块。例如 AD 模块、DA 模块、高速计数模块和远程通信模块等。

1.1.5　知名品牌 PLC 介绍

1. 国外 PLC 品牌

目前 PLC 在我国得到了广泛的应用，很多知名厂家的 PLC 在我国都有应用。

1）美国是 PLC 生产大国，有 100 多家 PLC 生产厂家。其中 AB 公司（罗克韦尔）的 PLC 产品规格比较齐全，主推大中型 PLC，如 PLC-5 系列。通用电气也是知名 PLC 生产厂商，大中型 PLC 产品系列有 RX3i 和 RX7i 等。德州仪器（TI）公司也生产大、中、小全系列 PLC 产品。

2）欧洲的 PLC 产品也久负盛名。德国的西门子公司、AEG 公司和法国的 TE 公司都是欧洲著名的 PLC 制造商。其中西门子公司的 PLC 产品与美国 AB 公司的 PLC 产品齐名。

3）日本的小型 PLC 具有一定的特色，性价比较高，比较知名的品牌有三菱、欧姆龙、松下、富士、日立和东芝等，在小型机市场，日系 PLC 的市场份额曾经高达 70%。随着国产 PLC 的崛起，日系 PLC 的市场份额逐年下降。

2. 国产 PLC 品牌

我国自主品牌的 PLC 生产厂家有 30 多家。在目前已经上市的众多 PLC 产品中，单从技术角度来看，国产小型 PLC 与国际知名品牌小型 PLC 差距很小。有的国产 PLC 开发了很多适合亚洲人使用的方便指令，其应用越来越广泛。例如深圳汇川、无锡信捷、北京和利时和台湾台达等公司生产的微型 PLC 已经比较成熟，其可靠性在许多应用中得到了验证，已经被用户广泛认可。深圳汇川和浙江禾川的中型 PLC 突破了技术壁垒，也有较好口碑，是自主品牌的骄傲。据中国工控网的数据：2021 年，国内市场销售前十名的 PLC，中国品牌 PLC 占四个（见表 1-1），与众多的国际大牌同场竞技，有如此优异表现，这是了不起的成绩。

表 1-1　2021 年中国 PLC 市场十强

排名	品牌	备注	排名	品牌	备注
1	西门子		6	施耐德	
2	欧姆龙		7	深圳汇川	中国品牌
3	三菱		8	无锡信捷	中国品牌
4	台湾台达	中国品牌	9	松下	
5	罗克韦尔（AB）		10	北京和利时	中国品牌

掌握自主可控的自动化技术对一个国家的国防和重要工业部门（电力、石油、化工等）的安全非常重要。工程技术人员习惯使用自主可控自动控制设备是非常关键的。

1.2　PLC 的结构和工作原理

1.2.1　PLC 的硬件组成

PLC 种类繁多，但其基本结构和工作原理相同。PLC 的功能结构区由 CPU（中央处理器）、存储器和输入/输出接口三部分组成，如图 1-2 所示。

1. CPU（中央处理器）

CPU 的功能是完成 PLC 内所有的控制和监视操作。CPU 一般由控制器、运算器和寄存器组成。CPU 通过数据总线、地址总线和控制总线与存储器、输入/输出接口电路连接。

2. 存储器

在 PLC 中使用两种类型的存储器：一种是只读存储器，如 EPROM 和 EEPROM，另一种是可读/写的随机存储器（RAM）。PLC 的存储器分为 5 个区域，如图 1-3 所示。

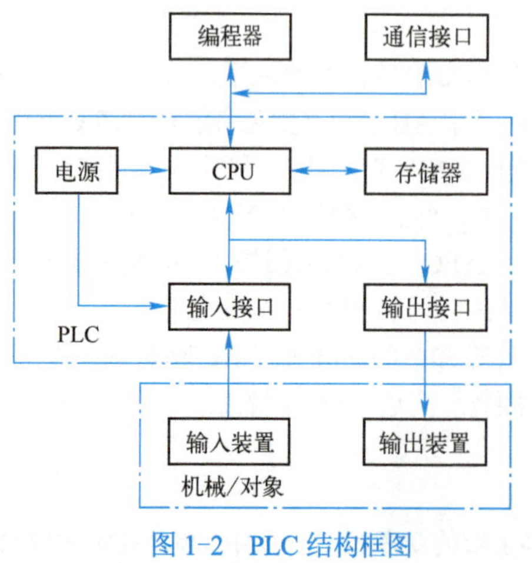

图 1-2　PLC 结构框图

图 1-3　存储器的区域划分

程序存储器用于存放 PLC 的操作系统，其类型为只读存储器（ROM），操作系统的程序由制造商固化，通常不能修改。程序存储器中的程序负责解释和编译用户编写的程序、监控 I/O 接口的状态、对 PLC 进行自诊断以及扫描 PLC 中的程序等。系统存储器属于随机存储器（RAM），主要用于存储中间计算结果、数据和系统管理，有的 PLC 厂商用系统存储器存储一些系统信息如错误代码等，系统存储器不对用户开放。I/O 状态存储器属于随机存储器，用于存储 I/O 装置的状态信息，每个输入模块和输出模块都在 I/O 映像表中分配一个地址，而且这个地址是唯一的。数据存储器属于随机存储器，主要用于数据处理，为计数器、定时器、算术计算和过程参数提供数据存储。有的厂商将数据存储器细分为固定数据存储器和可变数据存储器。用户编程存储器，其类型可以是随机存储器、可擦除存储器（EPROM）和电可擦除存储器（EEPROM），高档的 PLC 还可以用 FLASH。用户编程存储器主要用于存放用户编写的程序。存储器的关系如图 1-4 所示。

只读存储器可以用来存放系统程序，PLC 断电后再上电，系统内容不变且重新执行。只读存储器也可用来固化用户程序和一些重要参数，以免因偶然的操作失误而造成程序和数据的破坏或丢失。随机存储器中一般存放用户程序和系统参数。当 PLC 处于编程状态时，CPU 从 RAM 中取指令并执行。用户程序执行过程中产生的中间结果也在 RAM 中暂时存放。RAM 通常由 CMOS 型集成电路组成，功耗小，但断电时内容消失，所以一般使用大电容或后备锂电池保证掉电后 PLC 的内容在一定时间内不丢失。

3. 输入/输出接口

PLC 的输入和输出信号可以是开关量或模拟量。输入/输出接口是 PLC 内部弱电（low power）信号和工业现场强电（high power）信号联系的桥梁。输入/输出接口主要有两个作用，一是利用内部的电隔离电路将工业现场和 PLC 内部进行隔离，起保护作用；二是调理信号，可以把不同的信号（如强电、弱电信号）调理成 CPU 可以处理的信号（5V、3.3V 或 2.7V 等），如图 1-5 所示。

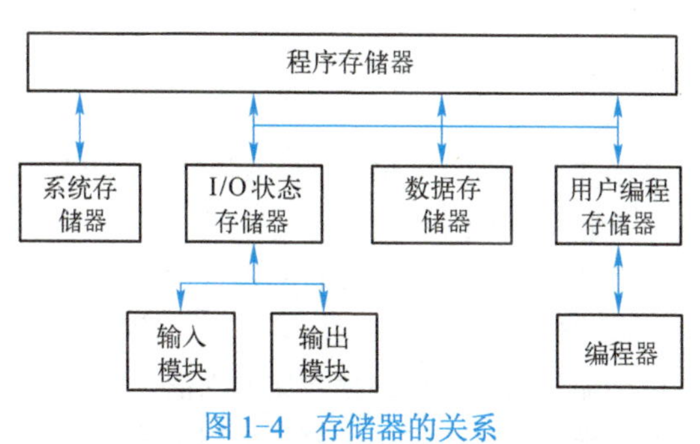

图 1-4　存储器的关系

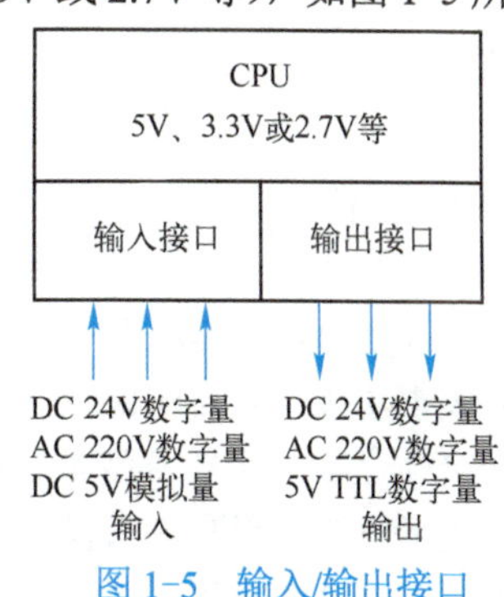

图 1-5　输入/输出接口

输入/输出接口模块是 PLC 系统中最大的部分，输入/输出接口模块通常需要电源，输入电路的电源可以由外部提供，对于模块化的 PLC 还需要背板（安装机架）。

（1）输入接口电路

输入接口电路的组成和作用　输入接口电路由接线端子、输入信号调理和电平转换电路、模块状态显示电路、电隔离电路和多路选择开关模块组成，如图 1-6 所示。现场的信号必须连接在输入端子才可能将信号输入到 CPU 中，它提供了外部信号输入的物理接口。输入信号调理和电平转换电路十分重要，可以将工业现场的信号（如强电 AC 220V 信号）转换成电信号（CPU 可以识别的弱电信号）；电隔离电路主要是利用电隔离器件将工业现场的机械或者电输入信号和 PLC 的 CPU 的信号隔开，它能确保过高的电干扰信号和浪涌不会串入 PLC 的微处理器，起保护作用，通常有三种隔离方式，用得最多的是光电隔离，其次是变压器隔离和干簧继电器隔离。当外部有信号输入时，输入模块上有指示灯，这个电路比较简单，当线路中有故障时，它帮助用户查找故障，这个灯通常是寿命较长的氖灯或 LED 灯。多路选择开关接收调理完成的输入信号，并存储在多路选择开关模块中，当输入循环扫描时，多路选择开关模块中信号输送到 I/O 状态寄存器中。

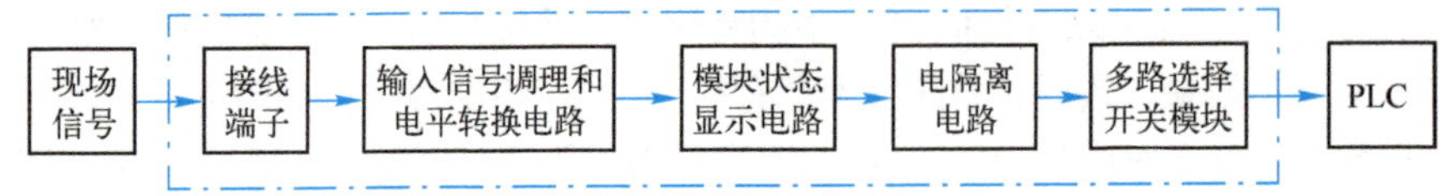

图 1-6　输入接口的结构

输入信号的设备类型　输入信号可以是离散信号和模拟信号。当输入端是离散信号时，输入端的设备类型可以是按钮、转换开关、继电器触点、行程开关、接近开关以及压力继电器等，如图 1-7 所示。当输入为模拟量输入时，输入设备的类型可以是力传感器、温度传感器、流量传感器、电压传感器、电流传感器以及压力传感器等。

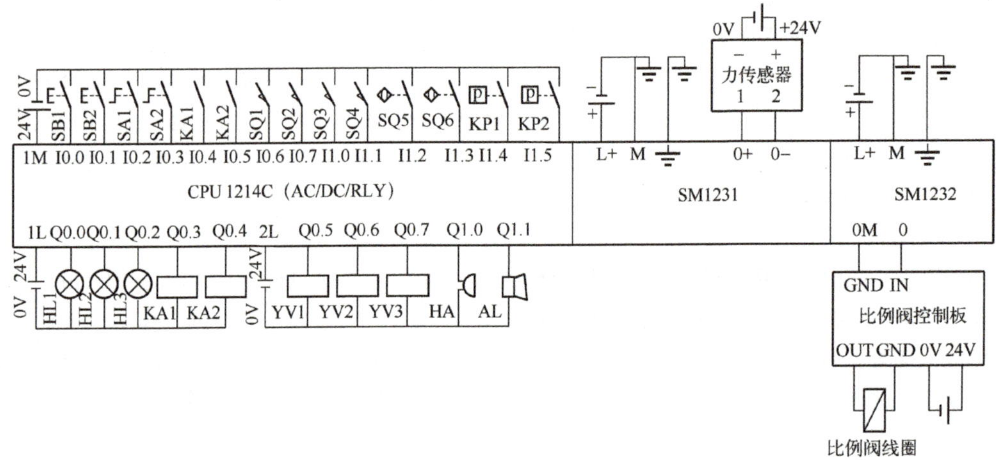

图 1-7　输入/输出接口

（2）输出接口电路

输出接口电路的组成和作用　输出接口电路由多路选择开关模块、信号锁存器、电隔离电路、模块状态显示电路、输出电平转换电路和接线端子组成，如图 1-8 所示。在输出扫描期间，多路选择开关模块接收来自映像表中的输出信号，并对这个信号的状态和目标地址进行译码，最后将信息送给锁存器。信号锁存器是将多路选择开关模块的信号保存起来，直到下一次更新。输出接口的电隔离电路作用和输入模块的一样，但是由于输出模块输出的信号比输入信号要强得多，因此要求隔离电磁干扰和浪涌的能力更高，PLC 的电磁兼容性（EMC）好，适用于绝大多数的工业场合。输出电平转换电路将隔离电路送来的信号放大成可以足够驱动现场设备的信号，放大器件可以是双向晶闸管、晶体管和干簧继电器等。输出的接线端子用于将输出模块与现场设备相连接。

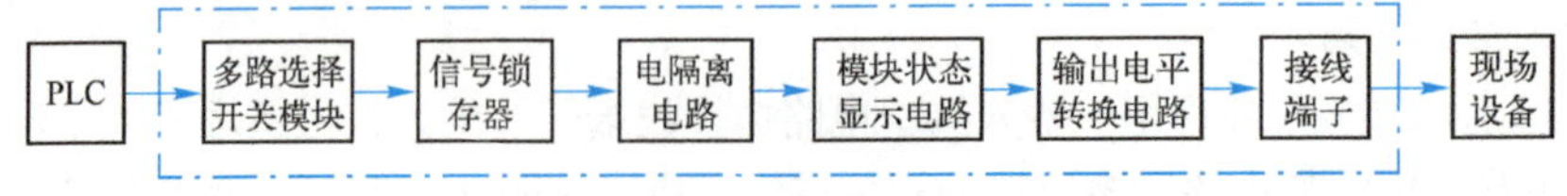

图 1-8　输出接口的结构

PLC 的输出接口形式　PLC 有继电器输出、晶体管输出和晶闸管输出三种输出接口形式。继电器输出形式的 PLC 的负载电源可以是直流电源或交流电源，但其输出响应频率较慢，其内部电路如图 1-9 所示。晶体管输出的 PLC 负载电源是直流电源，其输出响应频率较快，其内部电路如图 1-10 所示。晶闸管输出形式的 PLC 的负载电源是交流电源，西门子 S7-1200 PLC 的 CPU 模块暂时还没有晶闸管输出形式的产品出售，但三菱 FX 系列有这种产品。选型时要特别注意 PLC 的输出形式。

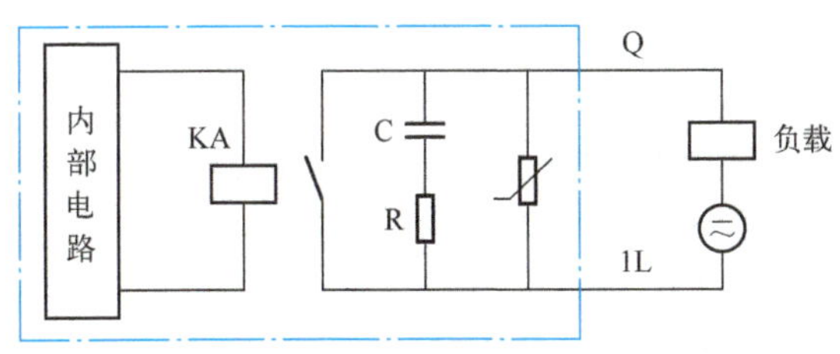

图 1-9　继电器输出内部电路

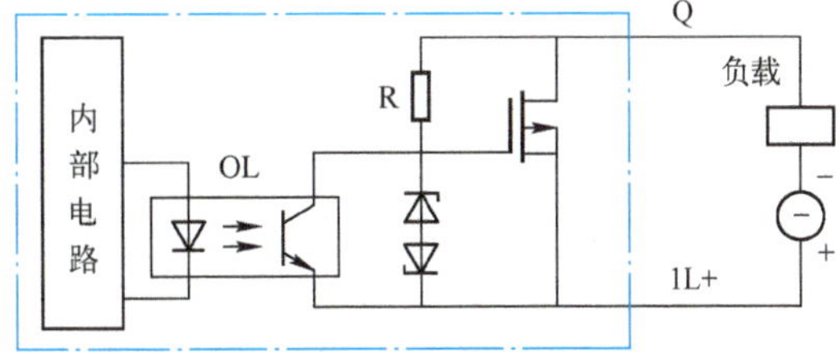

图 1-10　晶体管输出内部电路

输出信号的设备类型　输出信号可以是离散信号和模拟信号。当输出端是离散信号时，输出端的设备类型可以是各类指示灯、继电器线圈、电磁阀的线圈、蜂鸣器和报警器等，如图 1-7 所示。当输出为模拟量时，输出设备的类型可以是比例阀、AC 驱动器（如交流伺服驱动器）、DC 驱动器、模拟量仪表、温度控制器和流量控制器等。

关键点

PLC 的继电器型输出虽然响应速度慢，但其驱动能力强，一般输出电流为 2A，这是继电器型输出 PLC 的一个重要的优点。一些特殊型号的 PLC，如西门子 LOGO!的某些型号驱动能力可达 5A 和 10A，能直接驱动接触器。此外，从图 1-9 中可以看出继电器型输出形式的 PLC，对于一般的误接线，通常不会引起 PLC 内部器件的烧毁（高于 AC 220V 电压是不允许的）。因此，继电器输出形式是选型时的首选，在工程实践中用得比较多。

晶体管输出的 PLC 的输出电流一般小于 1A，西门子 S7-1200 的输出电流是 0.5A（西门子有的型号 PLC 的输出电流为 0.75A），可见晶体管输出的驱动能力较小。此外，从图 1-10 所示的晶体管型输出形式 PLC 可以看出，对于一般的误接线，可能会引起 PLC 内部器件的烧毁，所以要特别注意。

1.2.2　PLC 的工作原理

PLC 是一种存储程序的控制器。用户根据某一对象的具体控制要求，编制好控制程序后，用编程器将程序输入 PLC（或用计算机下载到 PLC）的用户程序存储器中寄存。PLC 的控制功能就是通过运行用户程序来实现的。

PLC 运行程序的方式与微型计算机相比有较大的不同。微型计算机运行程序时，一旦执行到 END 指令，程序运行便结束；而 PLC 从 0 号存储地址所存放的第一条用户程序开始，在无中断或跳转的情况下，按存储地址号递增的方向顺序逐条执行用户程序，直到 END 指令结束。然后从头开始执行，并周而复始地重复，直到停机或从运行（RUN）切换到停止（STOP）工作状态。把 PLC 这种执行程序的方式称为扫描工作方式。每扫描完一次程序就构成一个扫描周期。另外，PLC 对输入、输出信号的处理与微型计算机不同。微型计算机对输入、输出信号实时处理，而 PLC 对输入、输出信号是集中批处理。下面具体介绍 PLC 的扫描工作过程。其运行和信号处理示意图如图 1-11 所示。

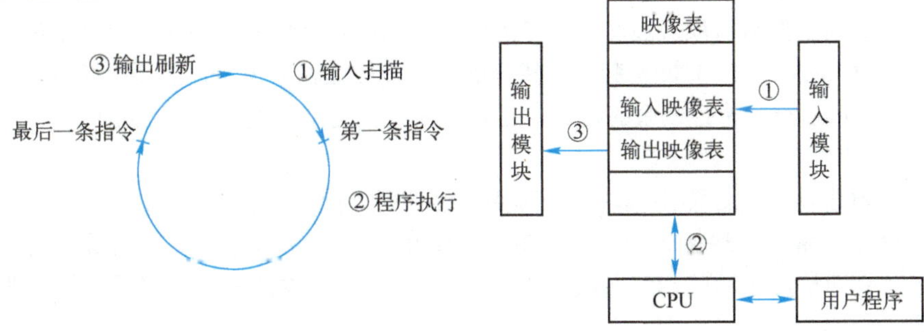

图 1-11　PLC 内部运行和信号处理示意图

PLC 扫描工作过程主要分为三个阶段：输入扫描、程序执行和输出刷新。

1. 输入扫描

PLC 在开始执行程序之前，首先扫描输入端子，按顺序将所有输入信号读入到寄存输入状态的输入映像寄存器中，这个过程称为输入扫描。PLC 在运行程序时，所需的输入信号不是从输入端子读取的，而是读取输入映像寄存器中的信息。在当前工作周期内这个采样结果的内容不会改变，只有到下一个扫描周期输入扫描阶段才被刷新。PLC 的扫描时间很快，取决于 CPU 的时钟速度。

2. 程序执行

PLC 完成了输入扫描工作后，按顺序对从 0 号地址开始的程序进行逐条扫描执行，并分别从输入映像寄存器、输出映像寄存器以及辅助继电器中获得所需的数据进行运算处理。再将程序执行的结果写入输出映像寄存器中保存。但这个结果在全部程序未被执行完毕之前不会送到输出端子上，也就是物理输出是不会改变的。扫描时间取决于程序的长度、复杂程度和 CPU 的功能。

3. 输出刷新

在执行到 END 指令，即执行完用户所有程序后，PLC 将输出映像寄存器中的内容送到输出锁存器中进行输出，从而驱动用户设备。扫描时间取决于输出模块的数量。

从以上的介绍可以知道，PLC 程序扫描特性决定了 PLC 的输入和输出状态并不能在扫描的同时改变，例如一个按钮的输入信号的输入刚好在输入扫描之后，那么这个信号只有在下一个扫描周期才能被读入。

上述三个步骤是 PLC 的软件处理过程，可以认为就是程序扫描时间。扫描时间通常由三个因素决定，一是 CPU 的时钟速度，越高档的 CPU，时钟速度越高，扫描时间越短；二是 I/O 模块的数量，模块数量越少，扫描时间越短；三是程序的长度，程序长度越短，扫描时间越短。一般的 PLC 执行容量为 1K 的程序需要的扫描时间是 1～10ms。

图 1-12 给出了 PLC 循环扫描工作过程。

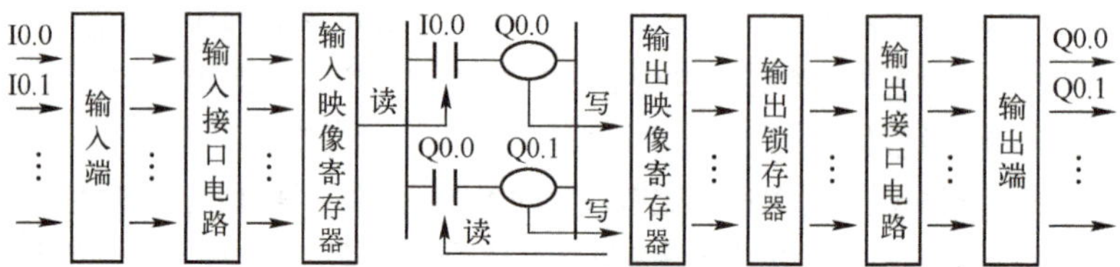

图 1-12　PLC 循环扫描工作过程

1.2.3　PLC 的立即输入、输出功能

一般的 PLC 都有立即输入和立即输出功能。

1. 立即输入功能

立即输入适用于要求对反应速度很严格的场合，例如几毫秒的时间对于控制来说十分关键的情况下。立即输入时，PLC 立即挂起正在执行的程序，扫描输入模块，然后更新特定的输入状态到输入映像表，最后继续执行剩余的程序，立即输入过程的示意图如图 1-13 所示。

2. 立即输出功能

所谓立即输出功能就是输出模块在处理用户程序时，能立即被刷新。PLC 临时挂起（中断）正常运行的程序，将输出映像表中的信息输送到输出模块，立即进行输出刷新，然后回到程序中继续运行，立即输出过程的示意图如图 1-14 所示。注意，立即输出功能并不能立即刷新所有的输出模块。

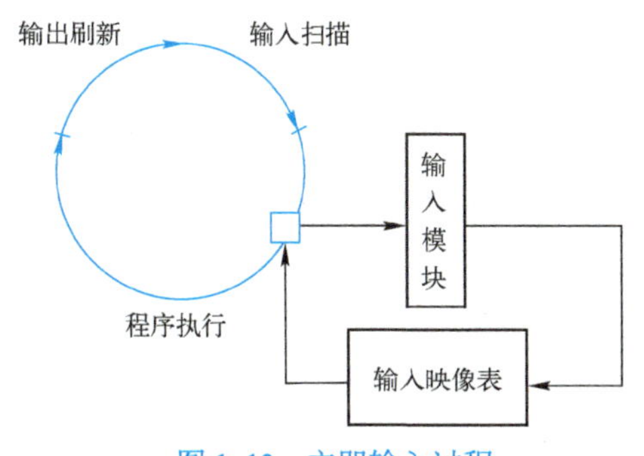

图 1-13　立即输入过程

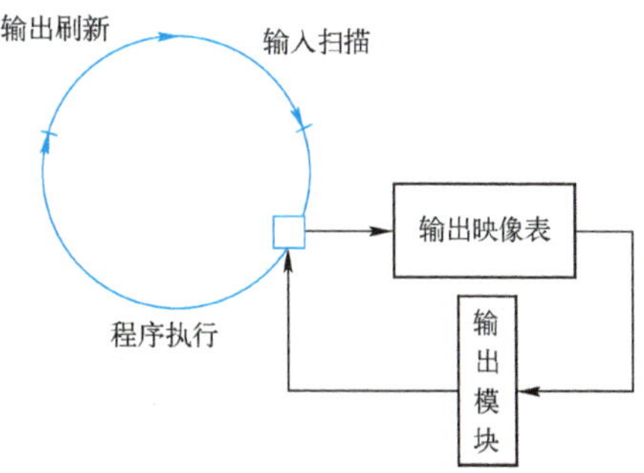

图 1-14　立即输出过程

微课：数制和编码

作业

一、选择题

1. PLC 是在什么控制系统基础上发展起来的？（　　）
   A．继电控制系统　B．单片机　C．工业计算机　D．机器人
2. 工业中控制电压一般是多少伏？（　　）
   A．24V　B．36V　C．110V　D．220V
3. 工业中控制电压一般是（　　）。
   A．交流　B．直流　C．混合式　D．交变电压
4. 电磁兼容性英文缩写是（　　）。
   A．MAC　B．EMC　C．CME　D．AMC
5. 以下哪个不是工厂自动化的三大支柱之一？（　　）
   A．机器人　B．PLC　C．CAD/CAM　D．机器视觉
6. PLC 扫描工作方式主要分为哪三个阶段？（　　）
   A．输入扫描　B．程序执行　C．输出刷新　D．输入程序
7. PLC 的操作系统存储在（　　）。
   A．ROM　B．只读存储器　C．RAM　D．FLASH
8. PLC 的输出接口形式中最常用的是（　　）。
   A．继电器输出　B．晶体管输出　C．晶体管　D．晶闸管输出
9. PLC 的数字量输出回路，通常连接的负载是（　　）。
   A．指示灯　B．继电器线圈　C．电磁阀的线圈　D．蜂鸣器和报警器
10. PLC 的数字量输入回路，通常连接的设备是（　　）。
   A．按钮　B．转换开关　C．行程开关　D．接近开关

二、问答题

1. PLC 的主要性能指标有哪些？
2. PLC 主要用在哪些场合？
3. PLC 是如何分类的？
4. PLC 的结构主要有哪几个组成部分？
5. PLC 的输入和输出模块主要有哪几个组成部分？每部分的作用是什么？
6. PLC 的存储器可以细分成哪几个部分？
7. 什么是立即输入和立即输出？在哪些场合应用？

第 2 章　S7-1200 PLC 的硬件系统

本章介绍 S7-1200 的 CPU 模块、数字量输入/输出模块、通信模块的常用功能、接线与安装，还介绍了 S7-1200 的数据类型与数据存储区，该部分内容是后续程序设计和控制系统设计的前导知识。

2.1　S7-1200 CPU 模块的接线

2.1.1　西门子 PLC 简介

德国西门子（Siemens）公司是欧洲最大的电子和电气设备制造商之一，其生产的 SIMATIC（“Siemens Automation”即西门子自动化）可编程序控制器在世界处于领先地位。

西门子公司的第一代 PLC 是 1975 年投放市场的 SIMATIC S3 系列的控制系统。之后在 1979 年，西门子公司将微处理器技术应用到 PLC 中，研制出了 SIMATIC S5 系列，取代了 S3 系列，目前 S5 系列产品仍然有少量在工业现场使用。20 世纪末，又在 S5 系列的基础上推出了 S7 系列产品。

SIMATIC S7 系列产品分为：S7-200、S7-200 CN、S7-200 SMART、S7-1200、S7-300、S7-400 和 S7-1500 等产品系列，其外形如图 2-1。S7-200 PLC 是在西门子公司收购的小型 PLC 的基础上发展而来，因此其指令系统、程序结构及编程软件和 S7-300/400 PLC 有较大的区别，在西门子 PLC 产品系列中是一个特殊的产品。S7-200 SMART PLC 是 S7-200 PLC 的升级版本，是西门子家族的新成员，于 2012 年 7 月发布，其绝大多数的指令和使用方法与 S7-200 PLC 类似，其编程软件也和 S7-200 PLC 的类似，而且在 S7-200 PLC 的运行程序，相当部分可以在 S7-200 SMART PLC 中运行。S7-1200 PLC 是在 2009 年才推出的新型小型 PLC，定位于 S7-200 PLC 和 S7-300 PLC 产品之间。S7-300/400 PLC 是由西门子的 S5 系列发展而来，是西门子公司最具竞争力的 PLC 产品。2013 年西门子公司又推出了新品 S7-1500 PLC。西门子的 PLC 产品系列的定位见表 2-1。

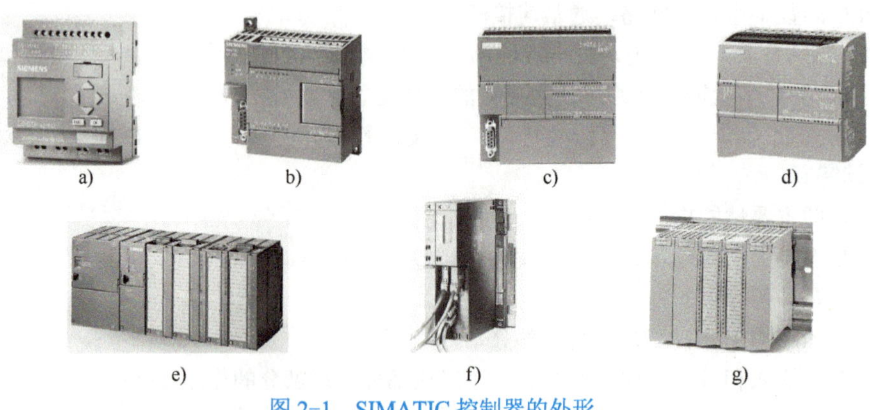

图 2-1　SIMATIC 控制器的外形

a) LOGO!　b) S7-200　c) S7-200 SMART　d) S7-1200　e) S7-300　f) S7-400　g) S7-1500

表 2-1　SIMATIC 控制器的定位

序号	控制器	定位
1	LOGO!	低端独立自动化系统中简单的开关量解决方案和智能逻辑控制器
2	S7-200 和 S7-200 CN	低端的离散自动化系统和独立自动化系统中使用的紧凑型逻辑控制器模块
3	S7-200 SMART	低端的离散自动化系统和独立自动化系统中使用的紧凑型逻辑控制器模块，是 S7-200 的升级版本
4	S7-1200	低端的离散自动化系统和独立自动化系统中使用的小型控制器模块
5	S7-300	中端的离散自动化系统中使用的控制器模块
6	S7-400	高端的离散和过程自动化系统中使用的控制器模块
7	S7-1500	中高端系统

SIMATIC 产品除了 SIMATIC S7 外，还有 M7、C7 和 WinAC 系列等。

SIMATIC C7 是基于 S7-300 系列 PLC 性能，同时集成了 HMI，具有节省空间的特点。

SIMATIC M7-300/400 采用了与 S7-300/400 相同的结构，又具有个人计算机的功能，可以用 C、C++等高级语言编程，SIMATIC M7-300/400 适用于需要大数量处理和实时性要求高的场合。

WinAC 是在个人计算机上实现 PLC 功能，突破了传统 PLC 开放性差、硬件昂贵等缺点，WinAC 具有良好的开放性和灵活性，可以很方便地集成第三方的软件和硬件。

2.1.2　S7-1200 PLC 的体系

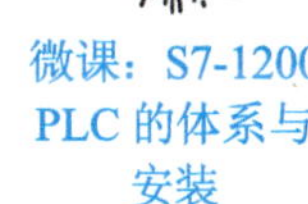

微课：S7-1200 PLC 的体系与安装

S7-1200 PLC 的硬件主要包括电源模块、CPU 模块、信号模块、通信模块和信号板（CB 和 SB）。S7-1200 PLC 本机的体系图如图 2-2 所示，通信模块安装在 CPU 模块的左侧，信号模块安装在 CPU 模块的右侧，西门子早期的 PLC 产品，扩展模块只能安装在 CPU 模块的右侧。

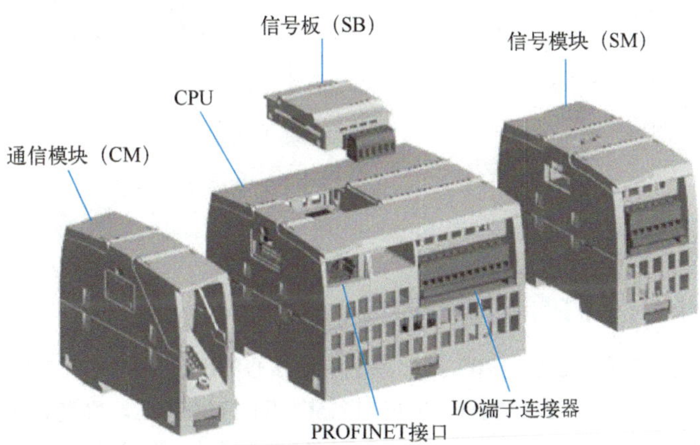

图 2-2　S7-1200 PLC 本机的体系图

1. S7-1200 PLC 本机扩展

视频：S7-1200 安装实操

S7-1200 PLC 本机最多可以扩展 8 个信号模块、3 个通信模块和 1 个信号板，最大本地数字 I/O 点数为 284 个，其中 CPU 模块最多 24 点，8 个信号模块最多 256 点，信号板最多 4 点，不计算通信模块的数字量点数。

视频：S7-1200 拆卸实操

最大本地模拟 I/O 点数为 37 点，其中 CPU 模块最多 4 点（CPU 1214C 为 2 点，CPU 1215C、CPU 1217C 为 4 点），8 个信号模块最多 32 点，信号板最多 1 点，不计算通信模块的模拟量点数，如图 2-3 所示。

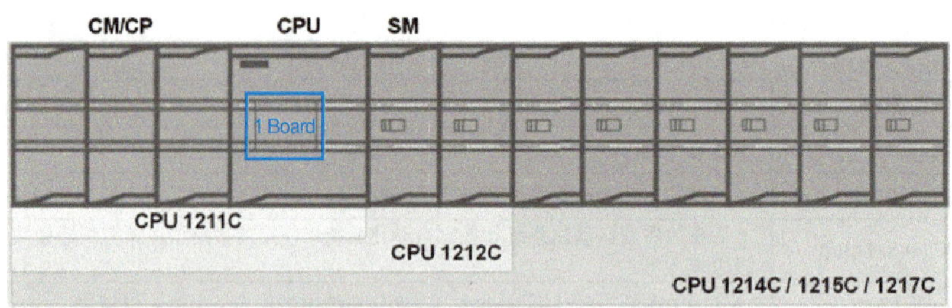

图 2-3 S7-1200 PLC 本机的扩展图

2．S7-1200 PLC 总线扩展

S7-1200 PLC 可以进行 PROFIBUS-DP 和 PROFINET 通信，即可以进行总线扩展。

S7-1200 PLC 的 PROFINET 通信，使用 CPU 模块集成的 PN 接口即可，S7-1200 的 PROFINET（简称）通信最多扩展 16 个 IO 设备站，256 个模块，如图 2-4 所示。PROFINET 控制器站数据区的大小为输入区最大 1024 字节（8196 点），输出区最大 1024 字节（8196 点）。此 PN 接口还集成了 MODBUS-TCP、S7 通信和 OUC 通信。

S7-1200 PLC 的 PROFIBUS-DP 通信，要配置 PROFIBUS-DP 通信模块，主站模块是 CM1243-5，S7-1200 PROFIBUS-DP 通信最多扩展 32 个从站，512 个模块，如图 2-5 所示。PROFIBUS-DP 主站数据区的大小为输入区最大 1024 字节（8196 点），输出区最大 1024 字节（8196 点）。

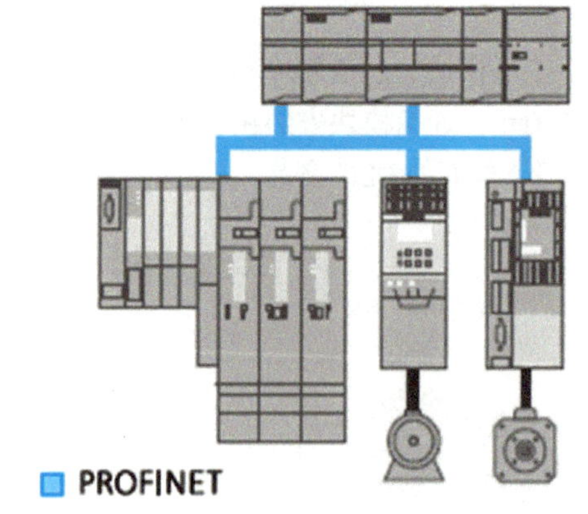

图 2-4 S7-1200 PLC 的 PROFINET 通信扩展图

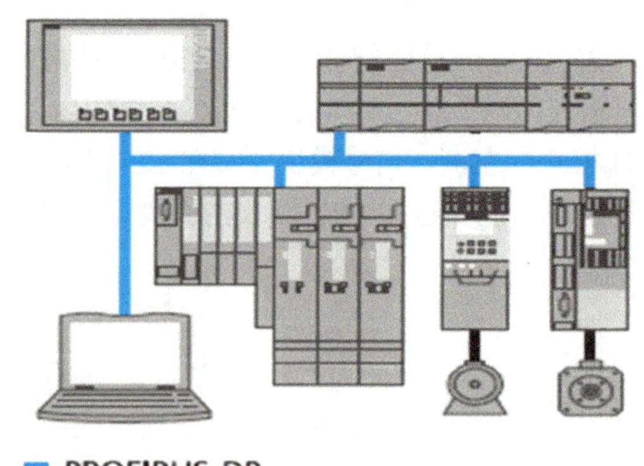

图 2-5 S7-1200 PLC 的 PROFIBUS-DP 通信扩展图

2.1.3 S7-1200 PLC 的 CPU 模块及接线

S7-1200 PLC 的 CPU 模块是 S7-1200 PLC 系统中最核心的成员。目前，S7-1200 PLC 的 CPU 有 5 类：CPU 1211C、CPU 1212C、CPU 1214C、CPU 1215C 和 CPU 1217C。每类 CPU 模块又细分三种规格：DC/DC/DC、DC/DC/RLY 和 AC/DC/RLY，印刷在 CPU 模块的外壳上。其含义如图 2-6 所示。

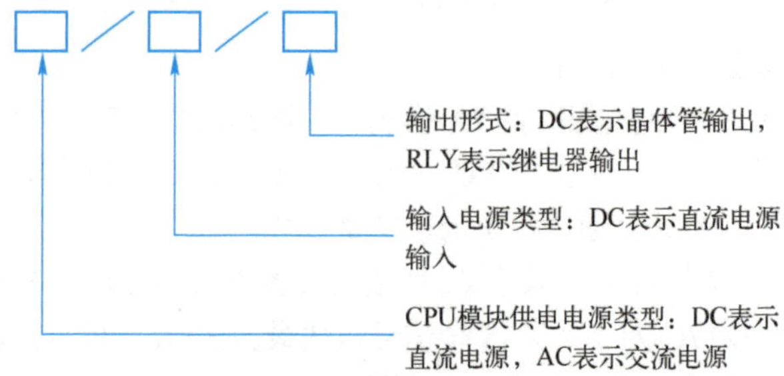

图 2-6 细分规格含义

AC/DC/RLY 的含义是：CPU 模块的供电电压是交流电，范围为 AC 120～240V；输入电源是直流电源，范围为 DC 20.4～28.8V；输出形式是继电器输出。

视频：CPU 1214C 模块简介

1．CPU 模块的外部介绍

S7-1200 PLC 的 CPU 模块将微处理器、集成电源、模拟量 I/O 点和多个数字量 I/O 点集成在一个紧凑的盒子中，形成功能比较强大的 S7-1200 系列微型 PLC，外形如图 2-7 所示。以下按照图中序号为顺序介绍其外部的各部分的功能。

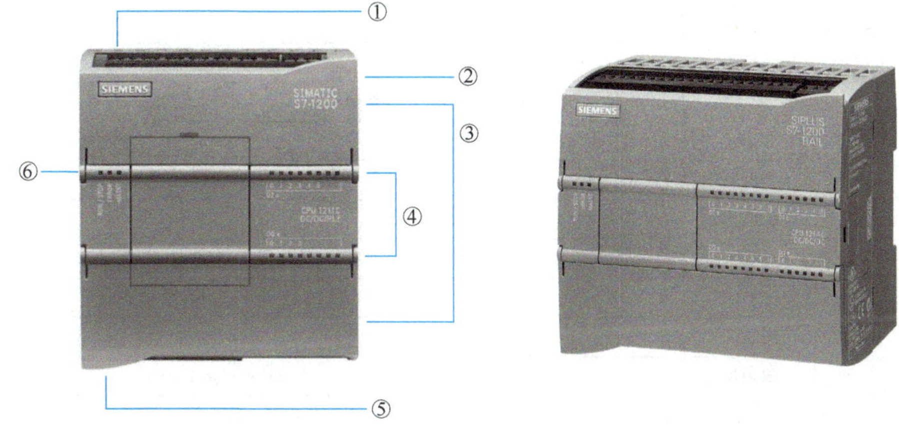

图 2-7　S7-1200 PLC 的 CPU 外形

① 电源接口。用于向 CPU 模块供电的接口，有交流和直流两种供电方式。

② 存储卡插槽。位于上部保护盖下面，用于安装 SIMATIC 存储卡。

③ 接线连接器。也称为接线端子，位于保护盖下面。接线连接器具有可拆卸的优点，便于 CPU 模块的安装和维护。

④ 板载 I/O 的状态 LED。通过板载 I/O 的状态 LED 指示灯（绿色）的点亮或熄灭，指示各输入或输出的状态。

⑤ 集成以太网口（PROFINET 连接器）。位于 CPU 的底部，用于程序下载、设备组网。这使得程序下载更加方便快捷，节省了购买专用通信电缆的费用。

⑥ 运行状态 LED。用于显示 CPU 的工作状态，如：运行状态、停止状态和强制状态等，详见下文介绍。

2．CPU 模块的常规规范

要掌握 S7-1200 PLC 的 CPU 的具体技术性能，必须要查看其常规规范，见表 2-2，这个表是 CPU 选型的主要依据。

表 2-2　S7-1200 PLC 的 CPU 常规规范（V4.6 版）

特征		CPU 1211C	CPU 1212C	CPU 1214C	CPU 1215C	CPU 1217C
物理尺寸/mm×mm×mm		90×100×75		110×100×75	130×100×75	150×100×75
用户存储器	工作/KB	75	100	150	200	250
	负载/MB	1	2	4		
	保持性/KB	10				
本地板载I/O	数字量	6 点输入/4 点输出	8 点输入/6 点输出	14 点输入/10 点输出		
	模拟量	2 路输入			2 路输入/2 路输出	

（续）

特征		CPU 1211C	CPU 1212C	CPU 1214C	CPU 1215C	CPU 1217C
过程映像存储区大小	输入(I)	1024B				
	输出(Q)	1024B				
位存储器（M）		4096B		8192B		
信号模块（SM）扩展		无	2	8		
信号板（SB）、电池板（BB）或通信板（CB）		1				
通信模块（CM），左侧扩展		3				
高速计数器	总计	最多可组态6 个，使用任意内置或SB 输入的高速计数器				
	1MHz					Ib.2～Ib.5
	100/80kHz	Ia.0～Ia.5				
	30/20kHz		Ia.6～Ia.7	Ia.6～Ib.5		Ia.6～Ib.1
脉冲输出	总计	最多可组态4 个，使用任意内置或SB 输出的脉冲输出				
	1MHz	–				Qa.0～Qa.3
	100kHz	Qa.0～Qa.3				Qa.4～Qb.1
	20kHz	–	Qa.4～Qa.5	Qa.4～Qb.1		–
存储卡		SIMATIC 存储卡（选件）				
实时时钟保持时间		通常为20 天，40℃ 时最少为12 天（免维护超级电容）				
PROFINET 以太网通信端口		1			2	

3. S7-1200 PLC 的指示灯

（1）CPU 状态 LED 指示灯

S7-1200 PLC 的 CPU 上有三盏状态 LED 指示灯，分别是 RUN/STOP、ERROR 和 MAINT，用于指示 CPU 的工作状态，其亮灭状态代表一定的含义（见表 2-3）。

表 2-3　S7-1200 PLC 的 CPU 状态 LED 指示灯含义

说明	RUN/STOP（绿色/黄色）	ERROR（红色）	MAINT（黄色）
断电	灭	灭	灭
启动、自检或固件更新	闪烁（黄色和绿色交替）	–	灭
停止模式	亮（黄色）	–	–
运行模式	亮（绿色）	–	–
取出存储卡	亮（黄色）	–	闪烁
错误	亮（黄色或绿色）	闪烁	–
请求维护 ● 强制I/O ● 需要更换电池（如果安装了电池板）	亮（黄色或绿色）	–	亮
硬件出现故障	亮（黄色）	亮	灭
LED 测试或CPU 固件出现故障	闪烁（黄色和绿色交替）	闪烁	闪烁
CPU 组态版本未知或不兼容	亮（黄色）	闪烁	闪烁

（2）通信状态的 LED 指示灯

S7-1200 PLC 的 CPU 还配备了两个可指示 PROFINET 通信状态的 LED 指示灯。打开底部端子块的盖子可以看到这两个 LED 指示灯，分别是 Link 和 R×/T×，其点亮的含义如下：

- Link（绿色）点亮，表示通信连接成功。

- R×/T×（黄色）点亮，表示通信传输正在进行。

（3）通道 LED 指示灯

S7-1200 PLC 的 CPU 和各数字量信号模块（SM）为每个数字量输入和输出配备了 I/O 通道 LED 指示灯。通过 I/O 通道 LED 指示灯（绿色）的点亮或熄灭，指示各输入或输出的状态。例如 Q0.0 通道 LED 指示灯点亮，表示 Q0.0 线圈得电。

4. CPU 的工作模式

CPU 有以下三种工作模式：STOP 模式、STARTUP 模式和 RUN 模式。CPU 前面的状态 LED 指示当前工作模式。

1）在 STOP 模式下，CPU 不执行程序，但可以下载项目。

2）在 STARTUP 模式下，执行一次启动 OB（如果存在）。在启动模式下，CPU 不会处理中断事件。

3）在 RUN 模式，程序循环 OB 重复执行。可能发生中断事件，并在 RUN 模式中的任意点执行相应的中断事件 OB。可在 RUN 模式下下载项目的某些部分。

CPU 支持通过暖启动进入 RUN 模式。暖启动不包括存储器复位。执行暖启动时，CPU 会初始化所有的非保持性系统和用户数据，并保留所有保持性用户数据值。

存储器复位将清除所有工作存储器、保持性及非保持性存储区、将装载存储器复制到工作存储器并将输出设置为组态的“对 CPU STOP 的响应”(Reaction to CPU STOP)。

存储器复位不会清除诊断缓冲区，也不会清除永久保存的 IP 地址值。

注意：目前 S7-1200/1500 CPU 仅有暖启动模式，而部分 S7-400 CPU 有热启动和冷启动。

5. CPU 模块的接线

S7-1200 PLC 的 CPU 规格虽然较多，但接线方式类似，因此本书仅以 CPU 1214C/1215C 为例进行介绍，其余规格产品请读者参考相关手册。

微课：S7-1200 CPU 模块及其接线

（1）CPU 1214C（AC/DC/RLY）的数字量输入端子的接线

S7-1200 PLC 的 CPU 数字量输入端接线与三菱 FX 系列的 PLC 的数字量输入端接线不同，后者不必接入直流电源，其电源可以由系统内部提供，而 S7-1200 PLC 的 CPU 输入端则必须接入直流电源。

下面以 CPU 1214C（AC/DC/RLY）为例介绍数字量输入端的接线。“1M”是输入端的公共端子，与 DC 24V 电源相连，电源有两种连接方法对应 PLC 的 NPN 型和 PNP 型接法。当电源的负极与公共端子相连时，为 PNP 型接法（高电平有效，电流流入 CPU 模块），如图 2-8 所示，“N”和“L1”端子为交流电的电源接入端子，输入电压范围为 AC 120～240V，为 CPU 模块提供电源。“M”和“L+”端子为 DC 24V 的电源输出端子，可向外围传感器提供电源（有向外的箭头）。

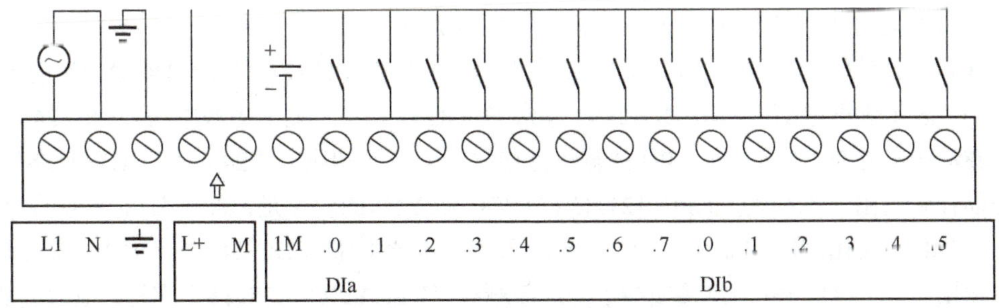

图 2-8 CPU 1214C 输入端子的接线（PNP）

（2）CPU 1214C（DC/DC/RLY）的数字量输入端子的接线

当电源的正极与公共端子 1M 相连时，为 NPN 型接法，其输入端子的接线如图 2-9 所示。

视频：CPU 1214C 输入端接线

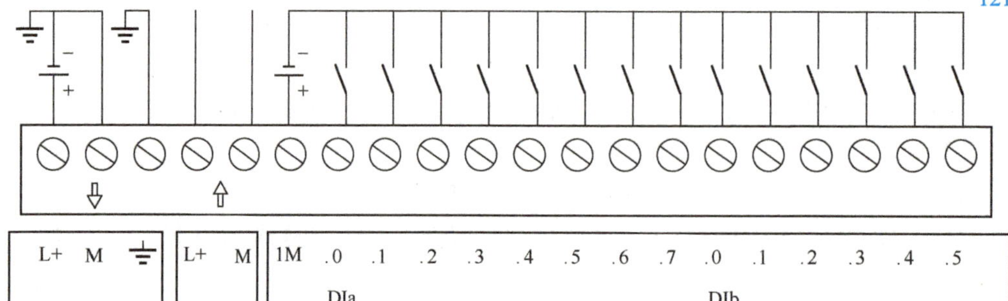

图 2-9　CPU 1214C 输入端子的接线（NPN）

注意：在图 2-9 中，有两个“L+”和两个“M”端子，有箭头向 CPU 模块内部指向的“L+”和“M”端子是向 CPU 供电电源的接线端子，有箭头向 CPU 模块外部指向的“L+”和“M”端子是 CPU 向外部供电的接线端子（这个输出电源较少使用），切记两个“L+”不要短接，否则容易烧毁 CPU 模块内部的电源。

初学者往往不容易区分 PNP 型和 NPN 型的接法，经常混淆，若读者掌握以下的方法，就不会出错。把 PLC 作为负载，以输入开关（通常为接近开关）为对象，若信号从开关流出（信号从开关流出，向 PLC 流入），则 PLC 的输入为 PNP 型接法；把 PLC 作为负载，以输入开关（通常为接近开关）为对象，若信号从开关流入（信号从 PLC 流出，向开关流入），则 PLC 的输入为 NPN 型接法。三菱 FX2 系列 PLC 只支持 NPN 型接法。

【例 2-1】 有一台 CPU 1214C（AC/DC/RLY），输入端有一只三线 PNP 接近开关和一只二线 PNP 接近开关，应如何接线？

解：对于 CPU 1214C（AC/DC/RLY），公共端接电源的负极。而对于三线 PNP 接近开关，只要将其正、负极分别与电源的正、负极相连，将信号线与 PLC 的“I0.0”相连即可；而对于二线 PNP 接近开关，只要将电源的正极分别与其正极相连，将信号线与 PLC 的“I0.1”相连即可，如图 2-10 所示。

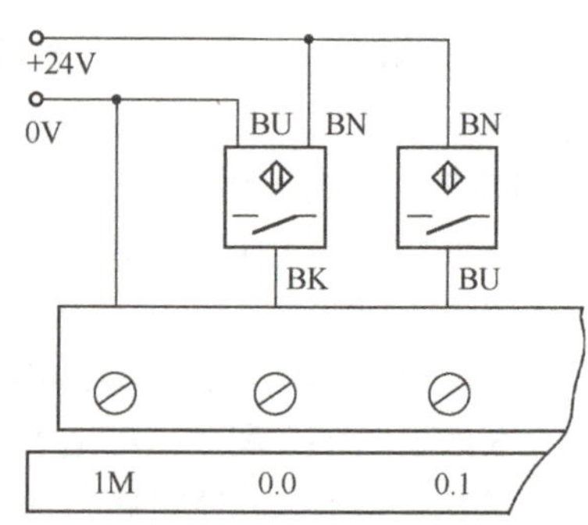

图 2-10　例 2-1 输入端子的接线

（3）CPU 1214C（DC/DC/RLY）的数字量输出端子的接线

CPU 1214C 的数字量输出有两种形式，一种是 24V 直流输出（即晶体管输出），另一种是继电器输出。标注为“CPU 1214C (DC/DC/DC)”的含义是：第一个 DC 表示供电电源电压为 DC 24V，第二个 DC 表示输入端的电源电压为 DC 24V，第三个 DC 表示输出为 DC 24V，在 CPU 的输出点接线端子旁边印刷有“24V DC OUTPUTS”字样，含义是晶体管输出。标注为“CPU 1214C (AC/DC/RLY)”的含义是：AC 表示供电电源电压为 AC 120～240V，通常用 AC 220V，DC 表示输入端的电源电压为 DC 24V，“RLY”表示输出为继电器输出，在 CPU 的输出点接线端子旁边印刷有“RELAY OUTPUTS”字样，含义是继电器输出。

CPU 1214C 输出端子的接线（继电器输出）如图 2-11 所示。可以看出，输出是分组安排的，每组既可以是直流电源，也可以是交流电源，而且每组电源的电压大小可以不同，接直流电源时，CPU 模块没有方向性要求。

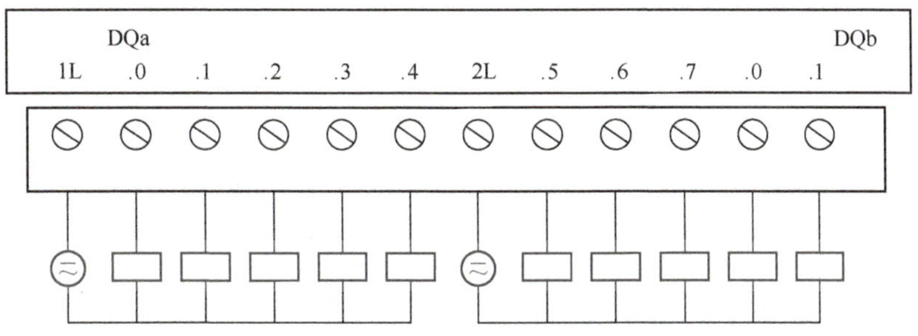

图 2-11　CPU 1214C 输出端子的接线—继电器输出

在给 CPU 进行供电接线时，一定要特别小心分清是哪一种供电方式，如果把 AC 220V 接到 DC 24V 供电的 CPU 上，或者不小心接到 DC 24V 传感器的输出电源上，则会造成 CPU 的损坏。

（4）CPU 1214C（DC/DC/DC）的数字量输出端子的接线

目前 24V 直流输出只有一种形式，即 PNP 型输出，也就是常说的高电平输出，这点与三菱 FX 系列 PLC 不同，三菱 FX 系列 PLC（FX3U 除外，FX3U 有 PNP 型和 NPN 型两种可选择的输出形式）为 NPN 型输出，也就是低电平输出，理解这一点十分重要，特别是利用 PLC 进行运动控制（如控制步进电动机时）时，必须考虑这一点。

视频：
CPU 1214C 输出端接线

CPU 1214C 输出端子的接线（晶体管输出）如图 2-12 所示，负载电源只能是直流电源，且输出高电平信号有效，因此是 PNP 输出。

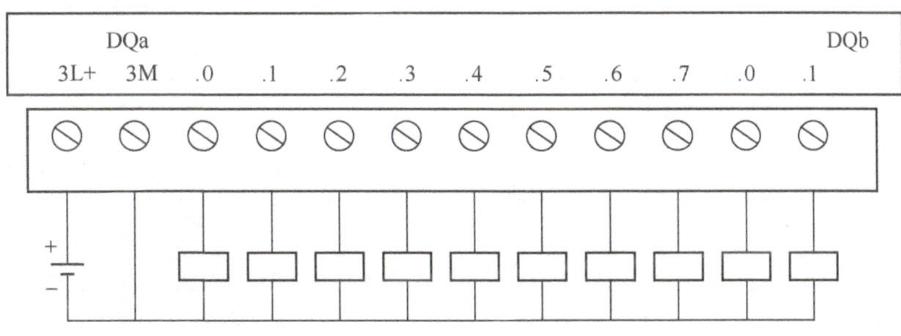

图 2-12　CPU 1214C 输出端子的接线—晶体管输出（PNP）

（5）CPU 1215C 的模拟量输入/输出端子的接线

CPU 1215C 模块集成了两个模拟量输入通道和两个模拟量输出通道。模拟量输入通道的量程范围是 0～10V。模拟量输出通道的量程范围是 0～20mA。

CPU 1215C 的模拟量输入/输出端子的接线如图 2-13 所示。左侧的方框□代表模拟量输出的负载，常见的负载是变频器或者各种阀门。右侧的圆框⊖代表模拟量输入，一般与各类模拟量的传感器或者变送器相连接，圆框中的“+”和“−”代表传感器的正信号端子

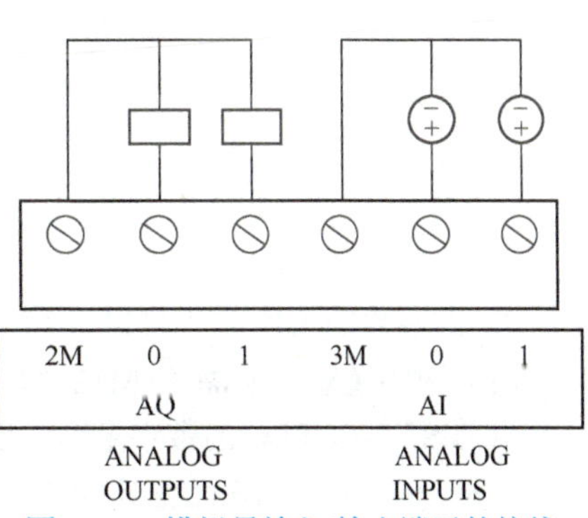

图 2-13　模拟量输入/输出端子的接线

和负信号端子。

注意：应将未使用的模拟量输入通道短路。

2.2　S7-1200 PLC 的扩展模块及接线

视频：S7-1200 PLC 数字量模块及其接线

2.2.1　S7-1200 PLC 数字量扩展模块及接线

S7-1200 PLC 的数字量扩展模块比较丰富，包括数字量输入模块（SM1221）、数字量输出模块（SM1222）、数字量输入/直流输出模块（SM1223）和数字量输入/交流输出模块（SM1223）。以下将介绍几个典型的扩展模块。

1．数字量输入模块（SM1221）

（1）数字量输入模块（SM1221）的技术规范

目前 S7-1200 PLC 的数字量输入模块有多个规格，数字量输入模块将外部的开关量信号转换成 PLC 可以识别的信号，通常与按钮和接近开关等连接。主要有 8 点和 16 点直流输入模块 SM1221。

（2）数字量输入模块（SM1221）的接线

数字量输入模块有专用的插针与 CPU 通信，并通过此插针由 CPU 向扩展输入模块提供 DC 5V 的电源。SM1221 数字量输入模块的接线如图 2-14 所示，可以为 PNP 输入，也可以为 NPN 输入。

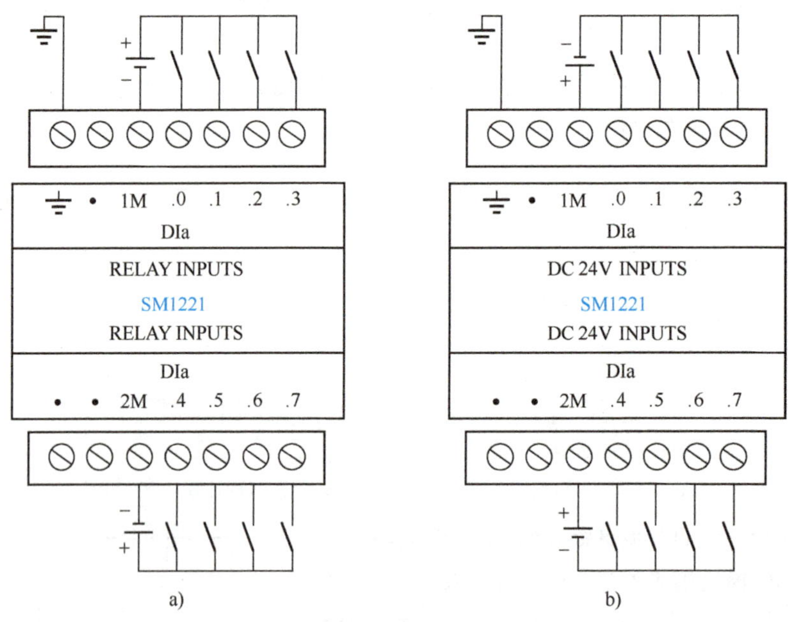

图 2-14　数字量输入模块（SM1221）的接线

a) PNP 输入　b) NPN 输入

2．数字量输出模块（SM1222）

（1）数字量输出模块（SM1222）的技术规范

目前 S7-1200 PLC 的数字量输出模块有多个规格，把 PLC 运算的布尔结果送到外部设备，最常见的是与中间继电器的线圈和指示灯相连接。主要有 8 点和 16 点晶体管/继电器输出模块

SM1222。在工程中继电器输出模块更加常用。

（2）数字量输出模块（SM1222）的接线

SM1222 数字量继电器输出模块的接线如图 2-15a 所示，L+和 M 端子是模块的 DC 24V 供电接入端子，而 1L 和 2L 可以接入直流和交流电源，是给负载供电，这点要特别注意。可以发现，数字量输入/输出扩展模块的接线与 CPU 的数字量输入/输出端子的接线是类似的。

SM1222 数字量晶体管输出模块的接线如图 2-15b 所示，为 PNP 输出，不能为 NPN 输出。当然也有 NPN 输出型的数字量输出模块。

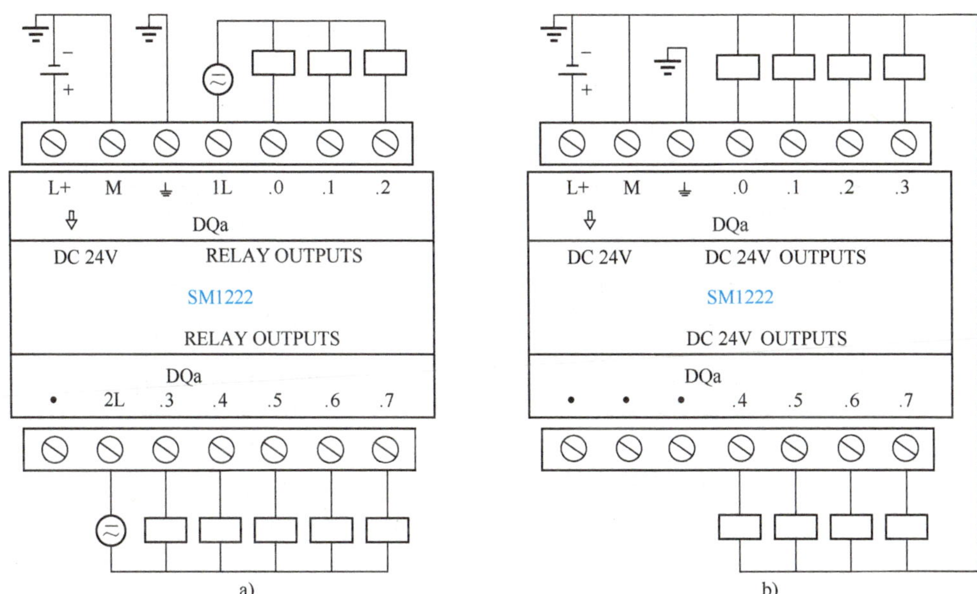

图 2-15　数字量输出模块（SM1222）的接线

a) 继电器输出　b) 晶体管输出（PNP）

3. 数字量输入/直流输出模块（SM1223）

（1）数字量输入/直流输出模块（SM1223）的技术规范

目前 S7-1200 PLC 的数字量输入/直流输出模块（即混合模块）有多个规格，包含 8 点输入/8 晶体管输出（NPN 或者 PNP）、16 点输入/16 晶体管输出（PNP）、8 点输入/8 继电器输出、16 点输入/16 继电器输出。

（2）数字量输入/直流输出模块（SM1223）的接线

有的资料将数字量输入/输出模块（SM1223）称为混合模块。数字量输入/直流输出模块既可是 PNP 输入也可是 NPN 输入，根据现场实际情况决定。根据不同的工况，可以选择继电器输出或者晶体管输出。在图 2-16a 中，输入为 PNP 输入（也可以改换成 NPN 输入），但输出只能是 PNP 输出，不能改换成 NPN 输出。

在图 2-16b 中，输入为 NPN 输入（也可以改换成 PNP 输入），输出是继电器输出，输出的负载电源可以是直流或者交流电源。

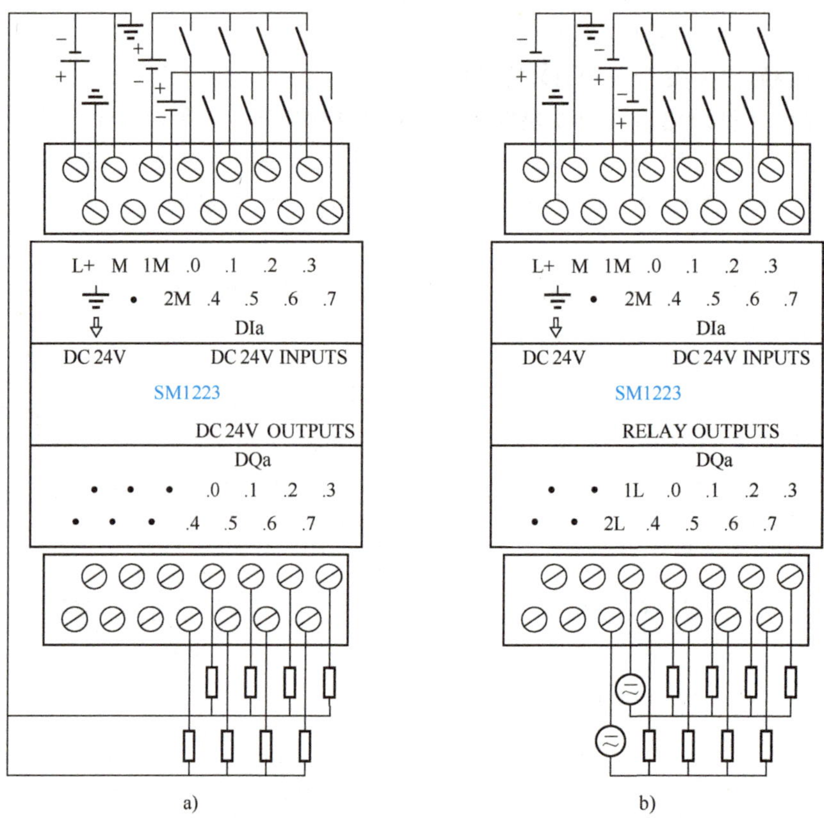

图 2-16　数字量输入/直流输出模块（SM1223）的接线

a) PNP 输入，晶体管 PNP 输出　b) NPN 输入，继电器输出

2.2.2　S7-1200 PLC 通信模块

S7-1200 PLC 通信模块安装在 CPU 模块的左侧，而一般扩展模块安装在 CPU 模块的右侧。

S7-1200 PLC 通信模块规格较为齐全，主要有串行通信模块 CM 1241、紧凑型交换机模块 CSM 1277、PROFIBUS-DP 主站模块 CM 1243-5、PROFIBUS-DP 从站模块 CM 1242-5、GPRS 模块 CP 1242-7 和 I/O 主站模块 CM 1278。S7-1200 PLC 通信模块的基本功能见表 2-4。

表 2-4　S7-1200 PLC 通信模块的基本功能

序号	名称	功能描述
1	串行通信模块 CM 1241	● 用于执行强大的点对点高速串行通信，支持 RS-485/422 ● 执行协议：ASCII、USS drive protocol 和 Modbus RTU ● 可装载其他协议 ● 通过 STEP 7 Basic 可简化参数设定
2	紧凑型交换机模块 CSM 1277	● 能够以线形、树形或星形拓扑结构，将 S7-1200 PLC 连接到工业以太网 ● 集成的 autocrossover 功能，允许使用交叉连接电缆和直通电缆 ● 无风扇的设计，维护方便 ● 应用自检测（autosensing）和交叉自适应（autocrossover）功能实现数据传输速率的自动检测 ● 是一个非托管交换机，不需要进行组态配置
3	PROFIBUS-DP 主站模块 CM 1243-5	通过使用 PROFIBUS-DP 主站通信模块，S7-1200 可以和下列设备通信： ● 其他 CPU ● 编程设备 ● 人机界面 ● PROFIBUS-DP 从站设备（例如 ET 200 和 SINAMICS）

（续）

序号	名称	功能描述
4	PROFIBUS-DP 从站模块 CM 1242-5	通过使用 PROFIBUS-DP 从站通信模块 CM 1242-5，S7-1200 可以作为一个智能 DP 从站设备与任何 PROFIBUS-DP 主站设备通信
5	GPRS 模块 CP 1242-7	通过使用 GPRS 通信处理器 CP 1242-7，S7-1200 可以与下列设备远程通信： ● 中央控制站 ● 其他的远程站 ● 移动设备（SMS 短消息） ● 编程设备（远程服务） ● 使用开放用户通信（UDP）的其他通信设备
6	I/O 主站模块 CM 1278	可作为 PROFINET IO 设备的主站
7	通信处理器 CP 1243-1	作为附加以太网接口连接 S7-1200，以及通过远程控制协议（DNP3、IEC 60870、TeleControl Basic）、安全方式（防火墙、VPN、SINEMA 远程连接）连接控制中心

注：本节讲解的通信模块不包含上节的通信板。

2.3　S7-1200 PLC 的数据类型与数据存储区

2.3.1　数据类型

微课：S7-1200 PLC 的数据类型

数据是程序处理和控制的对象，在程序运行过程中，数据是通过变量来存储和传递的。变量有两个要素：名称和数据类型。对程序块或者数据块的变量声明时，都要包括这两个要素。

数据的类型决定了数据的属性，例如数据长度和取值范围等。TIA Portal 软件中的数据类型分为三大类：基本数据类型、复杂数据类型和其他数据类型。

1. 基本数据类型

基本数据类型是根据 IEC 61131-3（国际电工委员会指定的 PLC 编程语言标准）来定义的，每个基本数据类型具有固定的长度且不超过 64 位。

基本数据类型最为常用，细分为位数据类型、整数和浮点数数据类型、字符数据类型、定时器数据类型及日期和时间数据类型。每一种数据类型都具备关键字、数据长度、取值范围和常数表等格式属性。以下分别介绍。

（1）位数据类型

位数据类型包括布尔型（Bool）、字节型（Byte）、字型（Word）和双字型（DWord）。TIA Portal 软件的位数据类型见表 2-5。

表 2-5　位数据类型

关键字/说明	长度/位	取值范围	输入实例
Bool/布尔型	1	True 或 False（1 或 0）	TRUE、BOOL#1、BOOL#TRUE
Byte/字节型	8	B#16#0～B#16#FF	15、BYTE#15、BYTE#10#15、B#15、IB0
Word/字型	16	十六进制：W#16#0～W#16#FFFF	16#F0F0、WORD#16#F0F0 W#16#F0F0、IW0
DWord/双字型	32	十六进制：（DW#16#0～DW#16#FFFF_FFFF）	16#00F0_FF0F、DW#16#00F0_FF0F DWORD#16#00F0_FF0F、ID0

关键点

在 TIA Portal 软件中，关键字不区分大小写，如 Bool、bool 和 BOOL 都是合法的，不必严格区分。

（2）整数和浮点数数据类型

整数数据类型包括有符号整数和无符号整数。有符号整数包括：短整数型（SInt）、整数型（Int）和双整数型（DInt）。无符号整数包括：无符号短整数型（USInt）、无符号整数型（UInt）和无符号双整数型（UDInt）。整数没有小数点。对于 S7-300/400 PLC 仅支持整数型（Int）和双整数型（DInt）。

实数数据类型包括实数（Real）和长实数（LReal），实数也称为浮点数。浮点数有正负且带小数点。TIA Portal 软件的整数和浮点数数据类型见表 2-6。

表 2-6　整数和浮点数数据类型

关键字/说明	长度/位	取值范围	输入实例
SInt/8 位有符号整数	8	-128～127	+44、SINT#+44、SINT#10#+44、MB0
Int/16 位有符号整数	16	-32768～32767	+3_785、INT#+3_785、INT#10#+3_785、MW0
DInt/32 位有符号整数	32	-L#2147483648～L#2147483647	+125_790、DINT#+125_790、DINT#10#+125_790、L#275、MD0
USInt/8 位无符号整数	8	0～255	78、USINT#78、USINT#10#78、MB0
UInt/16 位无符号整数	16	0～65535	65_295、UINT#65_295、UINT#10#65_295、MW0
UDInt/32 位无符号整数	32	0～4294967295	4_042_322_160、UDINT#4_042_322_160、UDINT#10#4_042_322_160、MD0
Real/实数/32 位 IEEE 754 标准浮点数	32	-3.402823E38～-1.175495E-38 +1.175495E-38～+3.402823E38	1.8、1.0e-5、REAL#1.0e-5、MD0

（3）字符数据类型

字符数据类型有字符（Char）和宽字符（WChar），Char 数据类型的操作数长度为 8 位，在存储器中占用 1 字节。Char 数据类型以 ASCII 格式存储单个字符，例如大写字母 A 的 ASCII 字符是 65，即存放字符‘A’的变量值是 65。其使用时输入举例：Char#'A'。

对于英语的每个字母和数字，使用 ASCII 码的 128 个字符中单个字符表达就足够了，但对于汉语和日语就不够，要使用 2 个字节表达的“Unicode”。宽字符 WChar 数据类型存储以 Unicode 格式存储的扩展字符集中的单个字符。但只涉及整个 Unicode 范围的一部分。控制字符在输入时，以美元符号表示。其使用时输入举例：WChar#'A'。

TIA Portal 软件的字符数据类型见表 2-7。

表 2-7　字符数据类型

关键字/说明	长度/位	取值范围	输入举例
Char/字符	8	ASCII 字符集	'A'、Char#'A'
WChar/长字符	16	Unicode 字符集，$0000～$D7FF	WChar#'A'

（4）定时器数据类型

定时器数据类型属于时间（Time）数据类型。该类型的操作数内容以毫秒表示，用于数据长度为 32 位的 IEC（国际电工委员会）定时器。表示信息包括天（d）、小时（h）、分钟（m）、秒（s）和毫秒（ms）。TIA Portal 软件的定时器数据类型见表 2-8。

表 2-8　定时器数据类型

关键字/说明	长度/位	取值范围	输入举例
Time/IEC 时间	32	T#-24d20h31m23s648ms～T#+24d20h31m23s647ms	T#20s_630ms、TIME#20s_630ms

（5）日期和时间数据类型

日期和时间数据类型包括：日期（Date）、日时间（TOD）和日期时间（Date_And_Time），以下分别介绍如下。

1）日期（Date）。Date 数据类型将日期作为无符号整数保存。表示法中包括年、月和日。数据类型 Date 的操作数为十六进制形式，对应于自 1990 年 1 月 1 日以后的日期值。

2）日时间（TOD）。TOD（Time_Of_Day）数据类型占用一个双字，存储从当天 0:00 时开始的毫秒数，为无符号整数。

3）日期时间（Date_And_Time）。数据类型 DT（Date_And_Time）存储日期和时间信息，格式为 BCD。

TIA Portal 软件的日期和时间数据类型见表 2-9。

表 2-9　日期和时间数据类型

关键字/说明	长度/字节	取值范围	输入举例
Date/日期	2	D#1990-01-01～D#2168-12-31	D#2009-12-31、DATE#2009-12-31
Time_Of_Day/日时间	4	TOD#00:00:00.000～TOD#23:59:59.999	TOD#10:20:30.400 、TIME_OF_DAY#10:20:30.400
Date_And_Time/日期时间	8	最小值：DT#1990-01-01-00:00:00.000 最大值：DT#2089-12-31-23:59:59.999	DT#2008-10-25-08:12:34.567、DATE_AND_TIME#2008-10-25-08:12:34.567

2. 复杂数据类型

复杂数据类型是一种由其他数据类型组合而成的，或者长度超过 32 位的数据类型，TIA Portal 软件中的复杂数据类型包含：String（字符串）、WString（宽字符串）、Array（数组类型）、Struct（结构类型）和 UDT（PLC 数据类型），复合数据类型相对较难理解和掌握，以下分别介绍。

（1）String（字符串）

其长度最多有 254 个字符的组（数据类型 Char）。为字符串保留的标准区域是 256 个字节长。这是保存 254 个字符和 2 个字节的标题所需要的空间。可以通过定义即将存储在字符串中的字符数目来减少字符串所需要的存储空间，例如：String[10]、'Siemens'、STRING#'NAME'。

（2）Struct（结构类型）

该类型是由不同数据类型组成的复合型数据，通常用来定义一组相关数据。例如电动机的一组数据可以按照如图 2-17 所示的方式定义，在“DB1”的“名称”栏中输入“Motor”，在“数据类型”栏中输入“Struct”（也可以单击下拉三角选取），之后可创建结构的其他元素，如本例的“Speed”。DB1.Motor.speed 的起始值为 98.0。

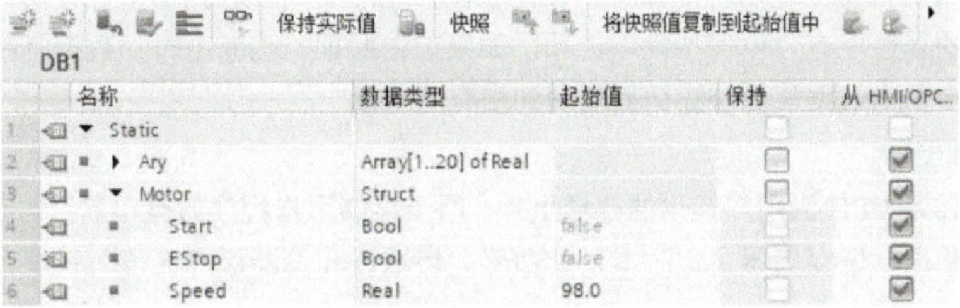

图 2-17　创建结构

使用 PLC 数据类型给编程带来较大的便利性，较为重要，相关内容在后续章节还要介绍。

3. 其他数据类型

对于 S7-1200 PLC，除了基本数据类型和复杂数据类型外，还包括指针、参数类型、系统数据类型和硬件数据类型等。

【例 2-2】 请指出以下数据的含义，DINT #58、58、58.0、t#58、P#M0.0 Byte 10。

解：1）DINT#58：表示双整数 58。

2）58：表示整数 58。

3）58.0：表示实数（浮点数）58.0。

4）t#58：表示 IEC 定时器中定时时间 58s。

5）P#M0.0 Byte 10：表示从 MB0 开始的 10 个字节。

关键点

理解例 2-2 中的数据表示方法至关重要，无论对于编写程序还是阅读程序都是必须掌握的。

2.3.2 S7-1200 PLC 的存储区

微课：S7-1200 PLC 的数据存储区

S7-1200 PLC 的存储区由装载存储器、工作存储器和系统存储器组成。工作存储器类似于计算机的内存条，装载存储器类似于计算机的硬盘。以下分别介绍四种存储器。

1. 装载存储器

装载存储器用于保存逻辑块、数据块和系统数据。下载程序时，用户程序下载到装载存储器。在 PLC 上电时，CPU 把装载存储器中的可执行的部分复制到工作存储器。而 PLC 断电时，需要保存的数据自动保存在装载存储器中。装载存储器是非易失性存储器（断电不丢失数据），相当于计算机的硬盘。S7-1200 CPU 内置了装载存储器，其 SD 卡是非必选件，而 S7-1500 CPU 没有内置了装载存储器，其 SD 卡是必选件。

对于 S7-300/400 PLC，符号表、注释和 UDT 不能下载，只保存在编程设备中。而对于 S7-1200 PLC，变量表、注释和 UDT 均可以下载到装载存储器。

2. 工作存储器

工作存储器集成在 CPU 中的高速存取的 RAM 存储器，是易失性存储器（断电丢失数据），用于存储 CPU 运行时的用户程序和数据，如组织块、函数块等。用模式选择开关复位 CPU 的存储器时，RAM 中程序被清除，但 FEPROM 中的程序不会被清除。

3. 保持存储器

保持存储器的数据断电后仍然保持，保持存储器是非易失性存储器。位存储器、定时器、计数器和数据块的属性中有“可保持性”选项，如果选中此项，当断电时，数据复制到保持存储器中。当系统再次上电数据从保持存储器复制到相应的变量中。

4. 系统存储器

系统存储器是 CPU 为用户提供的存储组件，用于存储用户程序的操作数据，例如过程映像输入、过程映像输出、位存储器、定时器、计数器、块堆栈和诊断缓冲区等。系统存储器是易失性存储器。

关 键 点

1）S7-1200 PLC 内置了装载存储器，SD 卡是选件。SD 卡的外形如图 2-18 所示，此卡为黑色，不能用 S7-300 PLC 用的绿色卡替代，此卡不可带电插拔（热插拔）。

2）S7-1200 PLC 的 RAM 不可扩展。RAM 不够用的明显标志是 PLC 频繁死机，解决办法是更换 RAM 容量更大的 PLC（通常是更高端的 CPU 模块）。

图 2-18　S7-1200/1500 PLC 用 SD 卡

（1）过程映像输入区（I）

过程映像输入区与输入端相连，它是专门用来接收 PLC 外部开关信号的元件。在每个扫描周期的开始，CPU 对物理输入点进行采样，并将采样值写入过程映像输入区。可以按位、字节、字或双字来存取过程映像输入区中的数据，过程映像输入区等效电路如图 2-19 所示，真实的电路中，当按钮闭合，线圈 I0.0 得电，经过 PLC 内部电路的转化，使得梯形图中常开触点 I0.0 闭合，常闭触点 I0.0 断开，理解这一点很重要。

微课：PLC 的工作原理

位格式：I[字节地址].[位地址]，如 I0.0。

字节、字和双字格式：I[长度][起始字节地址]，如 IB0、IW0 和 ID0。

若要存取存储区的某一位，则必须指定地址，包括存储器标识符、字节地址和位号。图 2-20 是一个位表示法的例子。其中，存储器区、字节地址（I 代表输入，2 代表字节 2）和位地址之间用点号（.）隔开。

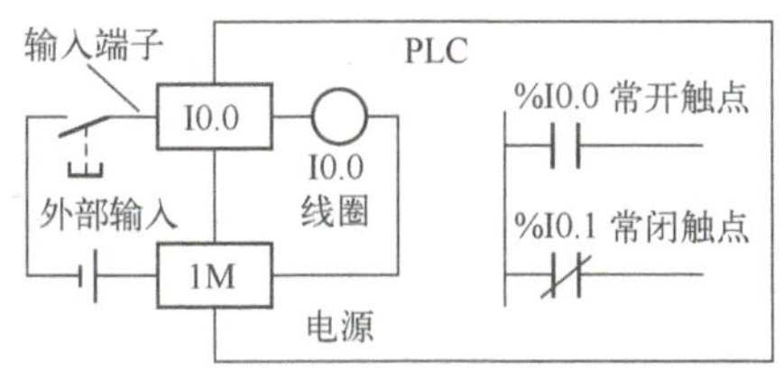

图 2-19　过程映像输入区 I0.0 的等效电路

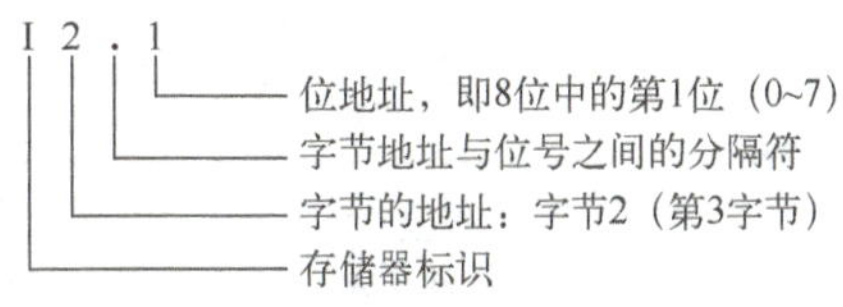

图 2-20　位表示方法

（2）过程映像输出区（Q）

过程映像输出区的作用是将 PLC 内部信号输出传送给外部负载（用户输出设备）。过程映像输出区线圈是由 PLC 内部程序的指令驱动，其线圈状态传送给输出单元，再由输出单元对应的硬触点来驱动外部负载。

输入和输出寄存器等效电路如图 2-21 所示。当输入端的 SB1 按钮闭合（输入端硬件电路组成回路）→经过 PLC 内部电路的转化，I0.0 线圈得电→梯形图中的 I0.0 常开触点闭合→梯形图的 Q0.0 得电自锁→经过 PLC 内部电路的转化，使得真实电路中的常开触点 Q0.0 闭合→从而使得外部设备线圈得电（输出端硬件线路组成回路）；当输入端的 SB2 按钮闭合（输入端硬件电路组成回路）→经过 PLC 内部电路的转化，I0.1 线圈得电→梯形图中的 I0.1 常闭触点断开→梯形图的 Q0.0 断电→经过 PLC 内部电路的转化，使得真实电路中的常开触点 Q0.0 断开→从而使得外部设备线圈断电，理解这一点很重要。

在每次扫描周期的结尾，CPU 将过程映像输出区中的数值复制到物理输出点上。可以按位、字节、字或双字来存取过程映像输出区。

位格式：Q[字节地址].[位地址]，如 Q1.1。

字节、字和双字格式：Q[长度][起始字节地址]，如 QB8、QW8 和 QD8。

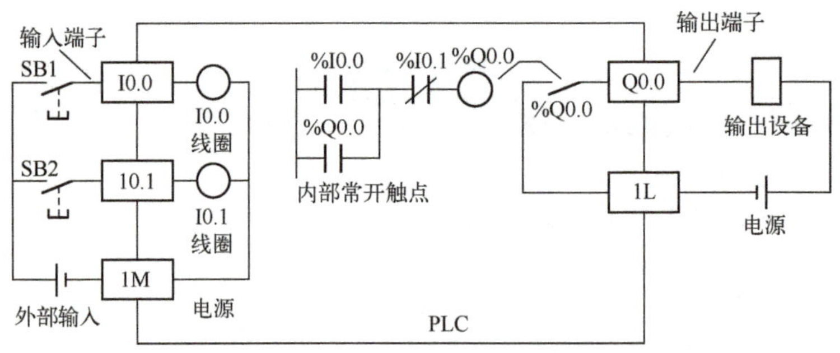

图 2-21　过程映像输入和输出区的等效电路

（3）标识位存储区（M）

标识位存储区是 PLC 中数量较多的一种存储区，一般的标识位存储区与继电器控制系统中的中间继电器相似。标识位存储区不能直接驱动外部负载，这点请初学者注意，负载只能由过程映像输出区的外部触点驱动。标识位存储区的常开与常闭触点在 PLC 内部编程时，可无限次使用。M 的数量根据不同型号的 PLC 而不同。可以用位存储区来存储中间操作状态和控制信息，并且可以按位、字节、字或双字来存取位存储区。

位格式：M[字节地址].[位地址]，如 M2.7。

字节、字和双字格式：M[长度][起始字节地址]，如 MB10、MW10 和 MD10。

I、Q 和 M 存储区及功能见表 2-10。关于数据块（DB）、本地数据区（L）、物理输入区和物理输出区，到时再讲解。

表 2-10　存储区及功能

地址存储区	范围	S7 符号	举例	功能描述
过程映像输入区	输入（位）	I	I0.0	扫描周期期间，CPU 从模块读取输入，并记录该区域中的值
	输入（字节）	IB	IB0	
	输入（字）	IW	IW0	
	输入（双字）	ID	ID0	
过程映像输出区	输出（位）	Q	Q0.0	扫描周期期间，程序计算输出值并将它放入此区域，扫描结束时，CPU 发送计算输出值到输出模块
	输出（字节）	QB	QB0	
	输出（字）	QW	QW0	
	输出（双字）	QD	QD0	
标识位存储区	标识位存储区（位）	M	M0.0	用于存储程序的中间计算结果
	标识位存储区（字节）	MB	MB0	
	标识位存储区（字）	MW	MW0	
	标识位存储区（双字）	MD	MD0	

【例 2-3】 如果 QW0 的输出控制 16 盏灯的亮灭，当 QW0=2#11 时，问哪些地址对应的灯是亮的？

解： QW0 包含两个字节 QB0 和 QB1，其中 QB0 是高字节，QB1 是低字节，如图 2-22 所示，从图中的对应关系可以看到 QB0=2#0000_0000=0，而 QB0 包含 Q0.0～Q0.7 共 8 位，所以 Q0.0～Q0.7 对应的灯都不亮。QB1=2#0000_0011，可知 Q1.0=1 和 Q1.1=1，所以 Q1.0 和 Q1.1 对应的灯亮，Q1.2～Q1.7=0，故其对应的灯不亮。

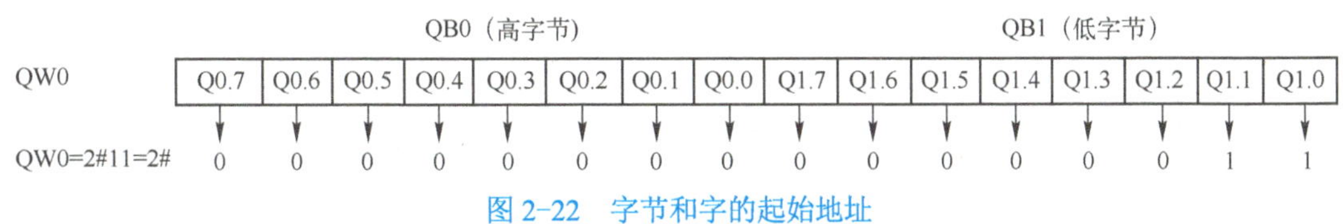

图 2-22　字节和字的起始地址

作业

微课-拓展内容：S7-1200 PLC 数字量信号板及其接线

一、选择题

1．下列哪个 CPU 模块不能向右侧扩展？（　　）

A．CPU 1217C　　B．CPU 1215C

C．CPU 1212C　　D．CPU 1211C

2．S7-1200 PLC 的 CPU 模块最多能扩展几个通信模块（通信板）？（　　）

A．1　　B．2　　C．3　　D．4

微课-拓展内容：S7-1200 PLC 模拟量信号板及其接线

3．S7-1200 的 PN 口内置的通信协议有（　　）。

A．PROFINET　　B．MODBUS-TCP

C．A 和 B　　D．以上都不对

4．S7-1200 的 PN 口不支持的通信协议有（　　）。

A．OUC 通信　　B．Modbus-TCP

C．Modbus-RTU　　D．S7 通信

5．以下不是 S7-1200 PLC 的存储区的是（　　）。

A．装载存储器　　B．工作存储器

C．系统存储器　　D．SM1231

6．对于 S7-1200 PLC，以下哪个表达方式是不合法的？（　　）

A．V0.0　　B．I0.0:P　　C．q0.0　　D．DB1.DBX0.0

7．以下哪个是 S7-1200 PLC 的字节寻址？（　　）

A．VB0　　B．DB1.DBB0　　C．ID0:P　　D．MW0

8．下载 S7-1200 PLC 的程序到哪个区域？（　　）

A．装载存储器　　B．工作存储器　　C．系统存储器　　D．RAM

9．如果 QW0=1，则以下哪个正确？（　　）

A．Q0.0=1　　B．Q1.0=1　　C．QB1=1　　D．B 和 C

二、问答题

1．S7 系列的 PLC 有哪几类？

2．S7-1200 系列 PLC 有什么特色？

3．S7-1200 PLC 的存储器有哪几种？

4．S7-1200 的 CPU 模块的输出有哪几种？

5．CPU 1211C、CPU 1212C、CPU 1214C 的左侧分别最多能扩展几个模块？

6．数字量输入模块通常和什么电气元件相连接？数字量输出模块通常和什么电气元件相连接？

第 3 章　用 TIA Portal（博途）软件创建简单项目

本章介绍 TIA 博途（Portal）软件的使用方法，并用两种方法，给出使用 TIA Portal 软件编译一个简单程序完整过程的实例，这是学习本书后续内容必要的准备。

3.1　TIA Portal（博途）软件简介

微课：TIA Portal（博途）软件简介

3.1.1　初识 TIA Portal（博途）软件

TIA Portal（博途）软件是西门子推出的，面向工业自动化领域的新一代工程软件平台，常用的主要包括 3 个部分：SIMATIC STEP 7、SIMATIC WinCC 和 SINAMICS StartDrive。

1．SIMATIC STEP 7（TIA Portal）

STEP 7（TIA Portal）是用于组态 SIMATIC S7-1200、S7-1500、S7-300/400 和 WinAC 控制器系列的工程组态软件。STEP 7（TIA Portal）有两个版本，具体使用取决于可组态的控制器系列，分别介绍如下。

1）STEP 7 Basic 主要用于组态 S7-1200，并且自带 WinCC Basic，用于 Basic 面板的组态。

2）STEP 7 Professional 用于组态 S7-1200、S7-1500、S7-300/400 和 WinAC，且自带 WinCC Basic，用于 Basic 面板的组态。

2．SIMATIC WinCC（TIA Portal）

WinCC（TIA Portal）是使用 WinCC Runtime Advanced 或 SCADA 系统的 WinCC Runtime Professional 可视化软件，可组态 SIMATIC 面板、SIMATIC 工业 PC 以及标准 PC 的工程组态软件。

WinCC（TIA Portal）有 4 个版本，即 WinCC Basic、WinCC Comfort、WinCC Advanced 和 WinCC Professional。

3．SINAMICS StartDrive（TIA Portal）

SINAMICS StartDrive 软件能够将 SINAMICS 变频器集成到自动化环境中，并使用 TIA Portal 对 SINAMICS 变频器（如 G120、S120 等）进行参数设置、工艺对象配置、调试和诊断等操作等。

关 键 点

TIA Portal 的版本从 TIA Portal V10.5 到 TIA Portal V20，共有 12 个主要版本（含 TIA Portal V15.1），尽管每个版本都有新功能，但软件界面总体架构没有改变，因此熟练使用早期版本的 TIA Portal 的用户，过渡到更高版本是很容易的。

3.1.2　TIA Portal 软件的安装及注意事项

视频：TIA Portal 软件的安装

1．TIA Portal 软件的安装

TIA Portal 软件的安装比较容易，限于篇幅，本书仅提供视频，供读者参考。

2．安装 TIA Portal 软件的注意事项

1）TIA Portal V17 以上版本与 Windows 10/11 操作系统（家庭版、专业版和企业版）兼容，仅与 Windows Server 完全版兼容。32 位操作系统的专业版与 TIA Portal V14 及以后的软件不兼容，TIA Portal V13 及之前的版本与 32 位操作系统兼容。

2）安装 TIA Portal 软件时，最好关闭监控和杀毒软件。

3）安装软件时，软件的存放目录中不能有汉字，否则会弹出错误信息，表明目录中有不能识别的字符。例如将软件存放在“C:/软件/STEP 7”目录中就不能安装。建议放在根目录下安装。这一点初学者最易忽略。

4）如果在安装 TIA Portal 软件的过程中出现提示“You must restart your computer before you can run setup. Do you want reboot your computer now?”字样，可尝试重启计算机，但有时会重复提示重启计算机，在这种情况下解决方案如下：

视频：解决计算机重启问题

同时按下计算机键盘上〈Win+R〉键（即〈⊞+R〉），弹出“运行”对话框，在运行对话框中输入“regedit”，单击键盘上的〈Enter〉键，打开注册表编辑器。选中注册表中的“HKEY_LOCAL_MACHINE\Sysytem\CurrentControlset\Control”中的“Session manager”，删除右侧窗口的“PendingFileRenameOperations”选项。重新安装，就不会出现重启计算机的提示了。这个解决方案也适用于安装其他的软件。

5）允许在同一台计算机的同一个操作系统中安装 STEP 7 V5.7、STEP 7 V17、STEP 7 V18 和 STEP 7 V19，但经典版的 STEP 7 V5.6 和 STEP 7 V5.7 不能安装在同一个操作系统中。

3.2　TIA Portal 视图与项目视图

3.2.1　TIA Portal 视图结构

打开 TIA 软件，首先进入 TIA Portal 视图，其结构如图 3-1 所示，以下分别对各个主要部分进行说明。

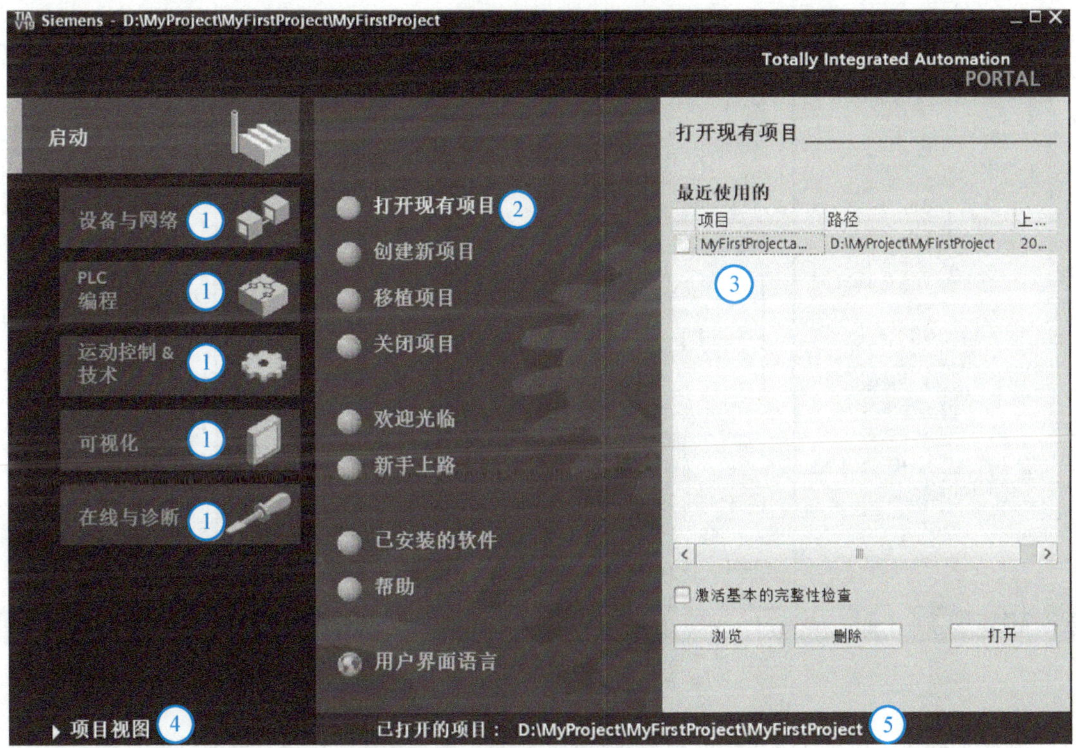

图 3-1　TIA Portal 视图的结构

（1）登录选项

如图 3-1 中的序号①所示，登录选项为各个任务区提供了基本功能。在 Portal 视图中提供的登录选项取决于所安装的产品。

（2）所选登录选项对应的操作

如图 3-1 中的序号②所示，此处提供了在所选登录选项中可使用的操作，可在每个登录选项中调用上下文相关的帮助功能。

（3）所选操作的选择面板

如图 3-1 中的序号③所示，所有登录选项中都提供了选择面板，该面板的内容取决于操作者的当前选择。

（4）切换到项目视图

如图 3-1 中的序号④所示，可以使用“项目视图”链接切换到项目视图。

（5）当前打开的项目的显示区域

如图 3-1 中的序号⑤所示，在此处可了解当前打开的是哪个项目。

3.2.2　项目视图

项目视图是项目所有组件的结构化视图，如图 3-2 所示，项目视图是项目组态和编程的界面。

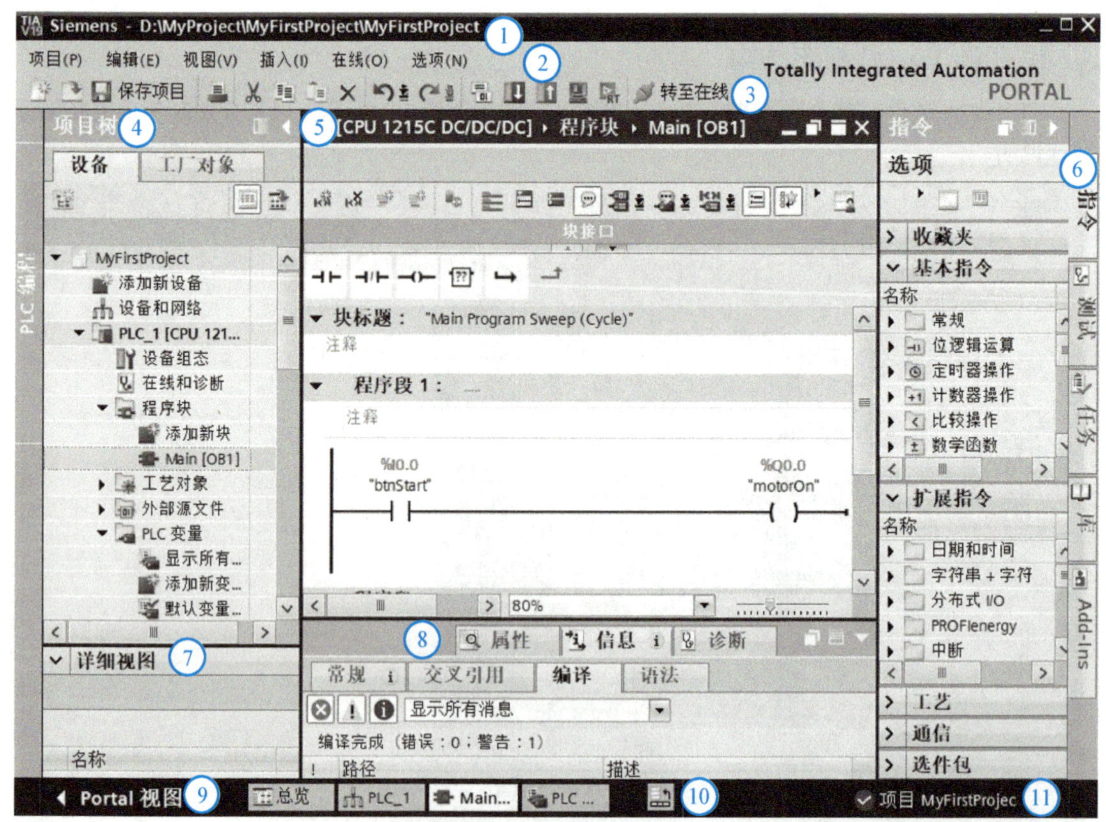

图 3-2　项目视图的组件

单击如图 3-1 所示 TIA Portal 视图界面的“项目视图”按钮，可以打开项目视图界面，界面中包含如下区域。

（1）标题栏

项目名称显示在标题栏中，如图 3-2 中①处的“MyFirstProject”所示。

（2）菜单栏

菜单栏如图 3-2 中的②处所示，包含工作所需的全部命令。

（3）工具栏

工具栏如图 3-2 中的③处所示，工具栏提供了常用命令的按钮。可以更快地访问“复制”“粘贴”“上传”和“下载”等命令。

（4）项目树

项目树如图 3-2 中的④处所示，使用项目树功能，可以访问所有组件和项目数据。可在项目树中执行以下任务：

1）添加新组件。

2）编辑现有组件。

3）扫描和修改现有组件的属性。

（5）工作区

工作区如图 3-2 中的⑤处所示，在工作区内显示打开的对象。这些对象包括编辑器、视图和表格。

在工作区可以打开若干个对象。但通常每次在工作区中只能看到其中一个对象。在编辑器栏中，所有其他对象均显示为选项卡。如果在执行某些任务时要同时查看两个对象，则可以水平或垂直方式平铺工作区，或浮动停靠工作区的元素。如果没有打开任何对象，则工作区是空的。

（6）任务卡

任务卡如图 3-2 中的⑥处所示，根据所编辑对象或所选对象，项目视图提供了用于执行附加操作的任务卡。这些操作包括：

1）从库中或者从硬件目录中选择对象。

2）在项目中搜索和替换对象。

3）将预定义的对象拖到工作区。

在界面右侧的条形栏中可以找到可用的任务卡。可以随时折叠和重新打开这些任务卡。哪些任务卡可用取决于所安装的产品。比较复杂的任务卡会划分为多个窗格，这些窗格也可以折叠和重新打开。

（7）详细视图

详细视图如图 3-2 中的⑦处所示，详细视图用于显示总览窗口或项目树中所选对象的特定内容。其中可以包含文本列表或变量。但不显示文件夹的内容。要显示文件夹的内容，可使用项目树或巡视窗口。

（8）巡视窗口

巡视窗口如图 3-2 中的⑧处所示，对象或所执行操作的附加信息均显示在巡视窗口中。巡视窗口有三个选项卡：属性、信息和诊断。

1）“属性”选项卡显示所选对象的属性，可以在此处更改可编辑的属性。属性的内容非常丰富，读者应重点掌握。

2）“信息”选项卡显示有关所选对象的附加信息以及执行操作（例如编译）时发出的报警。

3）“诊断”选项卡中将提供有关系统诊断事件、已组态消息事件以及连接诊断的信息。

（9）切换到 Portal 视图

单击图 3-2 中的⑨处所示的“Portal 视图”，可从项目视图切换到 Portal 视图。

（10）编辑器栏

编辑器栏如图 3-2 中的⑩处所示，编辑器栏用于显示打开的编辑器。如果已打开多个编辑器，它们将组合在一起显示。可以使用编辑器栏在打开的元素之间进行快速切换。

（11）带有进度显示的状态栏

状态栏如图 3-2 中的⑪处所示，在状态栏中，显示当前正在后台运行的过程的进度，其中还包括一个以图形方式显示的进度条，将光标放置在进度条上，系统将显示一个工具提示，描述正在后台运行的过程的其他信息。单击进度条边上的按钮，可以取消显示后台正在运行的过程。

如果当前没有任何过程在后台运行，则状态栏中显示最新生成的报警。

3.2.3　项目树

在项目视图左侧项目树界面中主要包括的区域如图 3-3 所示。

（1）标题栏

项目树的标题栏有两个按钮：自动折叠项目树按钮和手动折叠项目树按钮。手动折叠项目树时，此按钮将“缩小”到左边界。它此时会从指向左侧的箭头变为指向右侧的箭头，并可用于重新打开项目树。在不需要时，可以使用“自动折叠”按钮自动折叠到项目树。

（2）工具栏

可以在项目树的工具栏中执行以下任务：

1）用按钮创建新的用户文件夹。例如，创建一个新的文件夹以组合“程序块”文件夹中的块。

2）项目树中有两个用于链接的按钮。可使用这两个按钮从链接浏览到源，再往回浏览。例如，用按钮向前浏览到链接的源，用按钮，往回浏览到链接本身。

3）用按钮在工作区中显示所选对象的总览。显示总览时将隐藏项目树中元素的更低级别的对象和操作。

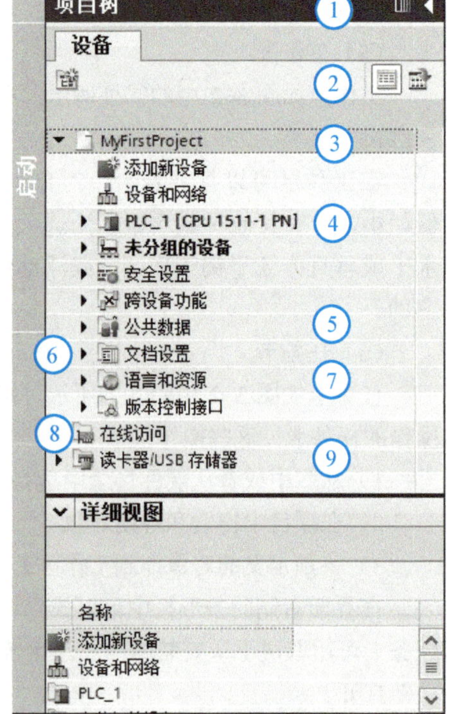

图 3-3　项目树

（3）项目

在“项目”文件夹中，可以找到与项目相关的所有对象和操作，例如，设备、语言和资源、在线访问、设备。

（4）设备

项目中的每个设备都有一个单独的文件夹，该文件夹具有内部的项目名称。属于该设备的对象和操作都列于此文件夹中。

（5）公共数据

此文件夹包含可跨多个设备使用的数据，例如公用消息类、日志、脚本和文本列表。

（6）文档设置

在此文件夹中，可以指定要在以后打印的项目文档的格式、布局等。

（7）语言和资源

可在此文件夹中确定项目语言和文本。

（8）在线访问

该文件夹包含了 PG/PC 的所有接口，即使未用于与模块通信的接口也包括在其中，该条目较常用。

（9）读卡器/USB 存储器

该文件夹用于管理连接到 PG/PC 的所有读卡器和其他 USB 存储介质。

3.3　用离线硬件组态法创建 TIA Portal 项目——电动机点动控制

以下用一个例子介绍创建一个完整的 TIA Portal 项目的全过程。

【例 3-1】　用离线硬件组态法创建一个 TIA Portal 项目，实现电动机的点动控制，原理图如图 3-4 所示，梯形图如图 3-5 所示。

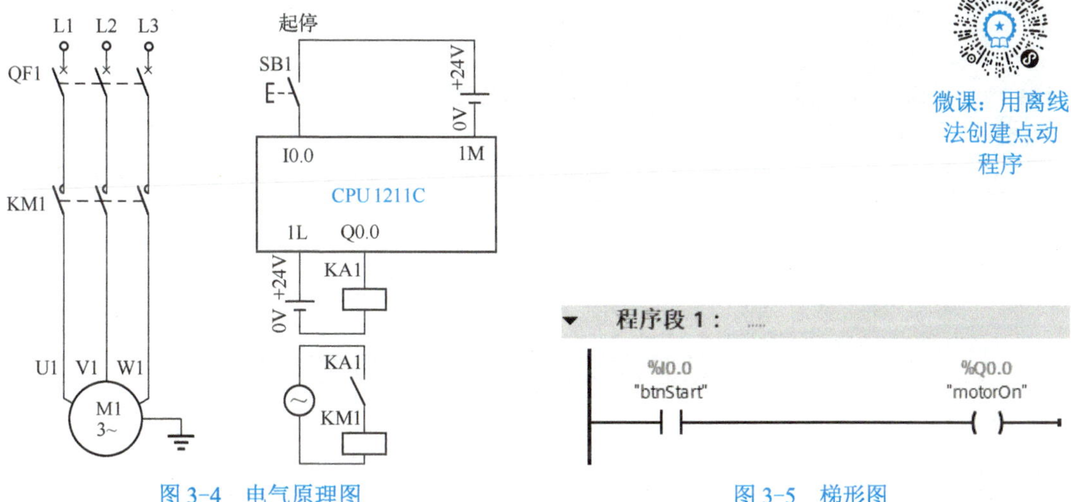

图 3-4　电气原理图　　　　图 3-5　梯形图

当按下 CPU 1211C 模块输入端的按钮 SB1 后，按钮 SB1 的常开触点闭合的信号送入 PLC 内部，使得梯形图中的常开触点 I0.0 闭合，程序运行的结果是线圈 Q0.0 得电→继电器 KA1 线圈得电→继电器 KA1 常开触点闭合→接触器 KM1 线圈得电→接触器 KM1 常开主触点闭合→电动机通电运行。

当断开 CPU 1211C 模块输入端的按钮 SB1 时，电动机断电，实现点动控制。

具体创建步骤如下。

3.3.1　在博途视图中新建项目

新建博途项目的方法有如下三种。

（1）方法 1

打开 TIA Portal 软件，如图 3-6 所示，选中“启动”→“创建新项目”，在“项目名称”中输入新建的项目名称（本例为 MyFirstProject），单击“创建”按钮，完成新建项目。

（2）方法 2

如果 TIA Portal 软件处于打开状态，在项目视图中，选中菜单栏中“项目”，单击“新建”命令，如图 3-7 所示，弹出如图 3-8 所示的界面，在“项目名称”中输入新建的项目名称（本例为 MyFirstProject），单击“创建”按钮，完成新建项目。

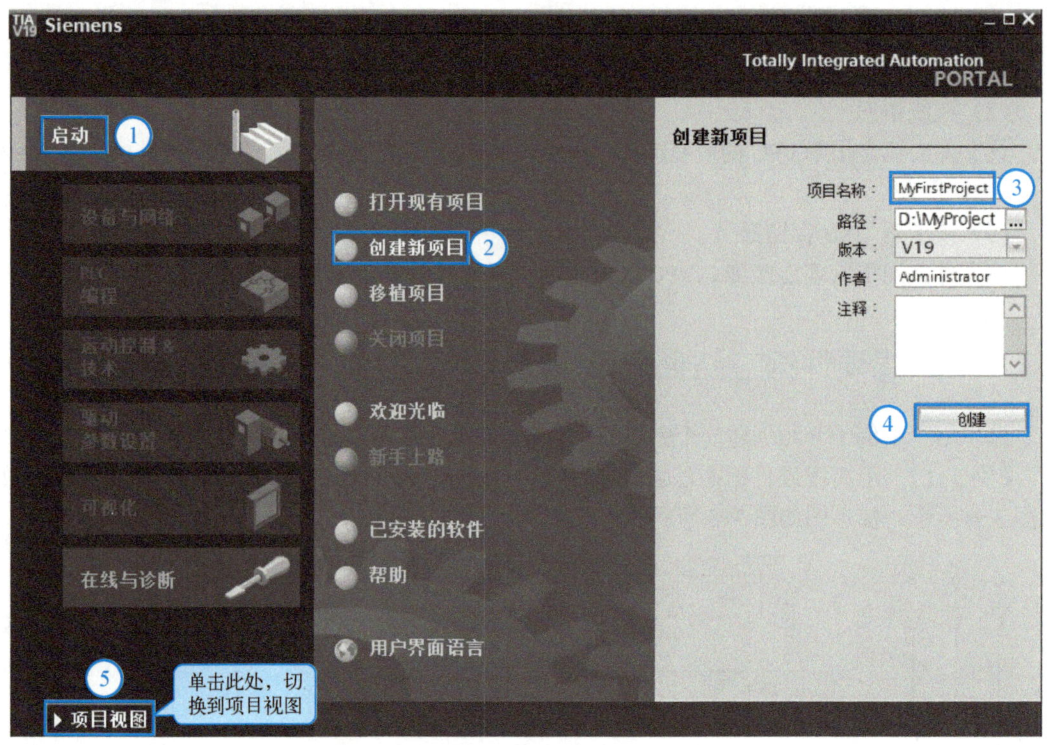

图 3-6　新建项目（1）

图 3-7　新建项目（2）

（3）方法 3

如果 TIA Portal 软件处于打开状态，而且在项目视图中，单击工具栏中“新建”按钮，弹出如图 3-8 所示的界面，在“项目名称”中输入新建的项目名称（本例为 MyFirstProject），单击“创建”按钮，完成新建项目。

3.3.2　添加设备

硬件组态有两种方法，即在线组态和离线组态。先介绍离线组态。在图 3-9 中，双击“添加新设备”，弹出“添加新设备”对话框，选中“控制器”→“SIMATIC S7-1200”→“6ES7 211-1BE40-0XB0”（项目中使用的 CPU 模块的序列号）→“V4.6”（项目中使用的 CPU 模块的版本号），单击“确定”按钮。

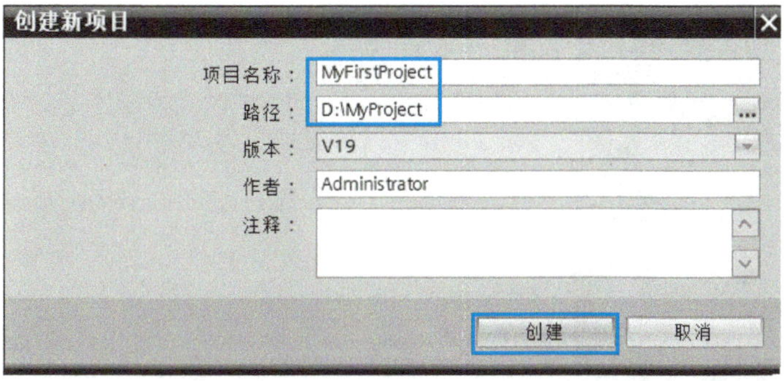

创建新项目

项目名称：MyFirstProject

路径：D:\MyProject

版本：V19

作者：Administrator

注释：

创建　取消

图 3-8　新建项目（3）

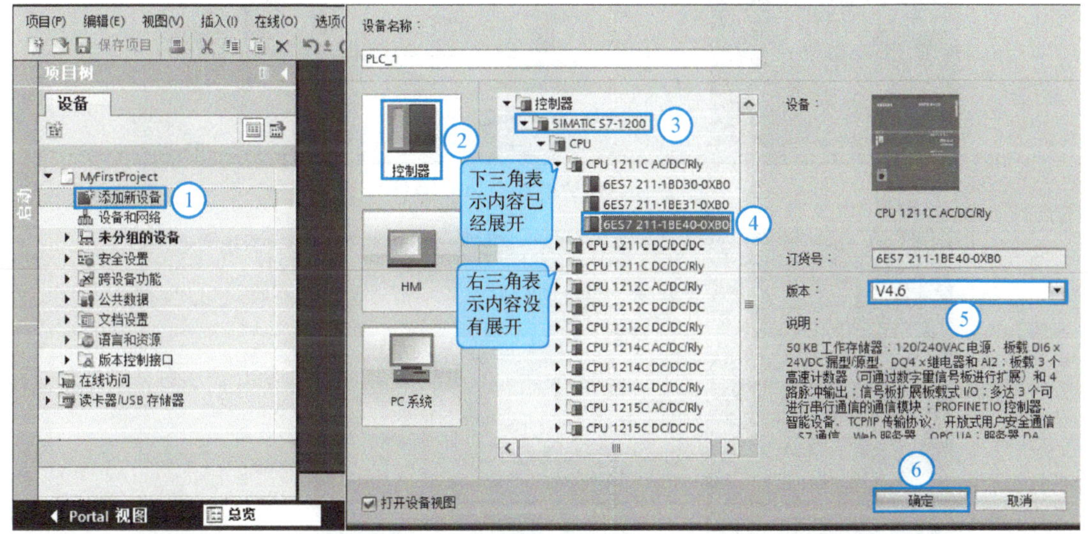

图 3-9　硬件组态

关 键 点

固件版本号的选择原则是“就低不就高”，意思是组态时选择的版本号（如图 3-9 的序号⑤处）等于或低于实际模块的版本号。例如，实际 CPU 1211C 的版本是 V4.6，那么组态时，图 3-9 的序号⑤处，选择的版本是 V4.6（或者选择 V4.4 和 V4.5），但不能选 V4.7，否则报错。

固件版本是可以升级的，例如，S7-1200 CPU V4.1 可以升级到 V4.5。受 CPU 模块硬件限制，有的模块升级到一定版本后就不能再升级了，如 S7-1200 CPU V3.0 就不能升级。

3.3.3　PLC 安全设置

TIA Portal V16 及之前的版本，不会自动弹出 PLC 安全设置界面，这项功能的作用是对 PLC 设置密码，便于保护知识产权。对于初学者，可暂时不设置密码。

如图 3-10 所示，取消勾选标记①处的“√”，单击“下一步”按钮，弹出如图 3-11 所示的界面，取消勾选标记①处的“√”，单击“下一步”按钮，弹出如图 3-12 所示的界面，选择标记①处的“完全访问权限（无任何保护）”选项，单击“完成”按钮。

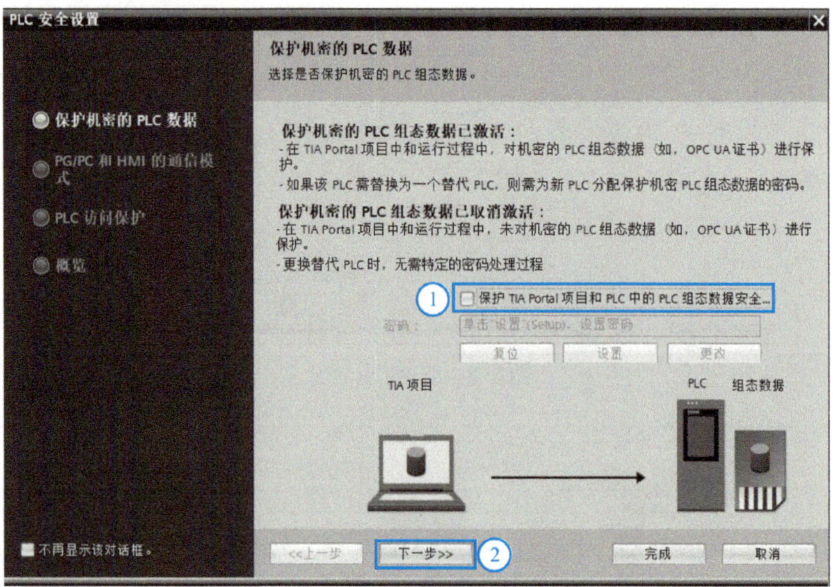

图 3-10　保护机密的 PLC 数据

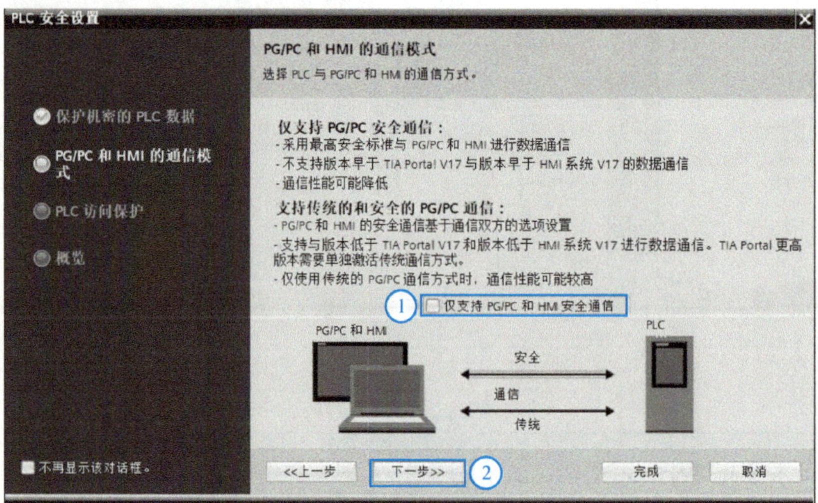

图 3-11　PG/PC 和 HMI 的通信模式

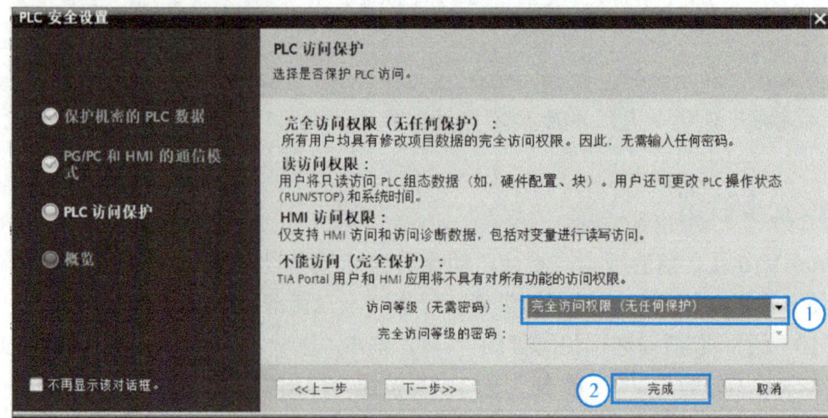

图 3-12　PLC 访问保护

注意： TIA Portal V16 及其之前的版本不会出现图 3-10～图 3-12 的界面。

硬件组态如图 3-13 所示，从“设备概览”选项卡中可以看出，CPU 模块的输入地址范围是 I0.0～I0.5，输出地址是 Q0.0～Q0.3。图 3-4 和图 3-5 中的地址 I0.0 和 Q0.0 与图 3-13 是对应的，且必须对应。

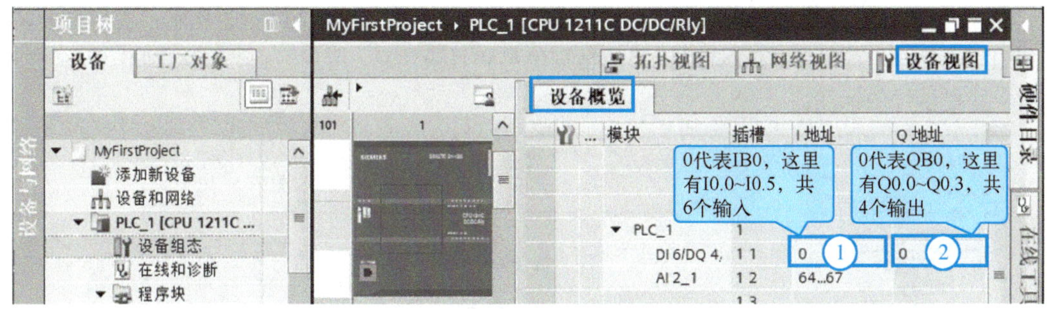

图 3-13　硬件组态在“设备概览”中查看数字量输入和数字量输出的地址

3.3.4　CPU 参数配置

单击机架中的 CPU，可以看到 TIA Portal 软件底部 CPU 的属性视图，在此可以配置 CPU 的各种参数，如 CPU 的启动特性、组织块（OB）以及存储区的设置等。以下主要以 CPU 1211C 为例介绍 CPU 的参数设置。本例的 CPU 参数全部可以采用默认值，不用设置，初学者可以跳过。

1. 常规

单击属性视图中的“常规”选项卡，在属性视图的右侧的常规界面中显示了 CPU 的项目信息、目录信息、标识与维护等。用户可以在此浏览 CPU 的简单特性描述，也可以在“名称”“注释”等空白处输入提示性的标注，以便识别设备和设备所处的位置，如图 3-14 所示。

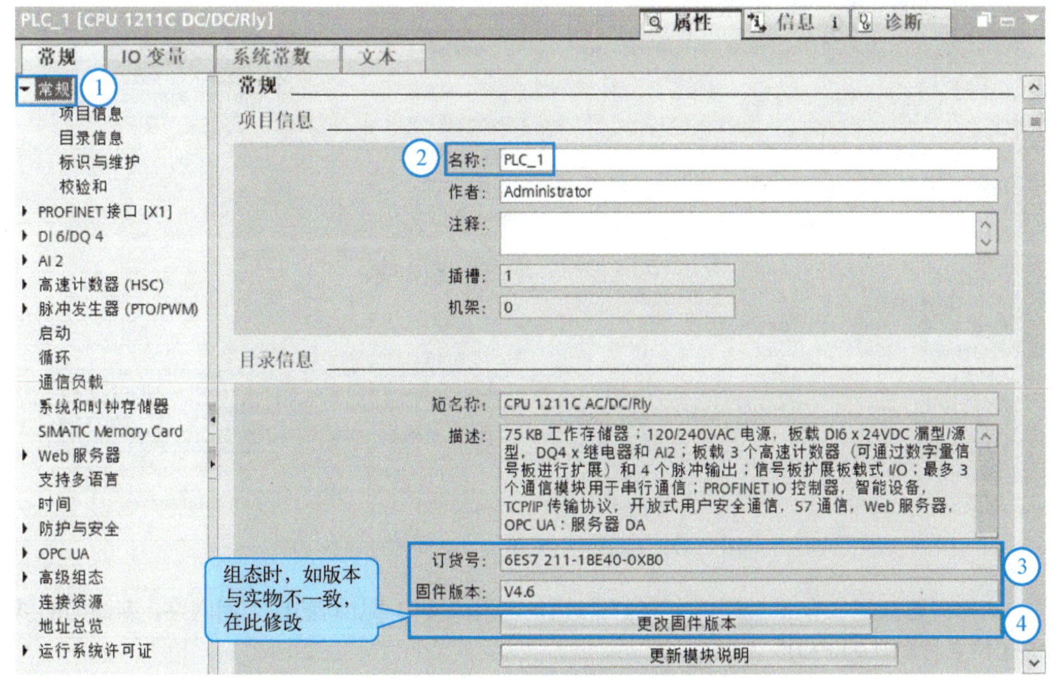

图 3-14　CPU 属性常规信息

2. PROFINET 接口

PROFINET 接口中包含常规、以太网地址、时间同步、操作模式、高级选项、Web 服务器访问和硬件标识，以下介绍部分常用功能。

（1）常规

在 PROFINET 接口的选项卡列表中，单击“常规”选项卡，如图 3-15 所示，在属性视图的右侧的常规界面中可见 PROFINET 接口的常规信息和目录信息。用户可在“名称”“作者”“注释”中做一些提示性的标注。

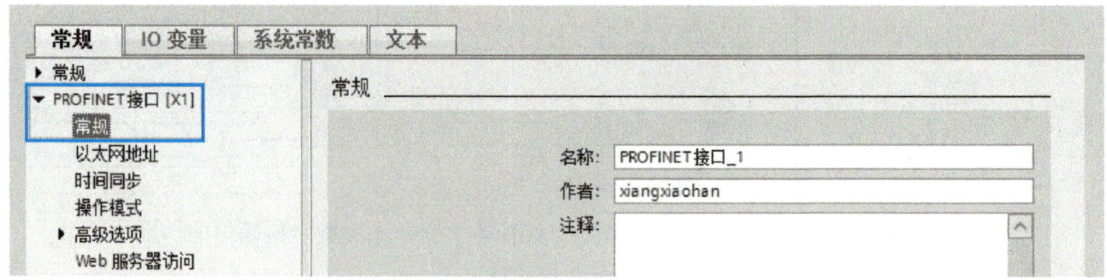

图 3-15　PROFINET 接口常规信息

（2）以太网地址

选中“以太网地址”选项卡，如图 3-16 所示，可以在此进行创建新网络、设置 IP 地址等操作。以下将说明“以太网地址”选项卡中的主要参数和功能。

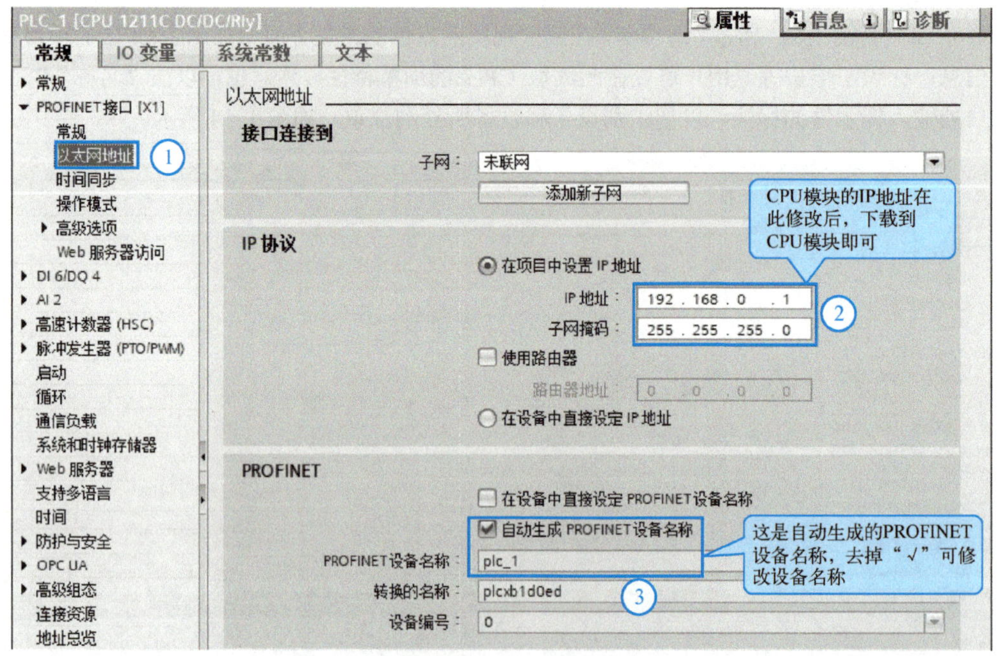

图 3-16　PROFINET 接口以太网地址信息

1）接口连接到。单击“添加新子网”按钮，可为该接口添加新的以太网网络，新添加的以太网的子网名称默认为 PN/IE_1。

2）IP 协议。可根据实际情况设置 IP 地址和子网掩码，如图 3-16 中，默认 IP 地址为“192.168.0.1”，默认子网掩码为“255.255.255.0”。如果该设备需要和非同一网段的设备通信，那么还需要激活“使用 IP 路由器”选项，并输入路由器的 IP 地址。

3）PROFINET。“PROFINET 的设备名称”表示对于 PROFINET 接口的模块，每个接口都有各自的设备名称，且此名称可以在项目树中修改；“转换的名称”表示此 PROFINET 设备名称转换成符合 DNS 习惯的名称。

“设备编号”表示 PROFINET IO 设备的编号，IO 控制器的编号是无法修改的，为默认值“0”。

（3）Web 服务器访问

CPU 的存储区中存储了一些含有 CPU 信息和诊断功能的 HTML 页面。Web 服务器功能使得用户可通过 Web 浏览器执行访问此功能。

激活“启用通过该接口的 IP 地址访问 Web 服务器”，则意味着可以通过 Web 浏览器访问该 CPU，如图 3-17 所示。本节内容前述部分已经设定 CPU 的 IP 地址为：192.168.0.1。如打开 Web 浏览器(例如 Internet Explorer)，并输入“http://192.168.0.1”（CPU 的 IP 地址），刷新 Internet Explorer，即可浏览访问该 CPU 了。

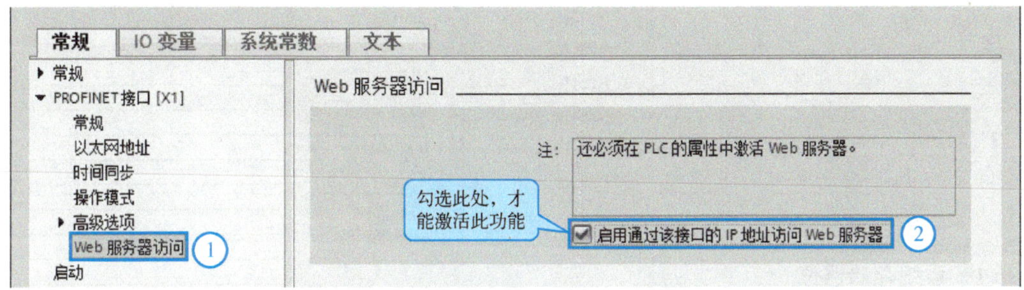

图 3-17　启用使用该端口访问 Web 服务器

3. 启动

单击“启动”选项，打开“启动”参数设置界面，如图 3-18 所示。

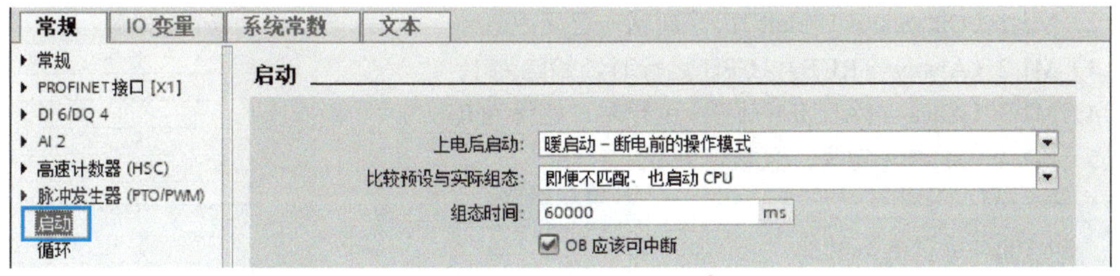

图 3-18　启动

CPU 的“上电后启动”有三个选项：未启动（仍处于 STOP 模式）、暖启动-断电前的操作模式和暖启动-RUN。

“比较预设与实际组态”有两个选项：“即便不匹配，也启动 CPU”和“仅匹配时启动 CPU”。如果选择第一个选项表示不管组态预设和实际组态是否一致 CPU 均启动，如果选择第二项则组态预设和实际组态一致 CPU 才启动。

4. 系统和时钟存储器

单击“系统和时钟存储器”选项卡，弹出如图 3-19 所示的界面。有两项参数，具体介绍如下：

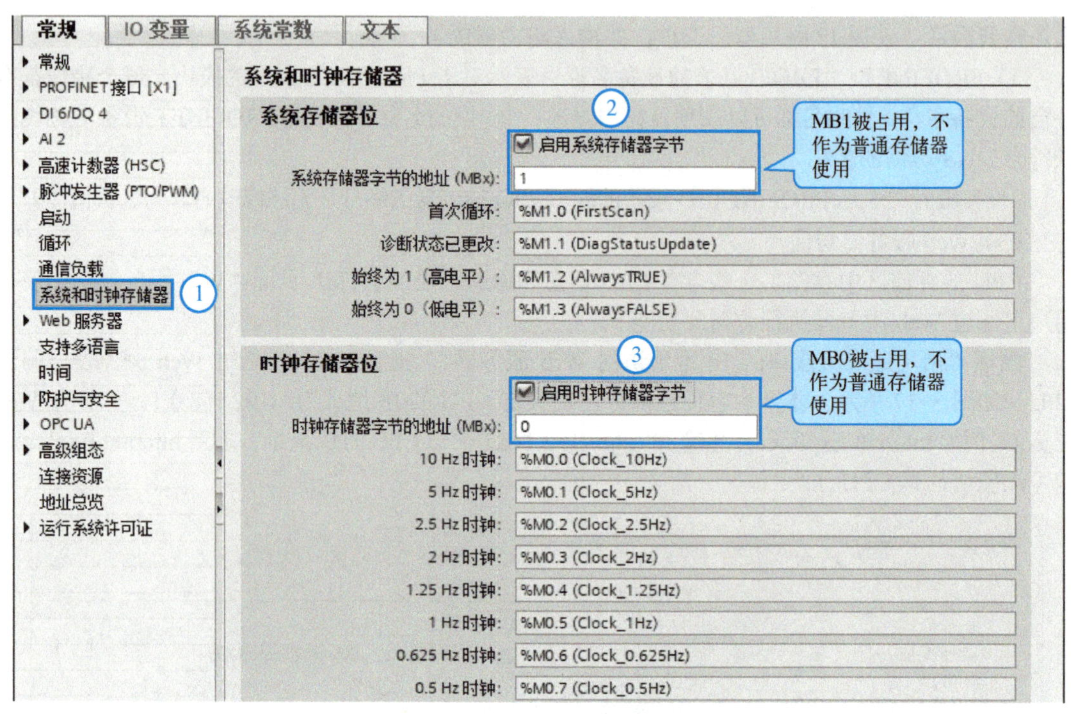

图 3-19　系统和时钟存储器

（1）系统存储器位

选中“启用系统存储器字节”选项，系统默认系统存储器字节的地址为“1”，代表的字节为“MB1”，用户也可以指定其他的存储字节。目前只用到了该字节的前 4 位，以 MB1 为例，其各位的含义如下。

1）M1.0（FirstScan）：首次扫描为 1，之后为 0。

2）M1.1（DiagStatus Update）：诊断状态已更改。

3）M1.2（Always TRUE）：CPU 运行时，始终为 1。

4）M1.3（Always FALSE）：CPU 运行时，始终为 0。

5）M1.4～M1.7 未定义，且数值为 0。

关 键 点

S7-300/400 没有此功能。

（2）时钟存储器位

时钟存储器是 CPU 内部集成的时钟存储器。选中“启用时钟存储器字节”，系统默认时钟存储器字节的地址为“0”，代表的字节为“MB0”，用户也可以指定其他的存储字节，其各位的含义见表 3-1。

表 3-1　时钟存储器

时钟存储器的位	7	6	5	4	3	2	1	0
频率/Hz	0.5	0.625	1	1.25	2	2.5	5	10
周期/s	2	1.6	1	0.8	0.5	0.4	0.2	0.1

关 键 点

以上功能是非常常用的，如果启用了以上功能，仍然不起作用，先检查是否有变量冲突，若无变量冲突，将硬件“完全重建”后再下载，一般可以解决。

3.3.5　I/O 参数的配置

S7-1200 模块的一些重要的参数是可以修改的，如数字量 I/O 和模拟量 I/O 的地址的修改、诊断功能的激活和取消激活等。本例可以不做修改 I/O 参数的配置。

1．数字量输入参数的配置

数字量输入参数是比较重要的（见图 3-20），特别是在使用高速计数器时，需要修改滤波时间，一般默认的“输入滤波器”是 6.4ms，通常要修改成微秒级别，否则不能完成高速计数。

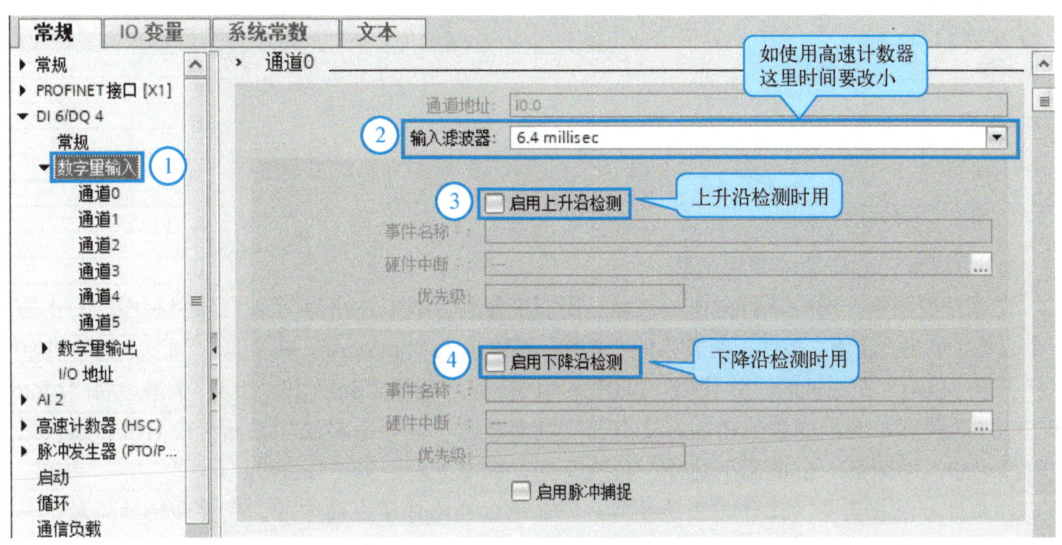

图 3-20　数字量输入参数

CPU 模块或在机架上插入数字量 I/O 模块时，系统自动为每个模块分配逻辑地址，删除和添加模块不会造成逻辑地址冲突。在工程实践中，修改模块地址是比较常见的操作，例如，编写程序时，程序的地址和模块地址不匹配，此时就需要修改程序地址，也可以修改模块地址。修改数字量输入地址的方法为：先选中 I/O 地址，在起始地址中输入希望修改的地址（如输入 10），按键盘上的〈Enter〉键即可，结束地址（10）是系统自动计算生成的，如图 3-21 所示。

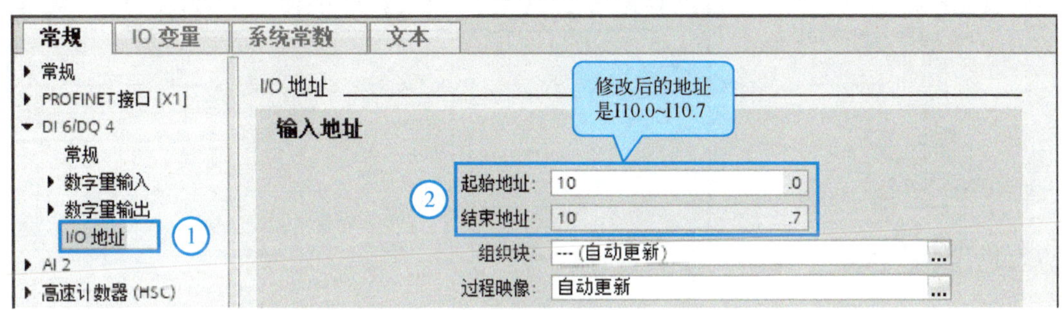

图 3-21　修改数字量输入的地址

如果输入的起始地址和系统有冲突，系统会弹出提示信息。

2．数字量输出参数的配置

在“数字量输出”选项中，如图 3-22 所示，可选择“对 CPU STOP 模式的响应”为“保持上一个值”（含义是 CPU 处于 STOP 模式时，这个模块输出点输出不变，保持以前的状态）或“使用替代值”（含义是 CPU 处于 STOP 模式时，这个模块输出点状态替代为“1”）。

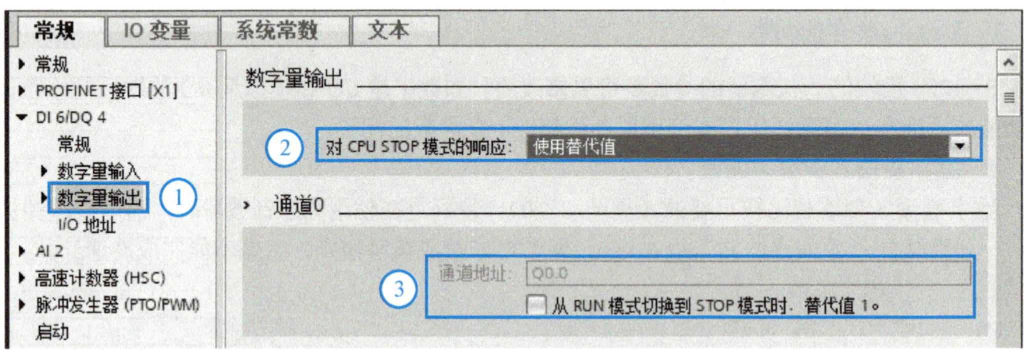

图 3-22　数字量输出参数

3.3.6　程序的输入

1. 将符号名称与地址变量关联

在项目视图中，选中项目树中的“显示所有变量”，如图 3-23 所示，在项目视图的右上方有一个表格，单击“新增”按钮，在表格的“名称”栏中输入“btnStart”，在“地址”栏中输入“I0.0”，这样符号“Start”在寻址时，就代表“I0.0”。用同样的方法将“Stp”和“I0.1”关联，将“Motor”和“Q0.0”关联。关于变量的命名方法有匈牙利命名法、驼峰命名法和帕斯卡命名法。建议采用驼峰命名法，即除第一个单词小写外，其他单词首字母大写，如“lampOn”。

注意： 可以把变量名比作学生的姓名，那么地址可比作学生的学号。变量和地址二者是一一对应的，即一个变量只对应一个地址，反之亦然。如果不创建变量，系统会自动生成变量，如“Tag_1”。

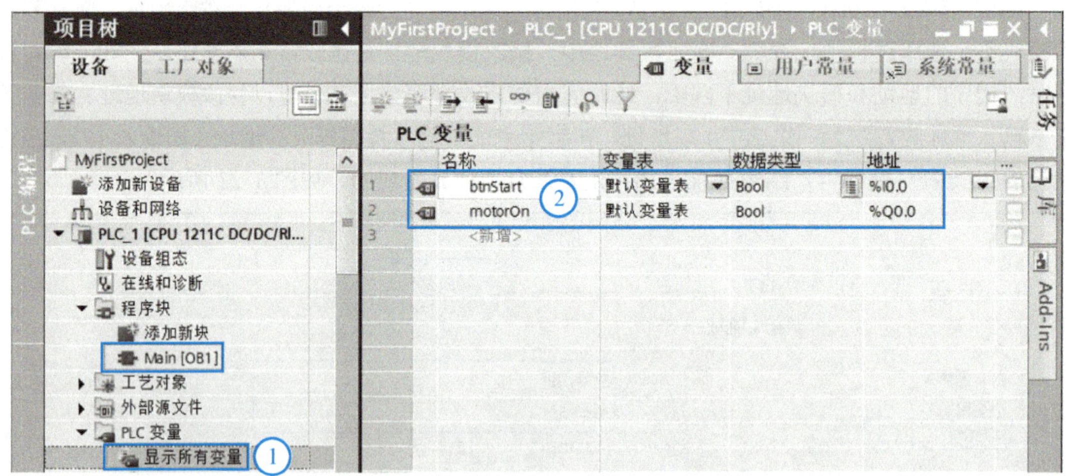

图 3-23　将符号名称与地址变量关联

2. 打开主程序

双击项目树中的“Main[OB1]”，打开主程序，如图 3-24 所示。

3. 输入触点和线圈

先把“常用”工具栏中的常开触点和线圈拖放到图 3-24 所示的位置。拖拽触点时，出现带“+”的图标可以释放，拖拽线圈时，出现带“+”的图标可以释放。

4. 输入地址

在图 3-24 所示梯形图中的问号处输入对应的地址，即在梯形图的第一行分别输入 I0.0 和 Q0.0，在梯形图的第二行输入 Q0.0，如图 3-25 所示。

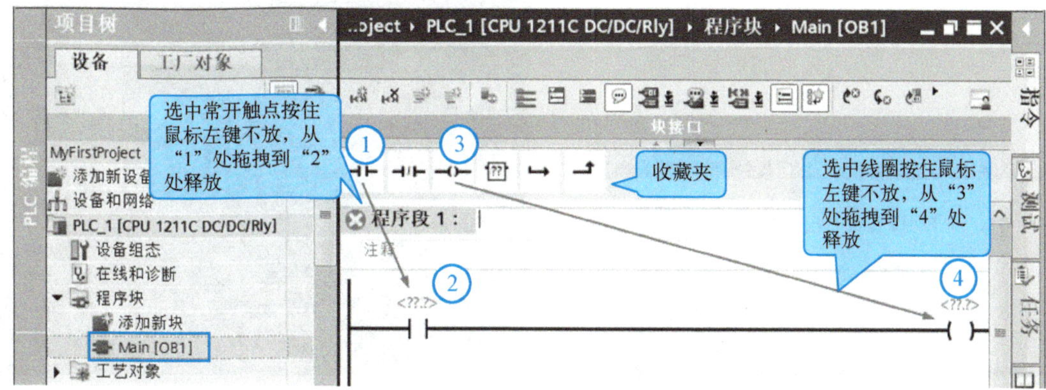

图 3-24　输入梯形图（1）

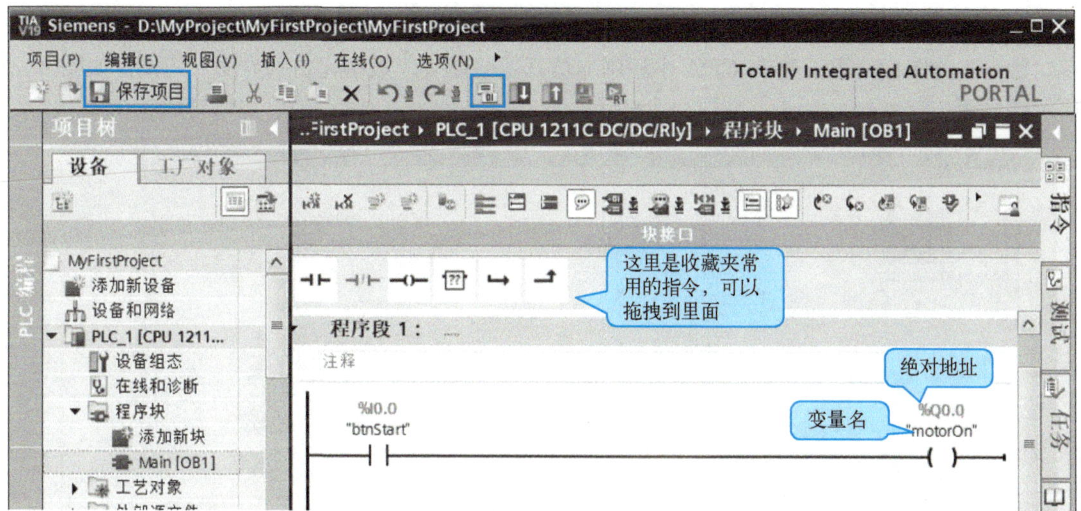

图 3-25　输入梯形图（2）

5. 编译项目

在项目视图中，单击“编译”按钮，编译整个项目，如图 3-25 所示。

6. 保存项目

在项目视图中，单击“保存项目”按钮，保存整个项目，如图 3-25 所示。

关键点

程序或硬件编译有错误时，可以进行保存操作，但不能下载到 PLC 中。报警告时程序可以下载。

3.3.7 程序下载到仿真软件 S7-PLCSIM

（1）在项目视图中，单击工具栏中的“启动仿真”按钮，弹出如图 3-26 所示的界面，如果勾选了“不要再显示此消息”选项，则下次启动仿真器时，不会弹出此界面。单击“确定”按钮，弹出如图 3-27 所示的仿真器界面。

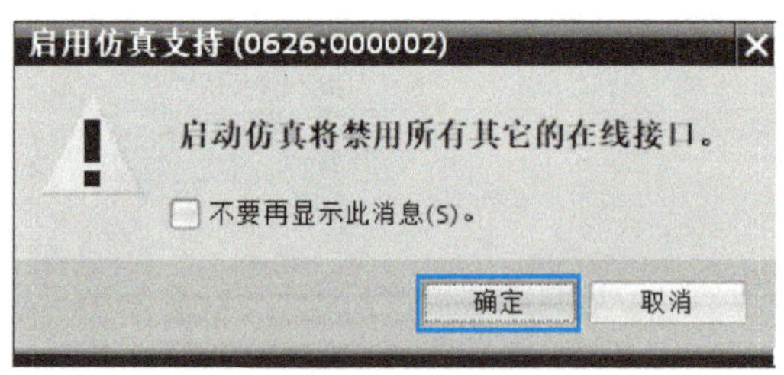

图 3-26　启动仿真支持

图 3-27　仿真器——实例

（2）如图 3-27 所示，选中标记①处的“实例”图标，如果标记②处的“电源”图标为蓝色，则单击此图标，用于建立 CPU 中程序与仿真器的连接，最小化仿真界面，切换到如图 3-28 所示的界面。

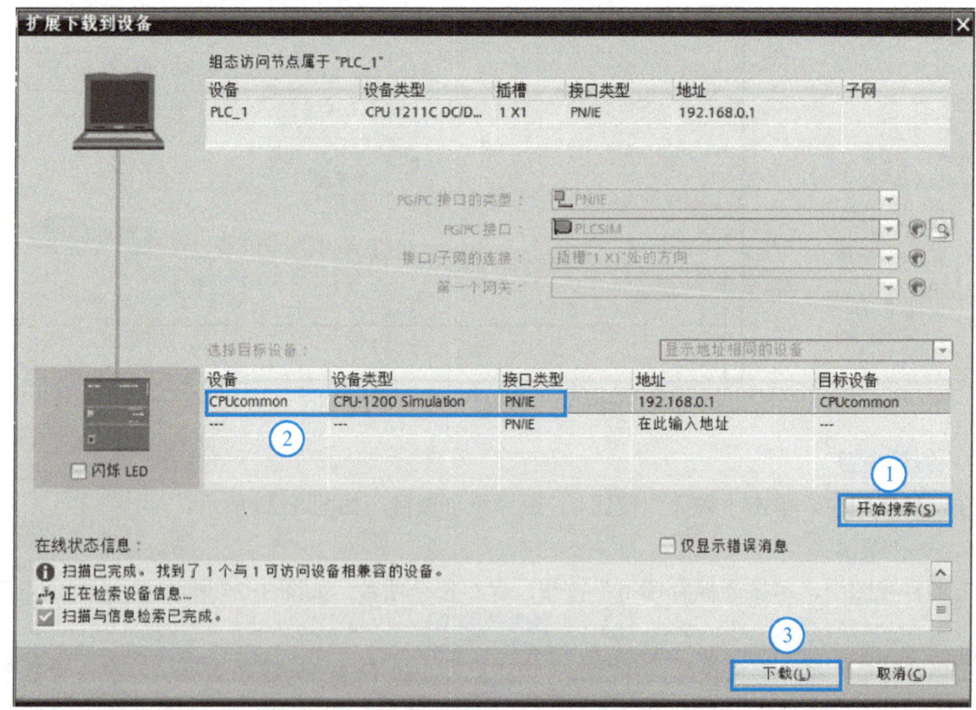

图 3-28　扩展下载到设备

（3）如图 3-28 所示，选中标记②处的“CPUcommon”，单击“下载”按钮，弹出如图 3-29 所示的界面。单击“连接”按钮，弹出如图 3-30 所示的界面，单击“是”按钮，弹出如图 3-31 所示的界面。

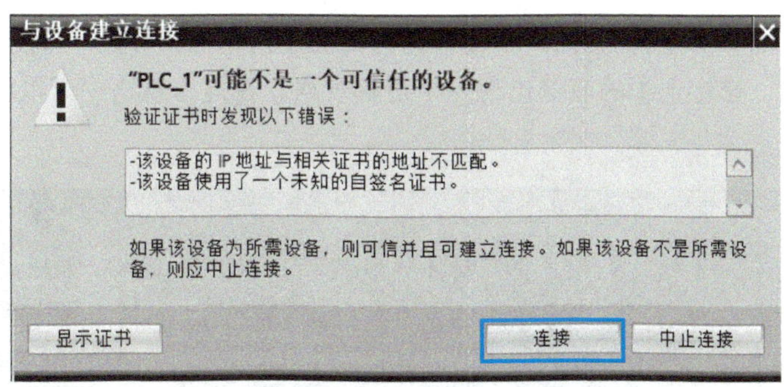

图 3-29　与设备建立连接

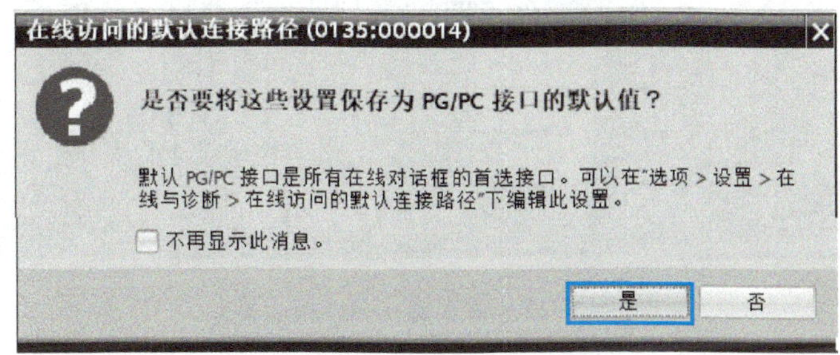

图 3-30　在线访问的默认连接路径

如图 3-31 所示，单击“装载”按钮，弹出如图 3-32 所示的界面，选择“启动模块”选项，单击“完成”按钮即可。至此，程序已经下载到仿真器。

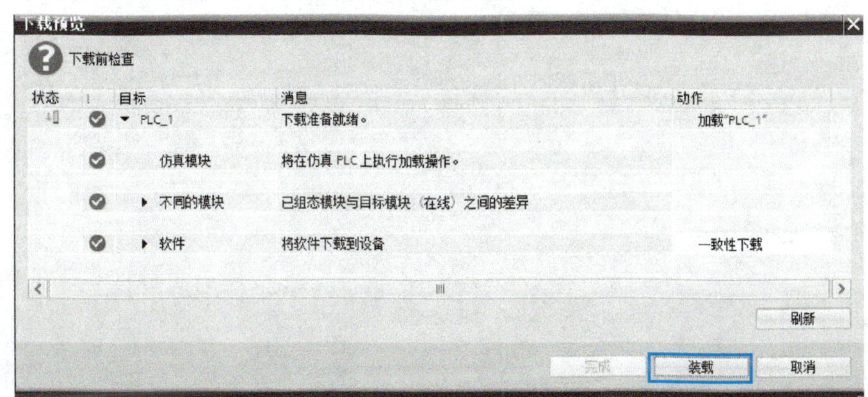

图 3-31　下载预览

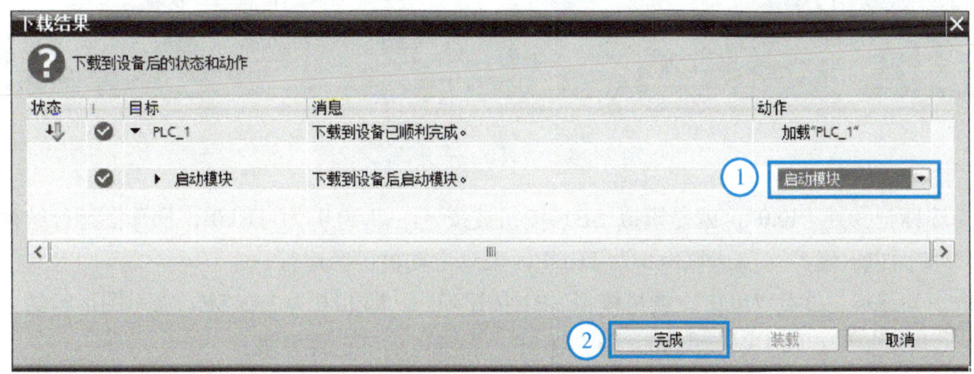

图 3-32　下载结果

（4）切换到如图 3-33 所示界面，单击标记①处的“仿真”图标，单击标记②处的“添加仿真表格”图标，在标记①的右侧出现一个仿真表格，在这个表格中可以输入 PLC 的地址或变量名。

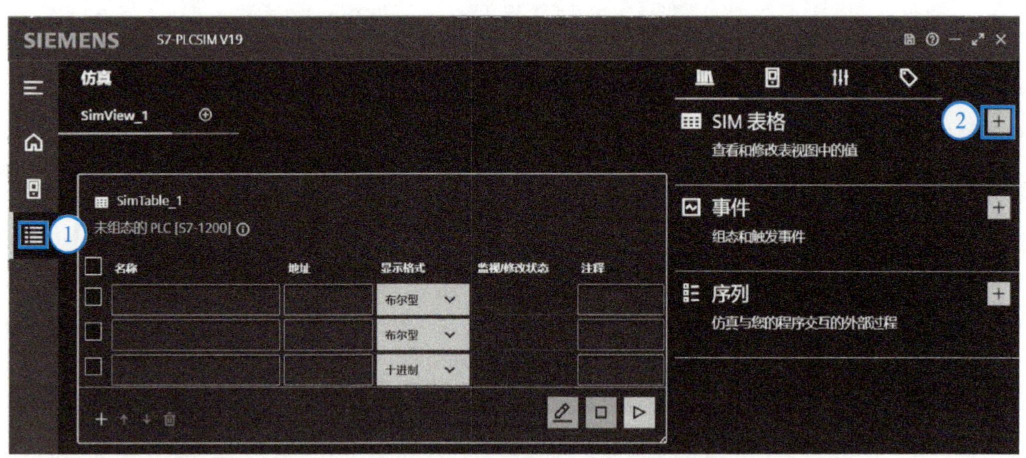

图 3-33　仿真器——仿真表格

如图 3-34 所示，单击标记①处的“启动仿真”图标，单击标记②处输入地址“I0.0”和“Q0.0”，地址对应的符号自动弹出来。

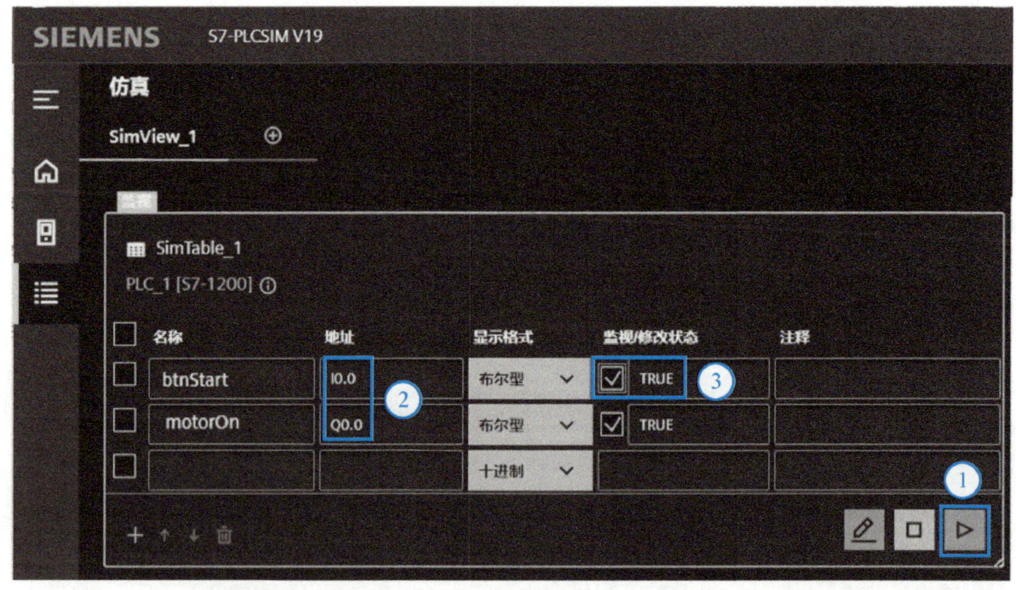

图 3-34　仿真器——仿真运行

勾选标记③处“I0.0”，就是模拟 SB1 按钮被按下，即 I0.0 为 TRUE，梯形图运行结果使得“Q0.0”前面也出现“√”，即 Q0.0 为 TRUE，表示电动机已经运行。

取消勾选标记③处“I0.0”，就是模拟 SB1 按钮弹起，即 I0.0 为 FALSE，梯形图运行结果使得“Q0.0”前面的“√”消失，即 Q0.0 为 FALSE，表示电动机已经停机。

3.3.8　程序的监视

程序的监视功能在程序的调试和故障诊断过程中很常用。要使用程序的监视功能，必须将程序下载到仿真器或者 PLC 中。如图 3-35 所示，先单击项目视图的工具栏中的“转至在线”按钮 转至在线，再单击程序编辑器工具栏中的“启用/停止监视”按钮，使得程序处于在线状态。蓝色的虚线表示断开，而绿色的实线表示导通。

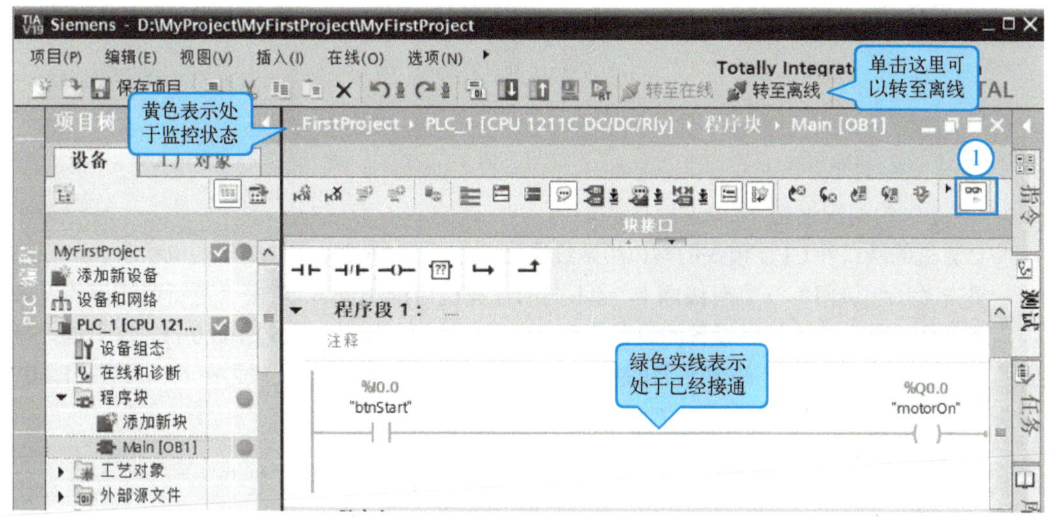

图 3-35　程序的监视

关 键 点

图 3-34 仿真器中的“I0.0”和“Q0.0”与图 3-35 梯形图中状态对应，即图 3-34 中的“I0.0”和“Q0.0”是 TRUE，那么图 3-35 梯形图中常开触点 I0.0 是导通的，线圈 Q0.0 是得电的。

3.4　用在线检测法创建 TIA Portal 项目——电动机点动控制

用在线检测法创建 TIA Portal 项目，这在工程中很常用，其好处是硬件组态快捷，效率高，而且不必预先知道所有模块的订货号和版本号，但前提是必须有硬件，并处于在线状态。建议初学者尽量采用这种方法。

微课：用在线检测法创建一个完整的 TIA Portal 项目

【例 3-2】 用在线检测法创建一个 TIA Portal 项目，实现电动机的点动控制，原理图如图 3-4 所示，梯形图如图 3-5 所示。

具体创建步骤如下。

3.4.1　在项目视图中新建项目

首先打开 TIA Portal 软件，切换到项目视图，如图 3-36 所示，单击工具栏的“新建项目”按钮，弹出如图 3-8 所示的界面，在“项目名称”中输入新建的项目名称（本例为：MyFirstProject），单击“创建”按钮，完成新建项目。

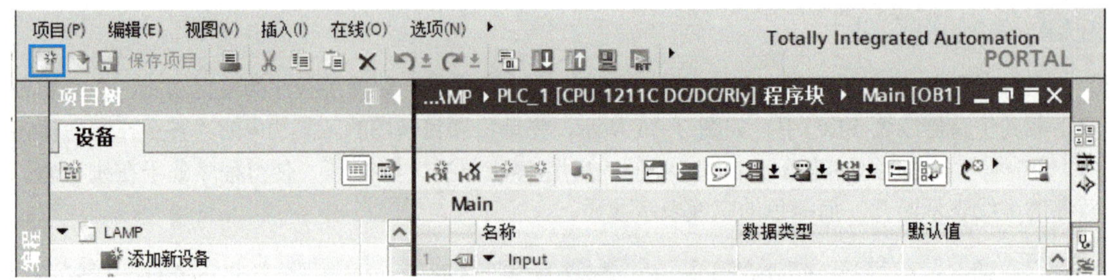

图 3-36　新建项目

3.4.2　在线检测设备

1．更新可访问的设备

将计算机的网口和 CPU 模块的网口用网线连接，之后保持 CPU 模块处于通电状态。如图 3-37 所示，单击“在线访问”→“有线网卡”（不同的计算机可能不同），双击“更新可访问的设备”选项，之后显示所有能访问到设备的设备名和 IP 地址，本例为 plc_1[192.168.0.1]，这个地址是很重要的，可根据这个 IP 地址修改计算机的 IP 地址，使计算机的 IP 地址与之在同一网段（即 IP 地址的前 3 个字节相同）。

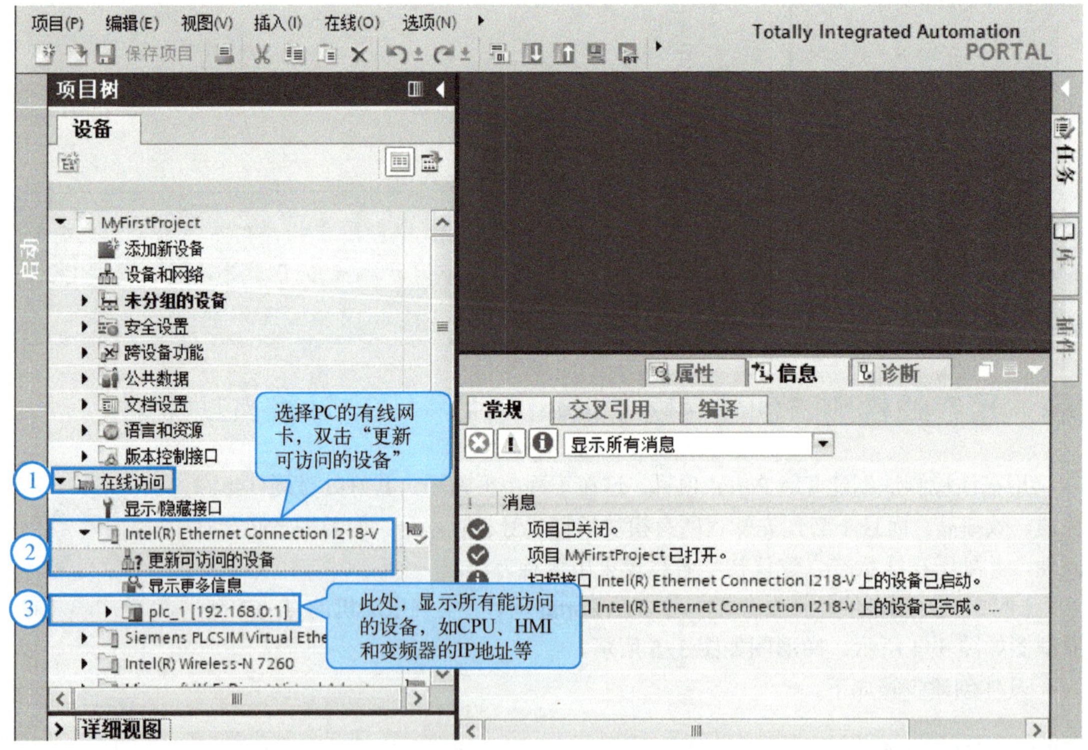

图 3-37　更新可访问的设备

2．修改计算机的 IP 地址

在计算机的“网络连接”中（见图 3-38）选择“以太网”，然后单击鼠标右键，在弹出的快捷菜单中单击“属性”，弹出图 3-39 所示的界面，按图进行设置，最后单击“确定”按钮即可。

关 键 点

要确保计算机的 IP 地址与搜索的设备的 IP 地址在同一网段（本例的 IP 地址为 192.168.0.X），且网络中任何设备的 IP 地址都是唯一的，不能重复。

图 3-38 修改计算的 IP 地址（1）

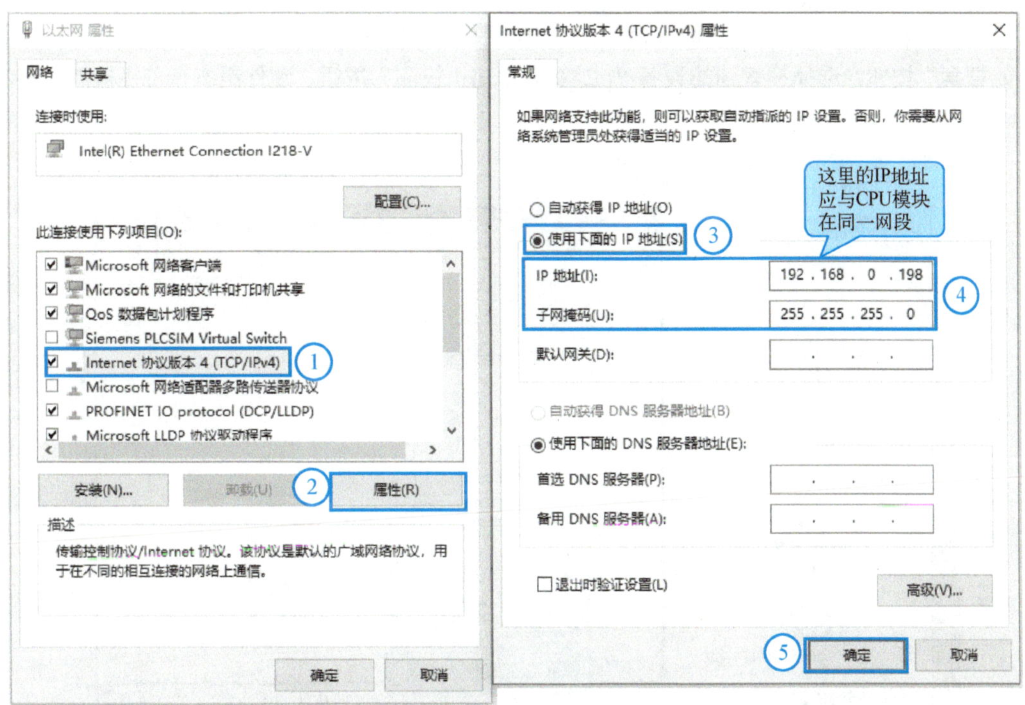

图 3-39 修改计算的 IP 地址（2）

3. 添加设备

双击项目树中的“添加新设备”命令，弹出图 3-40 所示的界面，选择“控制器”→“SIMATIC

S7-1200”→“CPU”→“Unspecified CPU 1200”（非特定 CPU 1200）→“6ES7 2XX-XXXXX-XXXXX”，单击“确定”按钮。

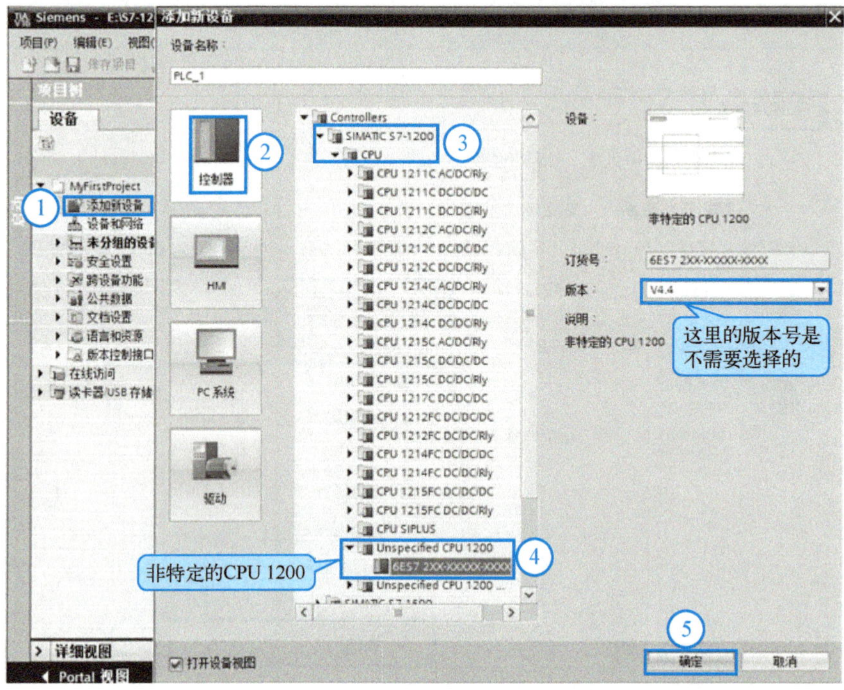

图 3-40　添加设备（1）

如图 3-41 所示，单击“获取”按钮，弹出如图 3-42 所示的界面。选择有线以太网卡，单击“开始搜索”按钮，选择搜索到的设备“plc_1”，单击“检测”按钮。硬件组态全部“检测”到 TIA Portal 软件中，如图 3-43 所示。

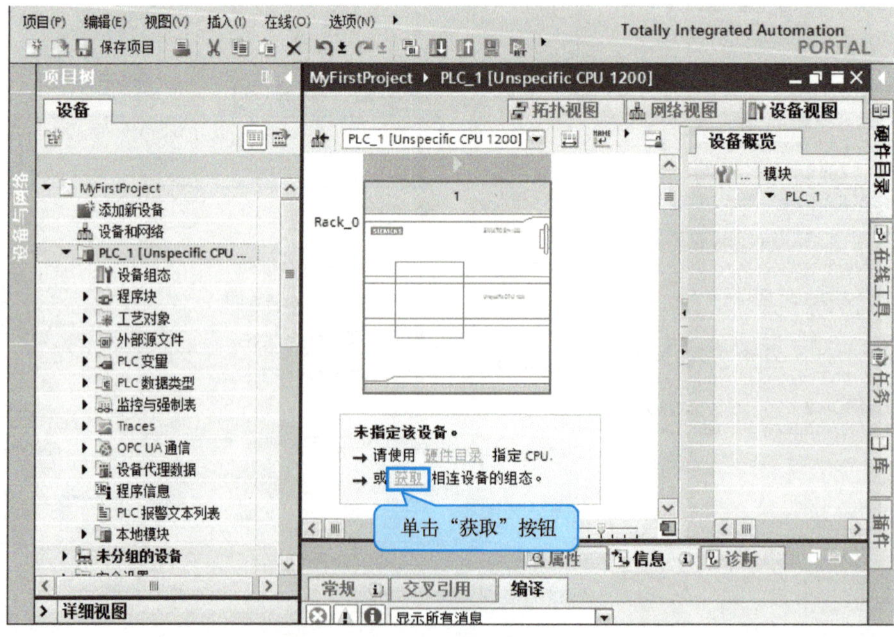

图 3-41　添加设备（2）

关 键 点

硬件检测完成后弹出如图 3-44 所示的界面。可以看到，一次把 2 个设备都添加完成，而且硬件的订货号和版本号都是匹配的。

如图 3-42 所示，先选择以太网接口和有线网卡，单击“开始搜索”按钮，弹出如图 3-43 所示界面，选择搜索到的设备“plc_1”，单击“检测”按钮，硬件检测完成后弹出如图 3-44 所示界面。可以看到，一次把 2 个设备都添加完成，而且硬件的订货号和版本号都是匹配的。

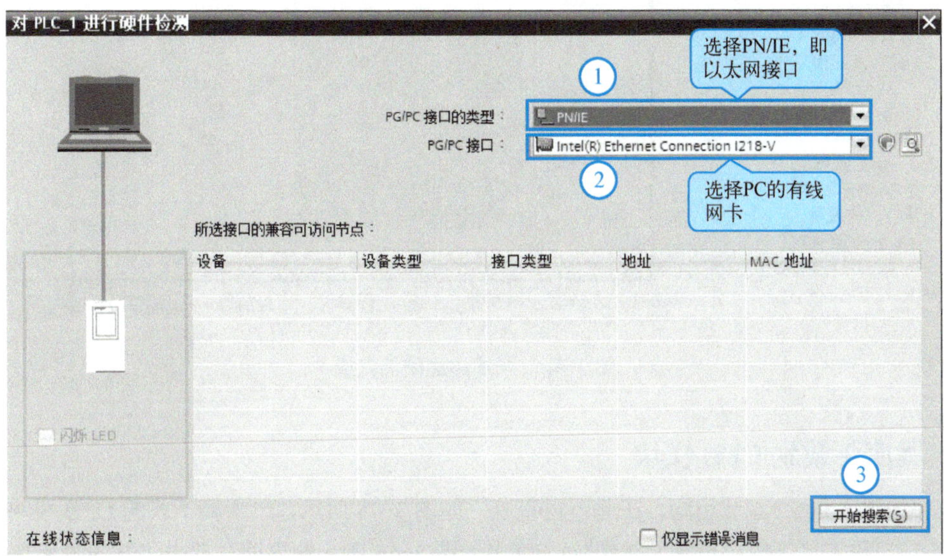

图 3-42　硬件检测（1）

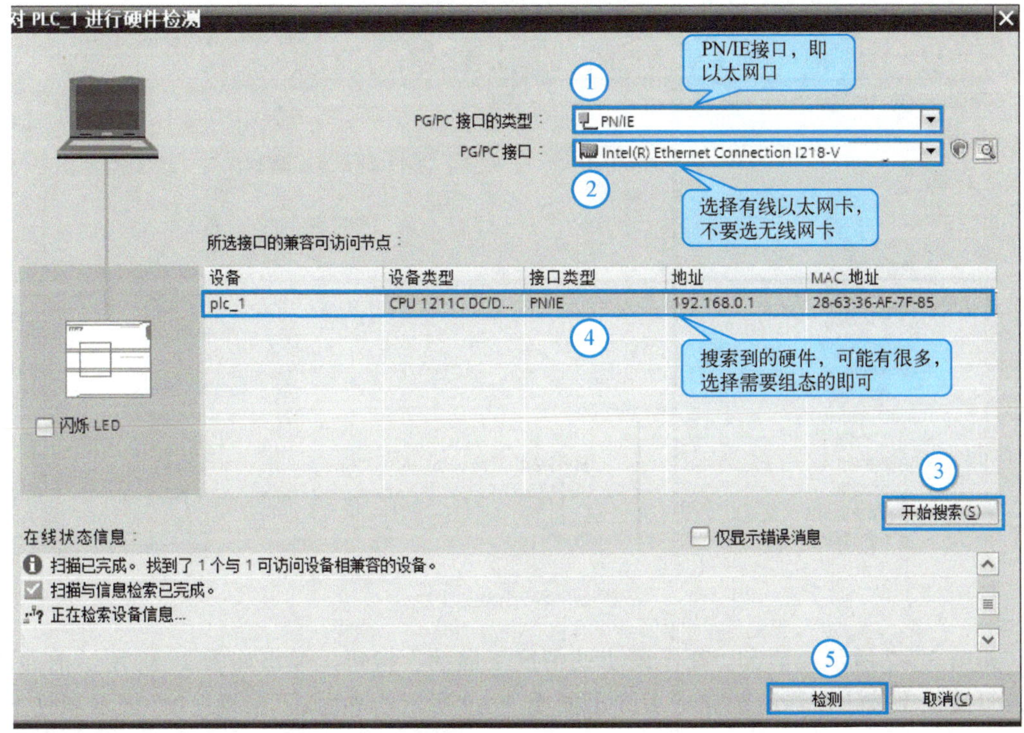

图 3-43　硬件检测（2）

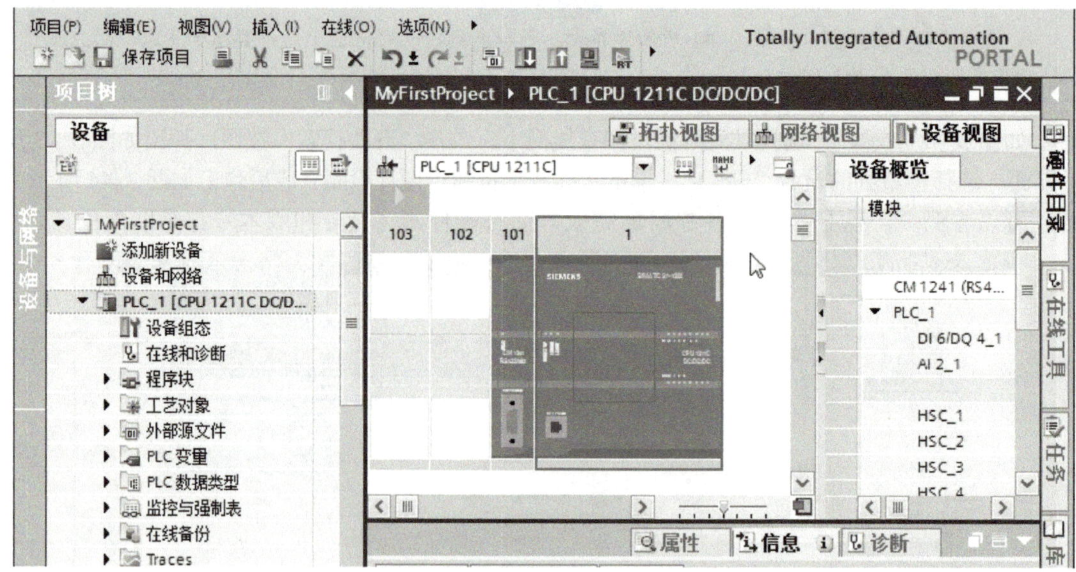

图 3-44　在线添加硬件完成

3.4.3　程序下载到 CPU 模块

程序的输入与 3.3.6 节相同，在此不再重复，如图 3-45 所示，选中要下载的 CPU 模块（本例为 PLC_1），单击“下载到设备”按钮，弹出如图 3-46 所示的界面，单击“开始搜索”按钮，选中搜索的设备“PLC_1”，单击“下载”按钮。

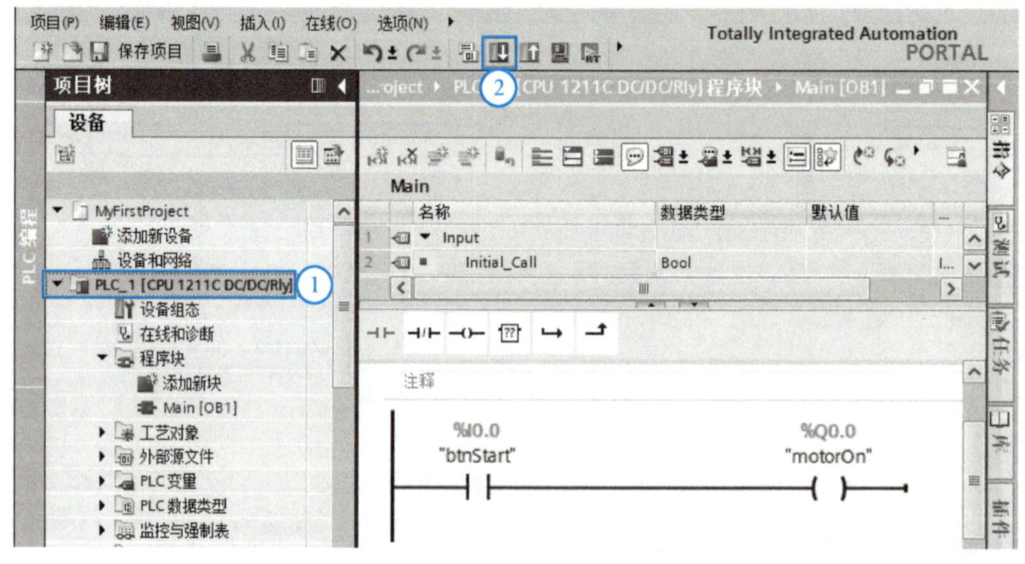

图 3-45　下载（1）

如图 3-47 所示，单击“在不同步的情况下继续”按钮，弹出如图 3-48 所示的界面，单击“装载”按钮，当装载完成后弹出如图 3-49 所示的界面。“错误：0”表示项目下载完成。

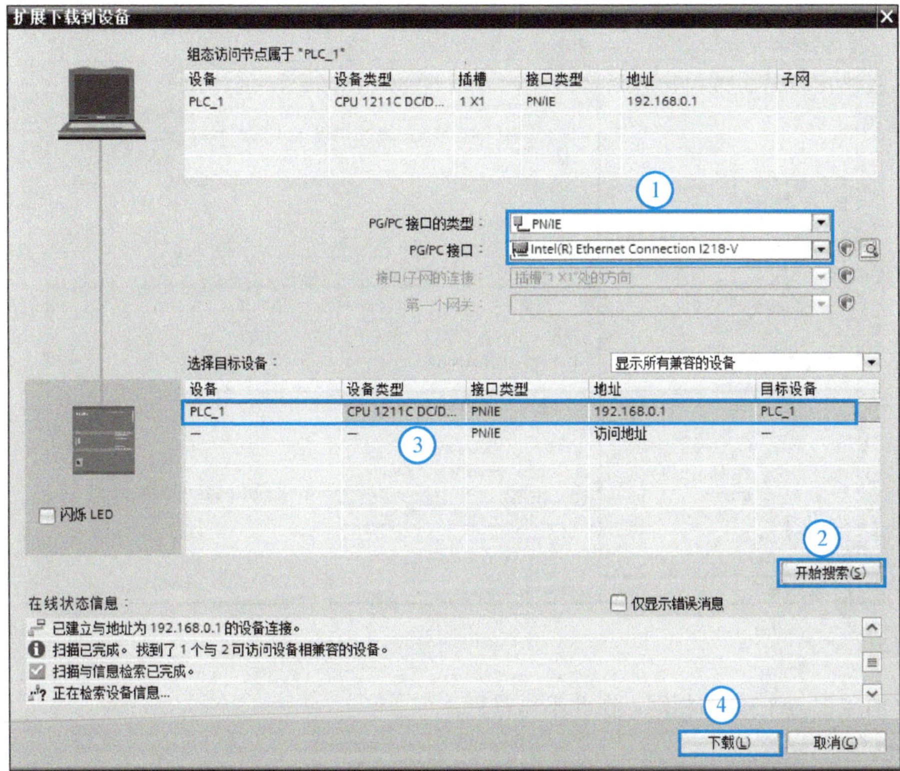

图 3-46　下载（2）

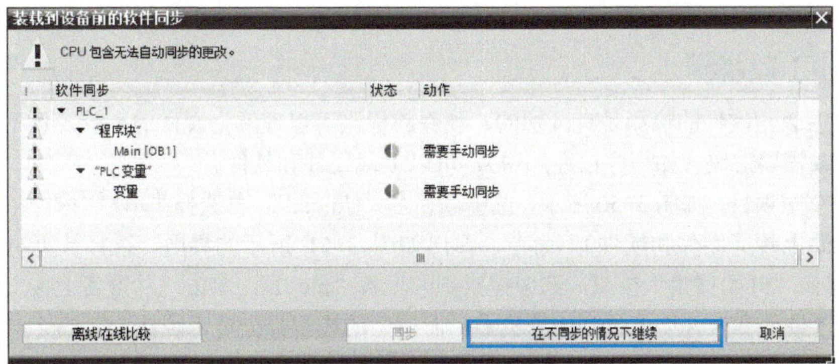

图 3-47　下载（3）

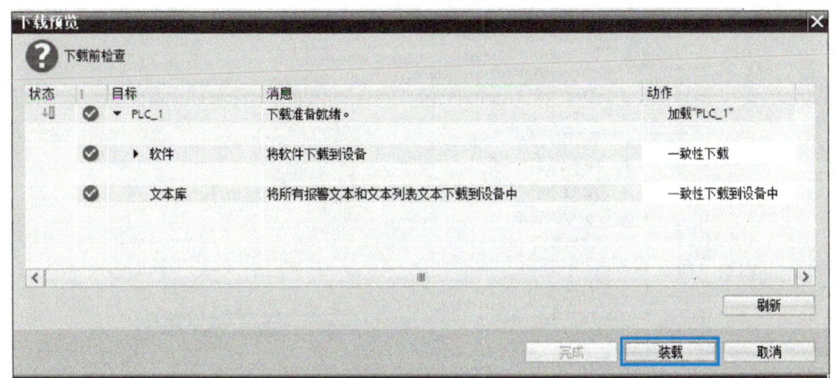

图 3-48　下载（4）

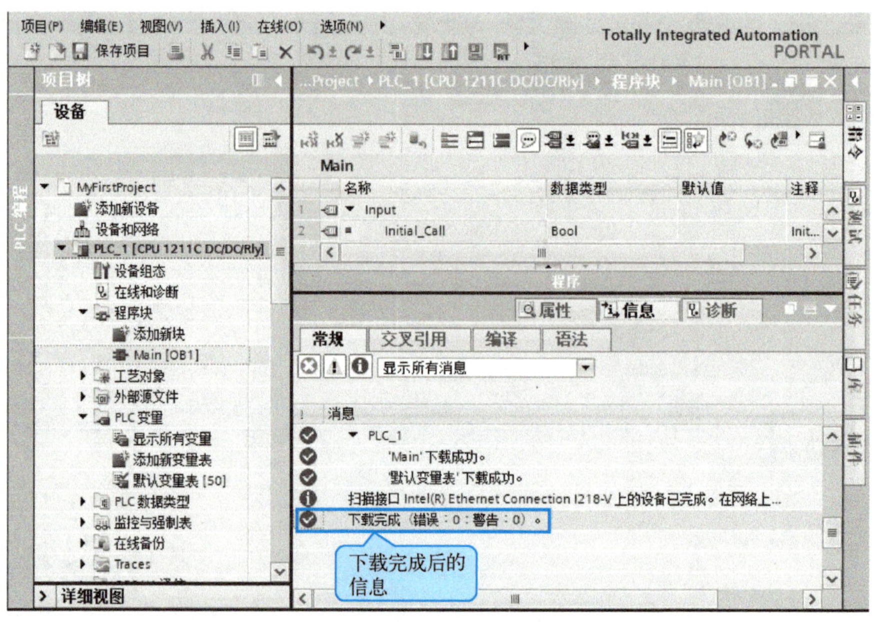

图 3-49　下载完成

程序的监视与 3.3.8 节相同，在此不再重复。

3.5　程序上载

微课：S7-1200 PLC 程序上载

3.5.1　程序上载步骤

程序的上载与硬件的检测是有区别的，硬件的检测可以理解为硬件的上载，且不需要密码，而程序的上载需要密码（如程序已经加密），可以上载硬件和软件。

新建一个空项目，如图 3-50 所示，选中项目名“Upload”，再选择菜单栏中的“在线”→“将设备作为新站上传（硬件和软件）”命令，弹出如图 3-51 所示的界面。选择计算机的以太网口“PN/IE”，单击“开始搜索”按钮，选中搜索到的设备“plc_1”，单击“从设备上传”按钮，即可将设备中的“硬件和软件”上传到计算机中。而前面的检测只上传“硬件”。

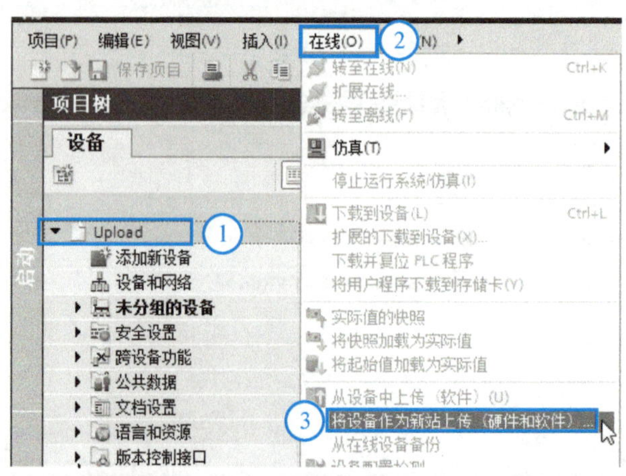

图 3-50　上传（1）

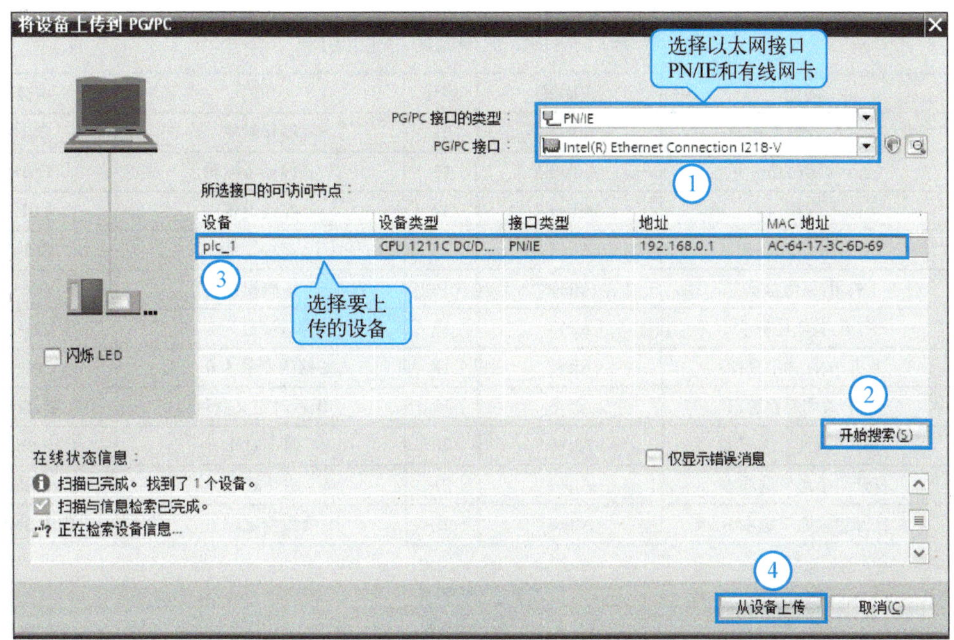

图 3-51　上传（2）

关 键 点

如果 CPU 模块中的程序是使用 TIA Portal V16 编写的，那么对该 CPU 的上传和监控都必须使用 TIA Portal V16，不能使用其他的版本，因此对于维修工程师而言，可能需要用到从 TIA Portal V11 到 TIA Portal V19 所有版本的软件。

【例 3-3】 某维修工程师，希望上传 S7-1200/1500 CPU 模块中的程序，但又不知道 CPU 模块中的 TIA Portal 的版本，问怎样处理？

解： 1）如果是 S7-1500 CPU 模块，在 CPU 模块的显示屏中可以查询到 TIA Portal 的版本。

2）如果是 S7-1200/1500 CPU 模块，用手头现有的 TIA Portal 软件执行上传操作，若版本和 CPU 中的软件一致，则上传操作可以进行，否则 TIA Portal 会显示 CPU 模块中 TIA Portal 的版本信息，上传操作终止。

3.5.2　程序上载与检测的区别

程序上载（上传）与检测的区别如下。

1）程序上载是将 CPU 中的“硬件和软件”上传到计算机中，而检测只上传“硬件”。

2）如果 CPU 已经加密码，若不知道密码，则无法进行上传操作，而检测操作可以正常进行。

3）早期版本的 S7-1200 CPU 没有检测功能，从固件版本 V4.0 之后才有此功能。所有版本 S7-1200 CPU 均支持上传操作。

3.6　使用快捷键

在程序的输入和编辑过程中，使用快捷键能极大地提高项目编辑效率，使用快捷键是良好的工程习惯。常用的快捷键与功能的对照见表 3-2。

表 3-2　常用的快捷键与功能的对照

序号	功能	快捷键	序号	功能	快捷键
1	插入常开触点⊣⊢	Shift+F2	12	编译对象	Ctrl+B
2	插入常闭触点⊣/⊢	Shift+F3	13	在线设备编辑	Ctrl+D
3	插入线圈–( )–	Shift+F7	14	在线设备	Ctrl+K
4	打开/关闭项目树	Alt+1	15	离线设备	Ctrl+M
5	打开/关闭总览	Alt+2	16	下载设备	Ctrl+L
6	打开/关闭任务卡	Alt+3	17	修改变量为 1	Ctrl+F2
7	打开/关闭详细视图	Alt+4	18	修改变量为 0	Ctrl+F3
8	打开/关闭巡视窗口	Alt+5	19	编程时定义变量	Ctrl+Shift+I
9	打开“属性”选项卡	Alt+6	20	停止 CPU	Ctrl+Shift+Q
10	打开“信息”选项卡	Alt+7	21	启动 CPU	Ctrl+Shift+E
11	打开“诊断”选项卡	Alt+8	22	修改变量数值	Ctrl+Shift+2

关 键 点

有的计算机在使用快捷键时，还需要在表 3-2 所列的快捷键前面加〈Fn〉键。在工程实践中，调试程序时，使用快捷键可显著提高效率。

以下用一个简单的例子介绍快捷键的使用。在 TIA Portal 软件的项目视图中，打开块 OB1，键入如图 3-52 所示的程序，按快捷键〈Ctrl+L〉，即下载程序；选中“btnStart”，按快捷键〈Ctrl+F2〉，即 btnStart 修改为 1；按快捷键〈Ctrl+K〉，即在线监控。

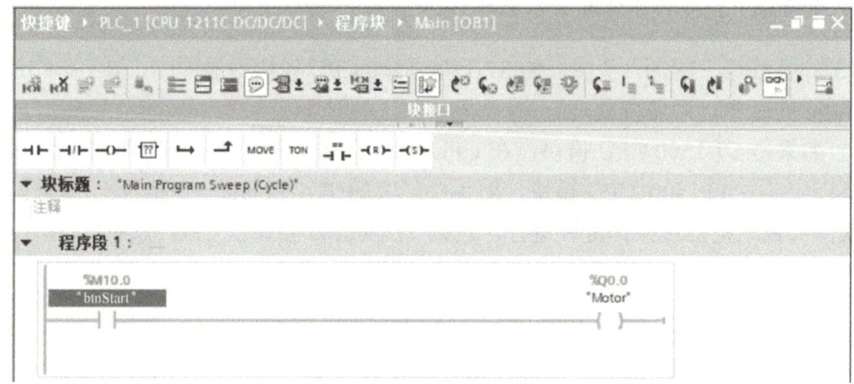

图 3-52　用快捷键应用

作业

一、判断题

1．TIA Portal V15、TIA Portal V16 和 TIA Portal V17 可以安装在同一个操作系统里。（　　）

2．STEP7 V5.7、TIA Portal V16 和 TIA Portal V17 可以安装在同一个操作系统里。（　　）

3．STEP7 V5.6 和 STEP7 V5.7 可以安装在同一个操作系统里。（　　）

4．CPU 1214C 模块的数字量输入地址，如 I0.0 已经固定，是不能被修改的。（　　）

5．CPU 1214C 模块的模拟量输出地址，如 QW96 已经固定，是不能被修改的。（　　）

6．计算机中安装最新版本的 TIA Portal 软件就没有必要安装早期版本的 TIA Portal 软件。（　　）

7．常用的指令可以拖拽到收藏夹，可以提高编程时，输入效率。（　　）

8．CPU 已经加密码，如不知道密码，则无法进行上传操作。（　　）

9．CPU 已经加密码，如不知道密码，则无法进行检测操作。（　　）

10．通常使用 TIA Portal 软件向真实 CPU 模块下载程序时，计算机和 CPU 模块的 IP 地址应在同一网段。（　　）

11．S7-1200 CPU V4.2 的固件版本可以升级到 V4.6。（　　）

12．S7-1200 CPU V3.0 的固件版本可以升级到 V4.6。（　　）

二、选择题

1．TIA Portal（博途）软件主要包含（　　）。

A．SIMATIC STEP 7　　B．SIMATIC WinCC

C．SINAMICS StartDrive　　D．Starter

2．计算机中安装 TIA Portal V19 软件，这个软件可以上传 CPU 中哪种版本编写的程序？（　　）

A．TIA Portal V17　　B．TIA Portal V18

C．TIA Portal V19　　D．以上均可

3．计算机中安装 TIA Portal V19 软件，CPU 中已经下载了程序，问此计算机能向已经下载哪种版本的程序的 CPU 下载程序？（　　）

A．TIA Portal V17　　B．TIA Portal V18

C．TIA Portal V19　　D．以上均可

4．CPU 1511-1PN 的固件版本号为 V2.9，离线组态时，可以选择哪种版本的固件？（　　）

A．V2.8　　B．V2.9　　C．V3.0　　D．V3.1

5．计算机中安装 TIA Portal V19 软件，这个软件可以监控 CPU 中哪种版本的程序？（　　）

A．TIA Portal V17　　B．TIA Portal V18

C．TIA Portal V19　　D．以上均可

6．TIA Portal 软件中，修改为 1 的快捷键是（　　）。

A．〈Alt+2〉　　B．〈Alt+3〉　　C．〈Ctrl+F2〉　　D．〈Ctrl+F3〉

7．TIA Portal 软件中，报错误或者警告，可以进行保存操作的是（　　）。

A．程序报错　　B．硬件报错　　C．警告　　D．以上都可以

8．TIA Portal 软件中，报错误或者警告，可以进行下载操作的是（　　）。

A．程序报错　　B．硬件报错　　C．警告　　D．以上都不能

9．TIA Portal 软件中，启动 CPU 的快捷键是（　　）。

A．〈Alt+2〉　　B．〈Alt+3〉　　C．〈Ctrl+Shift+E〉　　D．〈Ctrl+Shift+Q〉

10．CPU 1214C 模块的 IP 地址是 192.168.0.1，那么安装 TIA Portal 软件计算机的网卡 IP 地址哪个设置合理？（　　）

A．192.168.0.1　　B．自动获取　　C．192.168.1.10　　D．192.168.0.198

11．以下哪个 S7-1200 CPU 固件支持检测操作？（　　）

A．V2.0　　B．V3.0　　C．V4.5　　D．V4.6

12．以下哪个 S7-1200 CPU 固件支持上传操作？（　　）

A．V2.0　　B．V3.0　　C．V4.5　　D．V4.6

第 4 章　S7-1200 PLC 的指令应用

本章介绍 S7-1200 PLC 的编程基础知识、指令系统及其应用。本章内容较多，是 PLC 入门的关键。

微课：S7-1200 PLC 的数据存储区

4.1　编程基础知识介绍

4.1.1　全局变量与区域变量

1．全局变量

全局变量可以在 CPU 的整个范围内被所有的程序块调用，例如可在 OB（组织块）、FC（函数）和 FB（函数块）中使用，在某一个程序块（如 OB1）中赋值后，在其他的程序块（如 FC1）中可以读出，没有使用限制。全局变量包括 I、Q、M、T、C、DB、I:P 和 Q:P 等数据区。

例如，全局变量“Start”的地址是 I0.0，“Start”在同一台 S7-1200 的组织块 OB1、函数 FC1 等中，“Start”都代表同一地址 I0.0。全局变量用双引号引用。

2．区域变量

区域变量也称为局部变量。区域变量只能在所属块（OB、FC 和 FB）范围内调用，在程序块调用时有效，程序块调用完成后被释放，所以不能被其他程序块调用，本地数据区（L）中的变量为区域变量，例如每个程序块中的临时变量都属于区域变量。这个概念和计算机高级语言 VB、C 语言中的局部变量概念相同。

例如，#Start 的地址是 L10.0，#Start 在同一台 S7-1200 的组织块 OB1 和函数 FC1 中不是同一地址。区域变量的前缀为#。

4.1.2　编程语言

1．PLC 编程语言的国际标准

IEC 61131—3:2003（Programmable controllers Part 3:Programming languages，可编程程序控制器第 3 部分：编程语言），国家标准 GB/T 15969.3—2017 等同该标准，其定义了 5 种编程语言，分别是指令表（Instruction list，IL）、结构文本（Structured text，ST）、梯形图（Ladder diagram，LAD）、功能块图（Function block diagram，FBD）和顺序功能图（Sequential function chart，SFC）。

2019 年 IEC 和美国著名网站 Automation.com 做了一个调研，调研结果显示，排名前四的编程语言是：结构文本、梯形图、功能块图和顺序功能图。

2．TIA Portal 软件中的编程语言

TIA Portal 软件中有梯形图、语句表、功能块图、结构文本和顺序功能图，共 5 种基本编程语言。以下简要介绍。

（1）顺序功能图（SFC）

SFC 在 TIA Portal 软件中称为 Graph，Graph 是针对顺序控制系统进行编程的图形编程语言，

特别适合顺序控制程序编写。S7-1200 PLC 不支持顺序功能图，但 S7-300/400/1500 PLC 支持顺序功能图。

（2）梯形图（LAD）

梯形图直观易懂，适合于数字量逻辑控制。梯形图适合于熟悉继电器电路的人员使用。设计复杂的触点电路时适合用梯形图，其应用广泛，在小型 PLC 中应用最常见。西门子自动化全系列 PLC 均支持梯形图。

（3）语句表（STL）

语句表的功能比梯形图或功能块图的功能强。语句表可供擅长用汇编语言编程的用户使用。语句表输入快，可以在每条语句后面加上注释。

语句表有被淘汰的趋势。S7-1200 PLC 不支持语句表，但 S7-200/300/400/1500 PLC 支持语句表。

（4）功能块图（FBD）

“LOGO!”系列微型 PLC 使用功能块图编程。功能块图适合于熟悉数字电路的人员使用。西门子自动化全系列 PLC 均支持功能块图。

（5）结构文本（ST）

结构文本在 TIA Portal 软件中称为 SCL（结构化控制语言），它符合 EN 61131-3 标准。SCL 适合于复杂的公式计算、复杂的计算任务和最优化算法或管理大量的数据等。SCL 编程语言适合熟悉高级编程语言（例如 PASCAL 或 C 语言）的人员使用。SCL 编程语言的使用将越来越广泛。SCL 是被推荐的编程语言。

S7-300/400/1200/1500 PLC 均支持 SCL。

4.2　位逻辑运算指令

视频：变量表的创建

位逻辑指令是最常用的指令之一，用于二进制数的逻辑运算，主要有置位运算指令、复位运算指令和线圈指令等。位逻辑运算的结果简称为 RLO。

4.2.1　触点与线圈相关逻辑

在梯形图中，最常见的是常开触点、常闭触点和线圈等，以下详细介绍触点和线圈指令及其相关逻辑。

1. 触点与线圈指令

（1）常开触点：在梯形图中常开触点为“"IN" -| |-”，触点上方的“IN”是操作数，常开触点是否导通，取决于操作数“IN”的状态。当“IN”的状态为 1 时，常开触点导通；当“IN”的状态为 0 时，常开触点断开。

（2）常闭触点：在梯形图中常闭触点为“"IN" -|/|-”，触点上方的“IN”是操作数，常闭触点是否导通，取决于操作数“IN”的状态。当“IN”的状态为 0 时，常闭触点导通；当“IN”的状态为 1 时，常闭触点断开。

（3）线圈：在梯形图中线圈为“"OUT" -( )-”，线圈上方的“OUT”是操作数，可以用线圈指令对操作数“OUT”进行赋值。如果线圈的输入逻辑运算结果（RLO）的状态为 1，则将操作数“OUT”赋值为 1，否则操作数“OUT”赋值为 0。如图 4-1 所示，当“btnStart”为 1 时，常开触点闭合，线圈“motorOn”的输入逻辑结果（RLO）的状态为 1，所以“motorOn”被赋值为 1；当“btnStop”为 1 时，常闭触点断开，线圈“lampOn”的输入逻辑结果（RLO）的状态为 0，所以“lampOn”被赋值为 0。

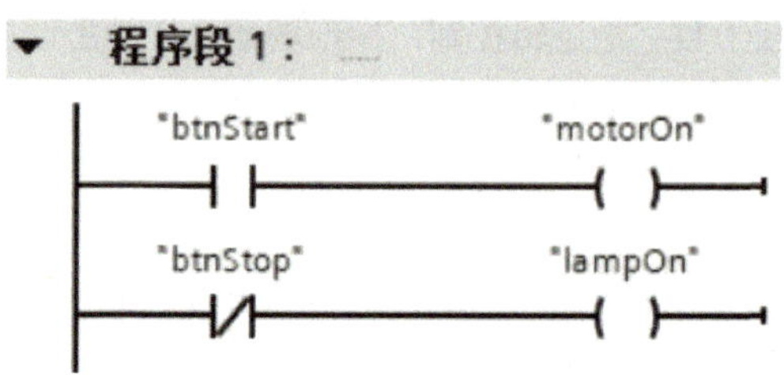

图 4-1　常开触点、常闭触点和线圈指令的梯形图

（4）取反 RLO：在梯形图中取反逻辑运算结果为“┤NOT├”，无操作数。其功能是对逻辑操作结果 RLO 取反。

取反 RLO 指令示例如图 4-2 所示，当 I0.0 常开触点闭合时，其逻辑运算结果为 1，取反后 Q0.0 赋值为 0；当 I0.0 常开触点断开时，其逻辑运算结果为 0，取反后 Q0.0 赋值为 1。

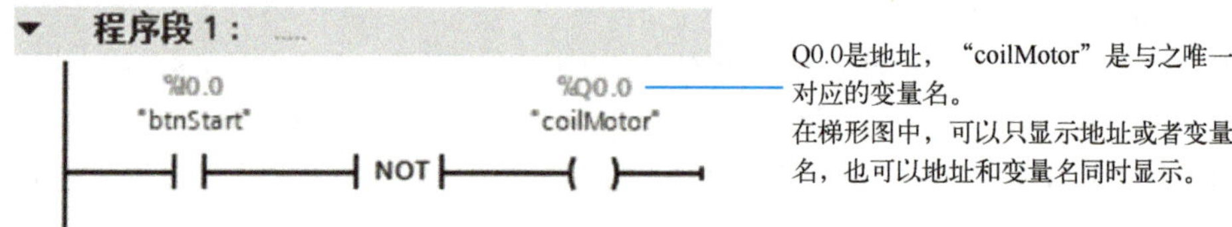

图 4-2　取反 RLO 指令示例

（5）线圈取反：在梯形图中线圈取反为“—(/)—”（上方为“OUT”），线圈取反上方的“OUT”是操作数，可以用线圈取反指令对操作数“OUT”进行取反赋值。如果线圈的输入逻辑运算结果（RLO）的状态为 1，则将操作数“OUT”赋值为 0，否则操作数“OUT”赋值为 1。

2. 触点的串联与并联的典型应用

（1）触点的串联。如图 4-3 所示，M10.0 常开触点和 M10.0 的常闭触点串联，所以 M10.0 线圈不会得电，M10.0 常闭触点一直处于闭合状态，所以 M10.2 线圈一直得电。这个程序的 M10.0 常闭触点，可以取代一直导通的特殊寄存器。

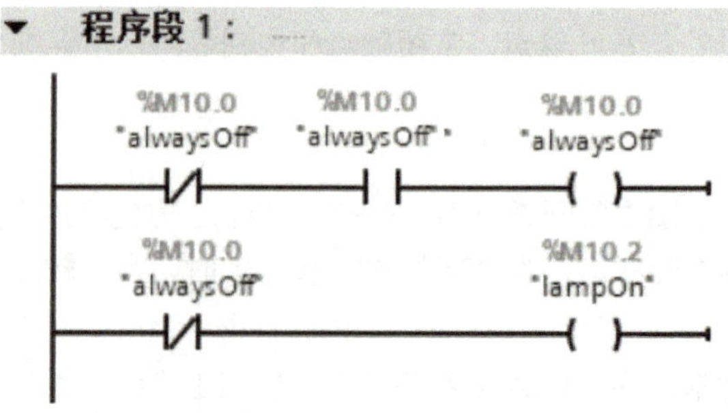

图 4-3　触点的串联示例

（2）触点的并联。如图 4-4 所示，第一个扫描周期，M10.0 的常闭触点闭合，M10.0 线圈得电自锁，M10.0 常开触点闭合，之后 M10.0 常开触点一直闭合，所以 M10.2 线圈一直得电。这个程序的 M10.0 常开触点，可以取代一直导通的特殊寄存器。

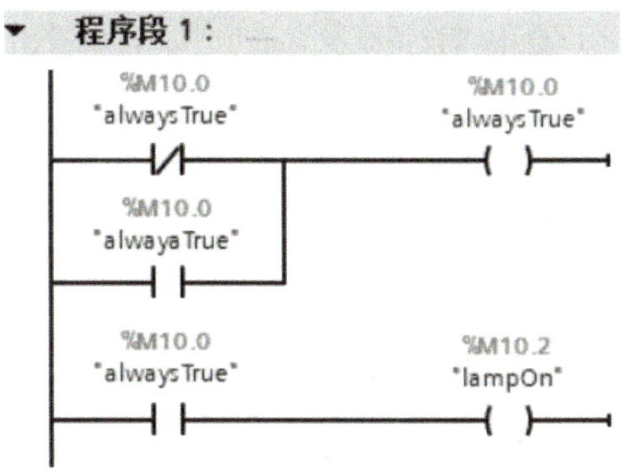

图 4-4　触点的并联示例（1）

如图 4-5 所示，第一个扫描周期时，M10.0 的常闭触点闭合，M10.2 线圈得电。之后 M10.0 线圈得电自锁。第二个及之后的扫描周期，M10.0 常闭触点一直断开，所以 M10.0 的常闭只接通了一个扫描周期。这个程序的 M10.0 常闭触点，可以取代首次扫描导通的特殊寄存器。常用于初始化。

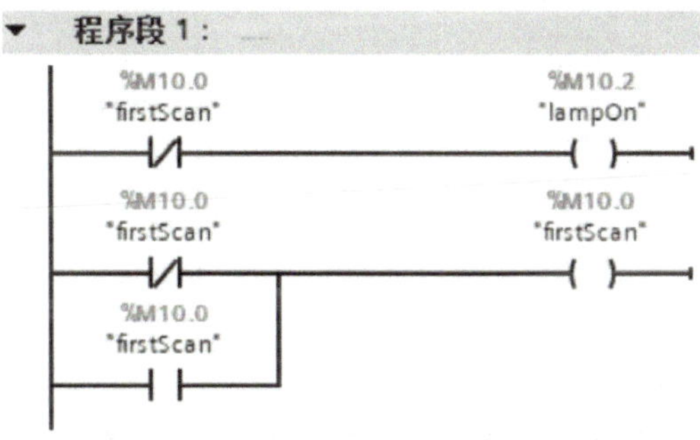

图 4-5　触点的并联示例（2）

学习小结

所谓双线圈输出就是同一线圈在梯形图中使用大于等于 2 处，双线圈输出是不允许的，如图 4-6 所示，Q0.0 出现了 2 次，是不对的，修改后正确的梯形图如图 4-7 所示。

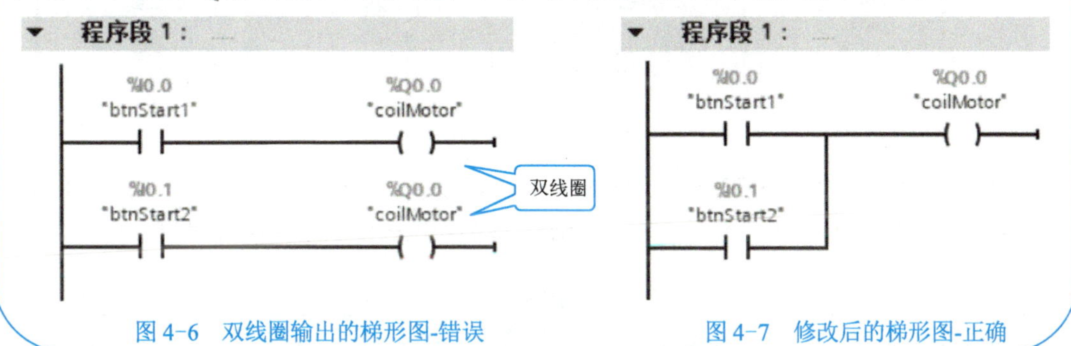

图 4-6　双线圈输出的梯形图-错误　　图 4-7　修改后的梯形图-正确

【例 4-1】 S7-1200 PLC 控制三相异步电动机，实现电动机的起停控制（连续运行），原理图如图 4-8 所示，要求编写梯形图程序。

微课：用“数字孪生”对电动机起停控制虚拟调试

解： 如图 4-8 所示，为了安全起见，停止按钮 SB2 接常闭触点。接触器的线圈，通常由中间继电器驱动，不能直接连接到 CPU 1211C 的输出端（Q0.0 处），因为接触器直接连接在 PLC 的输出端容易烧毁 PLC 的输出点。

硬件组态如图 4-10 所示，选中“设备概览”选项卡，可以看出，CPU 模块的输入地址范围是 I0.0～I0.5，输出地址是 Q0.0～Q0.3，再配合图 4-8 的原理图，设计梯形图如图 4-9 所示。由于图 4-8 中的停止按钮 SB2 接常闭触点，所以在没有压下停止按钮时，梯形图中的 I0.1 的常开触点是闭合的，理解这一点很关键。由于图 4-8 中的起动按钮 SB1 接常开触点，当压下起动按钮 SB1 时，梯形图中的常开触点 I0.0 闭合。此时，梯形图中的常开触点 I0.0 和 I0.1 都导通→线圈 Q0.0 得电→Q0.0 的常开触点导通自锁→Q0.0 线圈持续得电→线圈 KA1 得电→KA1 常开触点闭合→KM1 线圈得电→KM1 的主触点闭合→电动机通电运行。

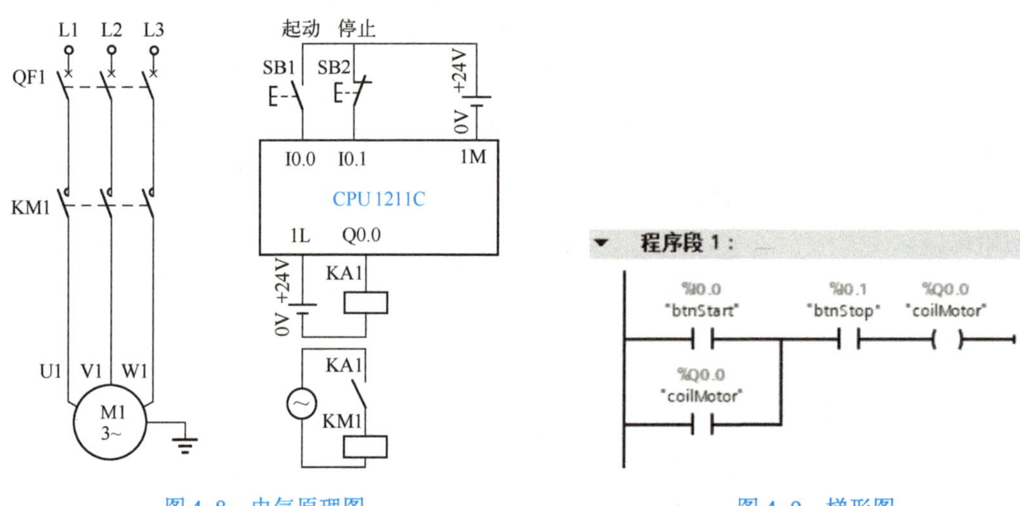

图 4-8　电气原理图　　　　图 4-9　梯形图

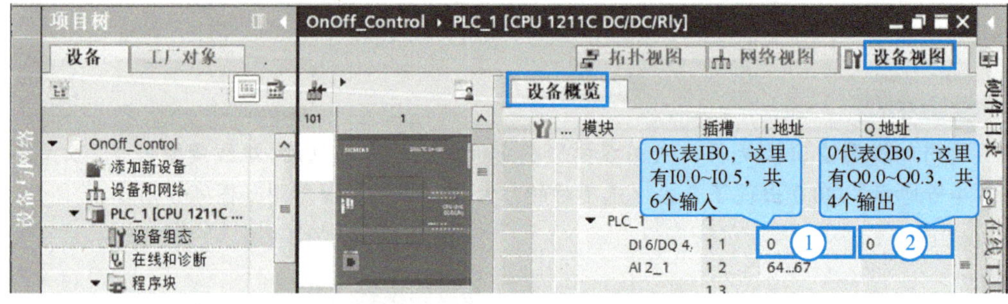

图 4-10　硬件组态

当按下停止按钮 SB2→梯形图中常开触点 I0.1 断开→线圈 Q0.0 断电→Q0.0 的常开触点断开→线圈 KA1 断电→KA1 常开触点断开→KM1 线圈断电→KM1 的主触点断开→电动机停止运行。

关键点

读者应建立一个概念：电气原理图、硬件组态和程序中的地址应该是对应的，这很重要。如果将图 4-10 的标记“1”处的“0”修改为“1”，则图 4-9 中程序起动按钮对应的地址随之应修改为 I1.0，停止按钮对应的地址应修改为 I1.1。

【例 4-2】 S7-1200 PLC 控制三相异步电动机，实现电动机的两地起动和两地停止控制，原理图如图 4-11 所示，要求编写梯形图程序。

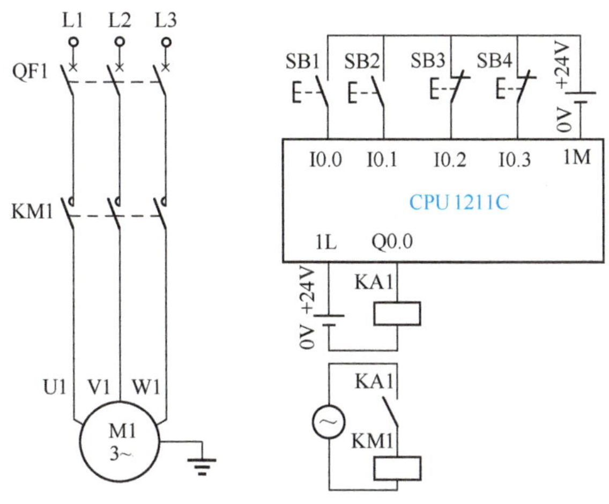

图 4-11　多地起停电气原理图

解： 硬件组态如图 4-10 所示，梯形图（多地起停）如图 4-12 所示。当常开触点 I0.0 或 I0.1 闭合，同时常开触点 I0.2 和 I0.3 都闭合时，输出线圈 Q0.0 得电（Q0.0＝1）自锁，电动机起动，并连续运行，I0.2 和 I0.3 是串联关系。当 I0.2 和 I0.3（如图 4-11 所示，两地停机电气原理图中停止按钮接常闭触点）中，1 个或 2 个断开时，线圈 Q0.0 断开，电动机停转。这是实现两地起动停止功能的梯形图。注意：硬接线回路中停止按钮接常闭触点。

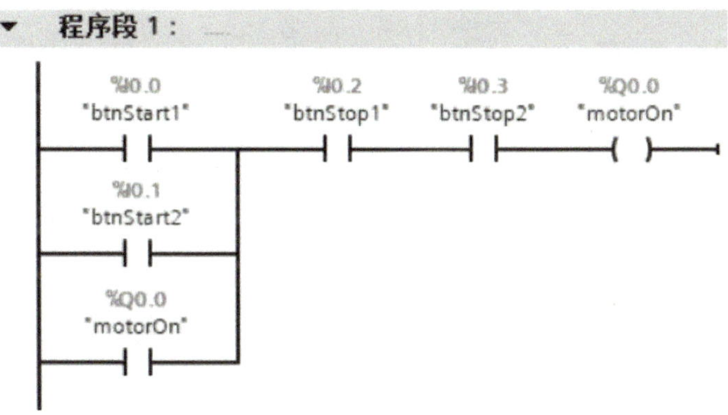

图 4-12　多地起停的梯形图

4.2.2　复位、置位、复位域和置位域指令

微课：复位、置位、复位域和置位域指令及其应用

1. 复位与置位指令

S：置位指令，将指定的地址位置位，即变为 1，并保持。

R：复位指令，将指定的地址位复位，即变为 0，并保持。

如图 4-13 所示为置位/复位指令应用实例，当 I0.0 接通时，Q0.0 置位，之后，即使 I0.0 断开，Q0.0 保持为 1，直到 I0.1 接通时，Q0.0 复位。这两条指令非常有用。

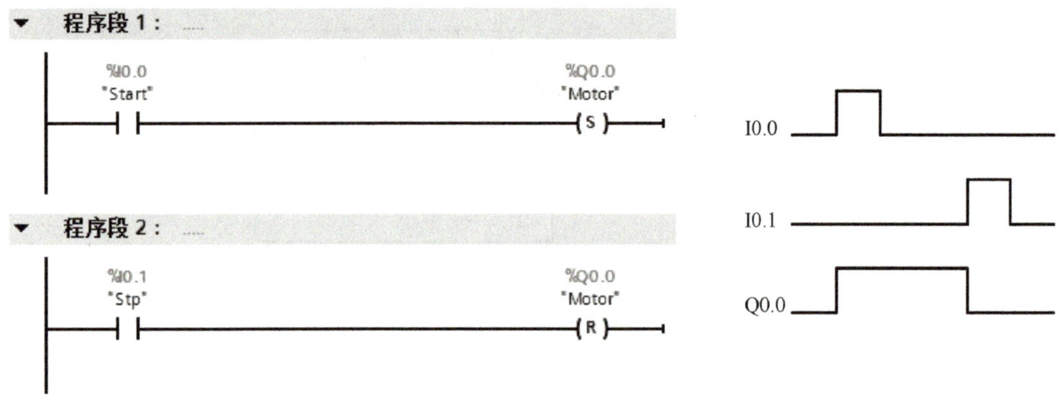

图 4-13　置位/复位指令示例

注意： 置位/复位指令不一定要成对使用。

2. SET_BF 位域 /RESET_BF 位域

1）SET_BF：“置位位域”指令，对从某个特定地址开始的多个位进行置位。

2）RESET_BF：“复位位域”指令，对从某个特定地址开始的多个位进行复位。

置位位域和复位位域应用如图 4-14 所示，当常开触点 I0.0 接通时，从 Q0.0 开始的 3 个位（即 Q0.0～Q0.2）置位，而当常开触点 I0.1 接通时，从 Q0.0 开始的 3 个位（即 Q0.0～Q0.2）复位。这两条指令很有用。

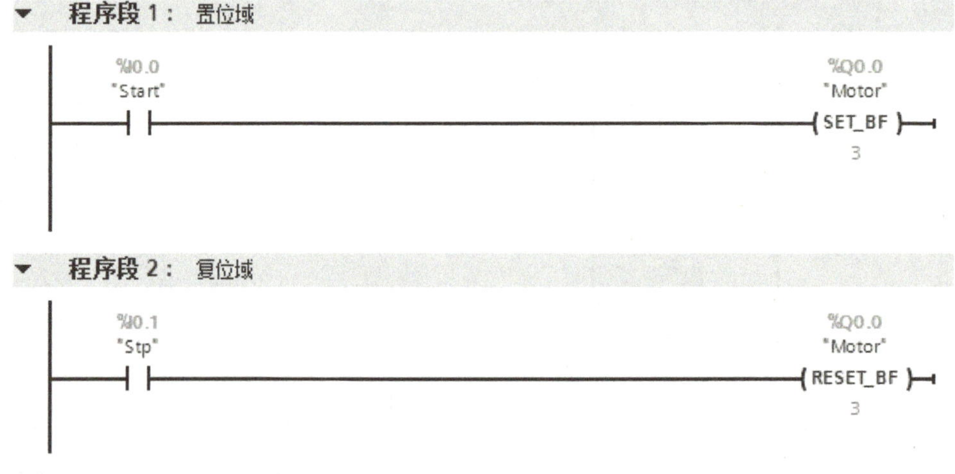

图 4-14　置位位域和复位位域应用

【例 4-3】 用置位/复位指令编写“正转—停止—反转”的梯形图，其中 I0.0 与正转按钮关联，I0.1 与反转按钮关联，I0.2 与停止按钮（硬件接线接常闭触点）关联，Q0.0 是正转输出，Q0.1 是反转输出。

解： 梯形图如图 4-15 所示，可见使用置位/复位指令后，不需要用自锁，程序变得更加简洁。

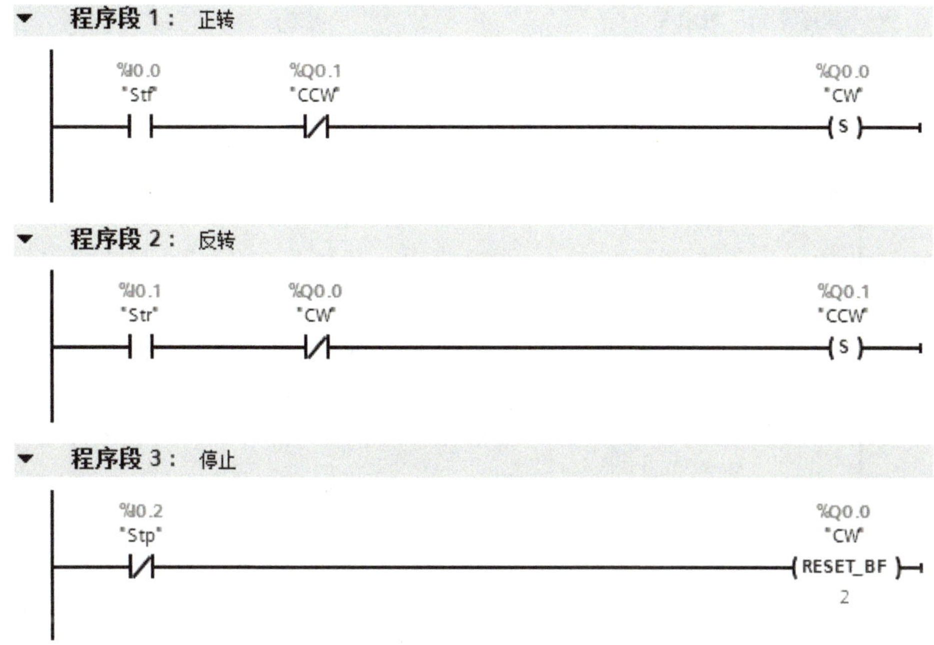

图 4-15　“正转—停止—反转”梯形图

学习小结

如图 4-16 所示，使用置位和复位指令时，Q0.0 的线圈允许出现 2 次或多次，而不是双线圈输出。

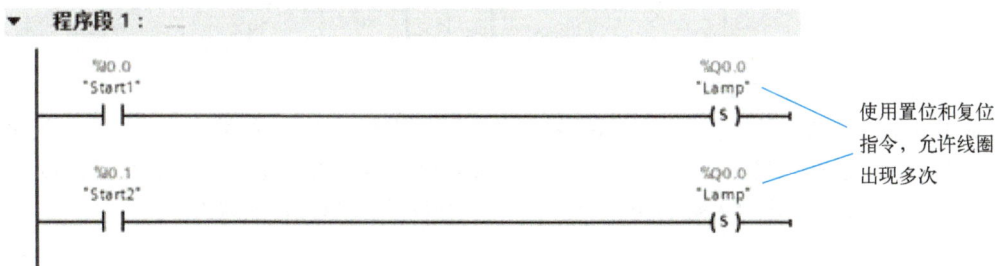

程序段 1： ...
%I0.0
"Start1"
%Q0.0
"Lamp"
S
%I0.1
"Start2"
%Q0.0
"Lamp"
S
使用置位和复位指令，允许线圈出现多次

图 4-16　梯形图

4.2.3　RS/SR 触发器指令

微课：RS/SR 触发器指令及其应用

1．RS：复位/置位触发器（置位优先）

如果 R 输入端的信号状态为“1”，S1 输入端的信号状态为“0”，则复位。如果 R 输入端的信号状态为“0”，S1 输入端的信号状态为“1”，则置位触发器。如果两个输入端的状态均为“1”，则置位触发器。如果两个输入端的状态均为“0”，则保持触发器以前的状态。RS/SR 双稳态触发器示例如图 4-17 所示，用一个表格表示这个例子的输入与输出的对应关系，见表 4-1。

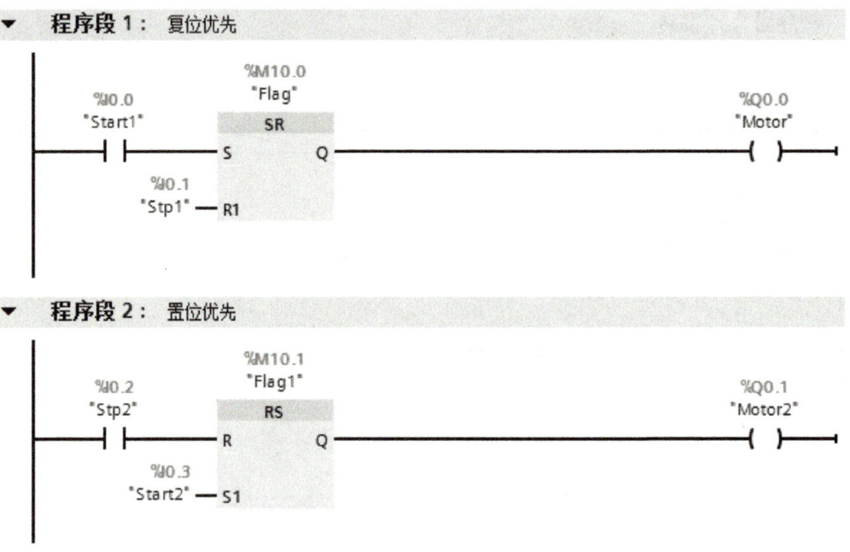

图 4-17　RS /SR 触发器示例

表 4-1　RS /SR 触发器输入与输出的对应关系

复位/置位触发器 RS（置位优先）				置位/复位触发器 SR（复位优先）			
输入状态		输出状态	说明	输入状态		输出状态	说明
S1 (I0.3)	R (I0.2)	Q (Q0.1)	当各个状态断开后，输出状态保持	R1 (I0.1)	S (I0.0)	Q (Q0.0)	当各个状态断开后，输出状态保持
1	0	1		1	0	0	
0	1	0		0	1	1	
1	1	1		1	1	0	

2. SR：置位/复位触发器（复位优先）

如果 S 输入端的信号状态为“1”，R1 输入端的信号状态为“0”，则置位。如果 S 输入端的信号状态为“0”，R1 输入端的信号状态为“1”，则复位触发器。如果两个输入端的状态均为“1”，则复位触发器。如果两个输入端的状态均为“0”，则保持触发器以前的状态。

4.2.4　上升沿和下降沿指令

微课：上升沿和下降沿指令及其应用

上升沿和下降沿指令的作用是扫描操作数的信号下降沿和扫描操作数的信号上升沿。

1. 下降沿指令

如果操作数 1 的信号状态从“1”变为“0”，则 RLO=1 保持一个扫描周期。具体为：该指令比较操作数 1 的当前信号状态，与上一次扫描周期的信号状态（保存在操作数 2 中），如果该指令检测到状态从“1”变为“0”，则 RLO=1 保持一个扫描周期，说明出现了一个下降沿。

下降沿示例的梯形图和时序图如图 4-18 所示，当与 I0.0 关联的按钮按下后弹起时，产生一个下降沿，输出 Q0.0 得电一个扫描周期，这个时间是很短的。在后面的章节中多处用到时序图，请读者务必掌握这种表达方式。

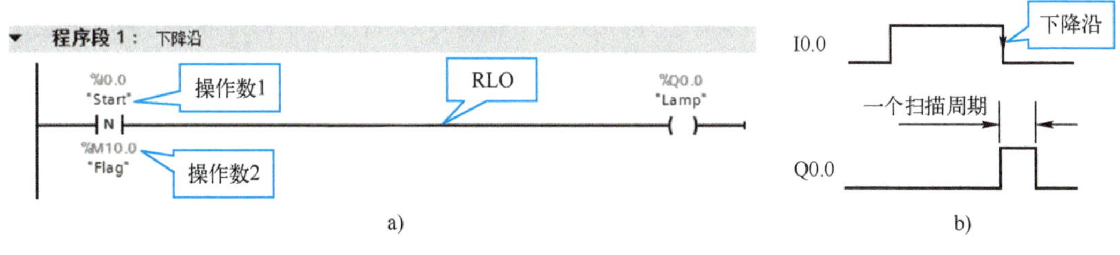

图 4-18　下降沿示例

a) 梯形图　b) 时序图

2. 上升沿指令

如果操作数 1 的信号状态从“0”变为“1”，则 RLO=1 保持一个扫描周期。具体为：该指令比较操作数 1 的当前信号状态与上一次扫描的信号状态（保存在操作数 2 中），如果该指令检测到状态从“0”变为“1”，则 RLO=1 保持一个扫描周期，说明出现了一个上升沿。

上升沿示例的梯形图时序图如图 4-19 所示，当与 I0.0 关联的按钮压下时，产生一个上升沿，输出 Q0.0 得电一个扫描周期，无论按钮闭合多长的时间，输出 Q0.0 只得电一个扫描周期。

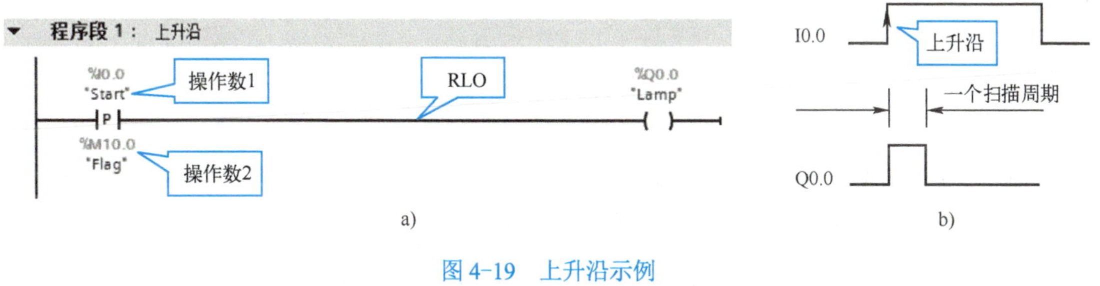

图 4-19　上升沿示例

a) 梯形图　b) 时序图

【例 4-4】 梯形图如图 4-20 所示，如果当与 I0.0 关联的按钮，闭合 1s 后弹起，请分析程序运行结果。

解： 时序图如图 4-21 所示，当与 I0.0 关联的按钮按下时，产生上升沿，输出线圈 Q0.1 得电一个扫描周期，同时使输出线圈 Q0.0 置位，并保持，即 Q0.0 线圈持续得电。

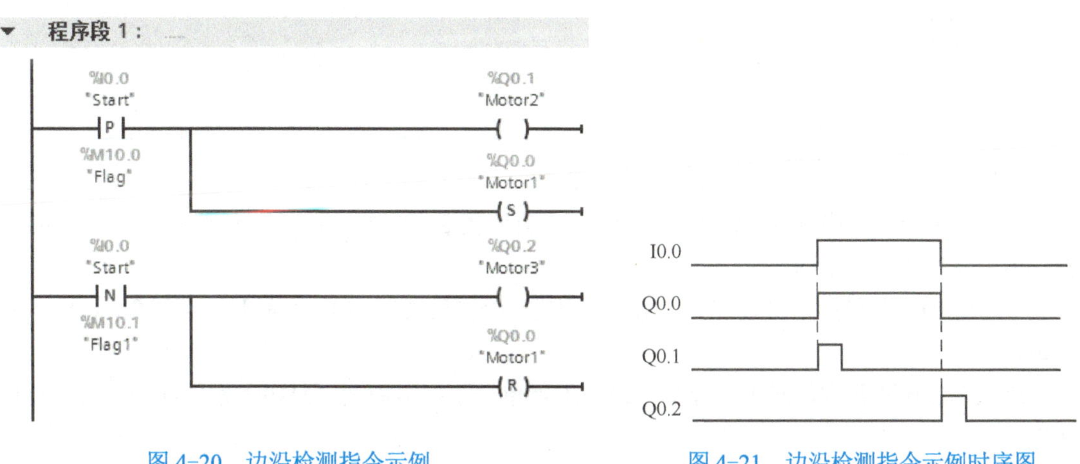

图 4-20　边沿检测指令示例

图 4-21　边沿检测指令示例时序图

当与 I0.0 关联的按钮弹起时，产生下降沿，输出线圈 Q0.2 得电一个扫描周期，同时使输出线圈 Q0.0 复位断电，并保持断电。Q0.0 得电共 1s。

学习小结

上升沿和下降沿指令的第二操作数，在程序中不可重复使用，否则会出错，图 4-22 中，上升沿的第二操作数 M10.0 在标记“1”“2”和标记“3”处，使用了三次，虽无语法错误，但程序逻辑是混乱的。

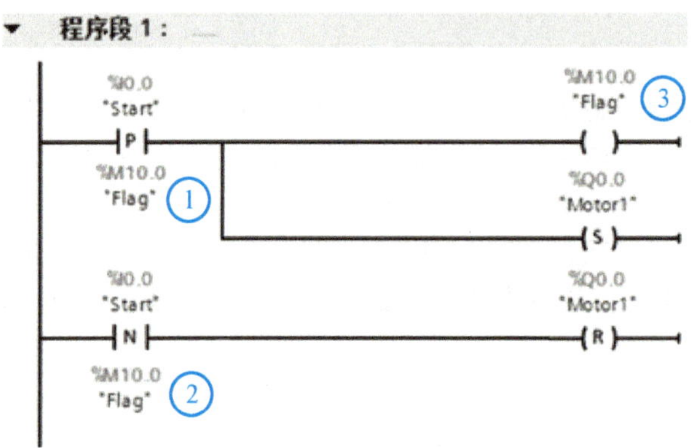

图 4-22　第二操作数重复使用

前述的上升沿指令和下降沿指令没有对应的 SCL 指令。以下介绍的上升沿指令（R_TRIG）和下降沿指令（F_TRIG），其梯形图指令对应关系见表 4-2。

表 4-2　上升沿指令（R_TRIG）和下降沿指令（F_TRIG）的梯形图指令对应关系

LAD	功能说明	说明
"R_TRIG_DB" R_TRIG EN　ENO CLK　Q	上升沿指令	在信号上升沿置位变量
"F_TRIG_DB_1" F_TRIG EN　ENO CLK　Q	下降沿指令	在信号下降沿置位变量

【例 4-5】 设计一个程序，实现点动功能。

解：编写点动程序有多种方法，本例使用上升沿指令（R_TRIG）和下降沿指令（F_TRIG），梯形图程序如图 4-23 所示。

① 当 I0.0 闭合时，产生上升沿，M10.0 得电一个扫描周期，M10.0 常开触点闭合，Q0.0 得电自锁。

② 当 I0.0 断开时，产生下降沿，M10.1 得电一个扫描周期，M10.1 常闭触点断开，Q0.0 断电。

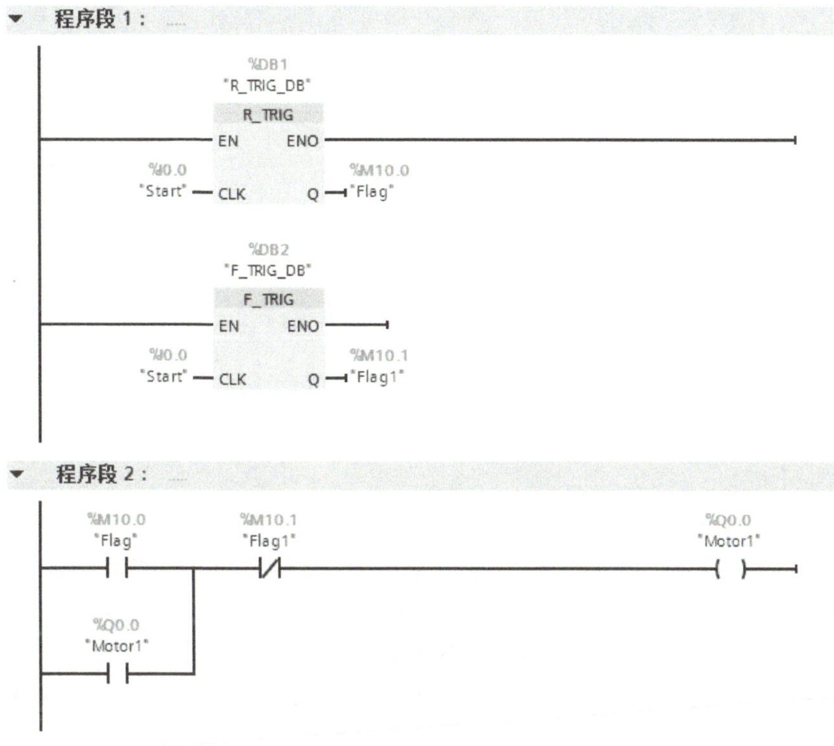

图 4-23　梯形图程序

【例 4-6】 用 S7-1200 PLC 控制一台三相异步电动机，实现用一个按钮对电动机进行起停控制，即单键起停控制（也称乒乓控制）。

解：设计电气原理图如图 4-24 所示。

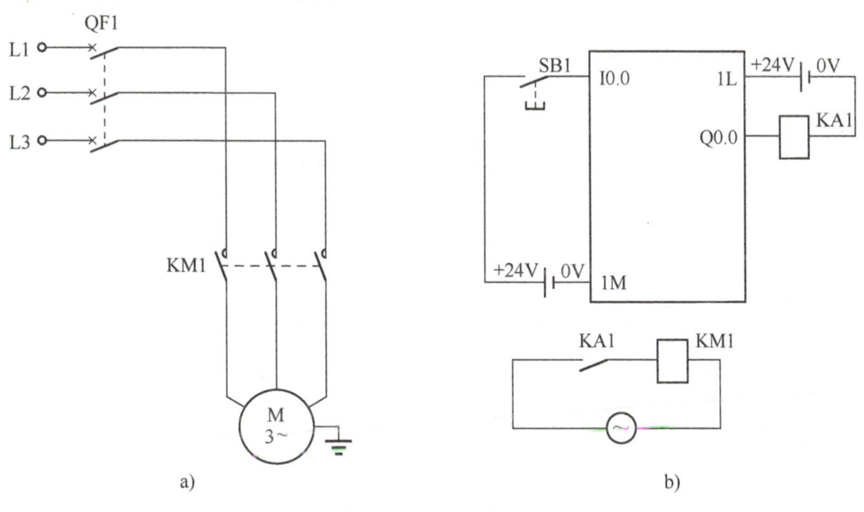

图 4-24　电气原理图

a) 主回路　b) 控制回路

三相异步电动机单键起停控制的程序设计有很多方法，以下介绍几种常用的方法。

（1）方法 1

这个梯形图没用到上升沿指令。梯形图程序如图 4-25 所示。

① 当按钮 SB1 不按下时，I0.0 的常闭触点闭合，M10.1 线圈得电，M10.1 常开触点闭合。

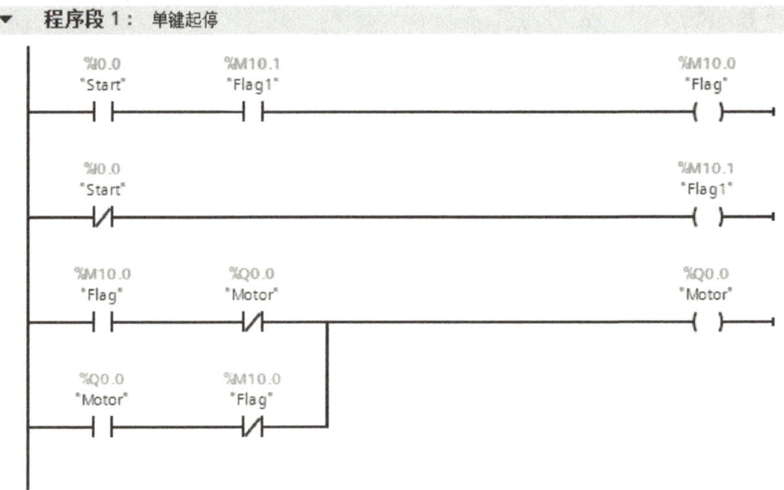

图 4-25　梯形图（1）

② 当按钮 SB1 第一次按下时，第一次扫描周期里，I0.0 的常开触点闭合，M10.0 线圈得电，M10.0 常开触点闭合，Q0.0 线圈得电，电动机起动。第二扫描周期之后，M10.1 线圈断电，M10.1 常开触点断开，M10.0 线圈断电，M10.0 常闭触点闭合，Q0.0 线圈自锁，电动机持续运行。

按钮弹起后，SB1 的常开触点断开，I0.0 的常闭触点闭合，M10.1 线圈得电，M10.1 常开触点闭合。

③ 当按钮 SB1 第二次按下时，I0.0 的常开触点闭合，M10.0 线圈得电，M10.0 常闭触点断开，Q0.0 线圈断电，电动机停机。

注意： *在经典 STEP7 中，图 4-25 所示的梯形图需要编写在三个程序段中。*

（2）方法 2

梯形图如图 4-26 所示。

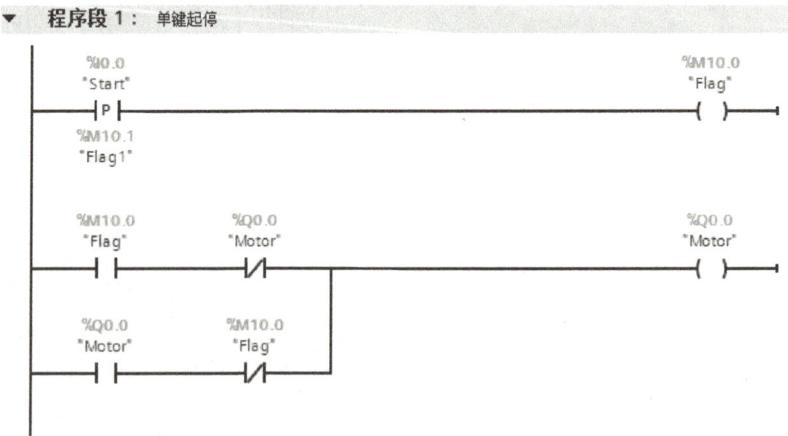

图 4-26　梯形图（2）

① 当按钮 SB1 第一次按下时，M10.0 接通一个扫描周期，使得 Q0.0 线圈得电一个扫描周期，电动机起动运行。当下一次扫描周期到达，M10.0 常闭触点闭合，Q0.0 常开触点闭合自锁，Q0.0 线圈得电，电动机持续运行。

② 当按钮 SB1 第二次按下时，M10.0 线圈得电一个扫描周期，使得 M10.0 常闭触点断开，Q0.0 线圈断电，电动机停机。

（3）方法 3

梯形图如图 4-27 所示，可见使用 SR 触发器指令后，不需要用自锁功能，程序变得十分简洁。

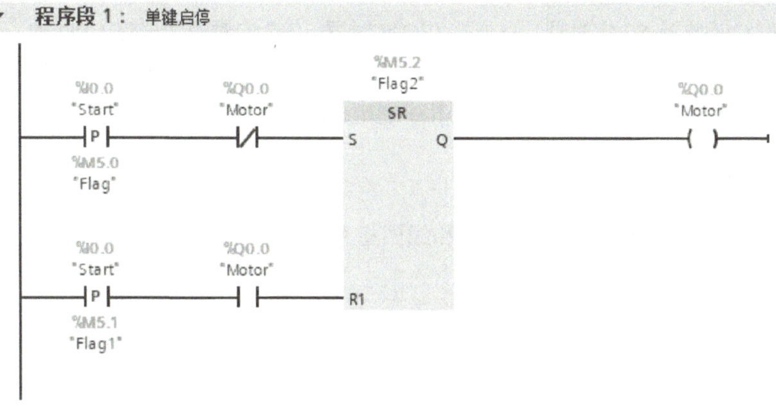

图 4-27　梯形图（3）

① 当未按下按钮 SB1 时，Q0.0 常开触点断开，常闭触点闭合，当第一次按下按钮 SB1 时，S 端子高电平，R1 端子低电平，Q0.0 线圈得电，电动机起动运行，Q0.0 常开触点闭合，常闭触点断开。

② 由于 Q0.0 常闭触点断开，常开触点闭合，当第二次按下按钮 SB1 时，R1 端子为高电平，所以 Q0.0 线圈断电，电动机停机。

这个题目还有另一种类似解法，就是用 RS 触发器指令，梯形图如图 4-28 所示。

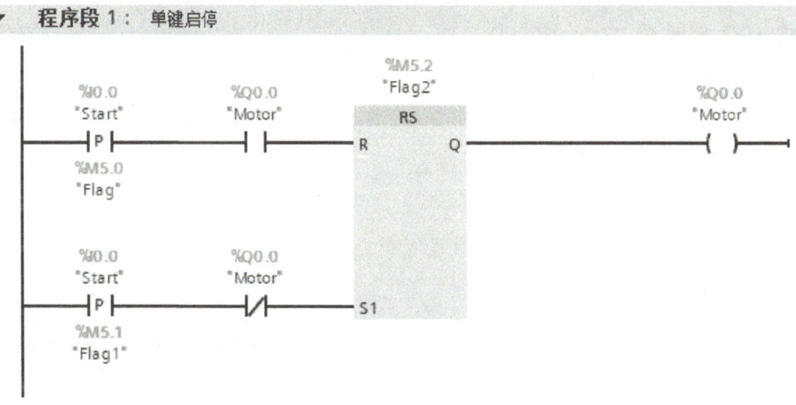

图 4-28　梯形图（4）

① 由于 Q0.0 常闭触点是闭合的，当第一次按下按钮 SB1 时，S1 端子为高电平，Q0.0 线圈得电，电动机起动运行，Q0.0 常闭触点断开，常开触点闭合。

② 由于 Q0.0 常闭触点断开，常开触点闭合，当第二次按下按钮 SB1 时，R 端子为高电平，S1 端子为低电平，所以 Q0.0 线圈断电，电动机停机。

学习小结

在图 4-24 中，KA1 触点的通断控制 KM1 线圈的得电和断电，从而驱动电动机的起停。而不能直接将接触器的线圈连接在 CPU 模块的输出端，因为直接将 KM1 线圈连接在 S7-1200 PLC 上，容易造成 PLC 内部的器件烧毁。PLC 控制电路中，用中间继电器驱动接触器是实际工程中常见且必要的设计方法。这是读者必须建立的工程思维。

4.3　定时器指令

S7-1200 PLC 不支持 S7 定时器，只支持 IEC 定时器。IEC 定时器集成在 CPU 的操作系统中，有以下定时器：脉冲定时器（TP）、通电延时定时器（TON）、时间累加器（TONR）和断电延时定时器（TOF），其中通电延时定时器（TON）最常用。

微课：定时器及其应用 1

4.3.1　通电延时定时器（TON）

通电延时定时器（TON）有线框指令和线圈指令，以下分别讲解。

1. 通电延时定时器（TON）线框指令

通电延时定时器（TON）的参数见表 4-3。

表 4-3　通电延时定时器指令和参数

LAD	参数	数据类型	说明
TON Time (IN, Q, PT, ET)	IN	BOOL	启动定时器
	Q	BOOL	超过时间 PT 后，置位的输出
	PT	Time	定时时间
	ET	Time	当前时间值

以下用一个例子介绍通电延时定时器的应用。

【例 4-7】 按下按钮 I0.0，3s 后电动机起动，请设计控制程序。

解：先将 IEC 定时器 TON 指令从任务卡的基本指令中拖入到编程界面，弹出如图 4-29 所示界面，单击“确定”按钮，分配数据块，这是自动生成数据块的方法，相对比较简单，是创建定时器背景数据块的第一种方法。再编写程序如图 4-30 所示。当 I0.0 闭合时，起动定时器，T#3s 是定时时间，I0.0 持续闭合 3s 后 Q0.0 为 1，即电动机起动，MD10 中是定时器定时的当前时间。只要 I0.0 断开，Q0.0 输出为 0，即电动机停机。假如 I0.0 接通 10s，则电动机只运行 7s。

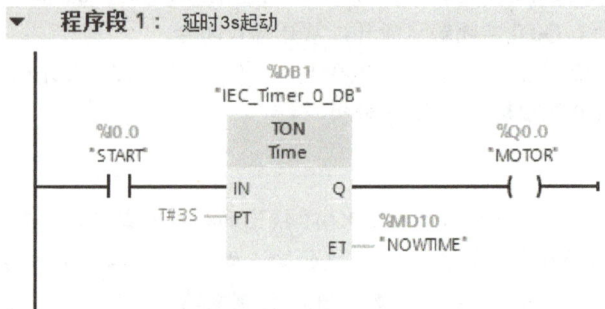

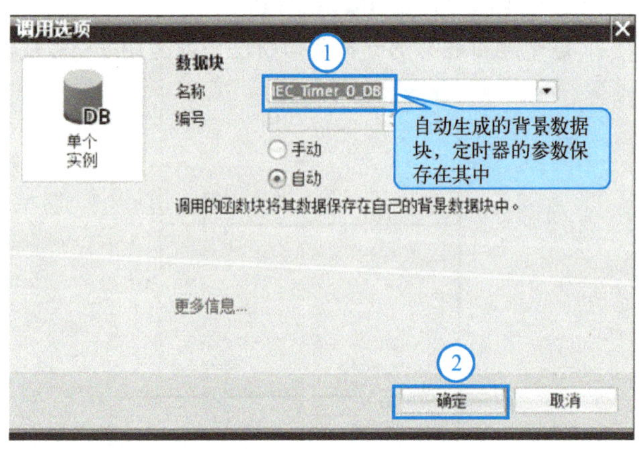

图 4-29　插入数据块

程序段 1：延时3s起动

%DB1 "IEC_Timer_0_DB"　TON Time　%I0.0 "START"　IN　Q　%Q0.0 "MOTOR"　T#3S PT　ET %MD10 "NOWTIME"

图 4-30　梯形图程序

2．通电延时定时器（TON）线圈指令

通电延时定时器（TON）线圈指令与线框指令类似，但没有 SCL 指令，以下仅用例 4-8 介绍其用法。

先创建数据块 DB_Timer，即定时器的背景数据块。双击“添加新块”，如图 4-31 所示，弹出“添加新块”对话框，选中“DB”，将数据块的名称修改为“DB_Timer”，单击“确定”按钮。在弹出的数据块中，创建变量 T0、T1，注意其数据类型为“IEC_TIMER”，如图 4-32 所示。最后单击图 4-31 中的“编译”按钮，完成数据块的创建。这是创建定时器背景数据块的第二种办法，在项目中有多个定时器时，这种方法更加实用。

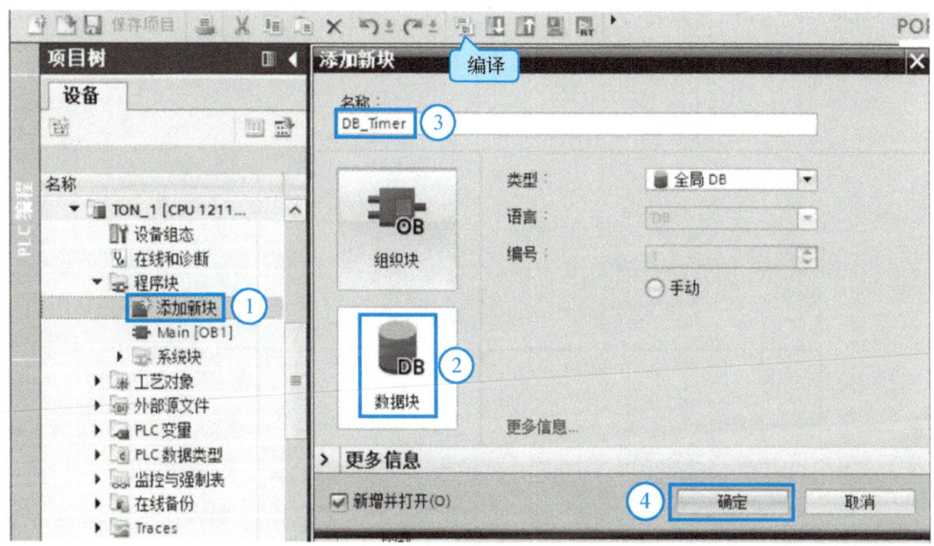

图 4-31　创建数据块“DB_Timer”（1）

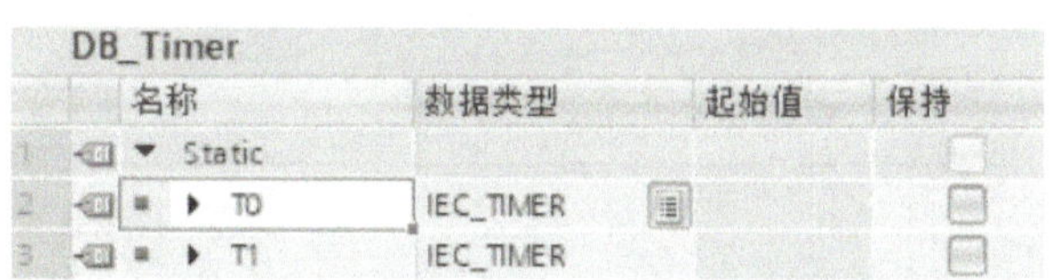

DB_Timer

	名称	数据类型	起始值	保持
1	▼ Static			
2	▸ T0	IEC_TIMER		
3	▸ T1	IEC_TIMER		

图 4-32　创建数据块“DB_Timer”（2）

编写程序，梯形图如图 4-33 所示。

程序段 1：

%I0.0 "Start" —— "DB_Timer".T0 (TON Time) T#3S

"DB_Timer".T0.Q —— %Q0.0 "M1正转" ( )

%I0.1 "Stop1" —— "DB_Timer".T0 [RT]

图 4-33　梯形图

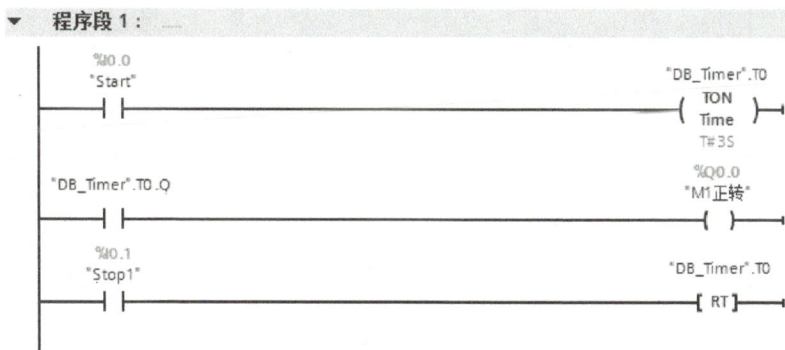

【例 4-8】 常见的小区门禁，用来阻止陌生车辆直接出入。要求编写门禁系统控制程序实现如下

控制功能。小区保安可以手动控制门开，到达门开限位开关时，停止 20s 后自动关闭，在关闭过程中如果检测到有人通过（用一个按钮模拟），则停止 5s，然后继续关闭，到达门关限位时停止。

解： 设计原理图如图 4-34 所示。梯形图如图 4-35 所示。

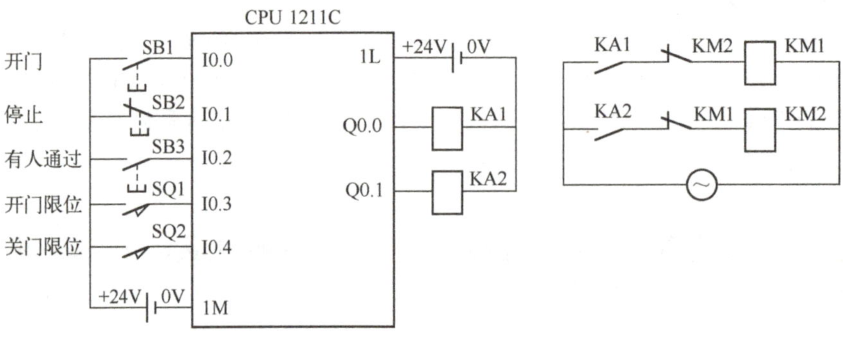

图 4-34　原理图

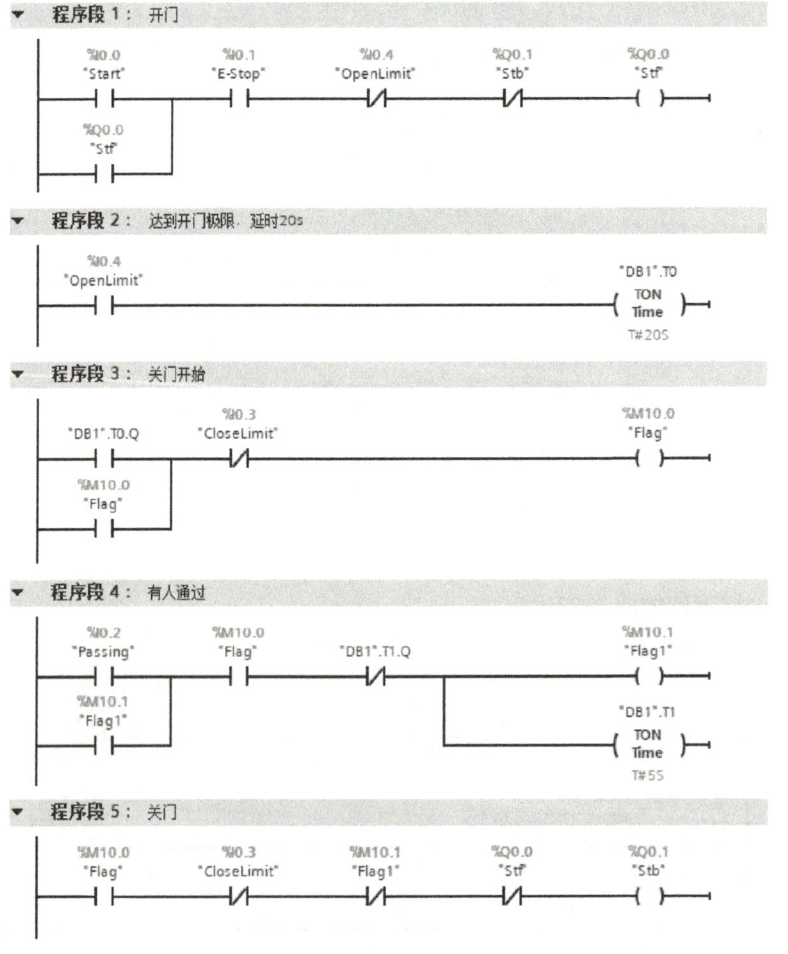

图 4-35　梯形图

4.3.2　断电延时定时器（TOF）

微课：定时器及其应用 2

1. 断电延时定时器（TOF）线框指令

断电延时定时器（TOF）的参数见表 4-4。

表 4-4　断电延时定时器指令和参数

LAD	参数	数据类型	说明
TOF Time IN　Q PT　ET	IN	BOOL	启动定时器
	Q	BOOL	定时器 PT 计时结束后要复位的输出
	PT	Time	关断延时的持续时间
	ET	Time	当前时间值

以下用一个例子介绍断电延时定时器（TOF）的应用。

【例 4-9】 断开按钮 I0.0，延时 3s 后电动机停止转动，设计控制程序。

解：先将 IEC 定时器 TOF 指令从任务卡的基本指令中拖入到编程界面，弹出如图 4-29 所示界面，分配数据块，再编写程序如图 4-36 所示，按下与 I0.0 关联的按钮时，Q0.0 得电，电动机起动。T#3s 是定时时间，断开与 I0.0 关联的按钮时，启动定时器，3s 后 Q0.0 为 0，电动机停转，MD10 中是定时器定时的当前时间。假如 I0.0 接通 10s，则电动机只运行 13s。

2. 断电延时定时器（TOF）线圈指令

断电延时定时器线圈指令与线框指令类似，但没有 SCL 指令，以下仅用一个例子介绍其用法。

【例 4-10】 某车库中有一盏灯，当人离开车库后，按下停止按钮，5s 后灯熄灭，原理图如图 4-37 所示，要求编写程序。

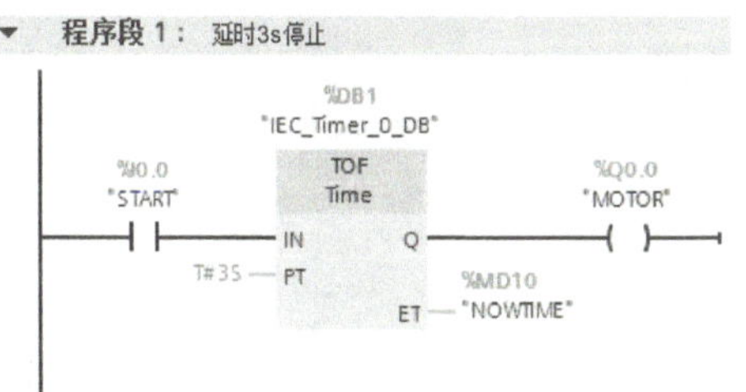

图 4-36　梯形图程序

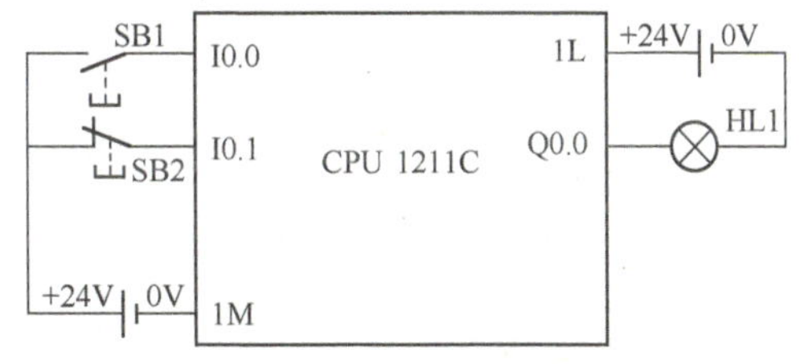

图 4-37　原理图

解：先插入 IEC 定时器 TOF，创建数据块（见图 4-31 和图 4-32），再编写程序，如图 4-38 所示。当接通 SB1 按钮，灯 HL1 亮；按下 SB2 按钮 5s 后，灯 HL1 灭。

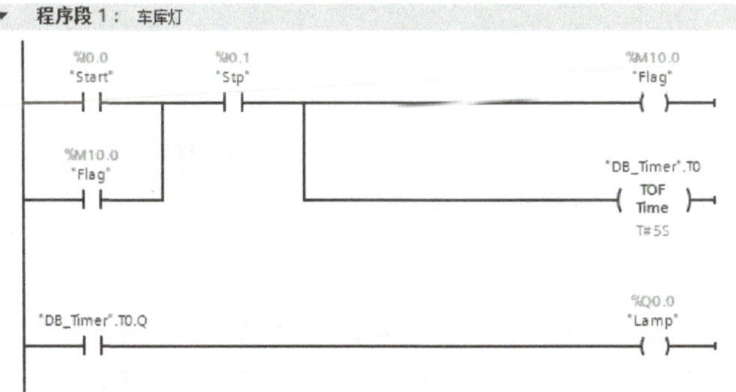

图 4-38　梯形图

【例 4-11】 用 S7-1200 PLC 控制一台鼓风机，鼓风机系统一般由引风机和鼓风机两级构成。当按下起动按钮之后，引风机先工作，工作 5s 后，鼓风机工作。按下停止按钮之后，鼓风机先停止工作，5s 之后，引风机才停止工作。

解：设计电气原理图如图 4-39 所示。

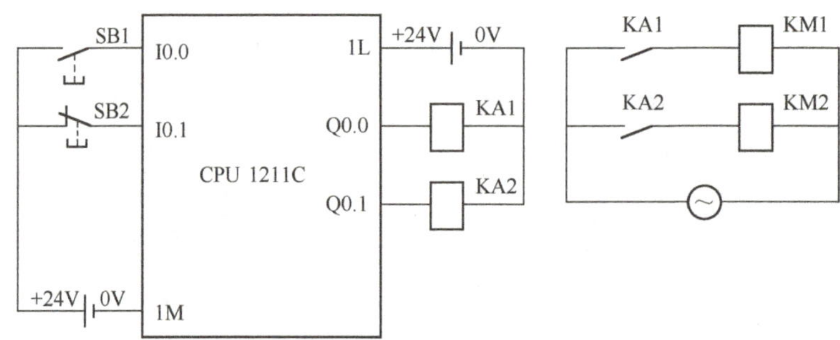

图 4-39　电气原理图

引风机在按下停止按钮后还要运行 5s，容易想到要使用 TOF 定时器；鼓风机在引风机工作 5s 后才开始工作，因而用 TON 定时器。

1）首先创建数据块 DB_Timer，即定时器的背景数据块，如图 4-31 和图 4-32 所示，然后在此数据块中，创建两个变量 T0 和 T1，特别要注意变量的数据类型为“IEC_TIMER”，随后要及时编译数据块，否则容易出错。

2）编写梯形图如图 4-40 所示。当按下起动按钮 SB1，M10.0 线圈得电自锁。定时器 TON 和 TOF 同时得电，Q0.1 线圈得电，引风机立即起动。5s 后，Q0.0 线圈得电，鼓风机起动。

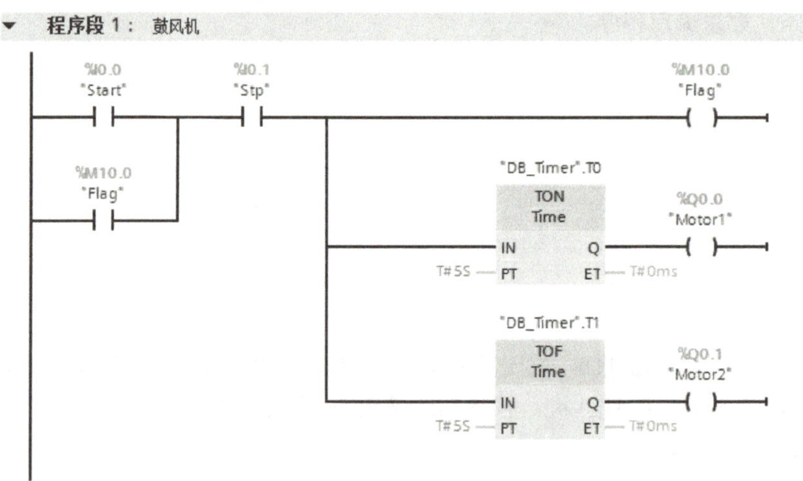

图 4-40　鼓风机控制梯形图程序

当按下停止按钮 SB2，M10.0 线圈断电。定时器 TON 和 TOF 同时断电，Q0.0 线圈立即断开，鼓风机立即停止。5s 后，Q0.1 线圈断电，引风机停机。

任务小结

① 在图 4-39 中，SB2 为常闭触点，所以图 4-40 中的 I0.1 对应为常开触点。停止按钮采用常开触点，尽管可以实现停机功能，但在断线的情况下，不能正常停机，可能会造成安全事故，因此停止按钮采用常闭触点才是规范的做法。这是读者必须建立的工程思维。

② 数据块创建完成后应及时进行编译，而不要等到整个程序完成后再编译，否则会出错。

③ 一个项目中，如果用到多个定时器，用图 4-31 和图 4-32 的方法创建背景数据块，比每个定时器各自创建自己的数据块要好，可以减少数据块的使用量。

4.3.3 时间累加定时器（TONR）

时间累加定时器（TONR）的参数见表 4-5。

表 4-5　时间累加定时器指令和参数

LAD	参数	数据类型	说明
TONR Time IN　Q R　ET PT	IN	BOOL	启动定时器
	Q	BOOL	超过时间 PT 后，置位的输出
	R	BOOL	复位输入
	PT	Time	时间记录的最长持续时间
	ET	Time	当前时间值

以下用一个例子介绍时间累加定时器（TONR）的应用。如图 4-41 所示，当 I0.0 闭合的时间累加和大等于 10s（即 I0.0 闭合一次或者闭合数次时间累加和大于等于 10s），Q0.0 线圈得电，如果需要 Q0.0 线圈断电，则要 I0.1 闭合，使定时器复位。

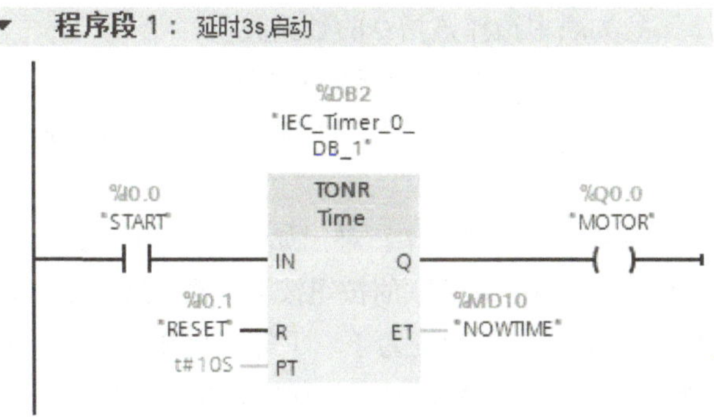

图 4-41　梯形图

【例 4-12】 I0.0 和 I0.1 的时序图如图 4-42a 所示，请补充 Q0.0 的时序图，并指出 Q0.0 得电几秒。

解：补充 Q0.0 的时序图如图 4-42b 所示。在第 12s 时，I0.0 累计闭合时间为 10s，从第 12s 开始，Q0.0 的线圈得电。第 15s 时，I0.1 闭合，时间累加器复位，Q0.0 的线圈断电。

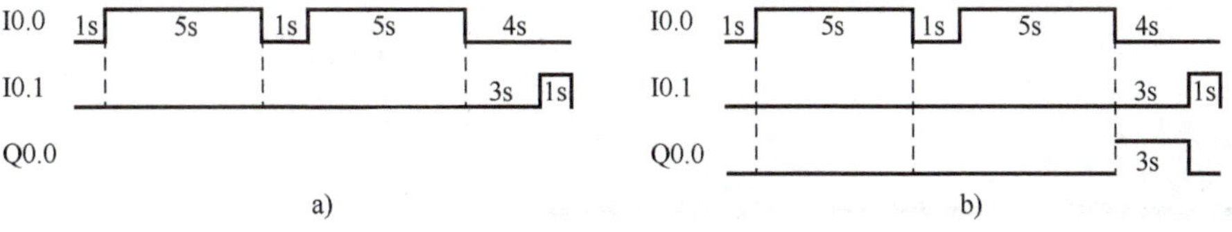

图 4-42　时序图

4.4　计数器指令

微课：计数器指令及其应用

S7-1200 PLC 不支持 S7 计数器，只支持 IEC 计数器。IEC 计数器集成在 CPU 的操作系统中。在 CPU 中有以下计数器：加计数器（CTU）、减计数器（CTD）和加减计数器（CTUD）。

4.4.1　加计数器（CTU）

加计数的 CU 是脉冲的计数输入端，计数值保存在 CV 中，当计数值达到预设值 PV 时，Q 高电平输出，当 R 高电平时，CV 清零复位。加计数器（CTU）的参数见表 4-6。

表 4-6　加计数器（CTU）指令和参数

LAD	参数	数据类型	说明
CTU ??? CU　Q R　CV PV	CU	BOOL	计数器输入
	R	BOOL	复位，优先于 CU 端
	PV	Int	预设值
	Q	BOOL	计数器的状态，CV≥PV，Q 输出 1，CV<PV，Q 输出 0
	CV	整数、Char、WChar、Date	当前计数值

从指令框的“???”下拉列表中选择该指令的数据类型。

以下以加计数器（CTU）为例介绍 IEC 计数器的应用。

【例 4-13】 按下与 I0.0 关联的按钮 3 次后，灯亮，按下与 I0.1 关联的按钮，灯灭，请设计控制程序。

解：将 CTU 计数器拖拽到程序编辑器中，弹出如图 4-43 所示界面，单击“确定”按钮，输入梯形图程序如图 4-44 所示。当与 I0.0 关联的按钮按下 3 次，MW12 中存储的当前计数值（CV）为 3，等于预设值（PV），所以 Q0.0 状态变为 1，灯亮；当按下与 I0.1 关联的复位按钮，MW12 中存储的当前计数值变为 0，小于预设值（PV），所以 Q0.0 状态变为 0，灯灭。

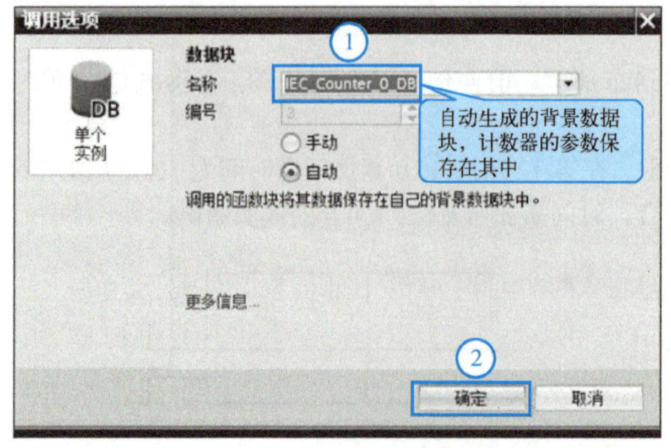

图 4-43　调用选项

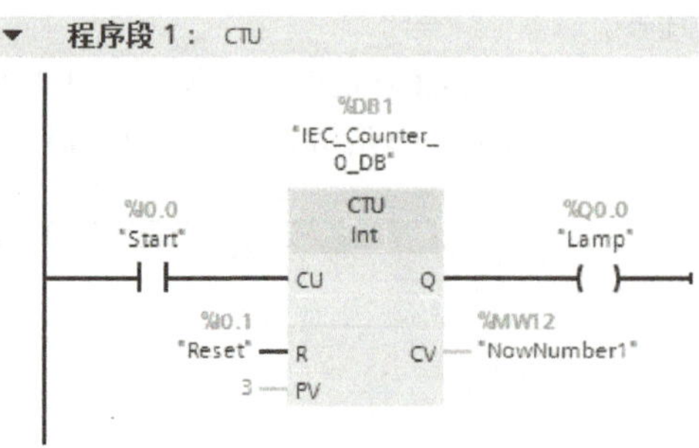

图 4-44　梯形图程序

【例 4-14】 设计一个程序，实现用一个单按钮控制一盏灯的亮和灭，即按奇数次按钮时，灯亮，偶数次按下按钮时，灯灭。按钮 SB1 与 I0.0 关联。

解：当 SB1 第一次合上时，M2.0 接通一个扫描周期，使得 Q0.0 线圈得电一个扫描周期，Q0.0 常开触点闭合自锁，灯亮。

当 SB1 第二次合上时，M2.0 接通一个扫描周期，当计数器计数为 2 时，M2.1 线圈得电，从而 M2.1 常闭触点断开，Q0.0 线圈断电，使得灯灭，同时计数器复位。梯形图如图 4-45 所示。

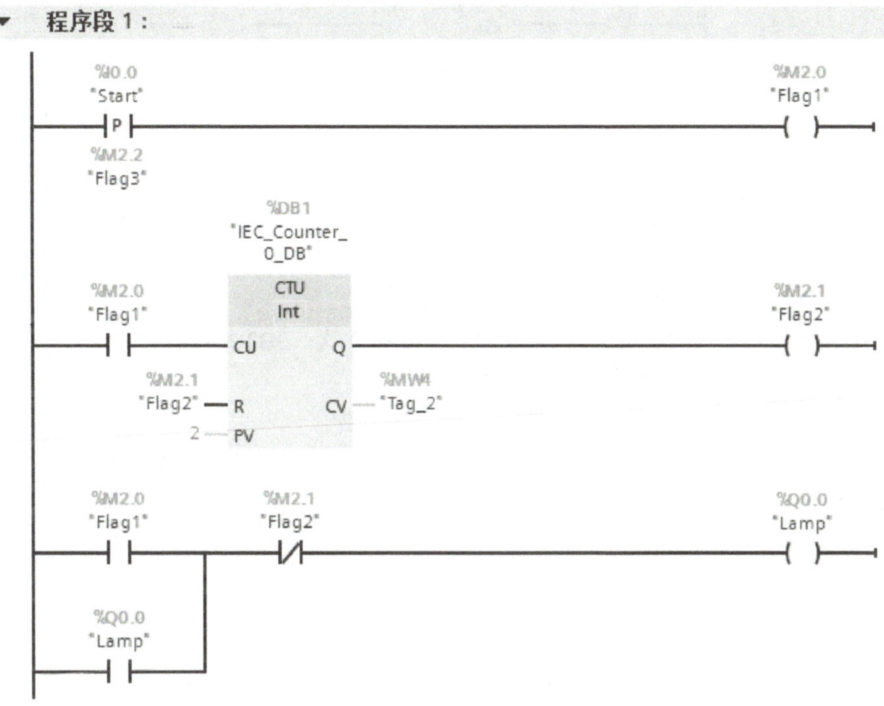

图 4-45　梯形图

4.4.2　减计数器（CTD）

减计数器的 CD 是脉冲的计数输入端，计数值保存在 CV 中，当 CV 达到 0 时，Q 高电平输出，当 LD 高电平时，装载 PV 值。减计数器（CTD）的参数见表 4-7。

表 4-7　减计数器（CTD）指令和参数

LAD	参数	数据类型	说明
CTD ??? CD　Q LD　CV PV	CD	BOOL	计数器输入
	LD	BOOL	装载输入
	PV	Int	预设值
	Q	BOOL	使用 LD＝1 置位输出 CV 的目标值
	CV	整数、Char、WChar、Date	当前计数值

从指令框的“???”下拉列表中选择该指令的数据类型。

以下用一个例子说明减计数器（CTD）的用法。

梯形图程序如图 4-46 所示。当 I0.1 闭合 1 次，PV 值装载到当前计数值（CV），且为 3。当 I0.0 闭合一次，CV 减 1，I0.0 闭合 3 次，CV 值变为 0，所以 Q0.0 状态变为 1。

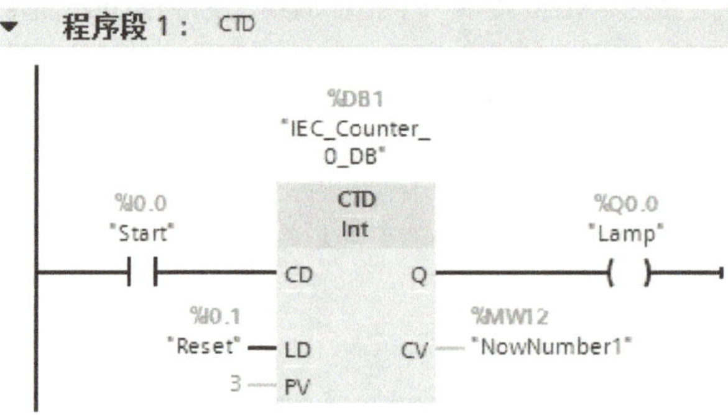

图 4-46 梯形图程序

【例 4-15】 用 S7-1200 PLC 控制密码锁，密码锁控制系统有 5 个按钮 SB1～SB5，其控制要求如下：

微课：密码锁的 PLC 控制

（1）SB1 为开锁按钮，按下 SB1 按钮，才可以开锁。

（2）SB2、SB3 为密码按钮，开锁条件是：SB2 按 3 次，SB3 按 2 次；同时按下 SB2、SB3 有顺序要求，先按 SB2，后按 SB3。

（3）SB5 为不可按压的按钮，一旦按压，则系统报警。

（4）SB4 为复位按钮，按下 SB4 后，可重新进行开锁作业，所有计数器被清零。

通过完成此任务，可了解一个 PLC 控制项目的实施的基本步骤，掌握计数器指令。

解：（1）PLC 的 I/O 分配见表 4-8。

表 4-8 PLC 的 I/O 分配表

输 入			输 出		
名 称	符 号	输入点	名 称	符 号	输出点
开锁按钮	SB1	I0.0	开锁	KA1	Q0.0
密码按钮 1	SB2	I0.1	报警	HL1	Q0.1
密码按钮 2	SB3	I0.2	—	—	—
复位按钮	SB4	I0.3	—	—	—
错误按钮	SB5	I0.4	—	—	—

（2）PLC 采用 CPU 1211C，原理图如图 4-47 所示。

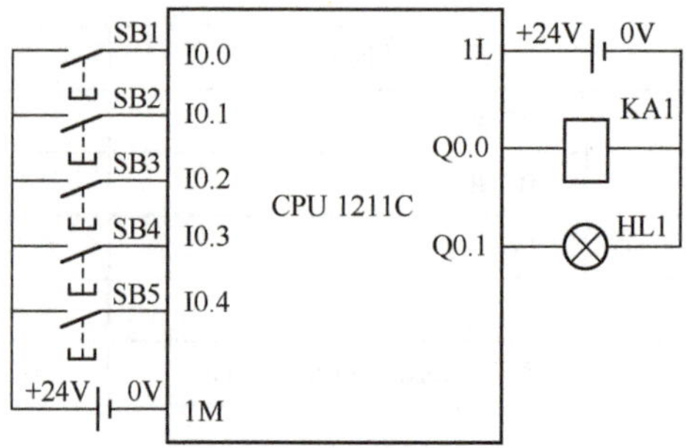

图 4-47 原理图

（3）编写控制程序

首先创建数据块 DB_Counter，然后创建变量 C0 和 C1，其数据类型为“IEC_COUNTER”，如图 4-48 所示，创建完成后，应编译数据块。

DB_Counter

	名称	数据类型	起始值	保持	从 HMI/OPC..	从 H...	在 HMI ...	设定值	注释
1	▼ Static			☐	☐	☐	☐	☐	
2	▶ C0	IEC_COUNTER		☐	☑	☑	☑	☐	
3	▶ C1	IEC_COUNTER		☐	☑	☑	☑	☐	

图 4-48 创建数据块

编写程序如图 4-49 所示。程序详细说明如下。

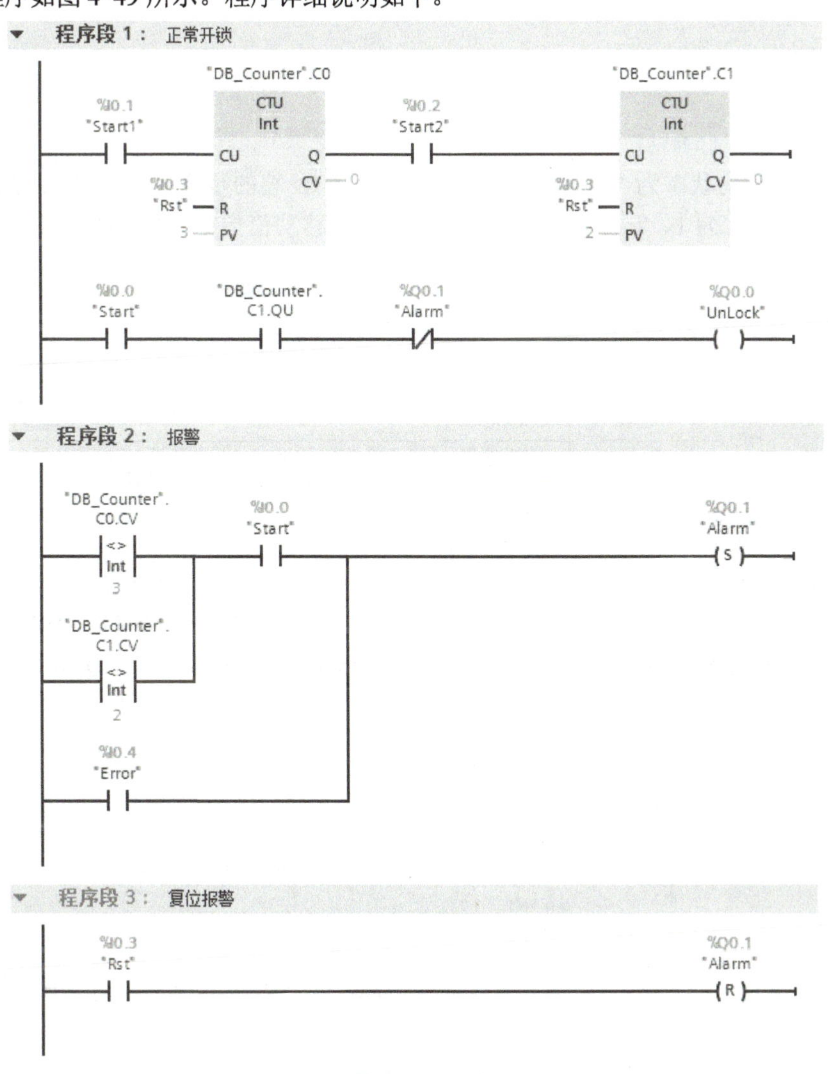

图 4-49 程序

程序段 1：正常开锁程序。当 SB2 按下三次，I0.1 闭合三次，计数器 C0 的输出导通，之后 SB3 按下两次，I0.2 闭合 2 次，DB_Counter.QU 常开触点导通，此时，压下开锁按钮 SB1，I0.0 常开触点闭合，开锁。

程序段 2：报警程序。只要 C0 计数值不等于 3 或 C1 计数值不等于 2 时，按下开锁按钮 SB1，

I0.0 常开触点闭合，激发报警。任何时候按下 SB5 按钮，I0.4 常开触点闭合，激发报警。

程序段 3：复位报警程序。任何时候按下 SB4 按钮，I0.3 常开触点闭合，复位报警。

任务小结

① 阅读题目时，初学者觉得无从下手。但如果理解了线圈型计数器的用法，此题迎刃而解。

② 当一个项目中有多个计数器时，使用一个背景数据块更好。在后续课程中，会讲到多重背景，也能减少背景数据块的使用。

4.5　传送指令、比较指令和转换指令

微课：传送指令及其应用

4.5.1　传送指令

1. 移动值指令（MOVE）

当允许输入端的状态为“1”时，启动此指令，将 IN 端的数值输送到 OUT 端的目的地址中，IN 和 OUTx（x 为 1、2、3）有相同的信号状态，移动值指令（MOVE）及参数见表 4-9。

表 4-9　移动值指令（MOVE）及参数

LAD	参数	数据类型	说明
MOVE EN — ENO IN ✲ OUT1	EN	BOOL	允许输入
	ENO	BOOL	允许输出
	OUT1	位字符串、整数、浮点数、定时器、日期时间、Char、WChar、Struct、Array、Timer、Counter、IEC 数据类型、PLC 数据类型 (UDT)	目的地址
	IN		源数据

注：每单击“MOVE”指令中的 ✲ 一次，就增加一个输出端。

用一个例子来说明移动值指令（MOVE）的使用，梯形图程序如图 4-50 所示，当 I0.0 闭合时，MW20 中的数值（假设为 8），传送到目的地址 MW22 和 MW30 中，结果是 MW20、MW22 和 MW30 中的数值都是 8。Q0.0 的状态与 I0.0 相同，也就是说，I0.0 闭合时，Q0.0 为“1”，I0.0 断开时，Q0.0 为“0”。

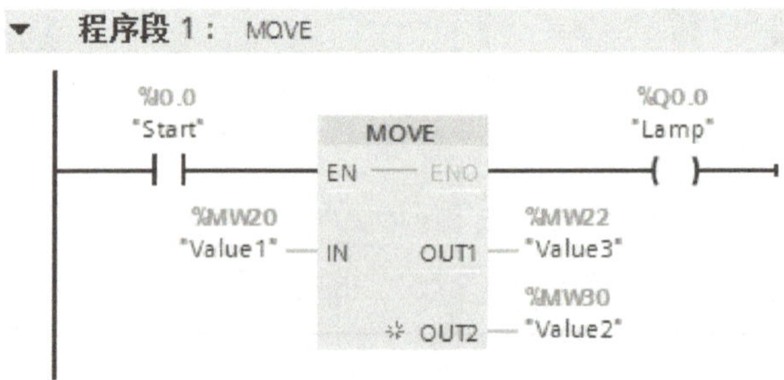

图 4-50　移动值梯形图程序

【例 4-16】 根据图 4-51 所示电动机Y-△起动的电气原理图，编写 S7-1200 PLC 控制程序。

解： 本例 PLC 可采用 CPU 1211C。前 8s，Q0.0 和 Q0.1 线圈得电，星形起动，从第 8～8s100ms 只有 Q0.0 得电，从 8s100ms 开始，Q0.0 和 Q0.2 线圈得电，电动机为三角形运行。梯形图程序如图 4-52 所示。这种方法编写程序很简单，但浪费了宝贵的输出点资源。

QF1
L1
L2
L3
KM1
U1
V1
W1
M1
3~
W2
U2
V2
KM3
KM2
SB1
SB2
I0.0
I0.1
CPU 1211C
1L
+24V
0V
Q0.0
Q0.1
Q0.2
KA1
KA2
KA3
+24V
0V
1M
KA1
KM1
KA2
KM3
KM2
KA3
KM2
KM3

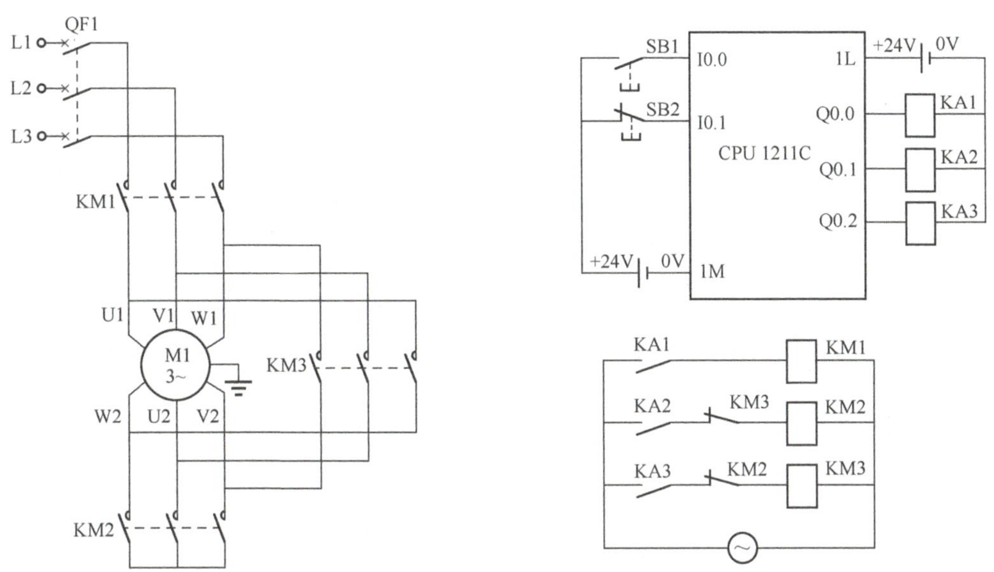

图 4-51　原理图

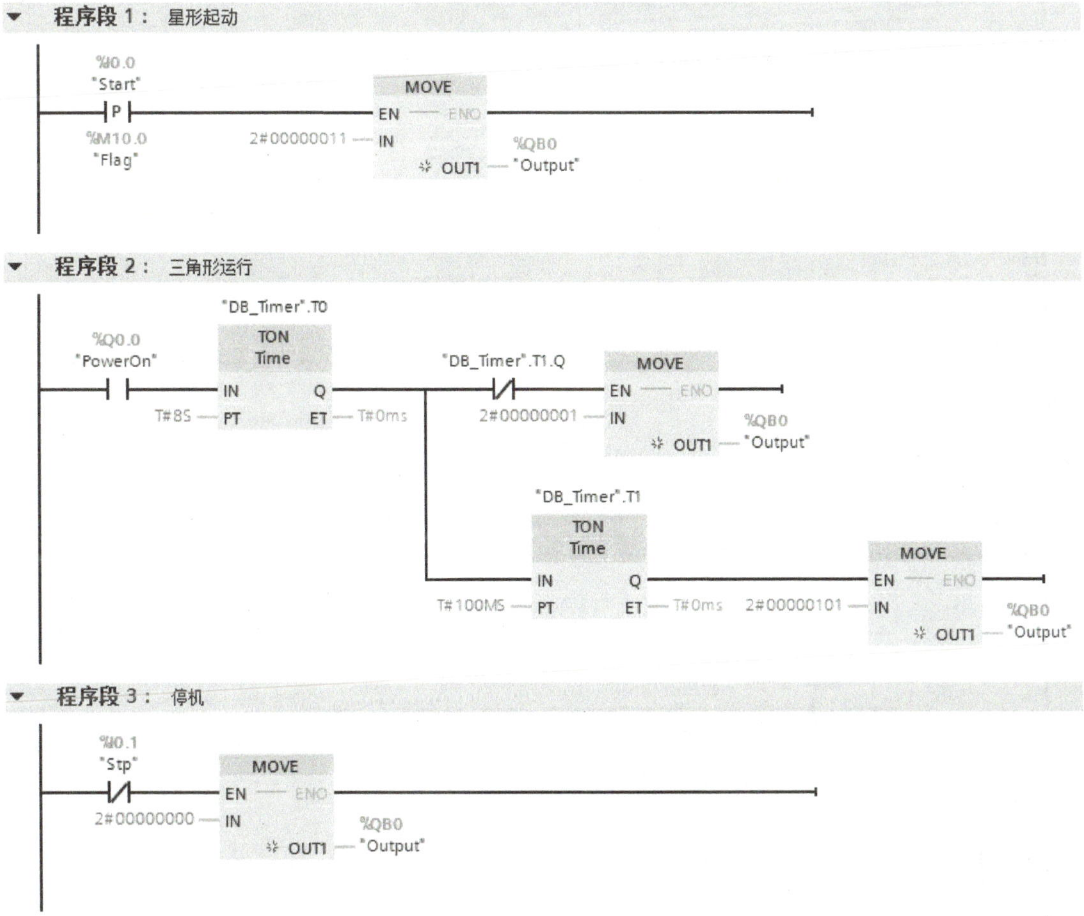

程序段 1：　星形起动
%I0.0
"Start"
P
%M10.0
"Flag"
MOVE
EN
ENO
2#00000011
IN
OUT1
%QB0
"Output"
程序段 2：　三角形运行
"DB_Timer".T0
TON
Time
%Q0.0
"PowerOn"
IN
Q
T#8S
PT
ET
T#0ms
"DB_Timer".T1.Q
MOVE
EN
ENO
2#00000001
IN
OUT1
%QB0
"Output"
"DB_Timer".T1
TON
Time
IN
Q
T#100MS
PT
ET
T#0ms
MOVE
EN
ENO
2#00000101
IN
OUT1
%QB0
"Output"
程序段 3：　停机
%I0.1
"Stp"
MOVE
EN
ENO
2#00000000
IN
OUT1
%QB0
"Output"

图 4-52　电动机Y-△起动梯形图

任务小结

图 4-51 中，由中间继电器 KA1 ~ KA3 驱动 KM1 ~ KM3，而不能用 PLC 直接驱动 KM1 ~ KM3，否则容易烧毁 PLC，这是基本的工程规范。

KM2 和 KM3 分别对应星形起动和三角形运行，应该在用接触器的常闭触点进行互锁。如果没有硬件互锁，尽管程序中 KM2 断开比 KM3 闭合早 100ms，但由于某些特殊情况，硬件 KM2 没有及时断开，而硬件 KM3 闭合了，则会造成短路。

以上梯形图是正确的，但需占用 4 个输出点（CPU 1211C 只有 4 个输出点，若使用 CPU 1214C 则占用 8 个输出点），而真实使用的输出点却只有 3 个，浪费了 1 个宝贵的输出点，因此从工程的角度考虑，不是一个实用程序。

改进的梯形图程序如图 4-53 所示，仍然采用以上方案，但只需要使用 3 个输出点，因此是一个实用程序。

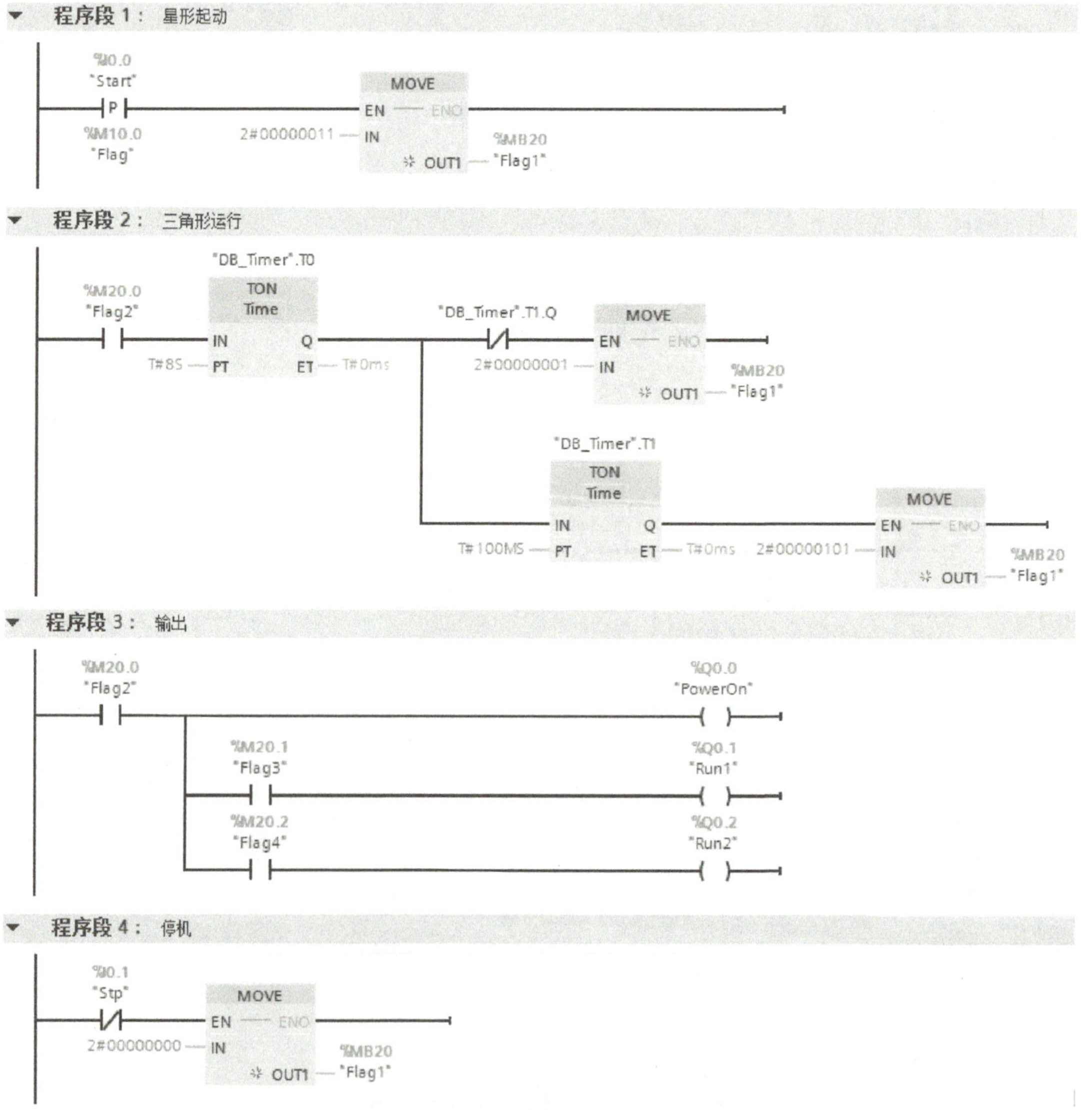

图 4-53　电动机Y-△起动梯形图程序（改进后）

2．存储区移动指令（MOVE_BLK）

MOVE_BLK 指令用于将一个存储区（源区域）的数据移动到另一个存储区（目标区域）中。输入参数 COUNT 可以指定移动到目标区域中的元素个数，输入 IN 中元素的宽度可以定义元素待移动的宽度。存储区移动指令（MOVE_BLK）及参数见表 4-10。

表 4-10　存储区移动指令（MOVE_BLK）及参数

LAD	参数	数据类型	说明
MOVE_BLK EN　ENO IN　OUT COUNT	EN	BOOL	使能输入
	ENO	BOOL	使能输出
	IN	二进制数、整数、浮点数、定时器、Date、Char、WChar、TOD	待复制源区域中的首个元素
	COUNT	USINT, UINT, UDINT	要从源区域移动到目标区域的元素个数
	OUT	二进制数、整数、浮点数、定时器、Date、Char、WChar、TOD	源区域内容要复制到的目标区域中的首个元素

用一个例子来说明存储区移动指令的使用，梯形图程序如图 4-54 所示。输入区和输出区必须是数组，将数组"DB1".SendData 中从第 2 个元素起的 6 个元素，传送到数组"DB1".ReceveData 中第 3 个元素起的数组中去，如果传送结果正确，则 Q0.0 为 1。

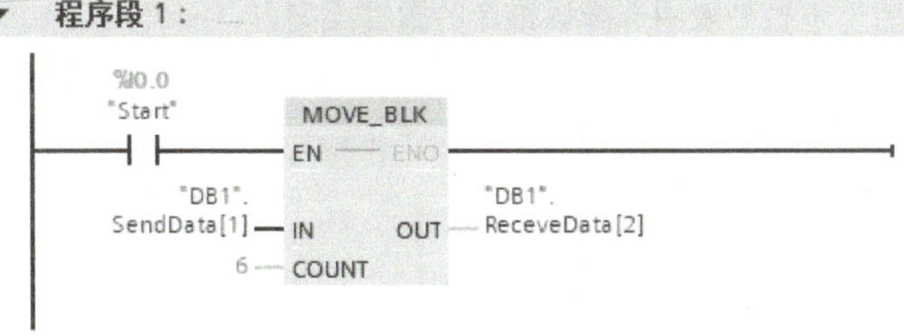

图 4-54　存储区移动指令示例

4.5.2　比较指令

TIA Portal 软件提供了丰富的比较指令，可以满足用户的各种需要。其中比较指令可以对如整数、双整数、实数等数据类型的数值进行比较。

微课：比较指令及其应用

比较指令有等于（CMP==）、不等于（CMP< >）、大于（CMP>）、小于（CMP<）、大于或等于（CMP>=）和小于或等于（CMP<=）。比较指令对输入操作数 1 和操作数 2 进行比较，如果比较结果为真，则逻辑运算结果 RLO 为“1”，反之则为“0”。可以把比较指令当作有条件导通常开触点，条件满足常开触点导通。

以下仅以等于比较指令的应用说明比较指令的使用，其他比较指令不再讲述。

1．等于比较指令的选择示意

等于比较指令的选择示意如图 4-55 所示，单击标记“1”处，弹出标记“3”处的比较符（等于、大于等），选择所需的比较符，单击“2”处，弹出标记“4”处的数据类型，选择所需的数据类型，最后得到标记“5”处的“整数等于比较指令”。

2．等于比较指令的使用举例

等于指令有整数等于比较指令、双整数等于比较指令和实数等于比较指令等。等于比较指令和参数见表 4-11。

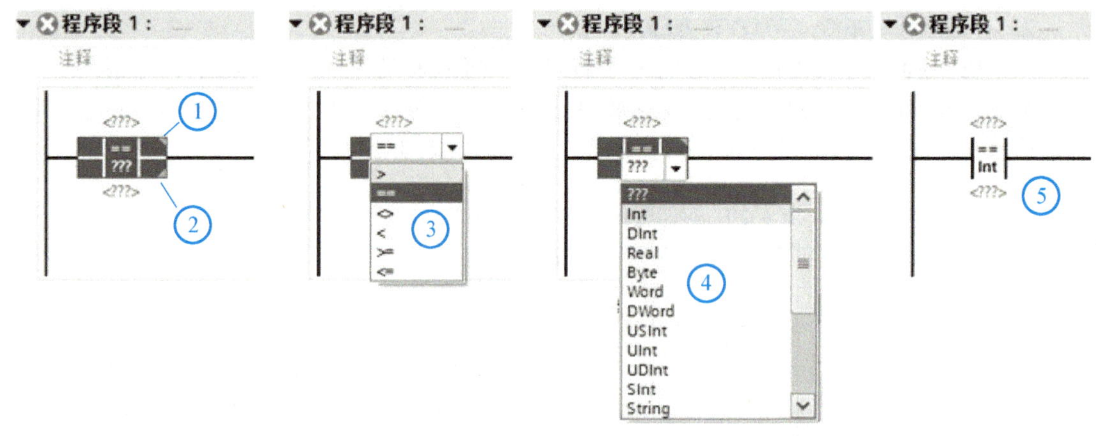

图 4-55　等于比较指令的选择示意

表 4-11　等于比较指令和参数

LAD	参数	数据类型	说明
<???> ==/??? <???>	操作数 1	位字符串、整数、浮点数、字符串、Time、Date、TOD、DTL、DT	比较的第一个数值
	操作数 2		比较的第二个数值

从指令框的“???”下拉列表中选择该指令的数据类型。

以下用一个例子来说明等于比较指令，梯形图程序如图 4-56 所示。当 I0.0 闭合时，激活比较指令，MW10 中的整数和 MW12 中的整数比较，若两者相等，则 Q0.0 输出为“1”，若两者不相等，则 Q0.0 输出为“0”。在 I0.0 不闭合时，Q0.0 的输出为“0”。操作数 1 和操作数 2 可以为常数。

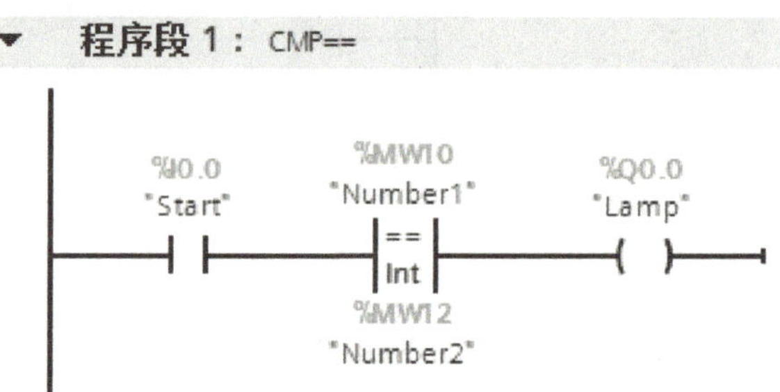

图 4-56　整数等于比较指令示例

双整数等于比较指令和实数等于比较指令的使用方法与整数等于比较指令类似，只不过操作数 1 和操作数 2 的参数类型分别为双整数和实数。

学习小结

一个整数和一个双整数是不能直接进行比较的，因为它们之间的数据类型不同，如图 4-57 所示。一般先将整数转换成双整数，再对两个双整数进行比较。

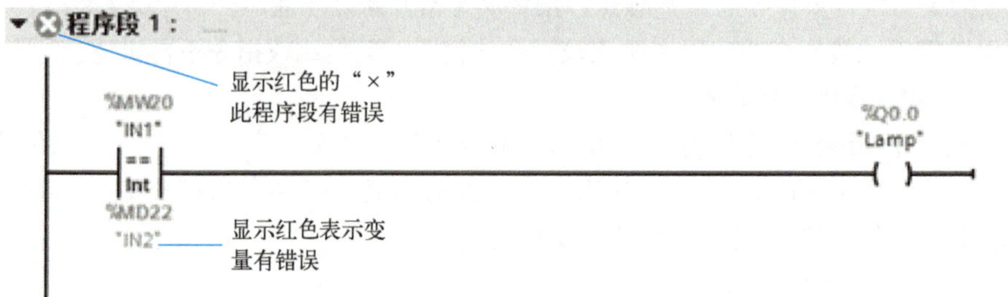

图 4-57　数据类型错误的梯形图

4.5.3　转换指令

微课：转换指令及其应用

转换指令是将一种数据格式转换成另外一种格式进行存储。例如，要让一个整型数据和双整型数据进行算术运算，一般要将整型数据转换成双整型数据。

以下仅以 BCD 码转换成整数指令的应用说明转换值指令（CONV）的使用，其他转换值指令不再讲述。

1．转换值指令（CONV）

BCD 码转换成整数指令的选择示意如图 4-58 所示，单击标记“1”处，弹出标记“3”处的要转换值的数据类型，选择所需的数据类型。单击“2”处，弹出标记“4”处的转换结果的数据类型，选择所需的数据类型，最后得到标记“5”处的“BCD 码转换成整数指令”。

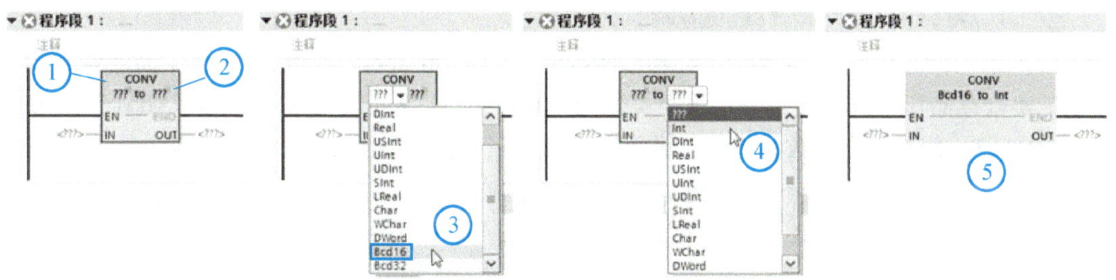

图 4-58　BCD 码转换成整数指令的选择示意

“转换值”指令将读取参数 IN 的内容，并根据指令框中选择的数据类型对其进行转换。转换值存储在输出 OUT 中，转换值指令应用十分灵活。转换值指令（CONV）和参数见表 4-12。

表 4-12　转换值指令（CONV）和参数

LAD	参数	数据类型	说明
CONV ??? to ??? EN　ENO IN　OUT	EN	BOOL	使能输入
	ENO	BOOL	使能输出
	IN	位字符串、整数、浮点数、Char、WChar、BCD16、BCD32	要转换的值
	OUT	位字符串、整数、浮点数、Char、WChar、BCD16、BCD32	转换结果

从指令框的“???”下拉列表中选择该指令的数据类型。

BCD 转换成整数指令是将 IN 指定的内容以 BCD 码二～十进制格式读出，并将其转换为整数格式，输出到 OUT 端。如果 IN 端指定的内容超出 BCD 码的范围（例如 4 位二进制数出现 1010～1111 的几种组合），则执行指令时将会发生错误，使 CPU 进入 STOP 方式。

以下用一个例子来说明 BCD 转换成整数指令，梯形图程序如图 4-59 所示。当 I0.0 闭合时，激活 BCD 转换成整数指令，IN 中的 BCD 数用十六进制表示为 16#22（就是十进制的 22），转换完成后 OUT 端的 MW10 中的整数的十六进制是 16#16。

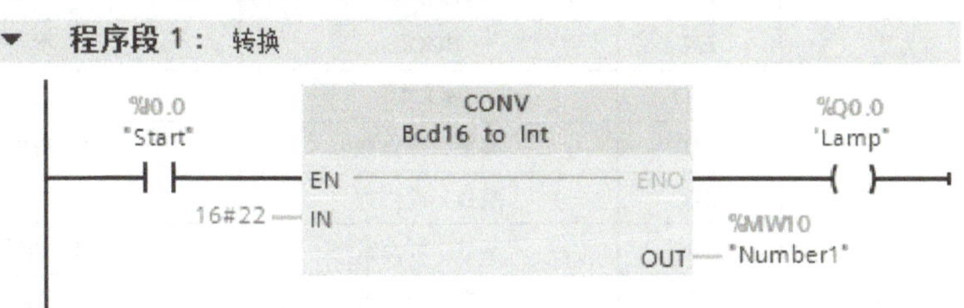

图 4-59　BCD 转换成整数指令示例

2. 取整指令（ROUND）

“取整”指令将输入 IN 的值四舍五入取整为最接近的整数。该指令将输入 IN 的值从浮点数转换为一个 DINT 数据类型的整数。取整指令（ROUND）和参数见表 4-13。

表 4-13 取整指令（ROUND）和参数

LAD	参数	数据类型	说明
ROUND ??? to ??? EN ENO IN OUT	EN	BOOL	允许输入
	ENO	BOOL	允许输出
	IN	浮点数	要取整的输入值
	OUT	整数、浮点数	取整的结果

注：可以从指令框的“???”下拉列表中选择该指令的数据类型。

以下用一个例子来说明取整指令，梯形图程序如图 4-60 所示。当 I0.0 闭合时，激活取整指令，IN 中的实数存储在 MD16 中，假设这个实数为 3.14，进行取整运算后 OUT 端的 MD16 中的双整数是 DINT#3，假设这个实数为 3.88，进行取整运算后 OUT 端的 MD10 中的双整数是 DINT#4。

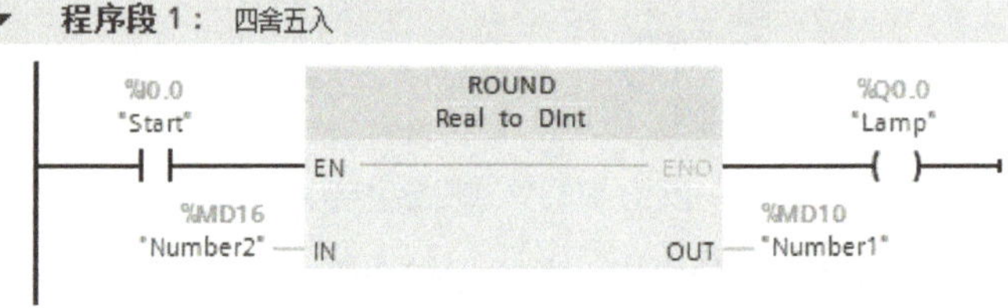

图 4-60 取整指令示例

注意：取整指令（ROUND）可以用转换值指令（CONV）的替代。

4.6 数学函数指令、移位和循环指令

4.6.1 数学函数指令

微课：数学函数指令及其应用

数学函数指令非常重要，主要包含加、减、乘、除、三角函数、反三角函数、乘方、开方、对数、求绝对值、求最大值、求最小值和 PID 等指令，在模拟量的处理、PID 控制等很多场合都要用到数学函数指令。

1. 加指令（ADD）

当允许输入端 EN 为高电平“1”时，输入端 IN1 和 IN2 中的整数相加，结果送入 OUT 中。加的表达式是 IN1＋IN2=OUT。加指令（ADD）和参数见表 4-14。

表 4-14 加指令（ADD）和参数

LAD	参数	数据类型	说明
ADD Auto (???) EN ENO IN1 OUT IN2	EN	BOOL	允许输入
	ENO	BOOL	允许输出
	IN1	整数、浮点数	相加的第 1 个值
	IN2	整数、浮点数	相加的第 2 个值
	INn	整数、浮点数	要相加的可选输入值
	OUT	整数、浮点数	相加的结果

注：可以从指令框的“???”下拉列表中选择该指令的数据类型。单击指令中的图标可以添加可选输入项。

以下用一个例子来说明加指令（ADD），梯形图程序如图 4-61 所示。当 I0.0 闭合时，激活加指令，IN1 中的整数存储在 MW10 中，假设这个数为 11，IN2 中的整数存储在 MW12 中，假设这个数为 21，整数相加的结果存储在 OUT 端的 MW16 中，这个数是 IN1+IN2+IN3=11+21+10=42。由于没有超出计算范围，所以 Q0.0 输出为“1”。

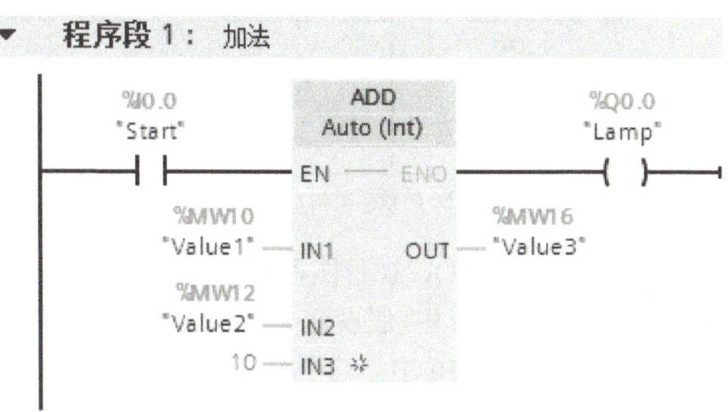

图 4-61　加指令（ADD）示例

学习小结

① 同一数学函数指令最好使用相同的数据类型（即数据类型要匹配），不匹配只要不报错也是可以使用的，如图 4-62 所示，IN1 和 IN3 输入端有小方框，就是表示数据类型不匹配但仍然可以使用。但如果变量为红色则表示这种数据类型是错误的，例如 IN4 输入端就是错误的。

② 错误的程序可以保存（有的 PLC 错误的程序不能保存）。

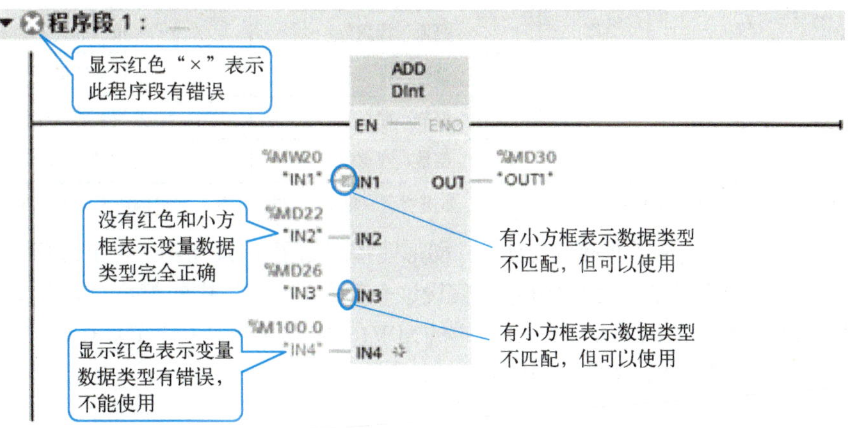

图 4-62　梯形图

2. 减指令（SUB）

当允许输入端 EN 为高电平“1”时，输入端 IN1 和 IN2 中的数相减，结果送入 OUT 中。IN1 和 IN2 中的数可以是常数。减指令的表达式是 IN1-IN2=OUT。

减指令（SUB）和参数见表 4-15。

表 4-15　减指令（SUB）和参数

LAD	参数	数据类型	说明
SUB Auto (???) EN ENO IN1 OUT IN2	EN	BOOL	允许输入
	ENO	BOOL	允许输出
	IN1	整数、浮点数	被减数
	IN2	整数、浮点数	减数
	OUT	整数、浮点数	差

注：可以从指令框的“???”下拉列表中选择该指令的数据类型。

以下用一个例子来说明减指令（SUB），梯形图程序如图 4-63 所示。当 I0.0 闭合时，激活双整数减指令，IN1 中的双整数存储在 MD10 中，假设这个数为 DINT#28，IN2 中的双整数为 DINT#8，双整数相减的结果存储在 OUT 端的 MD16 中，这个数是 DINT#20。由于没有超出计算范围，所以 Q0.0 输出为“1”。

3. 乘指令（MUL）

当允许输入端 EN 为高电平“1”时，输入端 IN1 和 IN2 中的数相乘，结果送入 OUT 中。IN1 和 IN2 中的数可以是常数。乘的表达式是：IN1×IN2=OUT。

乘指令（MUL）和参数见表 4-16。

表 4-16　乘指令（MUL）和参数

LAD	参数	数据类型	说明
MUL Auto (???) EN ENO IN1 OUT IN2	EN	BOOL	允许输入
	ENO	BOOL	允许输出
	IN1	整数、浮点数	相乘的第 1 个值
	IN2	整数、浮点数	相乘的第 2 个值
	INn	整数、浮点数	要相乘的可选输入值
	OUT	整数、浮点数	相乘的结果（积）

注：可以从指令框的“???”下拉列表中选择该指令的数据类型。单击指令中的图标可以添加可选输入项。

以下用一个例子来说明乘指令（MUL），梯形图程序如图 4-64 所示。当 I0.0 闭合时，激活整数乘指令，IN1 中的整数存储在 MW10 中，假设这个数为 11，IN2 中的整数存储在 MW12 中，假设这个数为 11，整数相乘的结果存储在 OUT 端的 MW16 中，这个数是 IN1×IN2×IN3=11×11×2=242。由于没有超出计算范围，所以 Q0.0 输出为“1”。

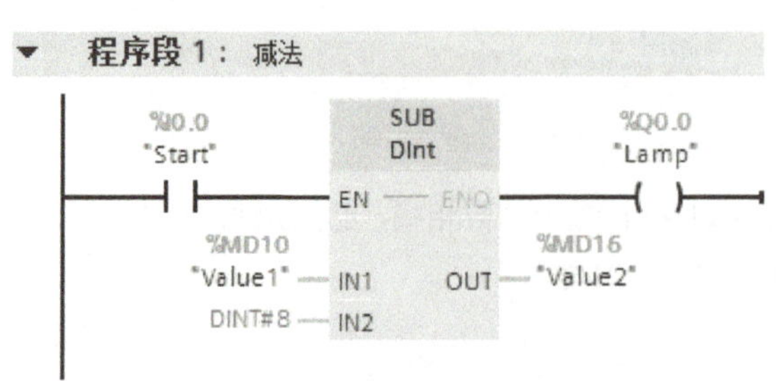

图 4-63　减指令（SUB）示例

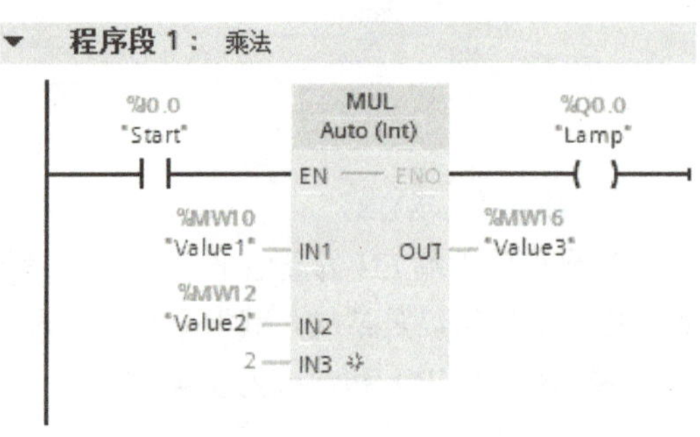

图 4-64　乘指令（MUL）示例

4. 除指令（DIV）

当允许输入端 EN 为高电平“1”时，输入端 IN1 中的数除以 IN2 中的数，结果送入 OUT 中。IN1 和 IN2 中的数可以是常数。除指令（DIV）和参数见表 4-17。

表 4-17　除指令（DIV）和参数

LAD	参数	数据类型	说明
DIV Auto (???) EN ENO IN1 OUT IN2	EN	BOOL	允许输入
	ENO	BOOL	允许输出
	IN1	整数、浮点数	被除数
	IN2	整数、浮点数	除数
	OUT	整数、浮点数	除法的结果（商）

注：可以从指令框的“???”下拉列表中选择该指令的数据类型。

以下用一个例子来说明除指令（DIV），梯形图序如图 4-65 所示。当 I0.0 闭合时，激活实数除指令，IN1 中的实数存储在 MD10 中，假设这个数为 10.0，IN2 中的双整数存储在 MD14 中，假设这个数为 2.0，实数相除的结果存储在 OUT 端的 MD18 中，这个数是 IN1/IN2=10.0/2.0=5.0。由于没有超出计算范围，所以 Q0.0 输出为“1”。

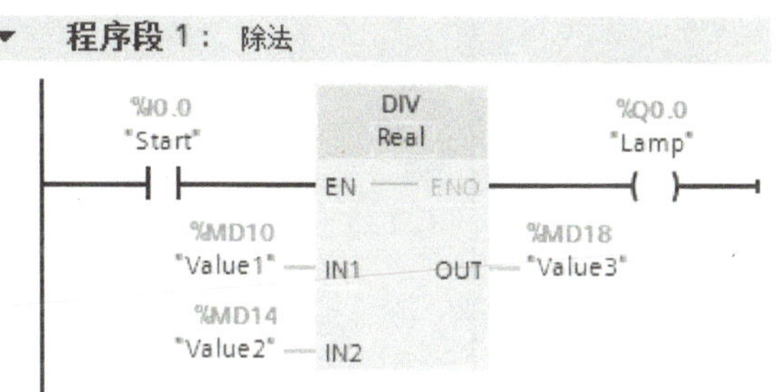

图 4-65　除指令（DIV）示例

5. 计算指令（CALCULATE）

使用“计算”指令定义并执行表达式，根据所选数据类型计算数学运算或复杂逻辑运算，简而言之，就是把加、减、乘、除和三角函数的关系式用一个表达式进行计算，可以大幅减少程序量。计算指令和参数见表 4-18。

表 4-18　计算指令（CALCULATE）和参数

LAD	参数	数据类型	说明
CALCULATE ??? EN ENO OUT := <???> IN1 OUT IN2	EN	BOOL	允许输入
	ENO	BOOL	允许输出
	IN1	位字符串、整数、浮点数	第 1 输入
	IN2	位字符串、整数、浮点数	第 2 输入
	INn	位字符串、整数、浮点数	其他插入的值
	OUT	位字符串、整数、浮点数	计算的结果

注：1. 可以从指令框的“???”下拉列表中选择该指令的数据类型。
2. 上方的“计算器”图标可打开该对话框。表达式可以包含输入参数的名称和指令的语法。

用一个例子来说明计算指令，在梯形图中单击“计算器”图标，弹出如图 4-66 所示界面，输入表达式，本例为 OUT=(IN1+IN2−IN3)/IN4。再输入梯形图和 SCL 程序，如图 4-67 所示。当 I0.0 闭合时，激活计算指令，IN1 中的实数存储在 MD10 中，假设这个数为 12.0，IN2 中的实数存储在 MD14 中，假设这个数为 3.0，结果存储在 OUT 端的 MD18 中的数是(12.0+3.0−3.0)/2.0=6.0。由于没有超出计算范围，所以 Q0.0 输出为“1”。

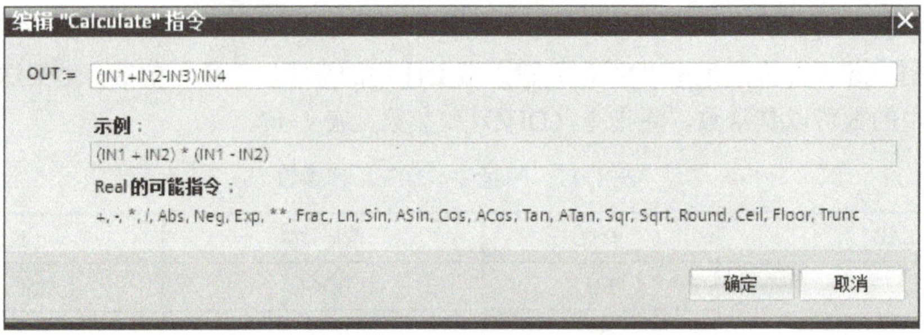

编辑 "Calculate" 指令

OUT := (IN1+IN2-IN3)/IN4

示例：

(IN1 + IN2) * (IN1 - IN2)

Real 的可能指令：

+, -, *, /, Abs, Neg, Exp, **, Frac, Ln, Sin, ASin, Cos, ACos, Tan, ATan, Sqr, Sqrt, Round, Ceil, Floor, Trunc

确定　取消

图 4-66　编辑计算指令

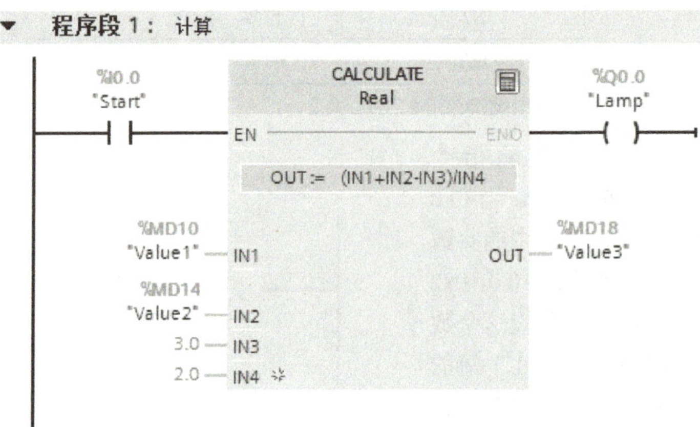

图 4-67　计算指令示例

【例 4-17】 将 53 英寸（in）转换成以毫米（mm）为单位的整数，请设计控制程序。

解：1in=25.4mm，涉及实数乘法，先要将整数转换成实数，用实数乘法指令将以 in 为单位的长度变为以 mm 为单位的实数，最后四舍五入即可，梯形图程序如图 4-68 所示。注意：tmpValue（数据类型为 Real）是临时变量。

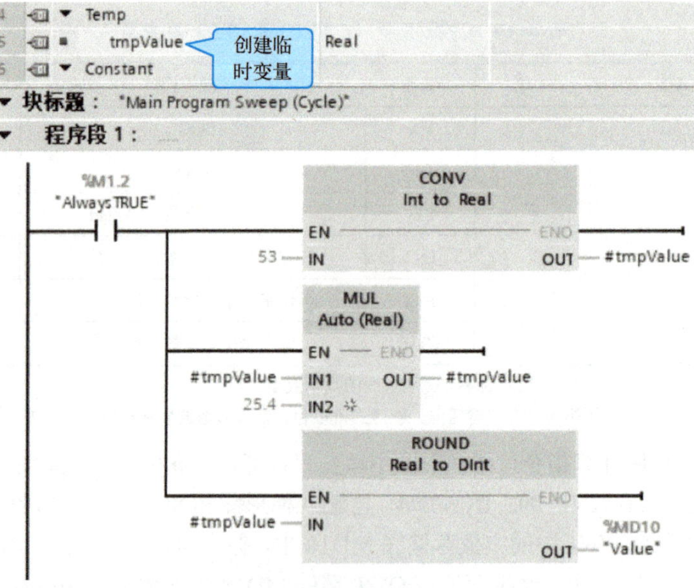

图 4-68　梯形图程序

6. 递增指令（INC）

使用“递增”指令将参数 IN/OUT 中操作数的值加 1。递增指令（INC）和参数见表 4-19。

表 4-19 递增指令（INC）和参数

LAD	参数	数据类型	说明
INC ??? EN ENO IN/OUT	EN	BOOL	允许输入
	ENO	BOOL	允许输出
	IN/OUT	整数	要递增的值

注：可以从指令框的“???”下拉列表中选择该指令的数据类型。

以下用一个例子来说明递增指令（INC），梯形图程序如图 4-69 所示。当 I0.0 闭合 1 次时，激活递增指令（INC），IN/OUT 中的双整数存储在 MD10 中，假设这个数执行指令前为 10，执行指令后 MD10 加 1，结果变为 10+1=11。由于没有超出计算范围，所以 Q0.0 输出为“1”。

注意：有的 PLC 没有此指令，此指令可以用 ADD 指令取代。

7. 递减指令（DEC）

使用“递减”指令将参数 IN/OUT 中操作数的值减 1。递减指令（DEC）和参数见表 4-20。

表 4-20 递减指令（DEC）和参数

LAD	参数	数据类型	说明
DEC ??? EN ENO IN/OUT	EN	BOOL	允许输入
	ENO	BOOL	允许输出
	IN/OUT	整数	要递减的值

注：可以从指令框的“???”下拉列表中选择该指令的数据类型。

用一个例子来说明递减指令（DEC），梯形图程序如图 4-70 所示。当 I0.0 闭合 1 次时，激活递减指令（DEC），IN/OUT 中的整数存储在 MW10 中，假设这个数执行指令前为 10，执行指令后 MW10 减 1，结果变为 10-1=9。由于没有超出计算范围，所以 Q0.0 输出为“1”。

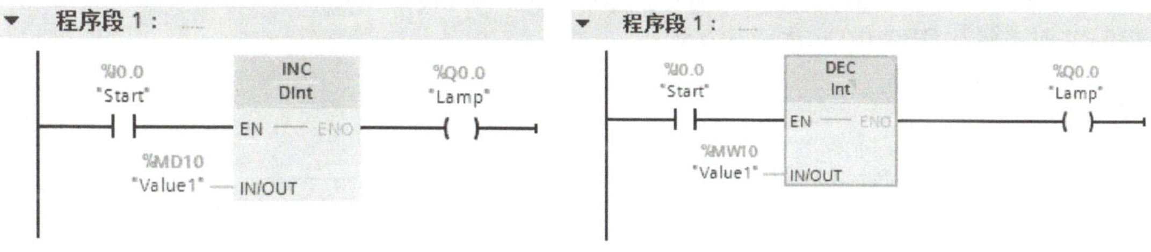

图 4-69 递增指令（INC）梯形图程序　　图 4-70 递减指令（DEC）梯形图程序

注意：有的 PLC 没有此指令，此指令可以用 SUB 指令取代。

数学函数中还有计算余弦、计算正切、计算反正弦、计算反余弦、取幂、求平方、求平方根、计算自然对数、计算指数值和提取小数等，由于都比较容易掌握，在此不再赘述。

学习小结

数学函数指令使用比较简单，但初学者容易用错。有如下两点请读者注意：

① 参与逻辑的数据类型要匹配，不匹配则可能出错。

② 数据都有范围，例如整数函数运算的范围是-32768～32767，超出此范围则是错误的。

【例 4-18】 用 S7-1200 PLC 控制三挡电炉加热。

解：有一个电炉，加热功率有 1000W、2000W 和 3000W 三个挡，电炉有 1000W 和 2000W 两种电加热丝。要求用一个按钮选择三个加热挡，当按一次按钮时，1000W 电阻丝加热，即第一挡；当按两次按钮时，2000W 电阻丝加热，即第二挡；当按三次按钮时，1000W 和 2000W 电阻丝同时加热，即第三挡；当按四次按钮时停止加热。

微课：三挡电炉加热的 PLC 控制

电气原理图如图 4-71 所示。

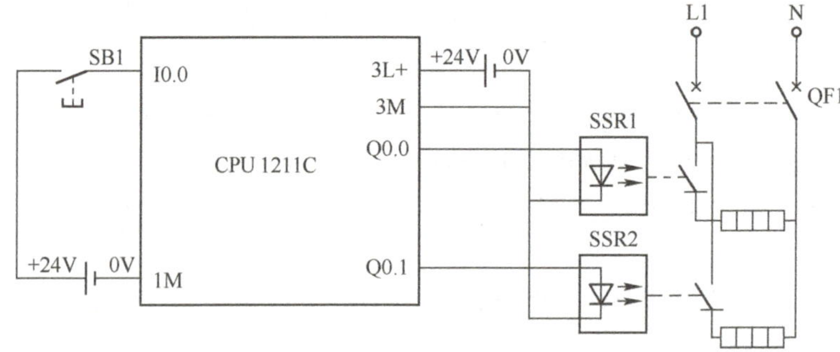

图 4-71　电气原理图

在解释程序之前，先回顾前面已经讲述过的知识点，QB0 是一个字节，包含 Q0.0～Q0.7 共 8 位，如图 4-72 所示。当 QB0=1 时，Q0.1～Q0.7=0，Q0.0=1。当 QB0=2 时，Q0.2～Q0.7=0，Q0.1=1，Q0.0=0。当 QB0=3 时，Q0.2～Q0.7=0，Q0.0=1，Q0.1=1。掌握基础知识，对识读和编写程序至关重要。

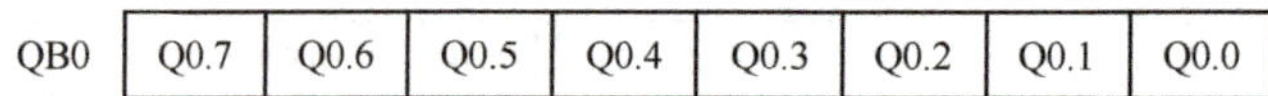

QB0	Q0.7	Q0.6	Q0.5	Q0.4	Q0.3	Q0.2	Q0.1	Q0.0

图 4-72　位和字节的关系

梯形图如图 4-73 所示。当第 1 次按按钮时，执行 1 次加 1 指令，QB0=1，Q0.1～Q0.7=0，Q0.0=1，第一档加热；当第 2 次按按钮时，执行 1 次加 1 指令，QB0=2，Q0.2～Q0.7=0，Q0.1=1，Q0.0=0，第二档加热；当第 3 次按按钮时，执行 1 次加 1 指令，QB0=3，Q0.2～Q0.7=0，Q0.0=1，Q0.1=1，第三档加热；当第 4 次按按钮时，执行 1 次加 1 指令，QB0=4，再执行比较指令，又当 QB0≥4 时，强制 QB0=0，关闭电加热炉。

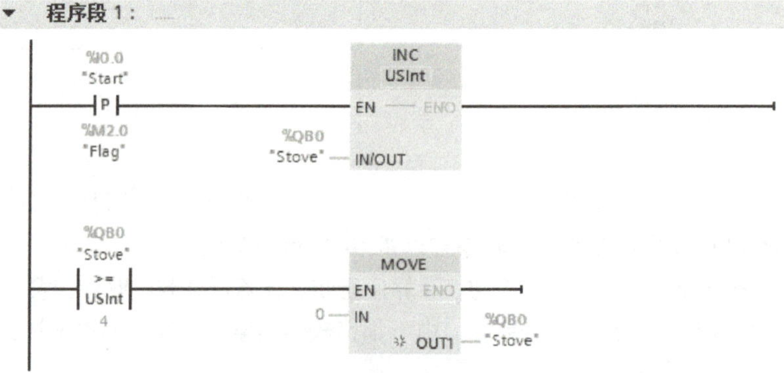

图 4-73　梯形图

关 键 点

如图 4-73 所示的梯形图程序，没有逻辑错误，但实际上有两处缺陷，一是上电时没有对 Q0.0～Q0.1 复位，二是浪费了两个输出点，这在实际工程应用中是不允许的。

对图 4-71 所示的程序进行改进，如图 4-74 所示。

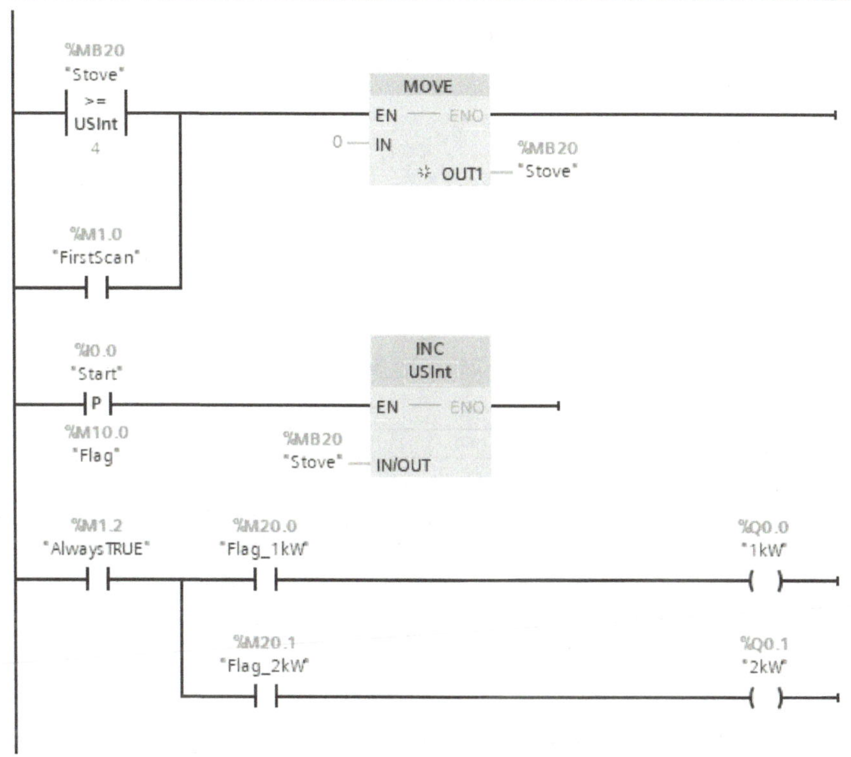

图 4-74　梯形图（改进后）

注意： 本题程序中 INC 指令可以用 ADD 指令代替。

4.6.2　移位和循环指令

TIA Portal 软件的移位指令能将累加器的内容逐位向左或者向右移动。移动的位数由 N 决定。向左移 N 位相当于累加器的内容乘以 2^N，向右移相当于累加器的内容除以 2^N。移位指令在逻辑控制中使用也很方便。

1．左移指令（SHL）

当左移指令（SHL）的 EN 位为高电平“1”时，将执行移位指令，将 IN 端指定的内容送入累加器 1 低字中，并左移 N 端指定的位数，然后写入 OUT 端指令的目的地址中。左移指令（SHL）和参数见表 4-21。

表 4-21　左移指令（SHL）和参数

LAD	参数	数据类型	说明
SHL ??? EN ENO IN OUT N	EN	BOOL	允许输入
	ENO	BOOL	允许输出
	IN	位字符串、整数	移位对象
	N	USINT, UINT, UDINT	移动的位数
	OUT	位字符串、整数	移动操作的结果

注：可以从指令框的“???”下拉列表中选择该指令的数据类型。

以下用一个例子来说明左移指令，梯形图程序如图 4-75 所示。当 I0.0 闭合时，激活左移指令，IN 中的字存储在 MW10 中，假设这个数为 2#1001 1101 1111 1011，向左移 4 位后，OUT 端的 MW10 中的数是 2#1101 1111 1011 0000，左移指令示意图如图 4-76 所示。

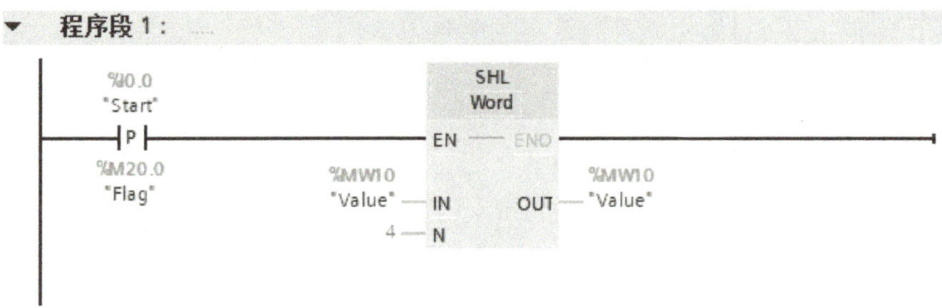

图 4-75　左移指令示例

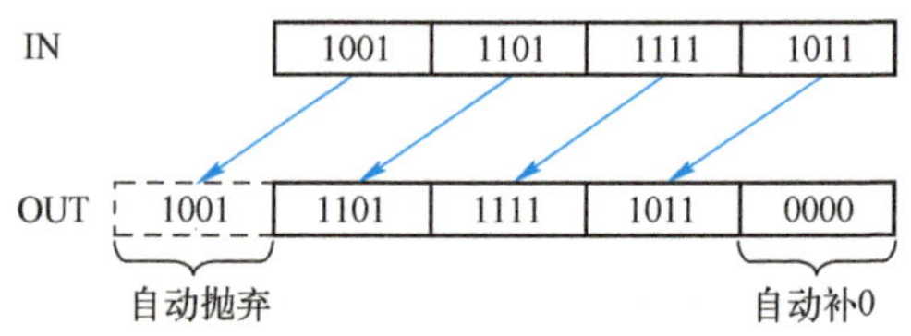

图 4-76　左移指令示意图

学习小结

图 4-75 的程序有一个上升沿，这样 I0.0 每闭合一次，左移 4 位，若没有上升沿，那么闭合一次，可能左移很多次。这点容易出错，读者要特别注意。

需要强调的是，移位指令一般都需要与上升沿指令配合使用。

2. 右移指令（SHR）

当右移指令（SHR）的 EN 位为高电平“1”时，将执行移位指令，将 IN 端指令的内容送入累加器 1 低字中，并右移 N 端指定的位数，然后写入 OUT 端指令的目的地址中。右移指令（SHR）和参数见表 4-22。

表 4-22　右移指令（SHR）和参数

LAD	参数	数据类型	说明
SHR ??? EN ENO IN OUT N	EN	BOOL	允许输入
	ENO	BOOL	允许输出
	IN	位字符串、整数	移位对象
	N	USINT, UINT, UDINT	移动的位数
	OUT	位字符串、整数	移动操作的结果

注：可以从指令框的“???”下拉列表中选择该指令的数据类型。

以下用一个例子来说明右移指令，梯形图程序如图 4-77 所示。当 I0.0 闭合时，激活右移指令，IN 中的字存储在 MW10 中，假设这个数为 2#1001 1101 1111 1011，向右移 4 位后，OUT 端的 MW10 中的数是 2#0000 1001 1101 1111，右移指令示意图如图 4-78 所示。

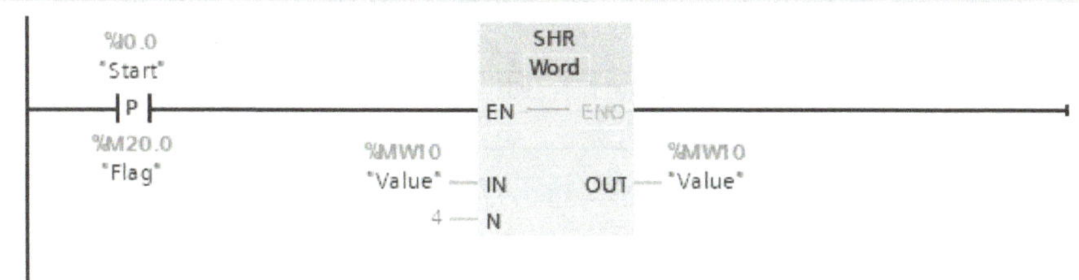

图 4-77　右移指令示例

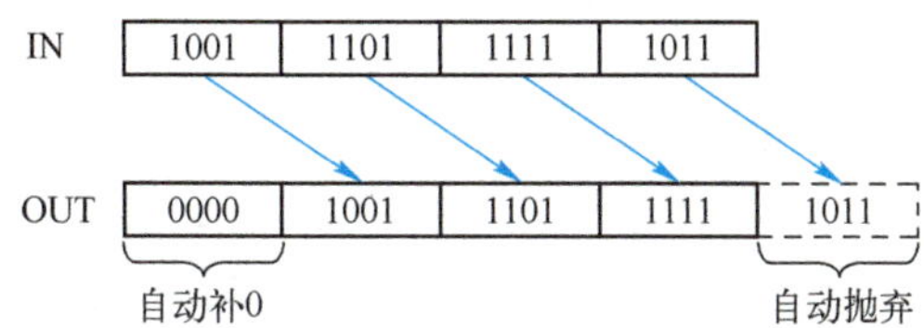

图 4-78　右移指令示意图

3. 循环左移指令（ROL）

当循环左移指令（ROL）的 EN 位为高电平“1”时，将执行循环左移指令，将 IN 端指定的内容循环左移 N 端指定的位数，然后写入 OUT 端指令的目的地址中。循环左移指令（ROL）和参数见表 4-23。

表 4-23　循环左移指令（ROL）和参数

LAD	参数	数据类型	说明
ROL ??? EN ENO IN OUT N	EN	BOOL	允许输入
	ENO	BOOL	允许输出
	IN	位字符串、整数	要循环移位的值
	N	USINT, UINT, UDINT	将值循环移动的位数
	OUT	位字符串、整数	循环移动的结果

注：可以从指令框的“???”下拉列表中选择该指令的数据类型。

用一个例子来说明循环左移指令（ROL）的应用，梯形图程序如图 4-79 所示。当 I0.0 闭合时，激活双字循环左移指令，IN 中的双字存储在 MD10 中，假设这个数为 2#1001 1101 1111 1011 1001 1101 1111 1011，除最高 4 位外，其余各位向左移 4 位后，双字的最高 4 位，循环到双字的最低 4 位，结果是 OUT 端的 MD10 中的数是 2#1101 1111 1011 1001 1101 1111 1011 1001，其示意图如图 4-80 所示。

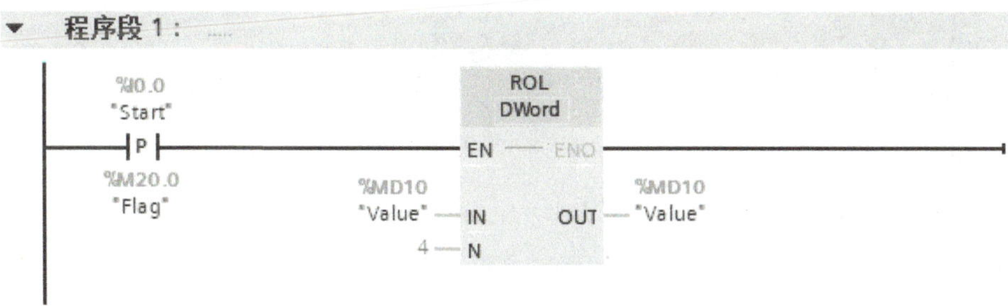

图 4-79　双字循环左移指令示例

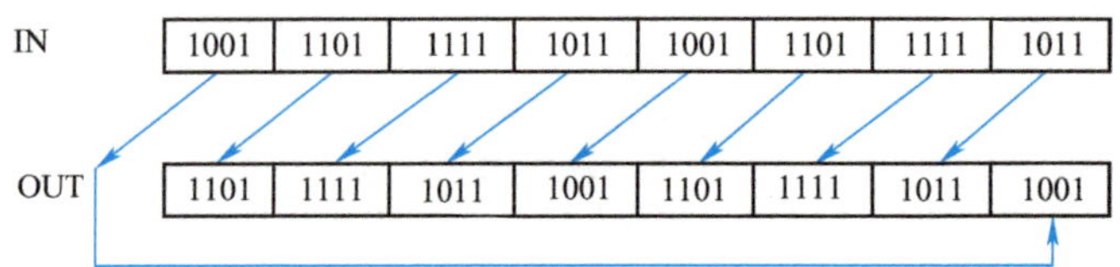

图 4-80　双字循环左移指令示意图

【例 4-19】 用 S7-1200 PLC 控制彩灯花样。

有 16 盏灯，PLC 上电后按下起动按钮，1～2 盏亮，1s 后 3～4 盏亮，5～6 盏灭，如此不断循环。当按下停止按钮，再按起动按钮，则从头开始循环亮灯。

微课：彩灯花样的 PLC 控制

解：电气原理图如图 4-81 所示。

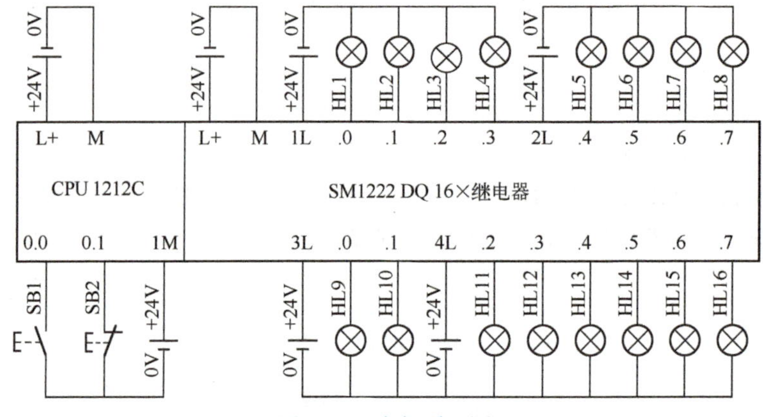

图 4-81　电气原理图

（1）方法 1

控制梯形图程序如图 4-82 所示，当按下起动按钮 SB1，亮 2 盏灯，1s 后，执行循环指令，另外 2 盏灯亮，1s 后，执行循环指令，再 2 盏灯亮，如此循环。当按下停止按钮，所有灯熄灭。

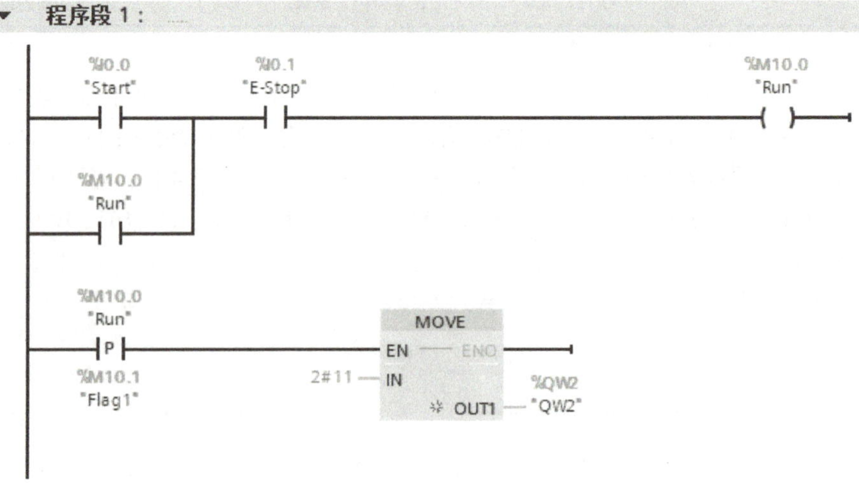

图 4-82　梯形图（1）

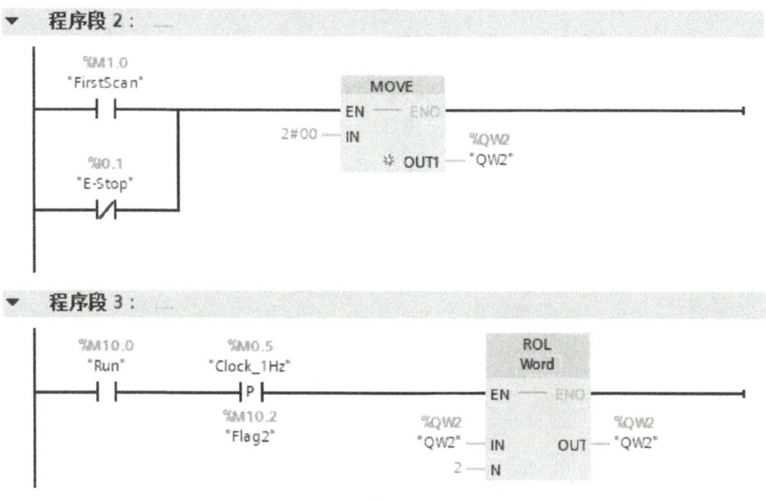

图 4-82　梯形图（1）（续）

（2）方法 2

方法 2 的梯形图如图 4-83 所示。

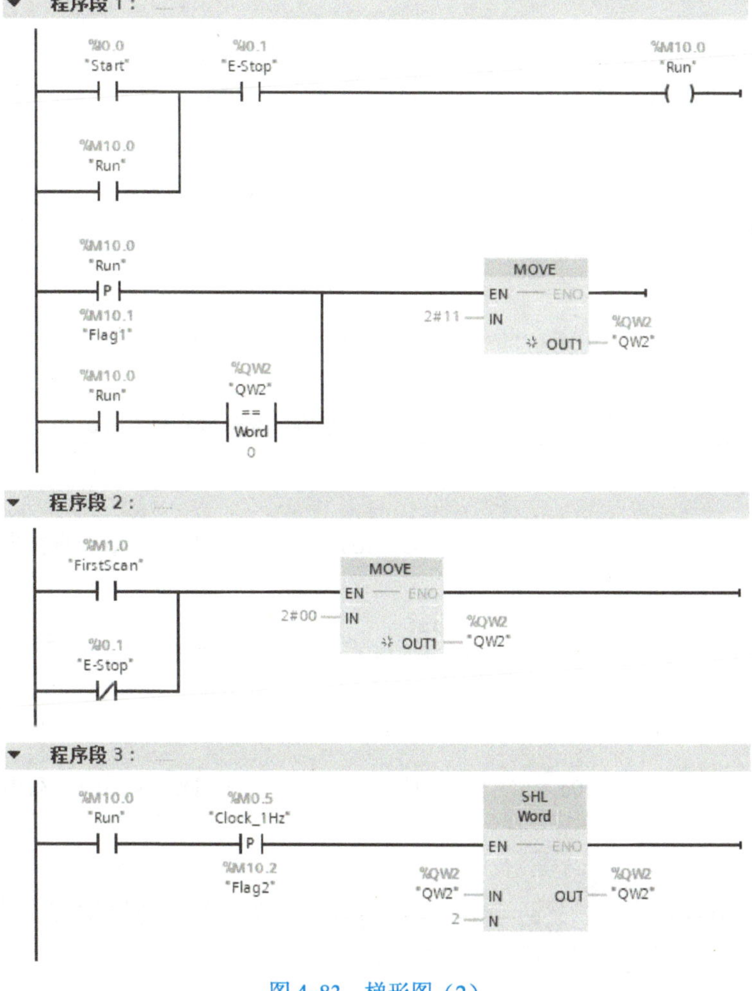

图 4-83　梯形图（2）

任务小结

在工程项目中，移位和循环指令并不是必须使用的常用指令，但合理使用移位和循环指令会使程序变得很简洁。

作业

一、单选题

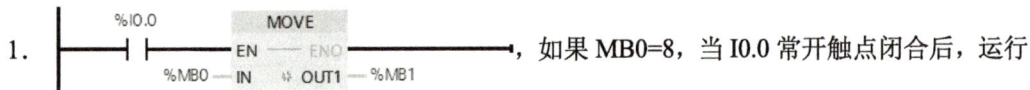

1. （%I0.0 —| |— MOVE：EN、ENO；%MB0 — IN、OUT1 — %MB1），如果 MB0=8，当 I0.0 常开触点闭合后，运行结果是（　　）。

A．MB0=8,MB1=8　　B．MB0=0,MB1=8

C．MB0=8,MB1=0　　D．MB0=0,MB1=0

2. 

当 I0.0 常开触点闭合 1s 时，运行结果是（　　）。

A．Q0.0=1,M10.0=0　　B．Q0.0=0,M10.0=1

C．Q0.0=0,M10.0=0　　D．Q0.0=0,M10.0 不确定

3. 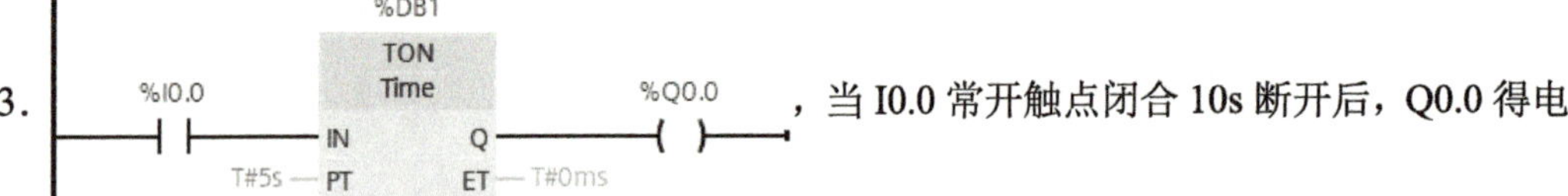

，当 I0.0 常开触点闭合 10s 断开后，Q0.0 得电几秒（　　）。

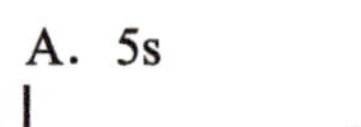

A．5s　　B．10s　　C．15s　　D．5s 后一直得电

4. 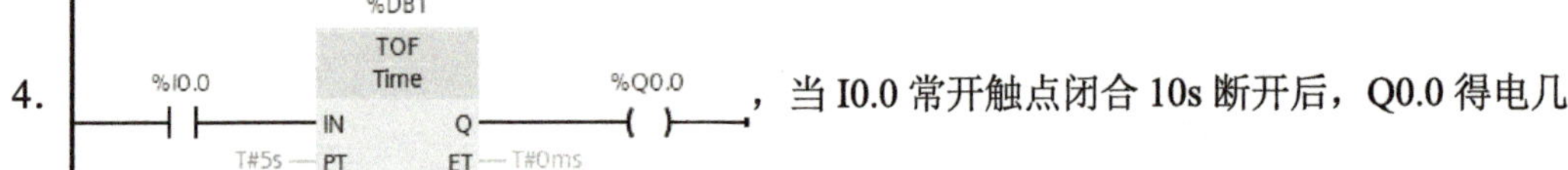

，当 I0.0 常开触点闭合 10s 断开后，Q0.0 得电几秒（　　）。

A．5s　　B．10s　　C．15s　　D．5s 后一直得电

5. 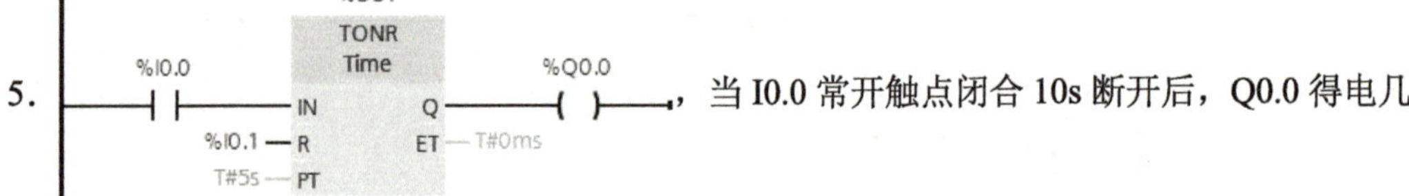

，当 I0.0 常开触点闭合 10s 断开后，Q0.0 得电几秒（　　）。

A．5s　　B．10s　　C．15s　　D．5s 后一直得电

6. 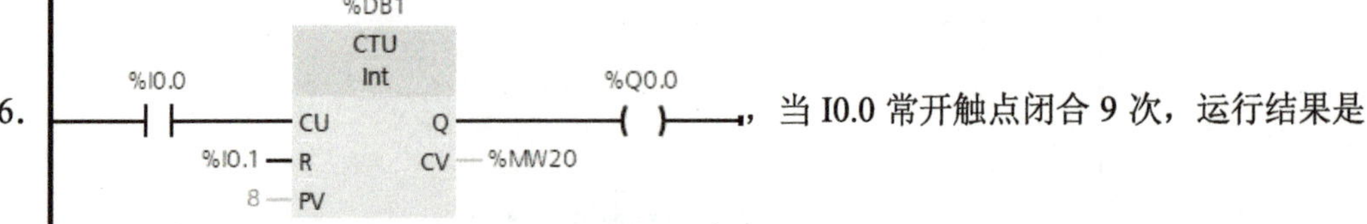

，当 I0.0 常开触点闭合 9 次，运行结果是

（　　）。

A．MW20=9,Q0.0=1　　　　B．MW20=9,Q0.0=0

C．MW20=8,Q0.0=1　　　　D．不确定

二、问答题

1．将 16#33FF 转换成二进制数，将 2#11001111 转换成十六进制数。

2．将 255 转换成 BCD 码，将 BCD 码 16#255 转换成十进制数。

3．S7-1200 PLC 支持哪些编程语言？

4．指出以下能下载到 S7-1200 PLC 中的有哪些？

（1）变量表（2）程序（3）硬件组态（4）程序注释（5）监控表（6）UDT（PLC 数据类型）

三、编程题

1．用置位和复位指令编写电动机正反转的程序。

2．设计出满足图 4-84 所示时序图的梯形图。

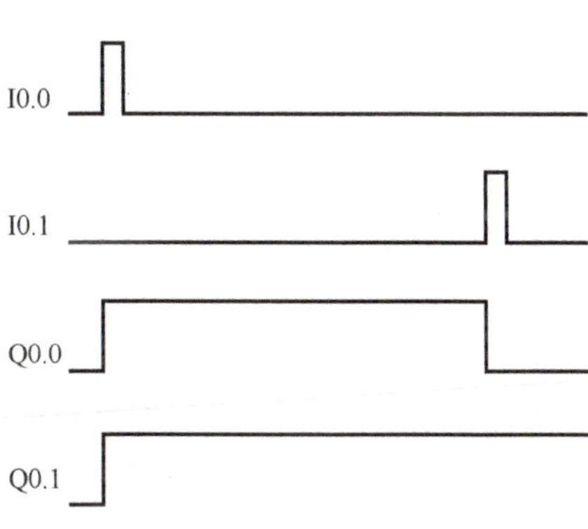

图 4-84　时序

3．试编制程序实现下述控制要求：用一个开关控制三盏灯的亮灭。开关闭合一次一盏灯点亮；开关闭合两次两盏灯点亮；开关闭合三次三盏灯点亮；开关闭合四次三盏灯全灭；开关再闭合一次一盏灯又点亮……如此循环。

4．有 4 台电动机，用一只按钮控制。控制要求如下：①第一次按下，M1 起动；第二次按下，M2 起动；第三次按下，M3、M4 起动；再次按下，全部停止。②可循环控制。③有必要的保护措施。

（1）请根据控制要求，列写 I/O 分配表。

（2）绘制硬件接线图。

（3）编写程序并调试，实现控制功能。

5．用可编程序控制器实现两台三相异步电动机的控制，控制要求如下：

（1）两台电动机互不干扰地独立操作。

（2）能同时控制两台电动机的起停。

（3）当一台电动机过载时，两台电动机都停止工作。

试画出接线图，编写控制程序。

6．用可编程序控制器分别实现下面的 2 种控制。

（1）电动机 M1 起动后，M2 才能起动，M2 停止之后 M1 才能停止。

（2）电动机 M1 既能正向起动和点动，又能反向起动和点动。

7．有三台通风机，设计一个监视系统，监视通风机的运转，如果 2 台或 2 台以上运转，信号灯持续发光。如果只有一台运转，信号灯以 2s 时间间隔闪烁。如果 3 台都停转，信号灯以 1s 时间间隔闪烁。

8．用一个按钮控制 2 盏灯，第 1 次按下时第 1 盏灯亮，第 2 盏灯灭；第 2 次按下时第 1 盏灯灭，第 2 盏灯亮；第 3 次按下时 2 盏灯都灭。

9．编写 PLC 控制程序，使 Q0.0 输出周期为 5s，占空比为 20%的连续脉冲信号。

第 5 章　S7-1200 PLC 的程序结构与编程方法应用

用函数、函数块、数据块和组织块编程是西门子大中型 PLC 的一大特色，可以使程序结构优化，便于程序设计、调试和阅读等。通常成熟的 PLC 工程师，不会把所有的程序写在主程序中，而会合理使用函数、函数块、数据块和组织块进行编程。

掌握用函数、函数块、数据块和组织块编程以及逻辑控制程序的编程方法。本章是 PLC 晋级的关键。

5.1　块、函数和组织块

5.1.1　块的概述

1. 块的简介

在操作系统中包含了用户程序和系统程序，操作系统已经固化在 CPU 中，它提供 CPU 运行和调试的机制。CPU 的操作系统是按照事件驱动扫描用户程序的。用户程序写在不同的块中，CPU 按照执行的条件成立与否执行相应的程序块或者访问对应的数据块。用户程序则是为了完成特定的控制任务，是由用户编写的程序。用户程序通常包括组织块（OB）、函数（FC）、函数块（FB）和数据块（DB），过去 FB 和 FC 分别称为功能块和功能。用户程序中的块的说明见表 5-1。

表 5-1　用户程序中块的说明

块的类型	属性	备注
组织块（OB）	● 用户程序接口 ● 优先级（1～27） ● 在局部数据堆栈中指定开始信息	
函数（FC）	● 参数可分配（必须在调用时分配参数） ● 没有存储空间（只有临时局部数据）	旧称功能
函数块（FB）	● 参数可分配（可以在调用时分配参数） ● 具有（收回）存储空间（静态局部数据）	旧称功能块
数据块（DB）	● 结构化的局部数据存储（背景数据块 DB） ● 结构化的全局数据存储（在整个程序中有效）	

2. 块的接口

块的接口中包含块所用到的局部变量和局部常量。而局部变量又包含块参数和局部数据。

块参数是在调用块与被调用块之间传递的数据，包括输入、输出和输入/输出参数。

局部数据用于存储中间结果，包含静态局部数据、临时局部数据和常量。静态局部数据和临时局部数据是仅供逻辑块自身使用的数据。块的接口的局部变量和局部常量见表 5-2。

表 5-2　局部变量和局部常量声明类型

局部数据名称	区域	说明
输入	Input	为调用模块提供数据，输入给逻辑模块
输出	Output	从逻辑模块输出数据结果
输入/输出	InOut	参数值既可以输入，也可以输出
静态局部数据	Static	静态局部数据存储在背景数据块中，块调用结束后，变量被保留
临时局部数据	Temp	临时局部数据存储 L 堆栈中，块执行结束后，变量消失
常量	常量	如代表 1、2.8 等数字

图 5-1 所示为块调用的分层结构的一个例子，组织块 OB1（主程序）调用函数块 FB1，FB1 调用函数块 FB10，组织块 OB1（主程序）调用函数块 FB2，函数块 FB2 调用函数 FC5，函数 FC5 调用函数 FC10。

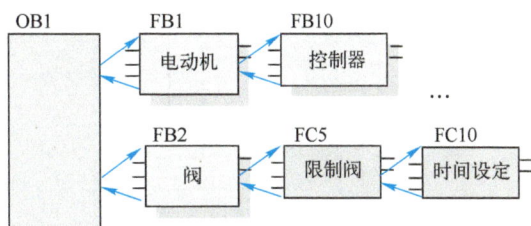

图 5-1　块调用的分层结构

5.1.2　函数（FC）及其应用

1. 函数（FC）简介

函数（FC）是用户编写的程序块，是不带存储器的代码块。由于没有可以存储参数值的数据存储器。因此，调用函数时，必须给所有形参分配实参。

微课：函数（FC）及其应用

FC 中的块接口包含块所用到的局部变量和局部常量。局部变量包含 Input（输入参数）、Output（输出参数）、InOut（输入/输出参数）、Temp（临时数据）、Return（返回值 Ret_Val）。Input（输入参数）将数据传递到被调用的块中进行处理。Output（输出参数）将结果传递到调用的块中。InOut（输入/输出参数）将数据传递到被调用的块中，在被调用的块中处理数据后，再将被调用的块中发送的结果存储在相同的变量中。Temp（临时数据）是块的本地数据（由 L 存储），并且在处理块时将其存储在本地数据堆栈。关闭并完成处理后，临时数据就变得不可访问。Return 包含返回值 Ret_Val。函数没有静态局部数据。

2. 函数（FC）的应用

函数（FC）类似于 VB 语言中的子程序，用户可以将具有相同控制过程的程序编写在 FC 中，然后在主程序 Main[OB1]中调用。创建函数的步骤是：先建立一个项目，再在 TIA Portal 软件项目视图的项目树中选中“已经添加的设备”（如 PLC_1）→“程序块”→“添加新块”，即可弹出要插入函数的界面。以下用一个例子讲解函数（FC）的应用。

【例 5-1】 用函数 FC 实现电动机的起停控制。

解：1）新建一个项目，本例为“起停控制（FC1）”。在 TIA Portal 软件项目视图的项目树中，选中并单击已经添加的设备“PLC_1”→“程序块”→“添加新块”，如图 5-2 所示，弹出添加块界面。

2）如图 5-3 所示，在“添加新块”界面中，选择创建块的类型为“函数”，再输入函数的名称（本例为起停控制），之后选择编程语言（本例为 LAD），最后单击“确定”按钮，弹出函数的程序编辑器界面。

3）在 TIA Portal 软件项目视图的项目树中，双击函数“起停控制（FC1）”，打开函数（若自动弹出则无须执行此操作），弹出“程序编辑器”界面，先选中 Input（输入参数），新建参数“Start”和“Stop1”，数据类型为“Bool”。再选中 InOut（输入/输出参数），新建参数“Motor”，数据类型为“Bool”，如图 5-4 所示。最后在程序段 1 中输入程序，如图 5-5 所示，注意参数前缀为“#”。

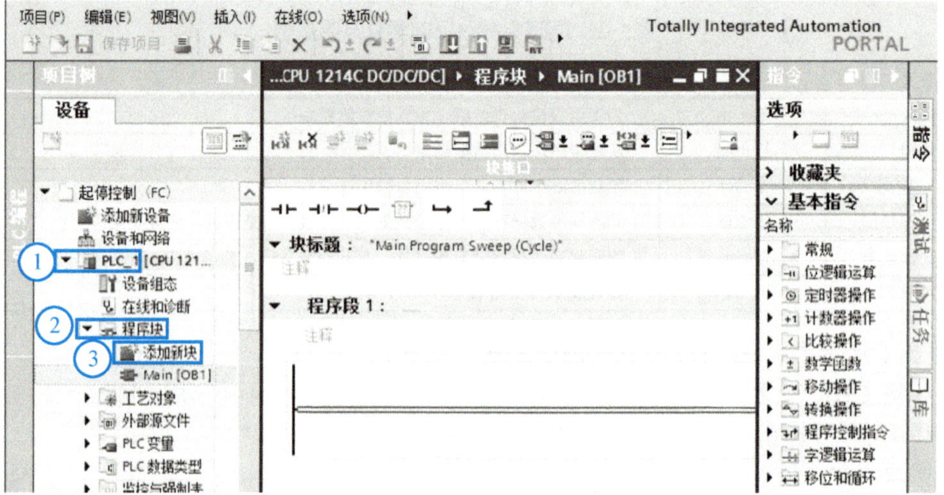

图 5-2　打开“添加新块”

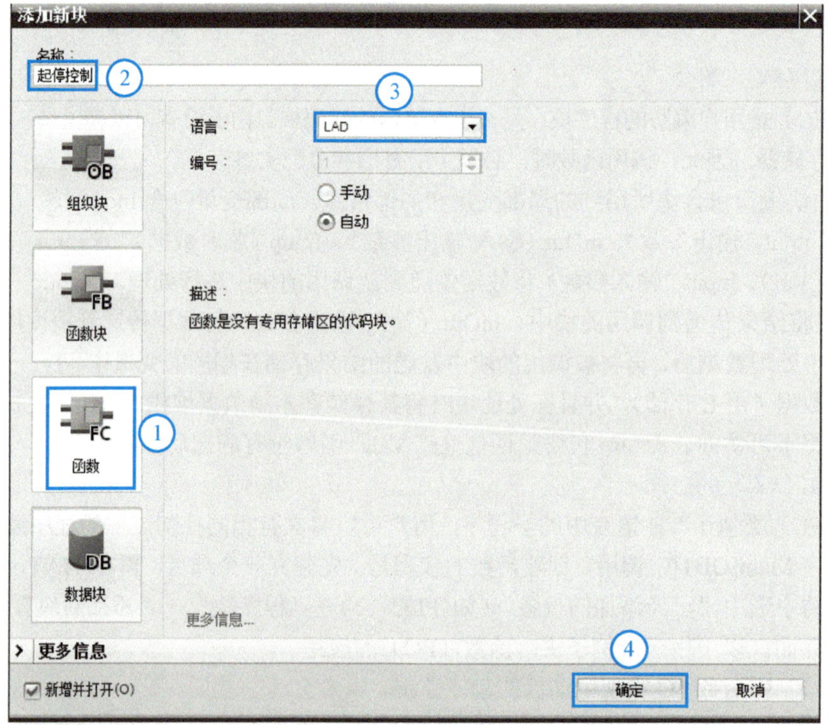

图 5-3　添加新块

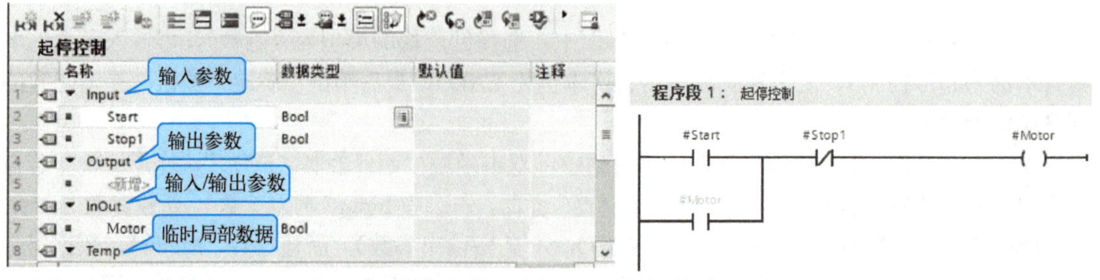

图 5-4　新建输入/输出参数　　　　图 5-5　函数 FC1

4）在 TIA Portal 软件项目视图的项目树中，双击“Main[OB1]”，打开主程序块“Main[OB1]”，选中新创建的函数“起停控制[FC1]”，并将其拖拽到程序编辑器中，如图 5-6 所示。如果将整个项目下载到 PLC 中，就可以实现“起停控制”。

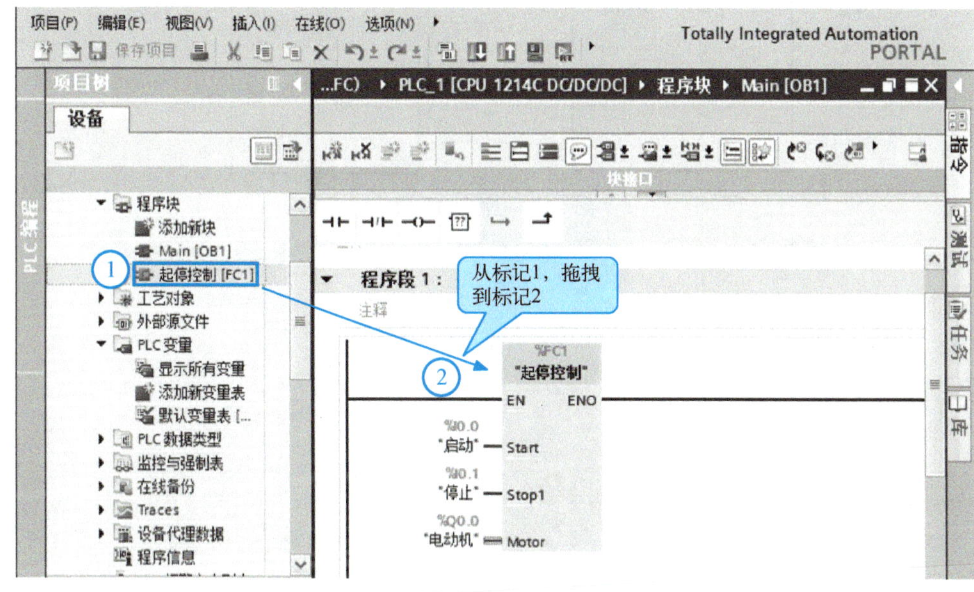

图 5-6　在 Main[OB1]中调用函数 FC1

任务小结

本例创建的参数#Motor，不能定义为输出参数（Output）。因为图 5-5 程序中参数#Motor 既是输入参数，也是输出参数，所以定义为输入输出参数（InOut）。

【例 5-2】 用 S7-1200 PLC 控制一台微型直流电动机的正反转，要求使用函数。

解： KALEJA 微型直流电动机驱动器的各个端子的定义见表 5-3。

微课：直流电动机正反转控制

表 5-3　微型直流电动机驱动器端子定义

端子号	定义	端子号	定义
U+	电源+24V	A3	输入公共端
GND	电源 0V	1	直流电动机输端子 1
A1	正转输入信号	2	直流电动机输端子 2
A2	反转输入信号		

关 键 点

图 5-7 中，停止按钮 SB2 为常闭触点，主要基于安全原因，是符合工程规范的，不应设计为常开触点。

FC1 中的程序和块的接口如图 5-8 所示，注意#Stp 带“#”，表示此变量是区域变量。如图 5-9 所示，OB1 中的程序是主程序，“Stp”（I0.2）是常闭触点（“Stp”是带引号，表示全局变量），与图 5-7 中的 SB2 的常闭触点对应。注意，#Motor 既有常开触点输入，又有线圈输出，所以是输入输出变量，不能用输出变量代替。

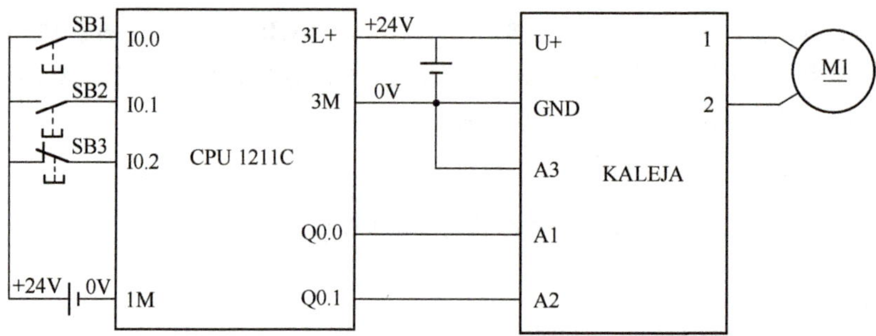

图 5-7　电气原理图

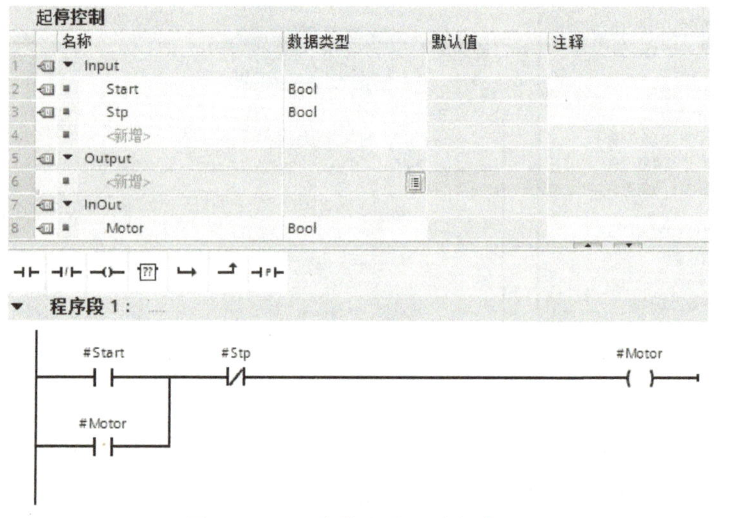

图 5-8　FC1 中的程序和块的接口

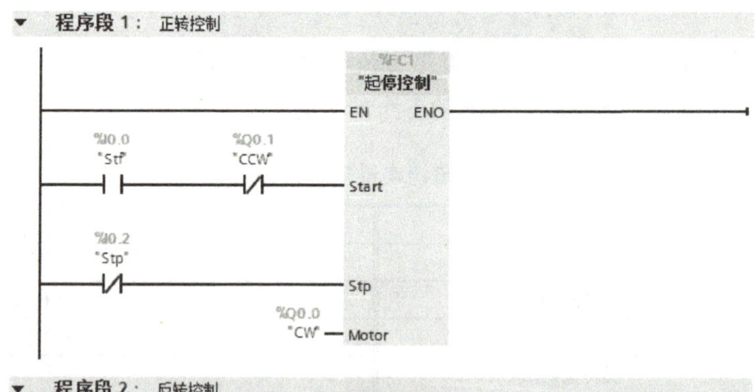

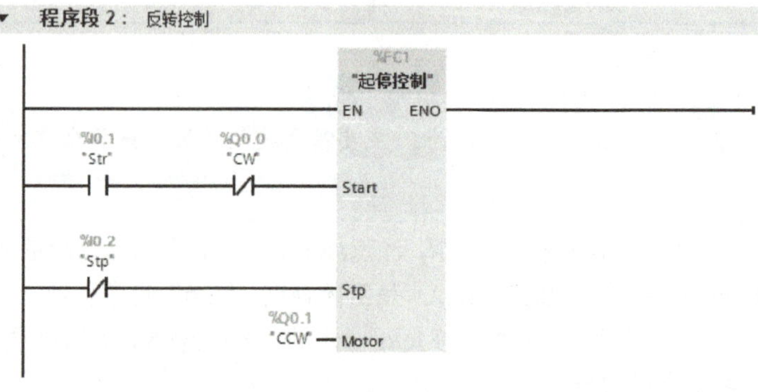

图 5-9　OB1 中的程序

任务小结

① 这是一个入门级的任务，重点在于掌握函数的创建过程。

② 函数相当于 VB 高级语言中的子程序。

5.1.3　组织块（OB）及其应用

微课：组织块（OB）及其应用

组织块（OB）是操作系统与用户程序之间的接口。组织块由操作系统调用，可控制循环程序处理、中断程序执行、PLC 启动特性和错误处理等。

1. 中断的概述

（1）中断过程

中断处理用来实现对特殊内部事件或外部事件的快速响应。CPU 检测到中断请求时，立即响应中断，调用中断源对应的中断程序，即组织块 OB。执行完中断程序后，返回被中断的程序处继续执行程序。例如在执行主程序 OB1 块时，时间中断块 OB10 可以中断主程序块 OB1 正在执行的程序，转而执行中断程序块 OB10 中的程序，当中断程序块中的程序执行完成后，再转到主程序块 OB1 中，从断点处执行主程序。中断过程示意图如图 5-10 所示。

事件源就是能向 PLC 发出中断请求的中断事件，例如日期时间中断、延时中断、循环中断和编程错误引起的中断等。

（2）OB 的优先级

执行一个组织块 OB 的调用可以中断另一个 OB 的执行。一个 OB 是否允许另一个 OB 中断取决于其优先级。S7-1200 PLC 支持优先级共有 26 个，1 最低，27 最高。高优先级的 OB 可以中断低优先级的 OB。例如 OB10 的优先级是 2，而 OB1 的优先级是 1，所以 OB10 可以中断 OB1。OB 优先级示意图如图 5-11 所示。组织块的类型和优先级见表 5-4。

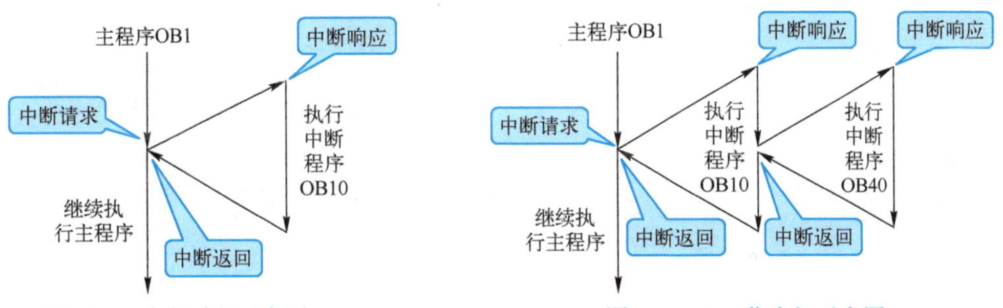

图 5-10　中断过程示意图　　图 5-11　OB 优先级示意图

表 5-4　组织块的类型和优先级（部分）

事件源的类型	优先级（默认优先级）	可能的 OB 编号	支持的 OB 数量
启动	1	100，≥123	≥0
循环程序	1	1，≥123	≥1
时间中断	2	10～17，≥123	最多 2 个
延时中断	3（取决于版本）	20～23，≥123	最多 4 个
循环中断	8（取决于版本）	30～38，≥123	最多 4 个
硬件中断	18	40～47，≥123	最多 50 个
时间错误	22	80	0 或 1
诊断中断	5	82	0 或 1
插入/取出模块中断	6	83	0 或 1
机架故障或分布式 I/O 的站故障	6	86	0 或 1

说明：

（1）在 S7-300/400 CPU 中只支持一个主程序块 OB1，而 S7-1200 PLC 可支持多个主程序，但第二个主程序的编号从 123 起，由组态设定，例如 OB123 可以组态成主程序。

（2）循环中断可以是 OB30～OB38。

（3）S7-300/400 CPU 的启动组织块有 OB100、OB101 和 OB102，但 S7-1200 PLC 不支持 OB101 和 OB102。

2．启动组织块及其应用

启动组织块（Startup）在 PLC 的工作模式从 STOP 切换到 RUN 时执行一次。完成启动组织块扫描后，将执行主程序循环组织块（如 OB1）。启动组织块很常用，主要用于初始化。以下用一个例子说明启动组织块的应用。

【例 5-3】 编写一段初始化程序，将 CPU 1211C 的 MB20～MB23 存储区清零。

解：一般初始化程序在 CPU 一启动后就运行，所以可以使用 OB100 组织块。在 TIA Portal 软件项目视图的项目树中，双击“添加新块”，弹出如图 5-12 所示的界面，选中“组织块”和“Startup”选项，再单击“确定”按钮，即可添加启动组织块。

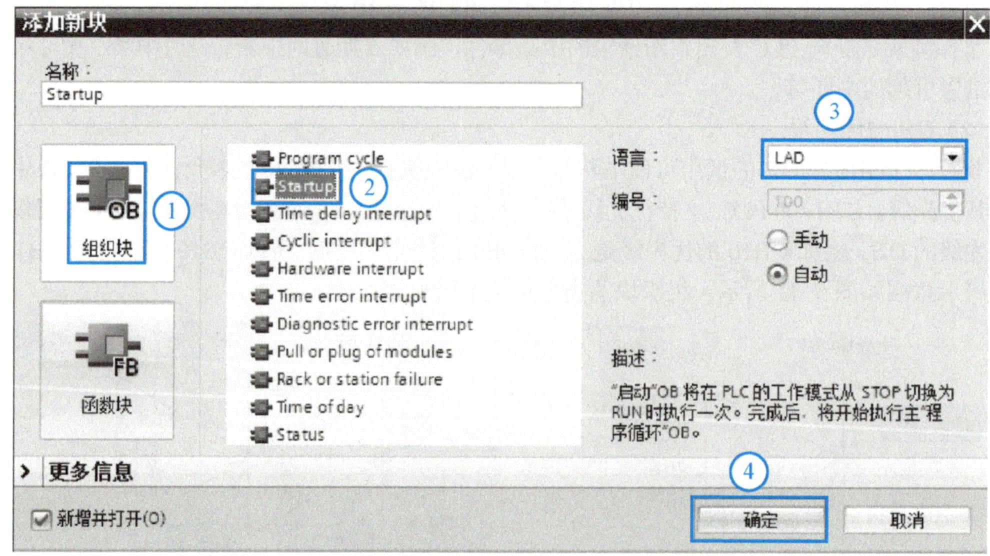

图 5-12　添加“启动”组织块 OB100

字节 MB20～MB23 实际上就是 MD20，其程序如图 5-13 所示。

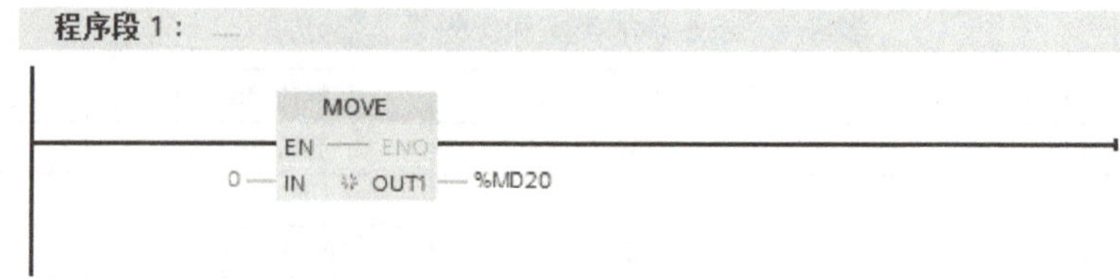

图 5-13　OB100 中的程序

3．主程序（OB1）

CPU 的操作系统循环执行 OB1。当操作系统完成启动后，将启动执行 OB1。在 OB1 中可以调用函数（FC）和函数块（FB）。

执行 OB1 后，操作系统发送全局数据。重新启动 OB1 之前，操作系统将过程映像输出表写入输出模块，更新过程映像输入表以及接收 CPU 的任何全局数据。

4. 循环中断组织块及其应用

所谓循环中断就是经过一段固定的时间间隔中断用户程序，不受扫描周期限制，循环中断很常用，例如 PID 运算时较常用。

（1）循环中断指令

循环中断组织块是很常用的，S7-1200 PLC 最多支持 4 个循环中断 OB，循环中断 OB 的编号必须为 30～38，或大于、等于 123。设置循环中断参数（SET_CINT）指令的参数见表 5-5。

表 5-5　设置循环中断参数（SET_CINT）指令的参数

参数	声明	数据类型	参数说明
OB_NR	INPUT	OB_CYCLIC	OB 的编号
CYCLE	INPUT	UDInt	时间间隔/μs
PHASE	INPUT	UDInt	相移/μs
RET_VAL	OUTPUT	INT	如果出错，则 RET_VAL 的实际参数将包含错误代码

学习小结

① 当 CYCLE≠0 时，按照 CYCLE 值循环，当 CYCLE=0 时，停止循环。利用这个特点可以控制循环组织块（如 OB30）启动和停止循环

② 注意 CYCLE 的循环时间单位是 μs。

（2）循环中断组织块的应用

【例 5-4】 每隔 100ms 时间，CPU 1211C 采集一次通道 0 上的模拟量数据。

解：很显然要使用循环组织块，解法如下。

在 TIA Portal 软件项目视图的项目树中，双击“添加新块”，弹出如图 5-14 所示的界面，选中“组织块”和“Cyclic Interrupt”，循环时间定为“100ms”，单击“确定”按钮。这个步骤的含义是：设置组织块 OB30 的循环中断时间是 100ms，再将组态完成的硬件下载到 CPU 中。

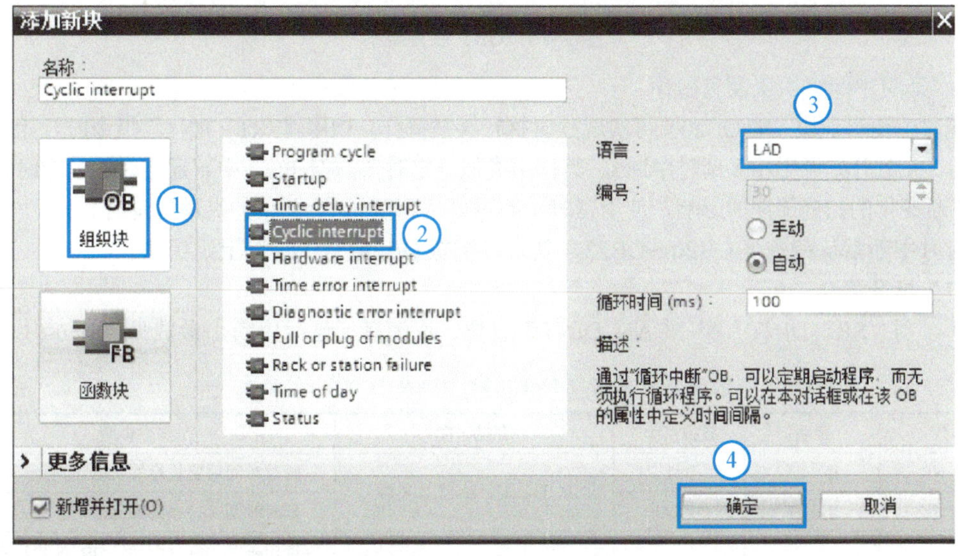

图 5-14　添加组织块 OB30

打开 OB30，在程序编辑器中输入程序，如图 5-15 所示，运行的结果是每 100ms 将通道 0 采

集到的模拟量转换成数字量送到 MW20 中。

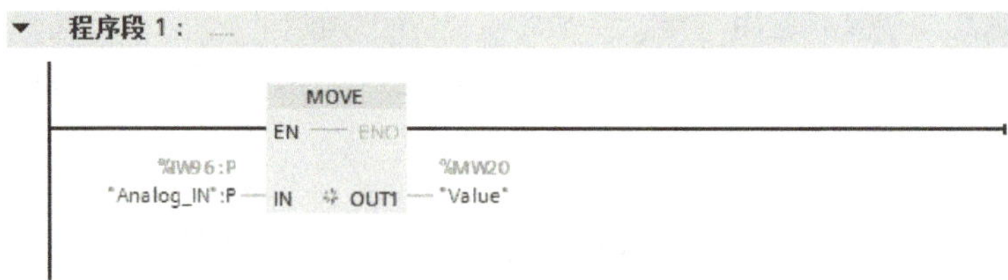

图 5-15　OB30 中的程序

打开 OB1，在程序编辑器中输入程序，如图 5-16 所示，I0.0 闭合时，100000μs（即 100ms）传送到 MD20 中，OB30 的循环周期是 100ms，当 I0.1 闭合时，0 传送到 MD20 中，OB30 停止循环。

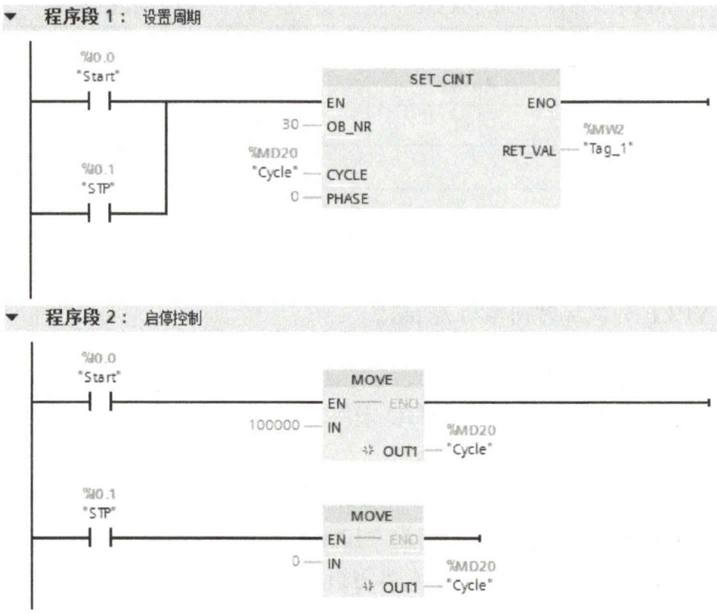

图 5-16　OB1 中的程序

5. 延时中断组织块及其应用

延时中断组织块（如 OB20）可实现延时执行某些操作，调用“SRT_DINT”指令时开始计时延时时间（此时开始调用相关延时中断）。其作用类似于定时器，但 PLC 中普通定时器的定时精度要受到不断变化的扫描周期的影响，使用延时中断可以达到以 ms 为单位的高精度延时。

延时中断默认范围是 OB20～OB23，其余可组态 OB 编号 123 以上组织块。

（1）指令简介

可以用“SRT_DINT”和“CAN_DINT”设置、取消激活延时中断，参数见表 5-6。

表 5-6　“SRT_DINT”和“CAN_DINT”的参数

参数	声明	数据类型	存储区间	参数说明
OB_NR	INPUT	INT	I、Q、M、D、L、常数	延时时间后要执行的 OB 的编号
DTIME	INPUT	DTIME		延时时间（1～60000ms）
SIGN	INPUT	WORD	I、Q、M、D、L、常数	调用延时中断 OB 时 OB 的启动事件信息中出现的标识符
RET_VAL	OUTPUT	INT	I、Q、M、D、L	如果出错，则 RET_VAL 的实际参数将包含错误代码

（2）延时中断组织块的应用

【例 5-5】 当 I0.0 上升沿时，延时 5s 执行 Q0.0 置位，I0.1 为上升沿时，Q0.0 复位。

解：1）添加组织块 OB20。在 TIA Portal 软件项目视图的项目树中，双击“添加新块”，弹出如图 5-17 所示的界面，选中“组织块”和“Time delay Interrupt”选项，单击“确定”按钮，即可添加 OB20 组织块。

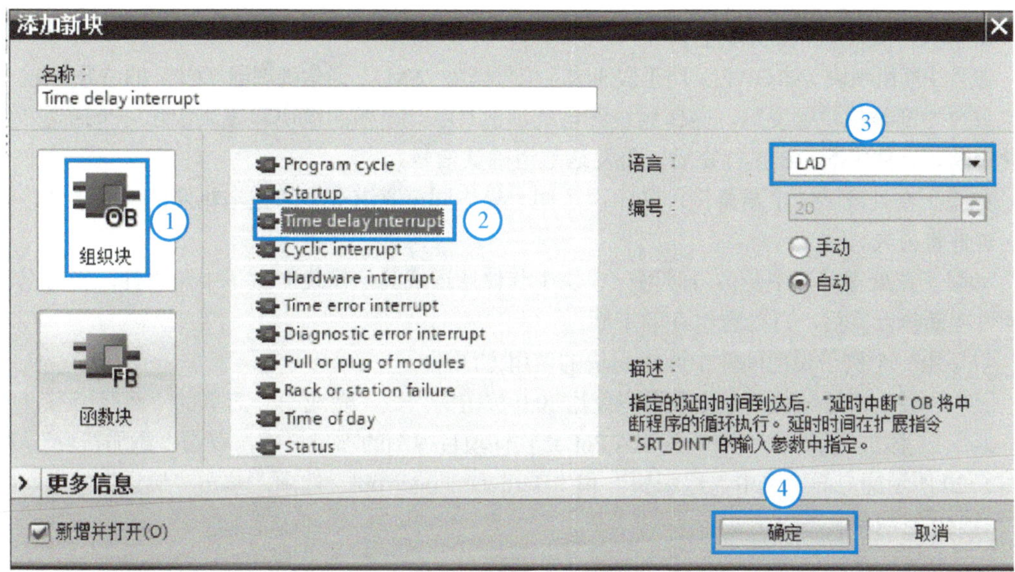

图 5-17　添加组织块 OB20

2）主程序在 OB1 中，如图 5-18 所示，中断程序在 OB20 中，如图 5-19 所示。

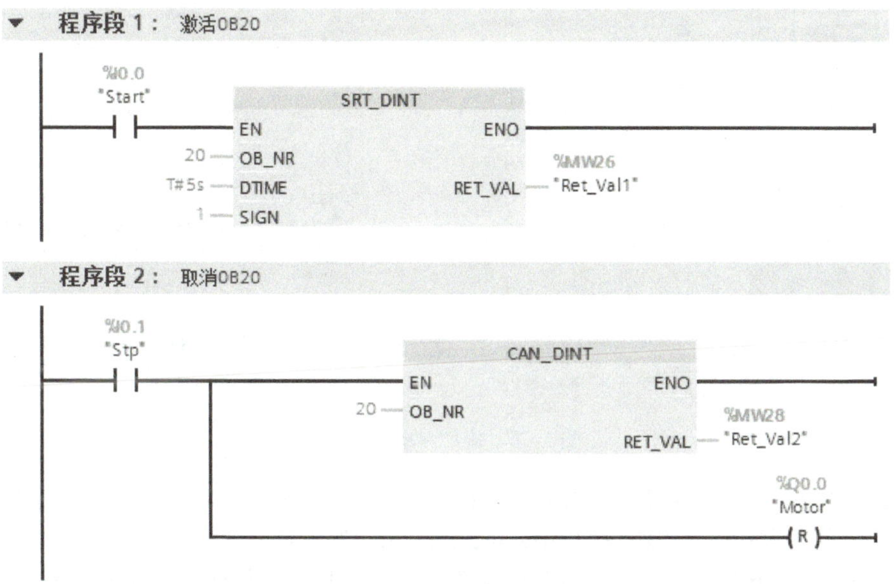

图 5-18　OB1 中的程序

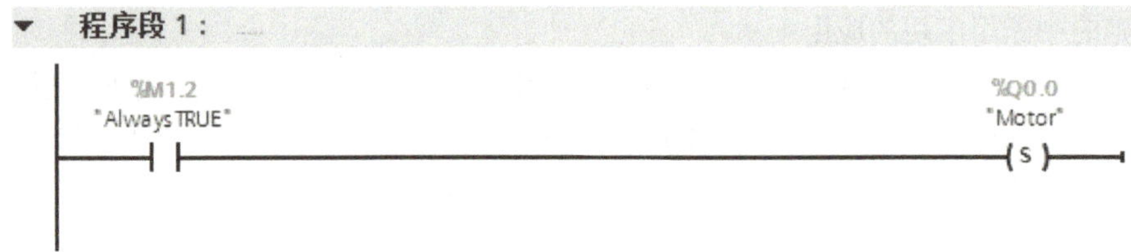

图 5-19　OB20 中的程序

6. 硬件中断组织块及其应用

硬件中断组织块（如 OB40）用于快速响应信号模块（SM）、通信处理器（CP）的信号变化。

硬件中断被模块触发后，操作系统将自动识别是哪一个槽的模块和模块中哪一个通道产生的硬件中断。硬件中断 OB 执行完后，将发送通道确认信号。

如果正在处理某一中断事件，又出现了同一模块同一通道产生的完全相同的中断事件，新的中断事件将丢失。

如果正在处理某一中断信号时同一模块中其他通道或其他模块产生了中断事件，当前已激活的硬件中断执行完后，再处理暂存的中断。

以下用一个例子说明硬件中断组织块的使用方法。

【例 5-6】 编写一段指令记录用户使用 I0.0 按钮的次数，做成一个简单的“黑匣子”。

解：1）添加组织块 OB40。在 TIA Portal 软件项目视图的项目树中，双击“添加新块”，弹出如图 5-20 所示的界面，选中“组织块”和“Hardware interrupt”选项，单击“确定”按钮，即可添加 OB40 组织块。

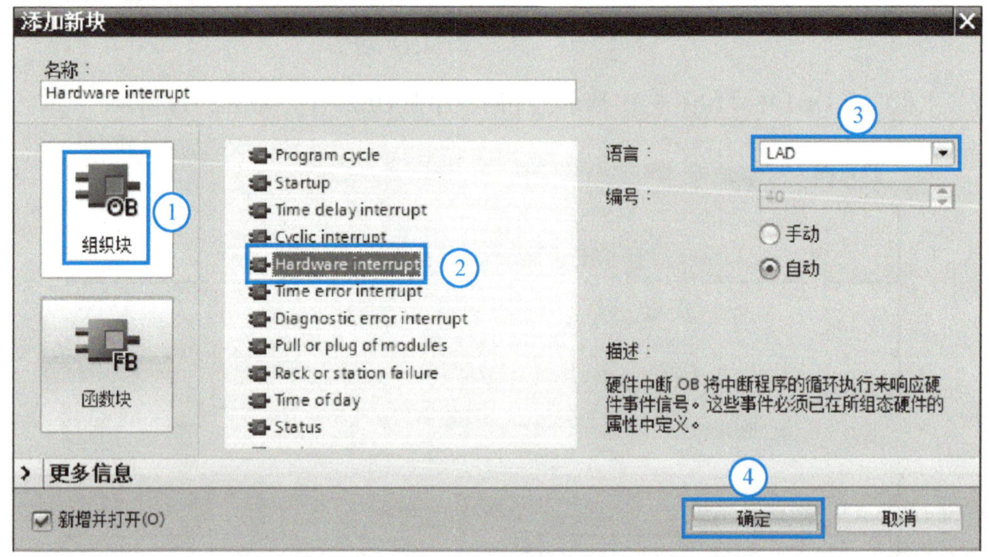

图 5-20　添加组织块 OB40

2）选中硬件 CPU 1214C 模块，单击“属性”选项卡，如图 5-21 所示，选中“通道 0”，启用上升沿检测，选择硬件中断组织块为“Hardware interrupt”。

3）编写程序。在组织块 OB40 中编写程序如图 5-22 所示，每次按下按钮，调用一次 OB40 中的程序一次，MW20 中的数值加 1，也就是记录了使用按钮的次数。

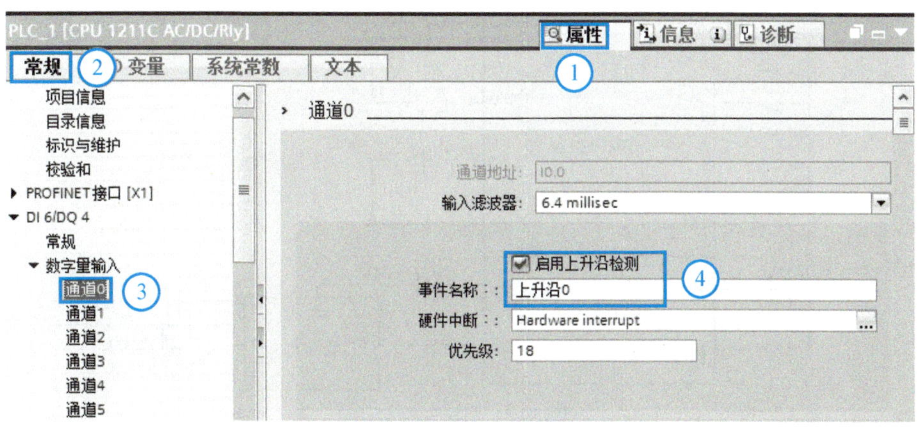

图 5-21　信号模块的属性界面

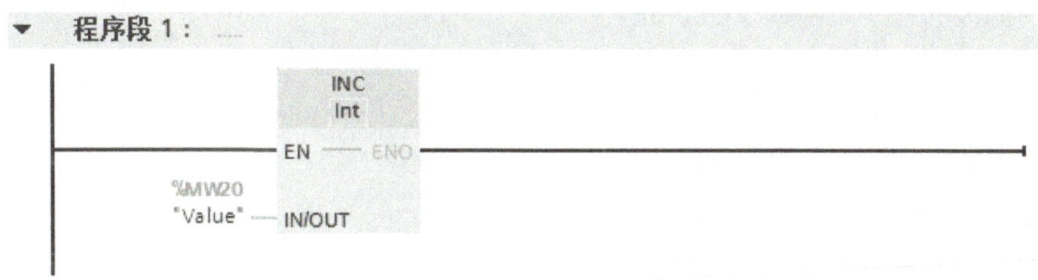

图 5-22　OB40 中的程序

7. 错误处理组织块

S7-1200 PLC 具有错误（或称故障）检测和处理能力，是指 PLC 内部的功能性错误，而不是外部设备的故障。CPU 检测到错误后，操作系统调用对应的组织块，用户可以在组织块中编程，对发生的错误采取相应的措施，例如在要调用的诊断组织块 OB82 中编写报警或者执行某个动作，如关断阀门。

当 CPU 检测到错误时，会调用对应的组织块，见表 5-7。如果没有相应的错误处理 OB，CPU 可能会进入 STOP 模式（S7-300/400 没有找到对应的 OB，则直接进入 STOP 模式）。用户可以在错误处理 OB 中编写如何处理这种错误的程序，以减小或消除错误的影响。

表 5-7　错误处理组织块

OB 号	错误类型	优先级
OB80	时间错误	22
OB82	诊断中断	5
OB83	插入/取出模块中断	6
OB86	机架故障或分布式 I/O 的站故障	6

【例 5-7】 要求用 S7-1200 PLC 进行数字滤波。某系统采集一路模拟量（温度），温度传感器的测量范围是 0～100℃，要求对温度值进行数字滤波，算法是：把最新的三次采样数值相加，取平均值，即是最终温度值，当温度超过 90℃时报警，每 100ms 采集一次温度。

微课：数字滤波控制程序设计

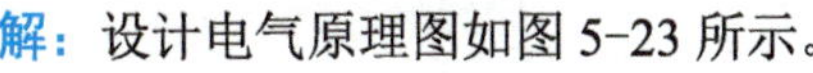

解： 设计电气原理图如图 5-23 所示。

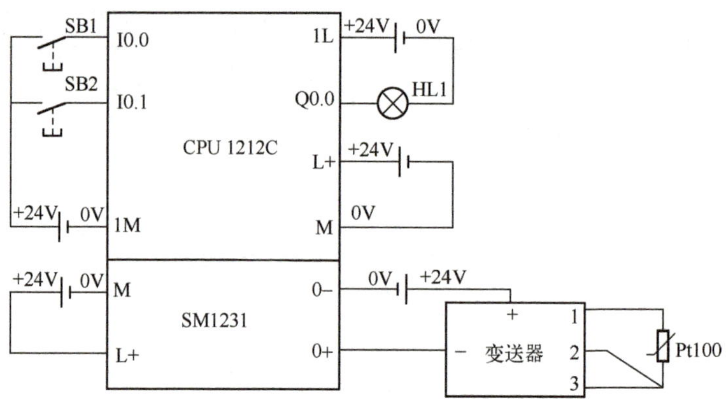

图 5-23　电气原理图

8. 编写控制程序

1）数字滤波的程序是函数 FC1，先创建一个空的函数，打开函数，并创建输入参数“GatherV”，就是采样输入值；创建输出参数“ResultV”，就是数字滤波的结果；创建临时变量参数“Value1”、“TEMP1”，临时变量参数既可以在方框的输入端，也可以在方框的输出端，应用也比较灵活，如图 5-24 所示。

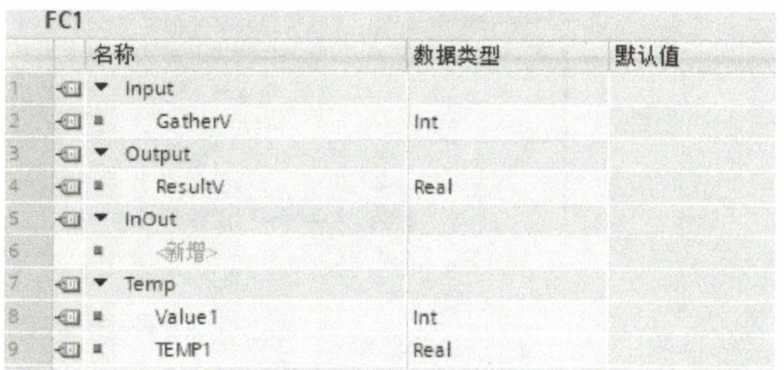

FC1

	名称	数据类型	默认值
1	▼ Input		
2	▪ GatherV	Int	
3	▼ Output		
4	▪ ResultV	Real	
5	▼ InOut		
6	▪ <新增>		
7	▼ Temp		
8	▪ Value1	Int	
9	▪ TEMP1	Real	

图 5-24　新建参数

2）在 FC1 中，编写滤波梯形图程序，如图 5-25 所示。

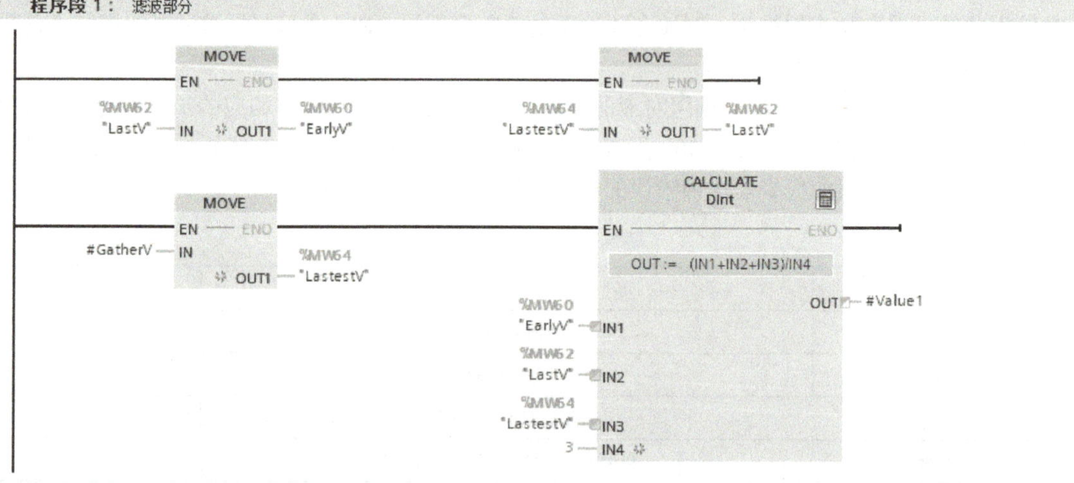

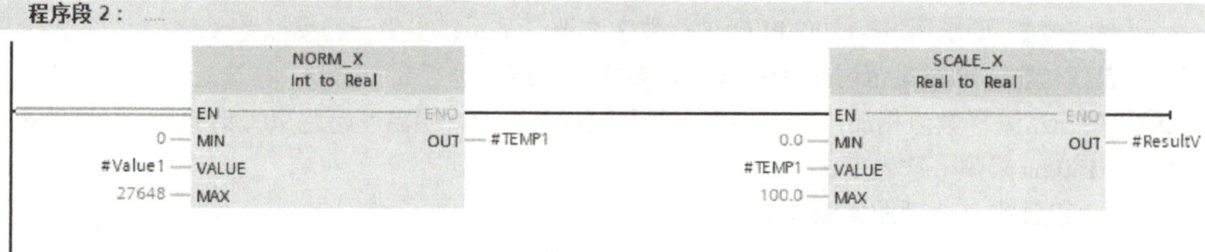

图 5-25　FC1 中的梯形图

3）在 OB30 中，编写梯形图程序如图 5-26 所示。由于温度变化较慢，没有必要每个扫描周期都采集一次，因此温度采集程序在 OB30 中，每 100ms 采集一次，更加合适。

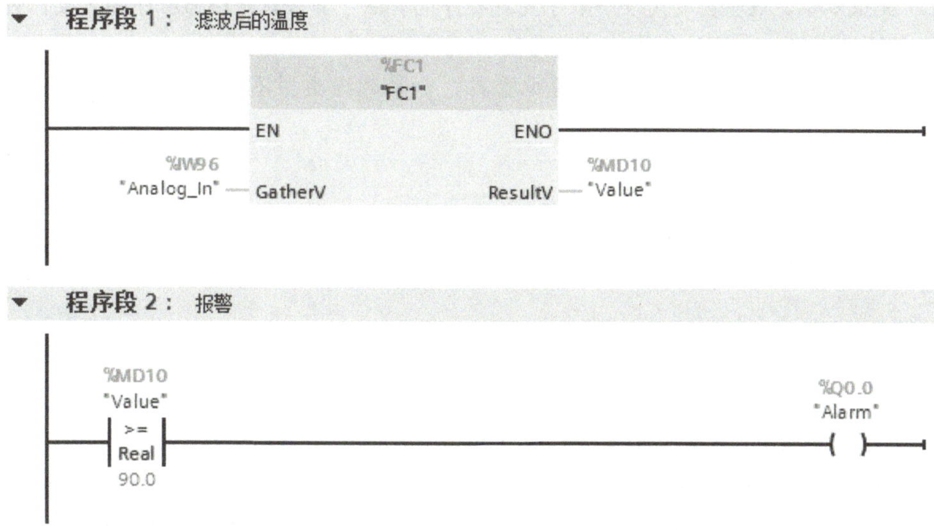

图 5-26　OB30 中的梯形图

4）在 OB1 中，编写梯形图程序如图 5-27 所示。主要用于对循环中断的起动和停止控制。当按下 SB1 按钮，MD20 中的周期为 100000μs，OB30 的扫描周期为 100000μs（即 100ms）；当按下 SB2 按钮，MD20 中的周期为 0，OB30 停止扫描。

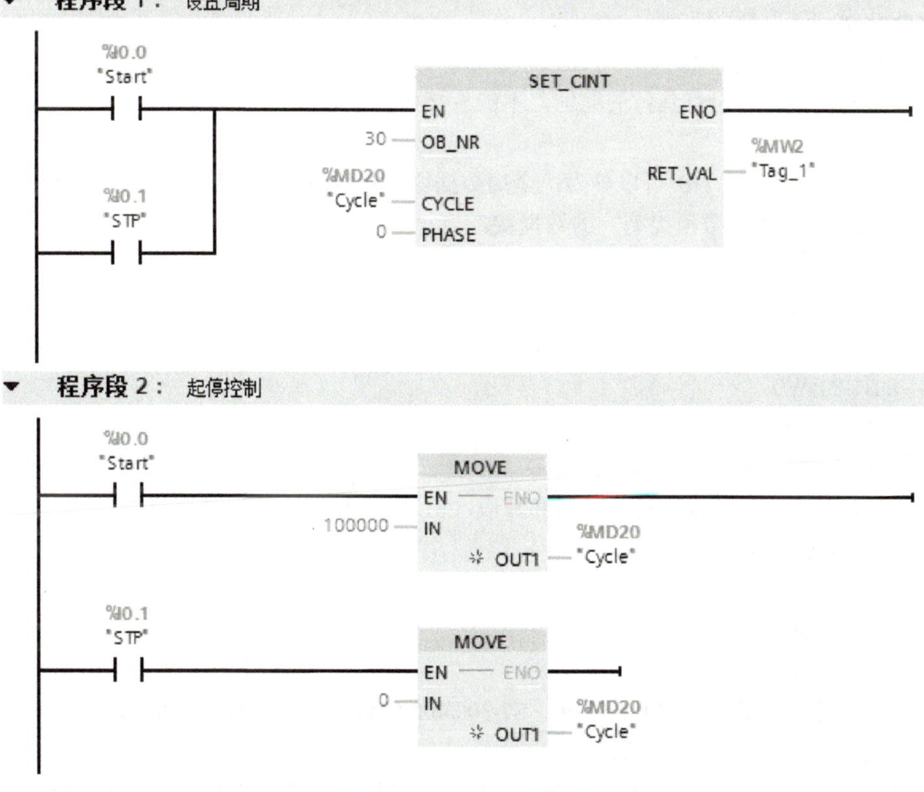

图 5-27　OB1 中的程序

任务小结

① 完成本例，最重要的是理解数字滤波程序的算法，算法就是编写程序的方案，对于复杂的工程项目来说，算法往往是成败的关键。

② 本例中，函数参数的数据类型很重要，如果数据类型不正确，不可能编写出正确的程序。

5.2　数据块和函数块

微课：数据块（DB）及其应用

5.2.1　数据块（DB）及其应用

1. 数据块（DB）简介

数据块用于存储用户数据及程序中间变量。新建数据块时，默认创建的是可优化访问的数据块（S7-300/400 不兼容），且数据块中存储的变量是非保持的。数据块占用 CPU 的装载存储区和工作存储区，与标识存储器的功能类似，都是全局变量，不同的是，M 数据区的大小在 CPU 技术规范中已经定义，且不可扩展，而数据块存储区由用户定义，最大不能超过工作存储区或装载存储区。S7-1200 PLC 的可优化的数据块的存储空间要比可标准访问（也称非优化访问）的数据块（S7-300/400 兼容）的空间大得多，但其存储空间与 CPU 的类型有关。

有的程序中（如有的通信程序），只能使用可标准访问的数据块，多数的情形可以使用可优化访问的数据块和可标准访问的数据块，但应优先使用可优化访问的数据块，因为它有如下特点：

1）优化访问速度快。

2）地址由系统分配。

3）只能符号寻址，没有具体的地址，不能直接由地址寻址。

4）功能多。

按照功能分，数据块 DB 可以分为：全局数据块、背景数据块和基于数据类型（用户定义数据类型、系统数据类型和数组类型）的数据块。

2. 数据块的寻址

1）数据块非优化访问用绝对地址访问，其地址访问举例如下。

双字：DB1.DBD0。

字：DB1.DBW0。

字节：DB1.DBB0。

位：DB1.DBX0.1。

2）数据块的优化访问采用符号访问和片段（SLICE）访问，片段访问举例如下。

双字：DB1.a.%D0。

字：DB1.a.%W0。

字节：DB1.a.%B0。

位：DB1.a.%X0。

注意：实数和长实数不支持片段访问。S7-300/400 的数据块没有优化访问，只有可标准访问。

3. 全局数据块（DB）及其应用

全局数据块用于存储程序数据，因此，数据块包含用户程序使用的变量数据。一个程序中可以创建多个数据块。全局数据块必须创建后才可以在程序中使用。

以下用一个例题来说明数据块的应用。

【例 5-8】 用数据块实现电动机的起停控制，并把采集的温度数值保存在数据块中。

解：1）新建一个项目，本例为“程序结构”，如图 5-28 所示，在项目视图的项目树中，选中并单击“新添加的设备”（本例为 PLC_1）→“程序块”→“添加新块”，弹出界面“添加新块”。

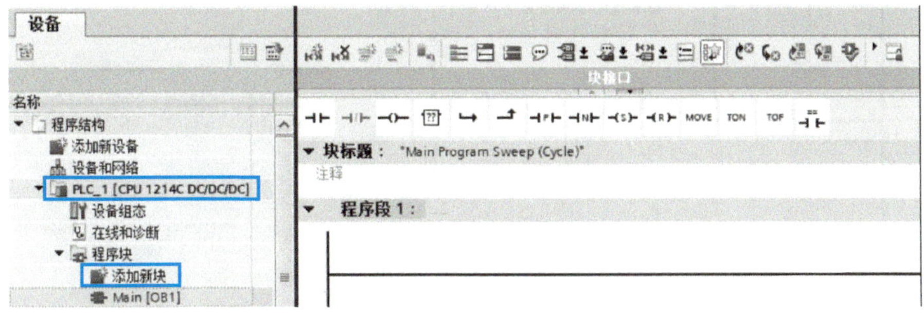

图 5-28　打开“添加新块”

2）如图 5-29 所示，在“添加新块”界面中，选中“添加新块”的类型为 DB，输入数据块的名称，再单击“确定”按钮，即可添加一个新的数据块，但此数据块中没有数据。

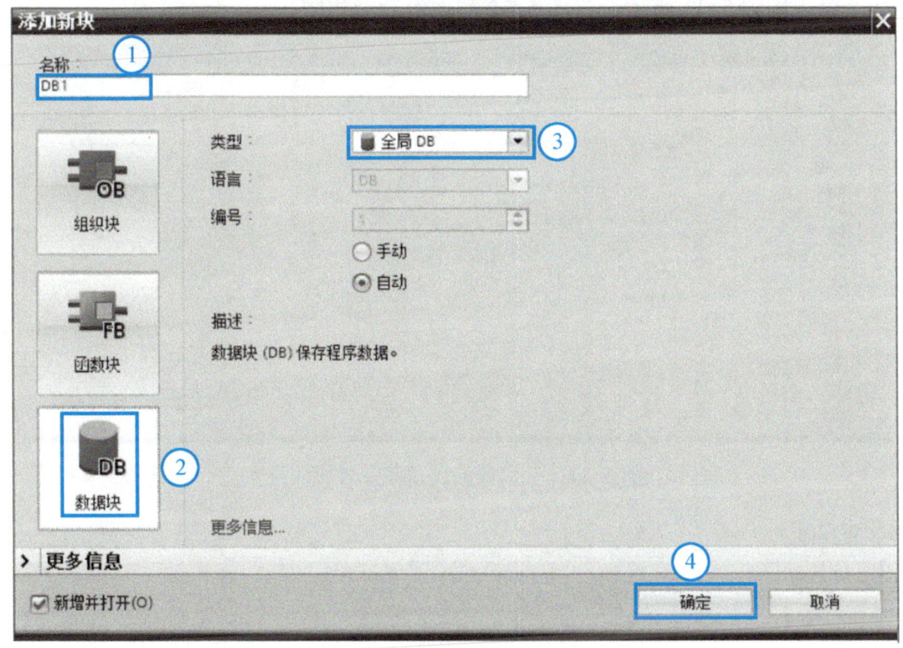

图 5-29　“添加新块”界面

3）打开“DB1”，如图 5-30 所示，在“DB1”中，新建 4 个变量，都是优化访问，DB1.Start 优化访问没有具体地址，只能进行符号寻址。数据块创建完毕，一般要立即“编译”，否则容易出错。

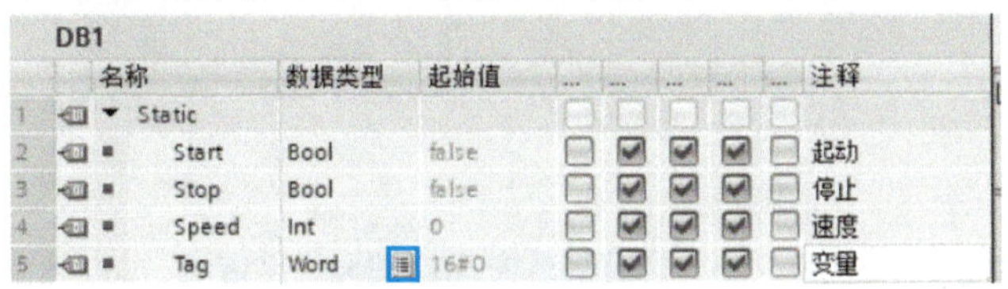

DB1

	名称	数据类型	起始值	注释
1	Static			
2	Start	Bool	false	起动
3	Stop	Bool	false	停止
4	Speed	Int	0	速度
5	Tag	Word	16#0	变量

图 5-30　新建变量

4）在“程序编辑器”中，编写如图 5-31 所示的程序。"DB1".Start、"DB1".Stop 和"DB1".Tag.%X0 都是优化访问，无绝对地址。其中"DB1".Tag.%X0 代表"DB1".Tag 的第 0 位，是优化访问中的片段访问。

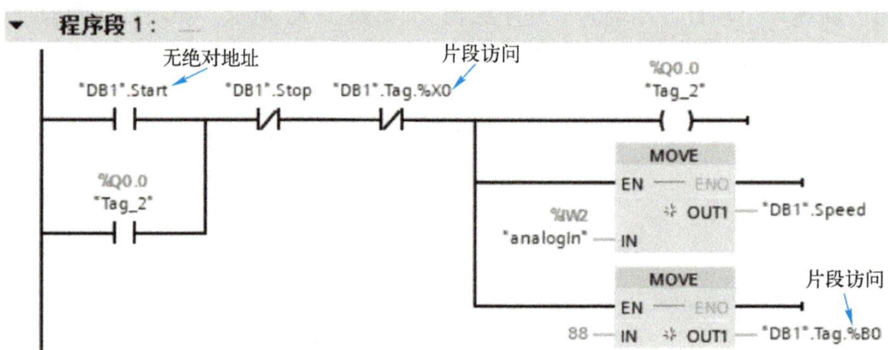

图 5-31　全局数据块 DB1 的优化访问

数据块创建完成后，在全局数据块的属性中可以切换存储方式。在项目视图的项目树中，选中并单击“DB1”，右击鼠标，在弹出的快捷菜单中，单击“属性”选项，弹出如图 5-32 所示的界面，选中“属性”，如果取消“优化的块访问”，则切换到“非优化存储方式”，这种存储方式与 S7-300/400 兼容。如图 5-33 所示，与图 5-32 实现的功能相同。

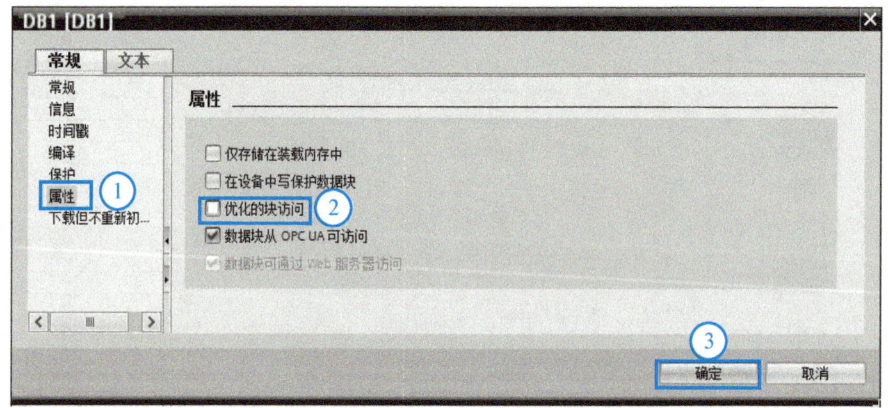

图 5-32　全局数据块存储方式的切换

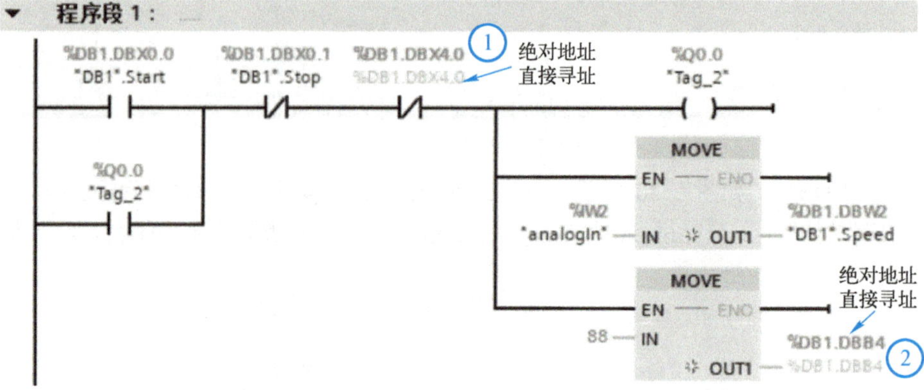

图 5-33　全局数据块 DB1 的非优化访问

如果是“优化存储方式”则只能采用符号方式访问该数据块（如"DB1".Start，见图 5-32），如果是“非优化存储方式”，则可以使用绝对方式和符号方式访问该数据块（如 DB1.DBX0.0 和 "DB1".Start，如图 5-33 所示）。

注意：标记“1”和“2”自动生成了黄颜色的变量名，这不是错误，原因在于这两个地址没有对其命名。

4. 数组 DB 及其应用

数组 DB 是一种特殊类型的全局数据块，它包含一个任意数据类型的数组。其数据类型可以为基本数据类型，也可以是 PLC 数据类型的数组。创建数组 DB 时，需要输入数组的数据类型和数组上限，创建完数组 DB 后，可以修改其数组上限，但不能修改数据类型。数组 DB 始终启用“优化块访问”属性，不能进行标准访问，并且为非保持型属性，不能修改为保持属性。

数组 DB 在 S7-1200/S7-1500 PLC 中较为常用，以下的例子是用数据块创建数组。

【例 5-9】 用数据块创建一个数组 ary[0..5]，数组中包含 6 个整数，并编写程序把模拟量通道 IW2:P 采集的数据保存到数组的第 3 个整数中。

解：1）新建项目，进行硬件组态，并创建共享数组块 DB1，如图 5-29 所示，打开数据块“DB1”，创建方法参考例 5-8。

2）在 DB1 中创建数组。数组名称 ary，数组为 Array[0..5]，表示数组中有 6 个元素，INT 表示数组的数据为整数，如图 5-34 所示，保存创建的数组。

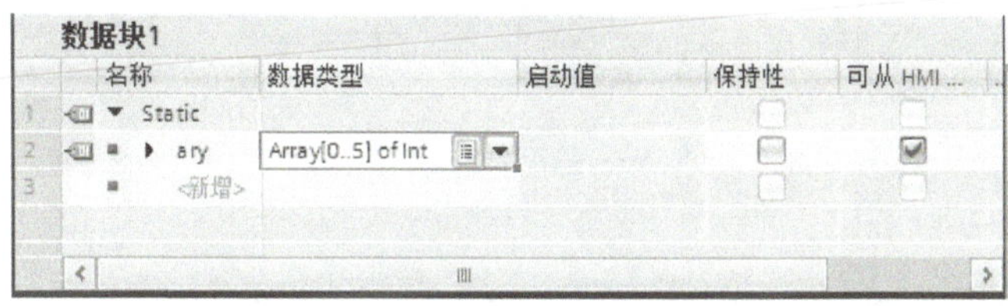

图 5-34　创建数组

3）在 Main[OB1]中编写梯形图程序，如图 5-35 所示。

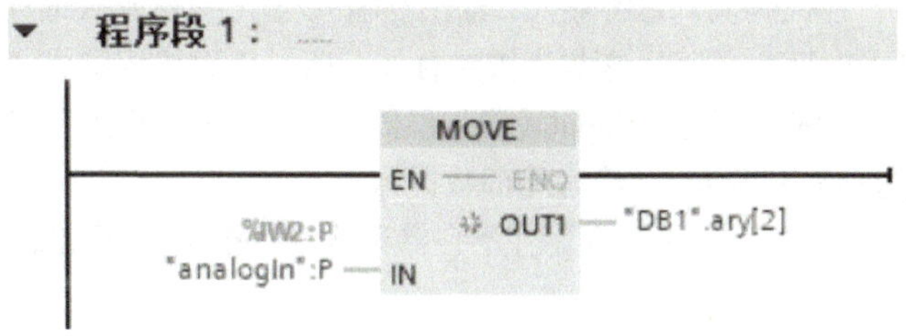

图 5-35　Main[OB1]中的梯形图

学习小结

① 数据块在工程中极为常用，是学习的重、难点，初学者往往重视不够。特别在 PLC 与上位机（HMI、DCS 等）通信时经常用到。

② 优化访问的数据块没有具体地址，因而只能采用符号寻址。非优化访问的数据块有具体地址。

③ 数据块创建完成后，不要忘记及时编译数据块，否则后续使用未编译数据块时，可能会出现“?”（见图 5-36）或者错误（见图 5-37）。

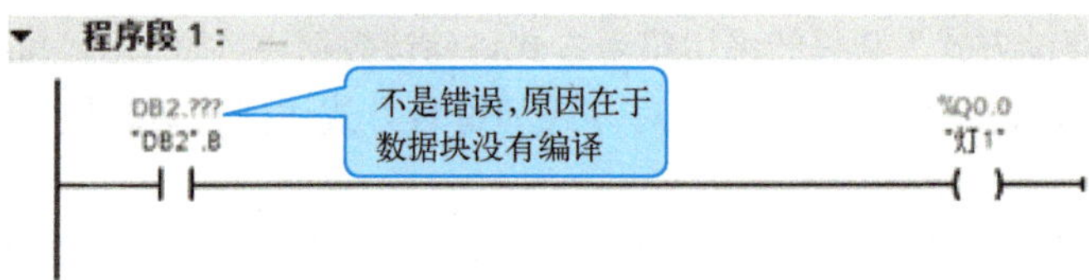

图 5-36　数据块未编译（1）

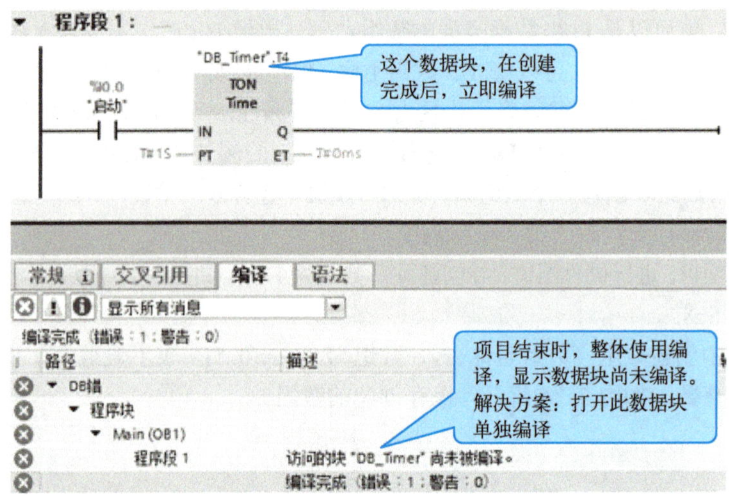

图 5-37　数据块未编译（2）

5.2.2　函数块（FB）及其应用

微课：函数块（FB）及其应用

1. 函数块（FB）的简介

函数块（FB）是一种代码块，它将输入、输出和输入/输出参数永久地存储在背景数据块中，从而在执行块之后，这些值依然有效。所以函数块也称为“有存储器”的块。函数块的局域变量包含 Input（输入参数）、Output（输出参数）、InOut（输入/输出参数）、Temp（临时数据）和 Static（静态局部数据）。

函数块也可以使用临时变量。临时变量并不存储在背景数据块中，而是保存在临时变量区(L)，只保存一个扫描周期。

函数块的调用称为实例。函数块的每个实例都需要一个背景数据块，这个背景数据块中包含函数块中所声明的形参的实例特定值。函数块可以将实例特定的数据存储在自己的背景数据块中，也可以存储在调用块的背景数据块中。

2. 函数块（FB）的应用

以下用一个例题来说明函数块的应用。

【例 5-10】 有一个气缸，由 CPU 1212C 控制，有点动和自动两种模式。点动模式时，可以使气缸点动伸出和缩回；自动模式时，当压下启动按钮，气缸伸出到极限位，延时 1s 后，返回原始位置。要求用功能块编写程序。

解： 原理图如图 5-38 所示。项目创建过程如下。

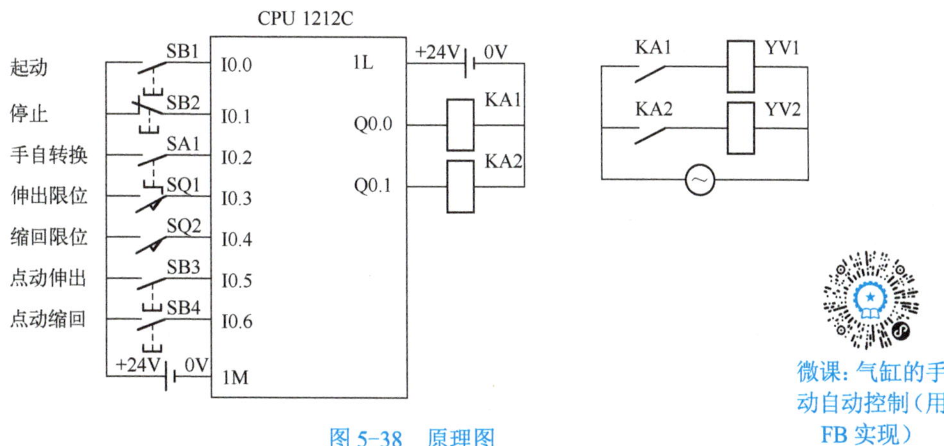

图 5-38　原理图

微课：气缸的手动自动控制（用 FB 实现）

（1）新建一个项目，本例为“气缸控制”，创建 2 个函数块，本例命名为“Jog”和“AutoRun”。

（2）创建函数块“Jog”的参数，在接口“Input”中，新建 1 个参数，如图 5-39 所示，注意参数的类型。注释内容可以空缺，注释的内容支持汉字字符。

在接口“Output”中，新建 1 个参数，如图 5-39 所示。

在接口“Static”中，新建 2 个静态局部数据，如图 5-39 所示。

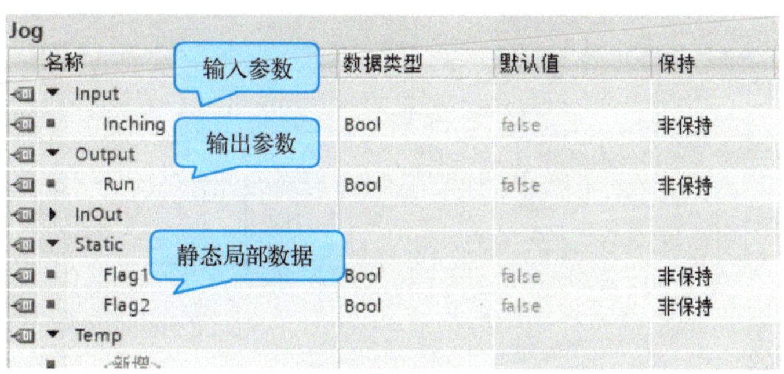
Jog

名称	数据类型	默认值	保持
▼ Input			
Inching	Bool	false	非保持
▼ Output			
Run	Bool	false	非保持
▶ InOut			
▼ Static			
Flag1	Bool	false	非保持
Flag2	Bool	false	非保持
▼ Temp			
<新增>			

图 5-39　在接口中，新建参数（1）

（3）编写函数块“Jog”的程序，如图 5-40 所示。此程序实现点动功能。

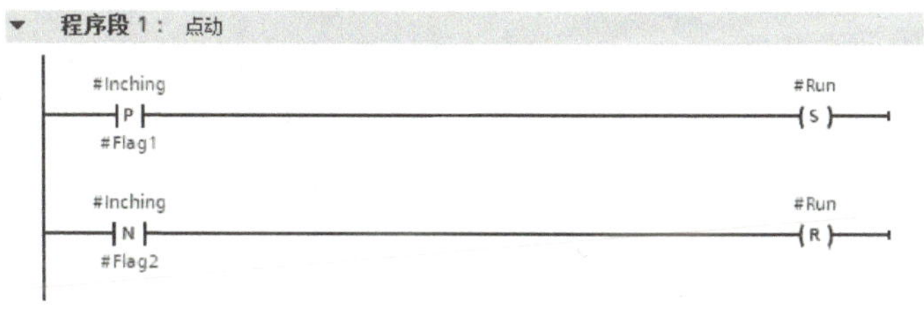

图 5-40　函数块“Jog”中的程序

（4）创建函数块“AutoRun”的参数，在接口“Input”中，新建 4 个参数，如图 5-41 所示，注意参数的类型。注释内容可以空缺，注释的内容支持汉字字符。

在接口“Output”中，新建 2 个参数，如图 5-41 所示。

在接口“Static”中，新建 1 个静态局部数据，如图 5-41 所示。

AutoRun

名称	数据类型	默认值	保持
▼ Input			
Start1	Bool	false	非保持
Stop1	Bool	false	非保持
LimitU	Bool	false	非保持
LimitD	Bool	false	非保持
▼ Output			
Run1	Bool	false	非保持
Run2	Bool	false	非保持
▶ InOut			
▼ Static			
▶ IEC_Timer_0	TON_TIME		非保持
▼ Temp			

输入参数
输出参数
静态局部数据

图 5-41　在接口中，新建参数（2）

（5）编写函数块“AutoRun”的程序，如图 5-42 所示。

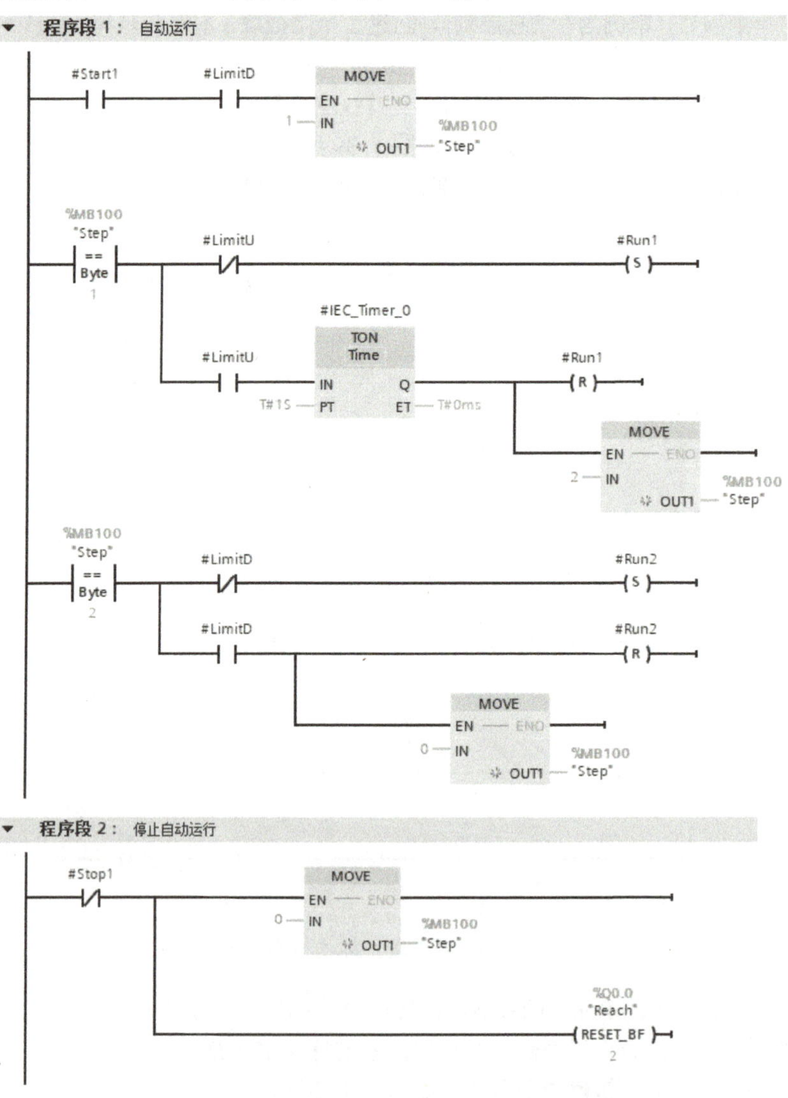

图 5-42　函数块“AutoRun”中的程序

（6）编写主程序，如图 5-43 所示。

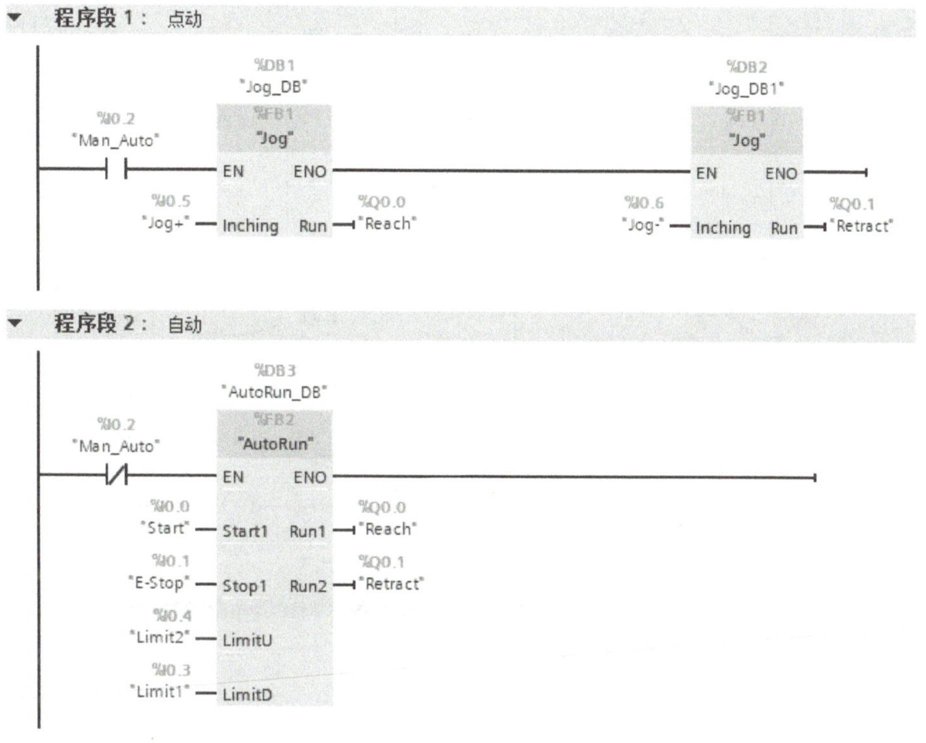

图 5-43　主程序

学习小结

函数 FC 和函数块 FB 都类似于子程序，这是其最明显的共同点。主要区别有两点，一是函数块有静态局部数据，而函数没有静态局部数据；二是函数块有背景数据块，而函数没有。

3. 多重背景及其应用

通常每个函数块都有一个专属的背景数据块。但是如果项目中的使用的函数块多，那么背景数据块也多，过多的背景数据块，显得程序凌乱，不便于管理，使用多重背景可以很好地解决此问题。

当一个函数块，调用多个子函数块时，可以将子函数块的专属数据存放到该函数的背景数据块中，这种存放了多个函数块背景数据的数据块称为多重背景数据块。以下用一个例子进行讲解。

【例 5-11】 用 S7-1200 PLC 控制一台三相异步电动机的星—三角起动。要求使用函数块和多重实例背景。

解：设计电气原理图如图 5-44 所示。星—三角起动的项目创建如下。

（1）新建一个项目，在项目视图的项目树中，选中并单击“新添加的设备”（本例为 PLC_1）→“程序块”→“添加新块”，弹出界面“添加新块”，如图 5-45 所示。选中“函数块 FB”→本例命名为“星三角起动”，单击“确定”按钮。

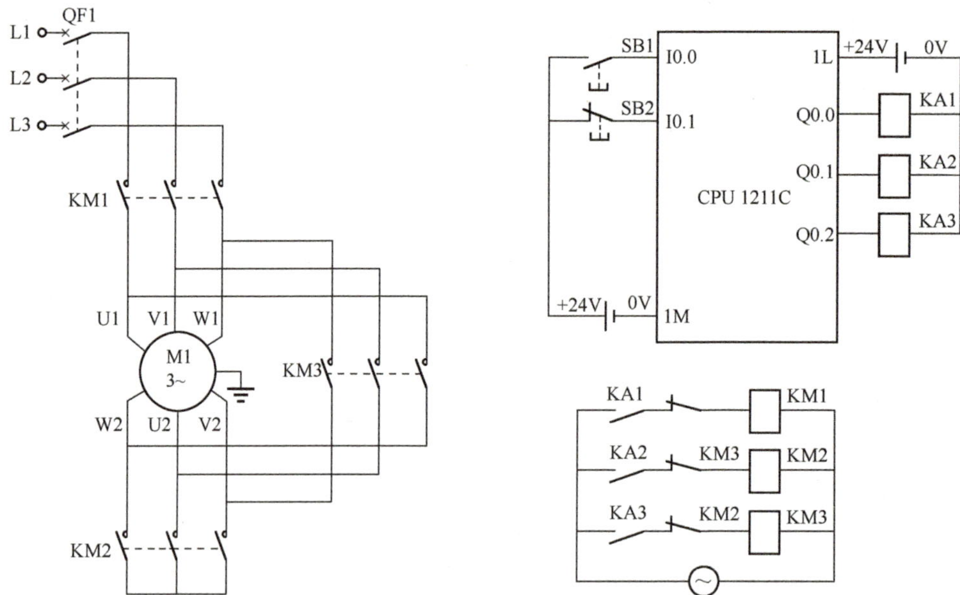

图 5-44　原理图

图 5-45　创建“FB1”

（2）在接口“Input”中，新建 2 个参数，如图 5-46 所示，注意参数的类型。注释内容可以空缺，注释的内容支持汉字字符。

在接口“Output”中，新建 2 个参数，如图 5-46 所示。

在接口“InOut”中，新建 1 个参数，如图 5-46 所示。

在接口“Static”中，新建 4 个静态局部数据，“TON_TIME”是定时器数据类型，需要手动输入，不能在下拉框中选取，如图 5-46 所示。

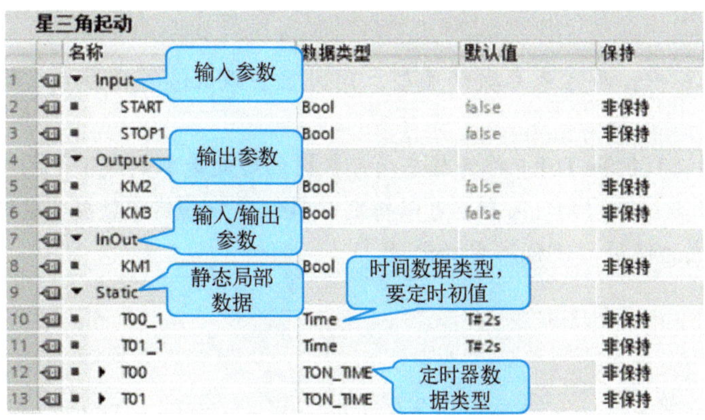

图 5-46　在接口中，新建参数

（3）在函数块“星三角起动”中的程序编辑区编写程序，梯形图如图 5-47 所示。由于图 5-44 中 SB2 接常闭触点，所以梯形图中#STOP1 为常开触点，必须要对应。

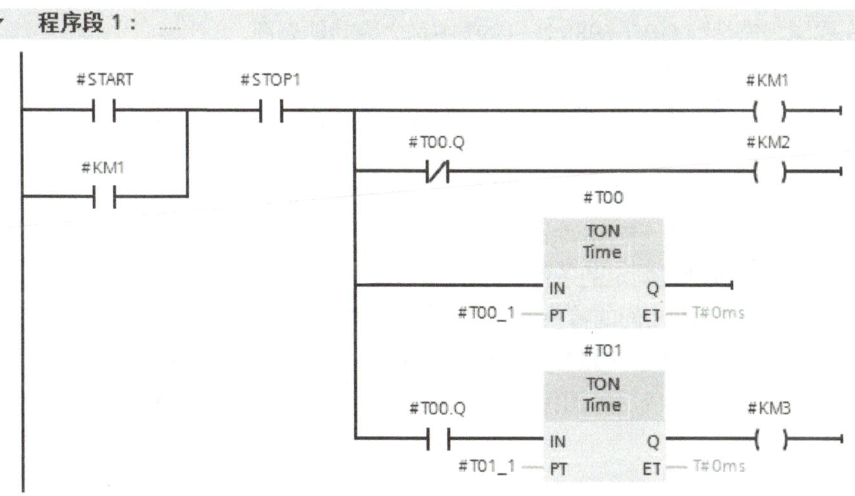

图 5-47　函数块“星三角起动”中的梯形图

（4）在项目视图的项目树中，双击“Main[OB1]”，打开主程序块“Main[OB1]”，将函数块“星三角起动”拖拽到程序段 1，在“星三角起动”上方输入数据块 DB1，梯形图如图 5-48 所示。将整个项目下载到 PLC 中，即可实现“电动机星三角起动控制”。

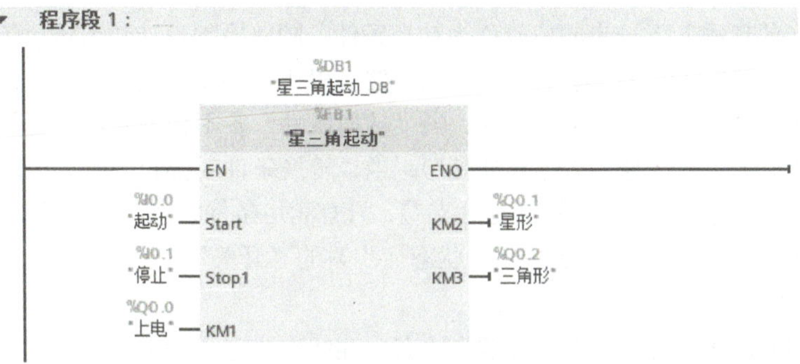

图 5-48　主程序块中的梯形图

任务小结

① 在图 5-46 中，要注意参数的类型，同时注意默认值不能为 0，否则没有星三角起动效果。

② 将定时器（T00 和 T01）作为静态局部数据的好处是本例减少了两个定时器的背景数据块。所以如果函数块中用到定时器，可以将定时器作为静态局部数据，这样处理可以减少定时器的背景数据块的使用，使程序更加简洁。

5.3　功能图

微课：功能图的设计方法

5.3.1　功能图的设计方法

功能图（SFC）是描述控制系统的控制过程、功能和特征的一种图解表示方法。它具有简单、直观等特点，不涉及控制功能的具体技术，是一种通用的语言，是 IEC（国际电工委员会）首选的编程语言，近年来在 PLC 的编程中已经得到了普及与推广。在 IEC 60848—2013 中称之为顺序功能图，在我国国家标准 GB/T 6988.2—1997 中称之为功能表图。

顺序功能图是设计 PLC 顺序控制程序的一种工具，适合于系统规模较大、程序关系较复杂的场合，特别适合于对顺序操作的控制。在编写复杂的顺序控制程序时，采用 Graph 比梯形图更加直观。

功能图的基本思想是：设计者按照生产要求，将被控设备的一个工作周期划分成若干个工作阶段（简称“步”），并明确表示每一步要执行的输出，“步”与“步”之间通过制定的条件进行转换，在程序中，只要通过正确连接进行“步”与“步”之间的转换，就可以完成被控设备的全部动作。

PLC 执行功能图程序的基本过程是：根据转换条件选择工作“步”，进行“步”的逻辑处理。组成功能图程序的基本要素是步、转换条件和有向连线，如图 5-49 所示。

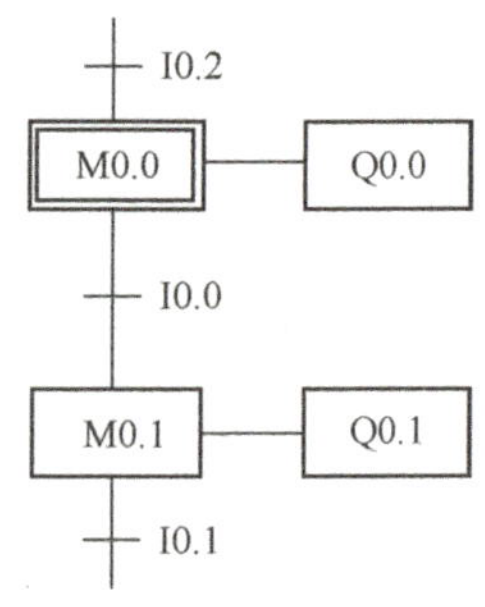

图 5-49　功能图

1. 步

一个顺序控制过程可分为若干个阶段，也称为步或状态。系统初始状态对应的步称为初始步，初始步一般用双线框表示。在每一步中施控系统要发出某些“命令”，而被控系统要完成某些“动作”，“命令”和“动作”都称为动作。当系统处于某一工作阶段时，则该步处于激活状态，称为活动步。

2. 转换条件

使系统由当前步进入下一步的信号称为转换条件。顺序控制设计法用转换条件控制代表各步的编程元件，让它们的状态按一定的顺序变化，然后用代表各步的编程元件去控制输出。不同状态的“转换条件”可以不同，也可以相同。当“转换条件”各不相同时，在功能图程序中每次只能选择其中一种工作状态（称为“选择分支”），当“转换条件”都相同时，在功能图程序中每次可以选择多个工作状态（称为“选择并行分支”）。只有满足条件状态，才能进行逻辑处理与输出。因此，“转换条件”是功能图程序选择工作状态（步）的“开关”。

3. 有向连线

步与步之间的连接线称为“有向连线”，“有向连线”决定了状态的转换方向与转换途径。在有向连线上有短线，表示转换条件。当条件满足时，转换得以实现，即上一步的动作结束而下一步的动作开始，因而不会出现动作重叠。步与步之间必须要有转换条件。

图 5-49 中的双框为初始步，M0.0 和 M0.1 是步名，I0.0、I0.1 为转换条件，Q0.0、Q0.1 为动作。当 M0.0 有效时，输出指令驱动 Q0.0。步与步之间的连线称为有向连线，它的箭头省略未画。

4. 功能图的结构分类

根据步与步之间的进展情况，功能图分为以下几种结构。

（1）单一顺序

单一顺序动作是一个接一个地完成，完成每步只连接一个转移，每个转移只连接一个步，如图 5-49 和图 5-50 所示的功能图和梯形图是一一对应的。以下用“起保停电路”来讲解功能图和梯形图的对应关系。

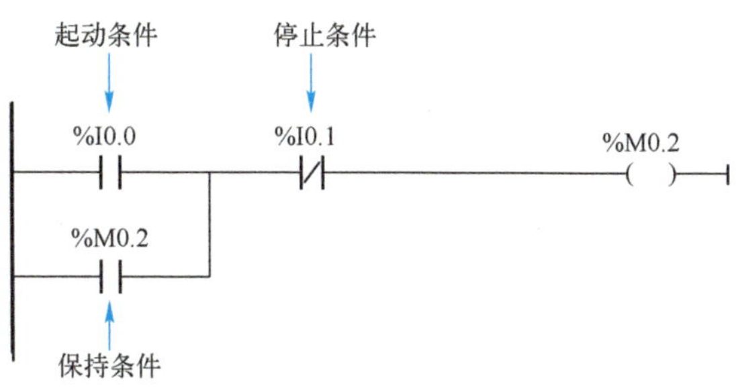

图 5-50　标准的“起保停电路”梯形图

为了便于将顺序功能图转换为梯形图，采用代表各步的编程元件的地址（比如 M0.2）作为步的代号，并用编程元件的地址来标注转换条件和各步的动作和命令，当某步对应的编程元件置 1，代表该步处于活动状态。

① 起保停电路对应的布尔代数式

标准的起保停梯形图如图 5-50 所示，图中 I0.0 为 M0.2 线圈的起动（得电）条件，当 I0.0 置 1 时，M0.2 线圈得电；I0.1 为 M0.2 线圈的停止条件，当 I0.1 置 1 时，M0.2 线圈断电；M0.2 线圈的辅助触点为 M0.2 线圈的保持条件。该梯形图对应的布尔代数式为

$$\mathrm{M0.2} = (\mathrm{I0.0} + \mathrm{M0.2}) \cdot \overline{\mathrm{I0.1}}$$

② 顺序控制梯形图储存位对应的布尔代数式

如图 5-51a 所示的功能图，M0.1 转换为活动步的条件是 M0.1 步的前一步是活动步，相应的转换条件（I0.0）得到满足，即 M0.1 的起动条件为 M0.0×I0.0。当 M0.2 转换为活动步后，M0.1 转换为不活动步，因此，M0.2 可以看成 M0.1 的停止条件。由于大部分转换条件都是瞬时信号，即信号持续的时间比它激活的后续步的时间短，因此应当使用有记忆功能的电路控制代表步的储存位。在这种情况下，起动条件、停止条件和保持条件全部具备，就可以采用“起保停”方法设计顺序功能图的布尔代数式和梯形图。顺序控制功能图中储存位对应的布尔代数式如图 5-51b 所示，参照图 5-50 所示的标准“起保停”梯形图，就可以轻松地将图 5-51 所示的顺序功能图转换为图 5-52 所示的梯形图。

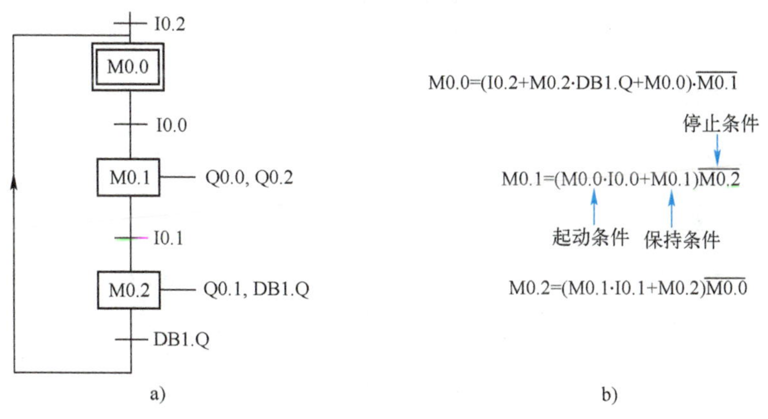

图 5-51　顺序功能图和对应的布尔代数式

a) 顺序功能图　b) 布尔代数式

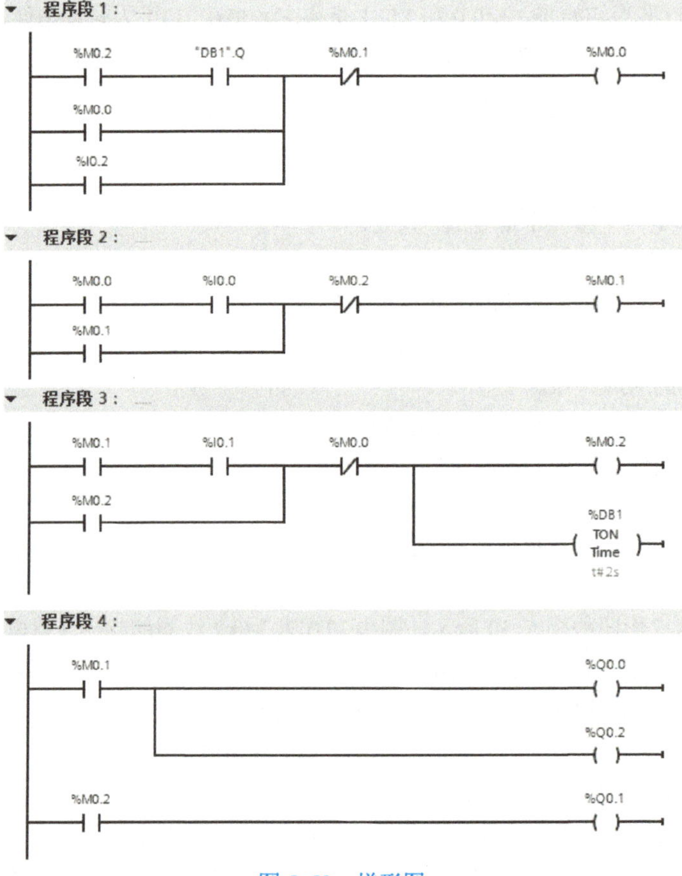

图 5-52 梯形图

（2）选择顺序

选择顺序是指某一步后有若干个单一顺序等待选择，称为分支，一般只允许选择进入一个顺序，转换条件只能标在水平线之下。选择顺序的结束称为合并，用一条水平线表示，水平线以下不允许有转换条件，如图 5-53 所示。

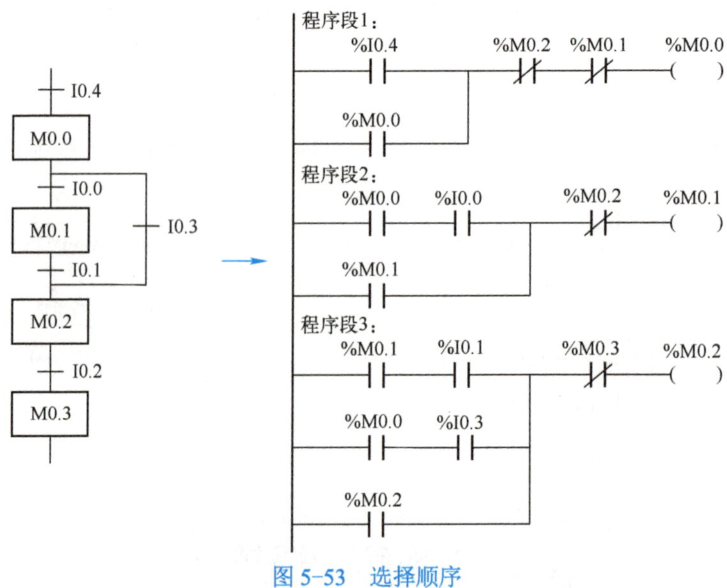

图 5-53 选择顺序

（3）并行顺序

并行顺序是指在某一转换条件下同时起动若干个顺序，也就是说转换条件实现导致几个分支同时激活。并行顺序的开始和结束都用双水平线表示，如图 5-54 所示。

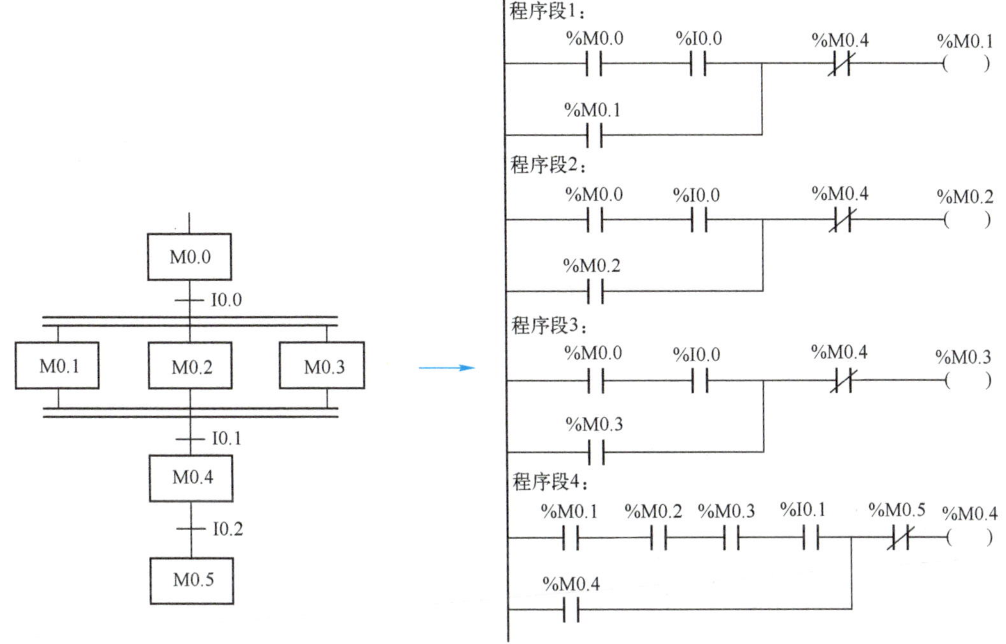

图 5-54　并行顺序

（4）选择顺序和并行顺序的综合

如图 5-55 所示，步 M0.0 之后有一个选择序列的分支，设 M0.0 为活动步，当它的后续步 M0.1 或 M0.2 变为活动步时，M0.0 变为不活动步，即 M0.0 为 0 状态，所以应将 M0.1 和 M0.2 的常闭触点与 M0.0 的线圈串联。

步 M0.2 之前有一个选择序列合并，当步 M0.1 为活动步（即 M0.1 为 1 状态），并且转换条件 I0.1 满足，或者步 M0.0 为活动步，并且转换条件 I0.2 满足，步 M0.2 变为活动步，所以该步的存储器 M0.2 的起保停电路的起动条件为 M0.1 • I0.1+M0.0 • I0.2，对应的起动电路由两条并联支路组成。

步 M0.2 之后有一个并行序列分支，当步 M0.2 是活动步并且转换条件 I0.3 满足时，步 M0.3 和步 M0.5 同时变成活动步，这时用 M0.2 和 I0.3 常开触点组成的串联电路，分别作为 M0.3 和 M0.5 的起动电路来实现，与此同时，步 M0.2 变为不活动步。

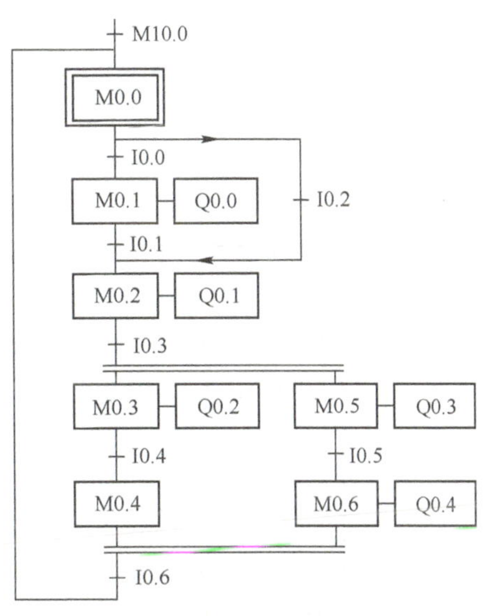

图 5-55　选择顺序和并行顺序功能图

步 M0.0 之前有一个并行序列的合并，该转换实现的条件是所有的前级步（即 M0.4 和 M0.6）都是活动步和转换条件 I0.6 满足。由此可知，应将 M0.4、M0.6 和 I0.6 的常开触点串联，作为控制 M0.0 的起保停电路的起动电路。图 5-55 所示的功能图对应的梯形图如图 5-56 所示。

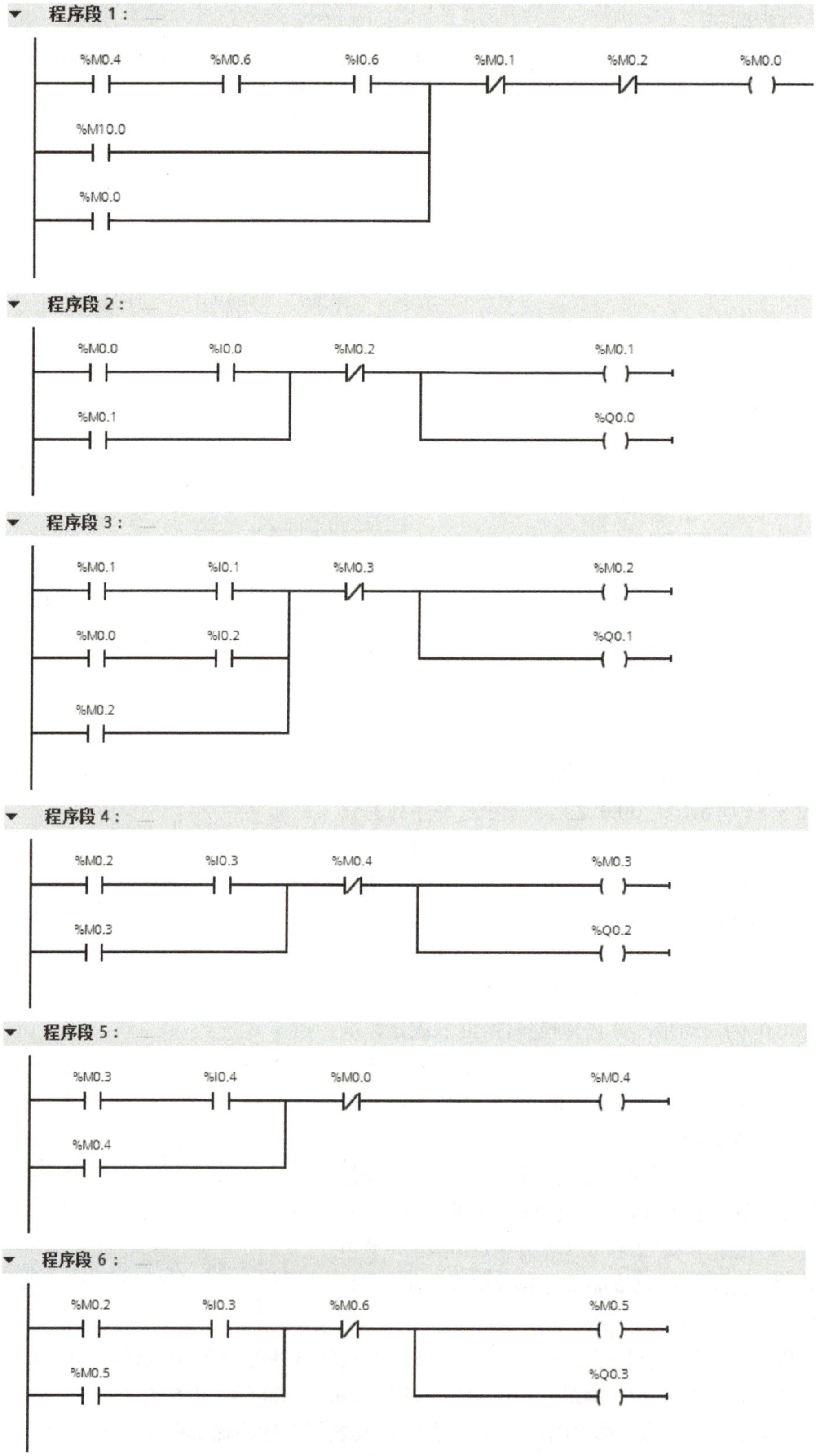

程序段 1：

%M0.4　%M0.6　%I0.6　%M0.1　%M0.2　%M0.0
%M10.0
%M0.0

程序段 2：

%M0.0　%I0.0　%M0.2　%M0.1
%M0.1　%Q0.0

程序段 3：

%M0.1　%I0.1　%M0.3　%M0.2
%M0.0　%I0.2　%Q0.1
%M0.2

程序段 4：

%M0.2　%I0.3　%M0.4　%M0.3
%M0.3　%Q0.2

程序段 5：

%M0.3　%I0.4　%M0.0　%M0.4
%M0.4

程序段 6：

%M0.2　%I0.3　%M0.6　%M0.5
%M0.5　%Q0.3

图 5-56　梯形图

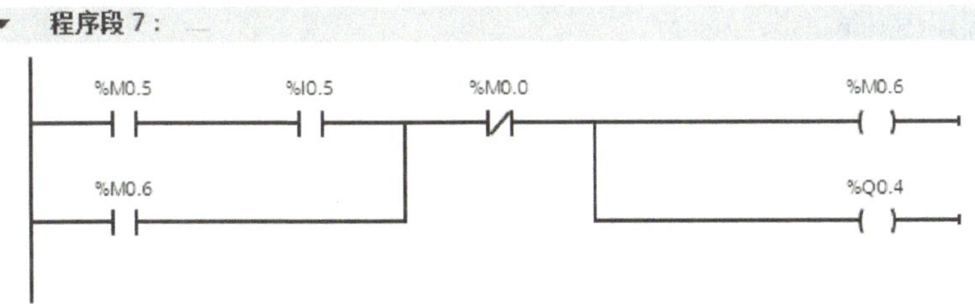

图 5-56　梯形图（续）

5. 功能图设计的注意事项

1）状态之间要有转换条件。如图 5-57 所示，状态之间缺少“转换条件”是不正确的，应改成如图 5-58 所示的功能图。必要时转换条件可以简化，如将图 5-59 简化成图 5-60。

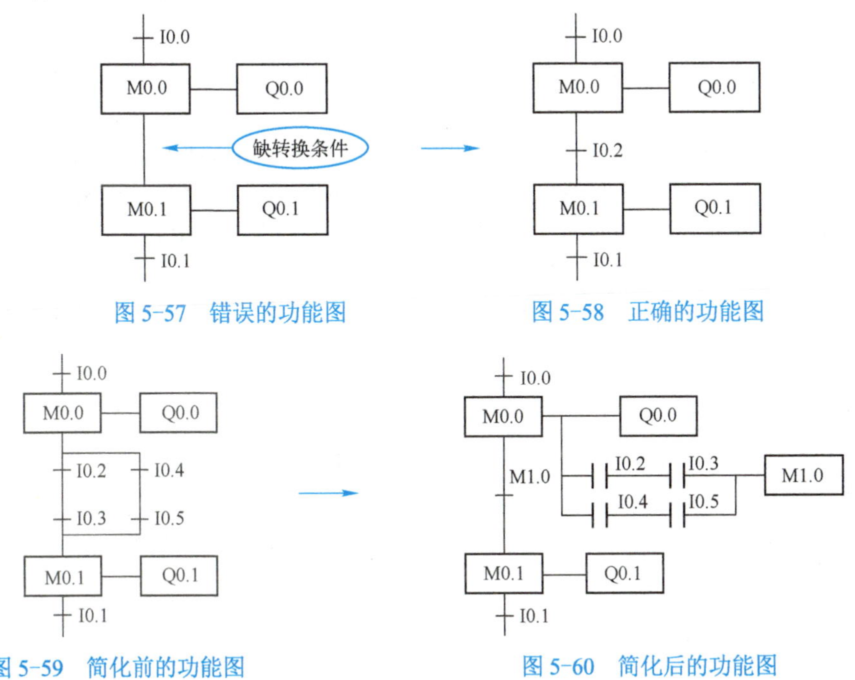

图 5-57　错误的功能图　　图 5-58　正确的功能图

图 5-59　简化前的功能图　　图 5-60　简化后的功能图

2）转换条件之间不能有分支。例如，图 5-61 应改成图 5-62 所示的合并后的功能图，合并转换条件。

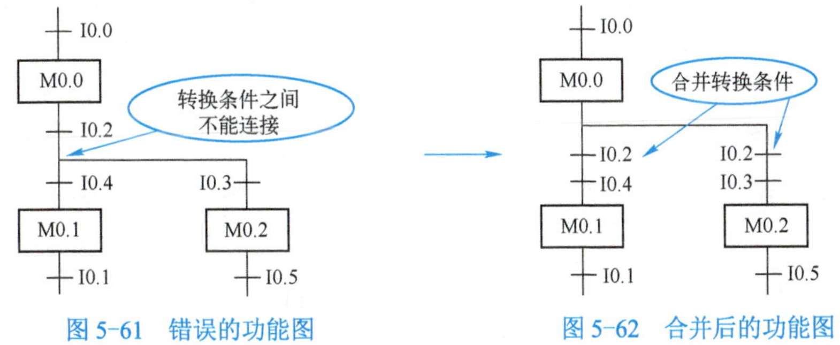

图 5-61　错误的功能图　　图 5-62　合并后的功能图

3）顺序功能图中的初始步对应于系统等待起动的初始状态，初始步是必不可少的。

4）顺序功能图中一般应有由步和有向连线组成的闭环。

5.3.2　梯形图编程的原则

尽管梯形图与继电器电路图在结构形式、元件符号及逻辑控制功能等方面类似，但它们又有许多不同之处，梯形图有自己的编程规则。

1）每一逻辑行总是起于左母线，终于线圈或右母线（右母线可以不画出），如图 5-63 所示。

2）无论选用哪种机型的 PLC，所用元件的编号必须在该机型的有效范围内。例如 CPU1511-1PN 最大 I/O 范围是 32KB。

a)　　b)

图 5-63　梯形图（1）

a) 错误　b) 正确

3）触点的使用次数不受限制。例如，辅助继电器 M0.0 可以在梯形图中出现无限制的次数，而实物继电器的触点一般少于 8 对，只能用有限次。

4）在梯形图中同一线圈只能出现一次。如果在程序中，同一线圈使用了两次或多次，称为“双线圈输出”。对于“双线圈输出”，有些 PLC 将其视为语法错误，绝对不允许（如三菱 FX 系列 PLC）；有些 PLC 则将前面的输出视为无效，只有最后一次输出有效（如西门子 PLC）；而有些 PLC 在含有跳转指令或步进指令的梯形图中允许双线圈输出。

5）对于不可编程的梯形图必须经过等效变换，变成可编程梯形图，如图 5-64 所示。

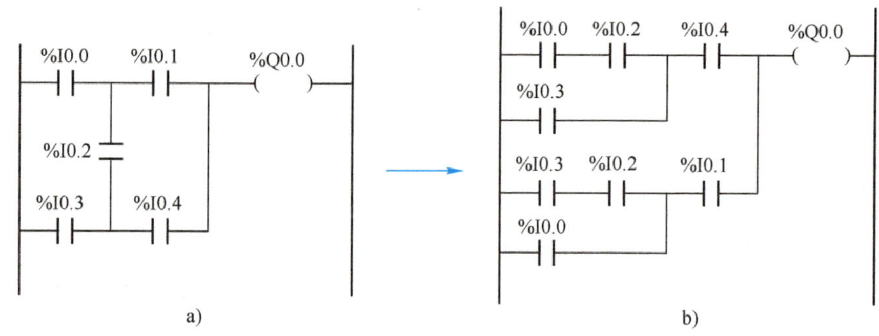

图 5-64　梯形图（2）

a) 错误　b) 正确

6）在有几个串联电路相并联时，应将串联触点多的回路放在上方，归纳为“多上少下”的原则，如图 5-65 所示。在有几个并联电路相串联时，应将并联触点多的回路放在左方，归纳为“多左少右”原则，如图 5-66 所示。因为这样所编制的程序简洁明了，语句较少。但要注意图 5-65a 和图 5-66a 的梯形图逻辑上是正确的。

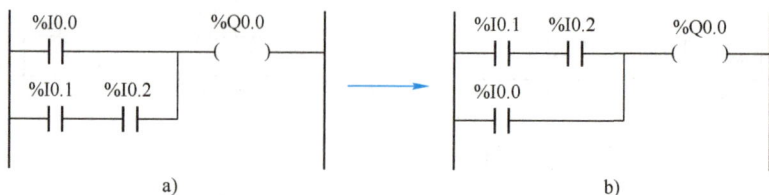

a)　　b)

图 5-65　梯形图（3）

a) 不合理　b) 合理

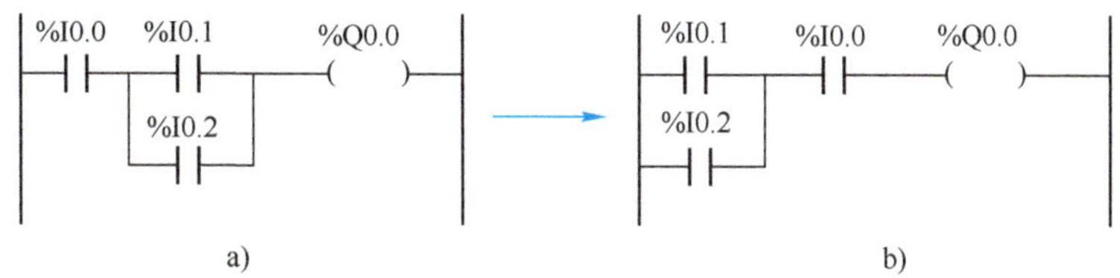

图 5-66　梯形图（4）

a) 不合理　b) 合理

5.4　逻辑控制的梯形图编程方法

相同的硬件系统，由不同的人设计，可能设计出不同的程序，有的人设计的程序简洁而且可靠，而有的人设计的程序虽然能完成任务，但较复杂。PLC 程序设计是有规律可循的，下面将介绍两种方法：经验设计法和功能图设计法。

5.4.1　经验设计法

经验设计法就是在一些典型的梯形图的基础上，根据具体的对象对控制系统的具体要求，对原有的梯形图进行修改和完善。这种方法适合有一定工作经验的人，这些人有现成的资料，特别在产品更新换代时，使用这种方法比较节省时间。下面举例说明这种方法的思路。

【例 5-12】 图 5-67 为小车运输系统的示意图，图 5-68 为原理图，SQ1、SQ2、SQ3 和 SQ4 是限位开关，小车先左行，在 SQ1 处装料，10s 后右行，到 SQ2 后停止卸料 10s 再左行，碰到 SQ1 后停下装料，就这样不停循环工作，限位开关 SQ3 和 SQ4 的作用是当 SQ2 或者 SQ1 失效时，SQ3 和 SQ4 起保护作用，SB1 和 SB2 是起动按钮，SB3 是停止按钮。

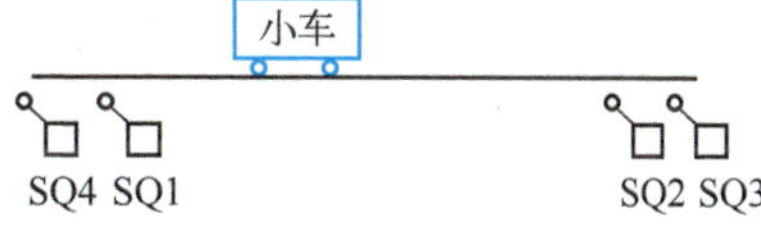

图 5-67　小车运输系统的示意图

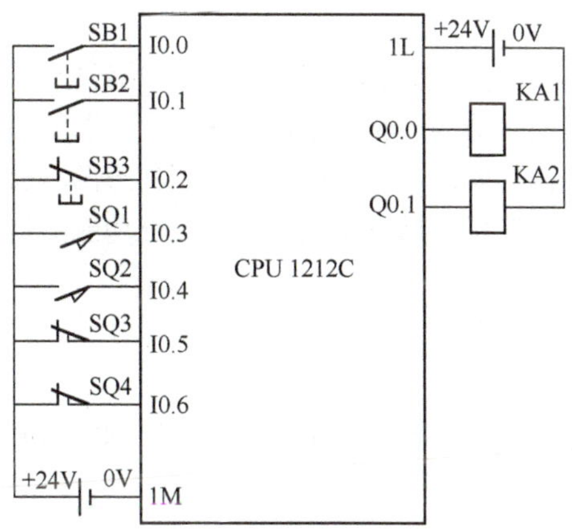

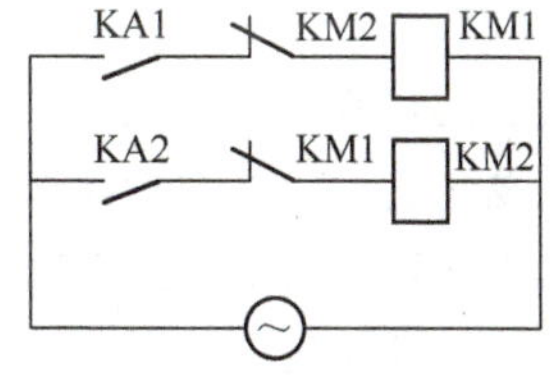

图 5-68　原理图

解：小车左行和右行是不能同时进行的，因此有联锁关系，与电动机的正、反转的梯形图类似，因此先画出电动机正、反转控制的梯形图，如图 5-69 所示，再在这个梯形图的基础上进行修改，增加 4 个限位开关的输入，增加 2 个定时器，就变成了图 5-70 所示的梯形图。Q0.0 控制左行（正转），Q0.1 控制右行（反转）。

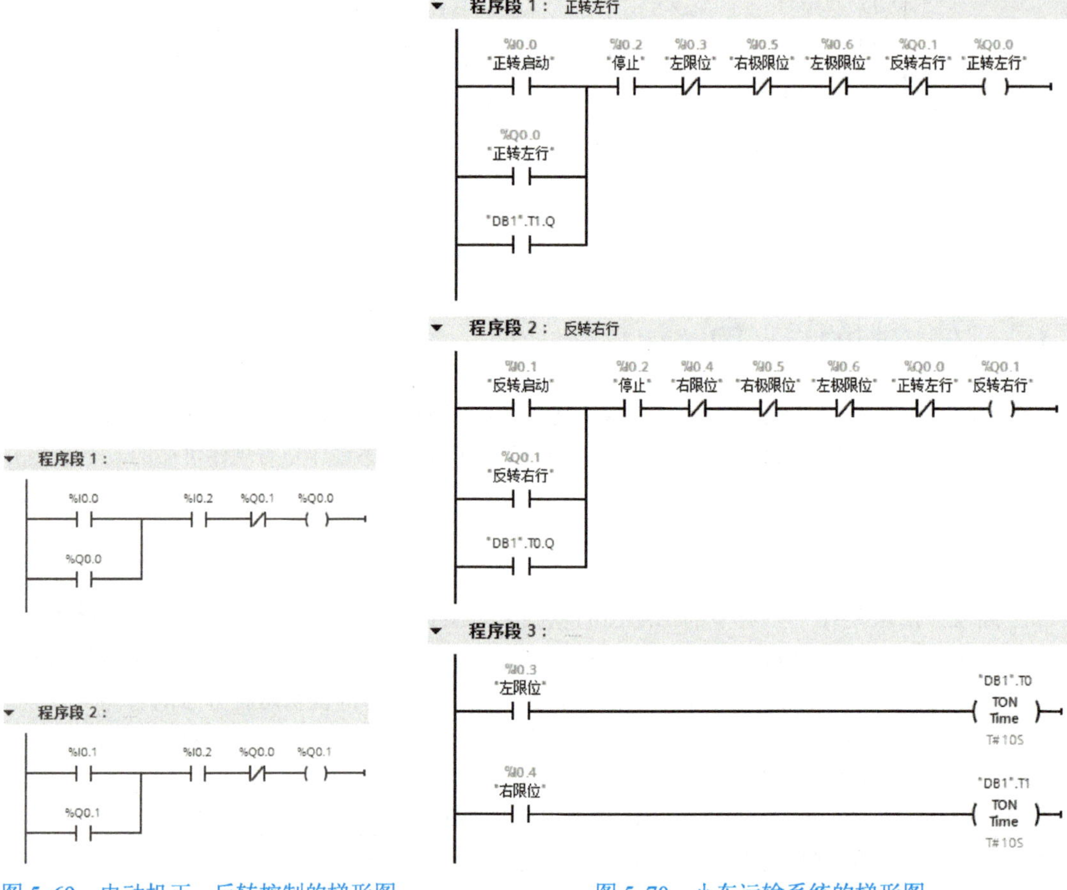

图 5-69　电动机正、反转控制的梯形图

图 5-70　小车运输系统的梯形图

5.4.2　功能图设计法介绍

功能图设计法也称为“起保停”设计法。对于比较复杂的逻辑控制，用经验设计法就不合适，适合用功能图设计法。功能图设计法无疑是应用最为广泛的设计方法。功能图就是顺序功能图，功能图设计法就是先根据系统的控制要求画出功能图，再根据功能图画梯形图，梯形图可以是基本指令梯形图，也可以是顺控指令梯形图和功能指令梯形图。因此，设计功能图是整个设计过程的关键，也是难点。

功能图设计法的基本步骤如下。

（1）绘制出顺序功能图

要使用“起保停”设计方法设计梯形图时，先要根据控制要求绘制出顺序功能图，其中顺序功能图的绘制在前面章节中已经详细讲解，在此不再重复。

（2）写出存储器位的布尔代数式

对应于顺序功能图中的每一个存储器位都可以写出如图 5-71 所示的布尔代数式。图中等号左边的 M_i 为第 i 个存储器位的状态，等号右边的 M_i 为第 i 个存储器位的常开触点，X_i 为第 i 个工步所对应的转换信号，M_{i-1} 为第 i-1 个存储器位的常开触点，M_{i+1} 为第 i+1 个存储器位的常闭触点。

（3）写出执行元件的逻辑函数式

执行元件为顺序功能图中的存储器位所对应的动作。一个步通常对应一个动作，输出和对应步的存储器位的线圈并联或者在输出线圈前串接一个对应步的存储器位的常开触点。当功能图中有多个步对应同一动作时，其输出可用这几个步对应的存储器位的“或”来表示，如图 5-72 所示。

$$M_i = (X_i \cdot M_{i-1} + M_i) \cdot \overline{M_{i+1}}$$

图 5-71　存储器位的布尔代数式

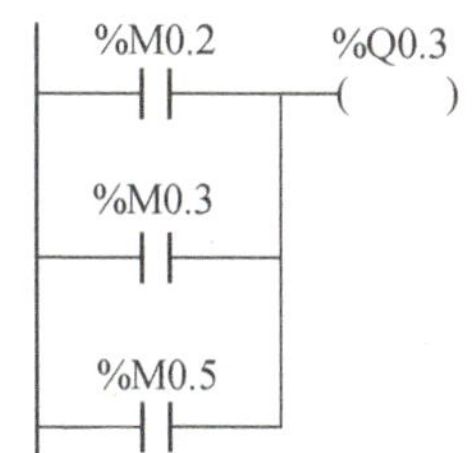

图 5-72　多个步对应同一动作时的梯形图

（4）设计梯形图

在完成前三步的基础上，可以顺利设计出梯形图。

5.4.3　用“起保停”方法编写逻辑控制程序

这种方法就是用基本指令的“起保停”进行程序设计，是入门者应该学会的编程方法。在前面进行了详细的介绍，以下用一个例题进一步讲解。

【例 5-13】 图 5-73 为原理图，控制 4 盏灯的亮灭，当按下起动按钮 SB1 时，HL1 灯亮 1.8s，之后灭；HL2 灯亮 1.8s，之后灭；HL3 灯亮 1.8s，之后灭；HL4 灯亮 1.8s，之后灭，如此循环。有三种停止模式，模式 1：当按下停止按钮 SB2，完成一个工作循环后停止；模式 2：当按下停止按钮 SB2 时，立即停止，按下启动按钮后，从停止位置开始完成剩下的逻辑；模式 3：当按下急停按钮 SB3 时，所有灯灭，完全复位。

解： 根据题目的控制过程，设计功能图，如图 5-74 所示。

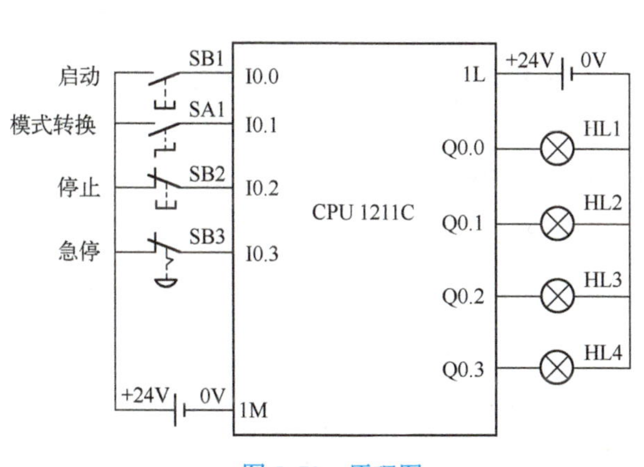

图 5-73　原理图

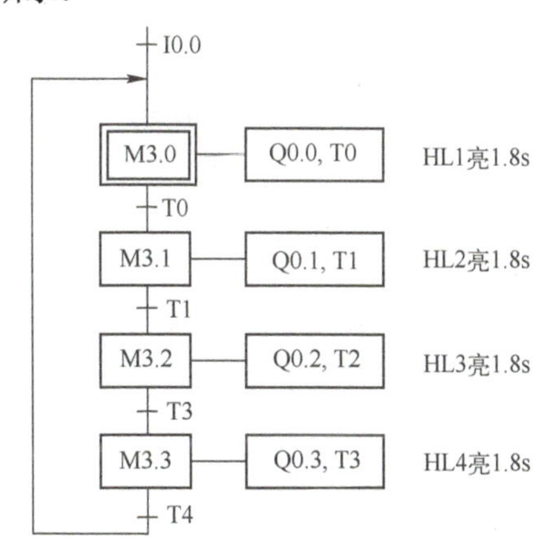

图 5-74　功能图

再根据功能图，先创建数据块"DB_Timer"，并在数据块中创建 4 个 IEC 定时器，编程控制程序如图 5-75 所示。以下详细介绍程序。

程序段 1：停止模式 1，按下停止按钮，M2.0 线圈得电，M2.0 常开触点闭合，当完成一个工作循环后，定时器"DB_Timer".T3.Q 的常开触点闭合，将线圈 M3.0～M3.7 复位，系统停止运行。

微课：“起保停”设计逻辑控制程序

程序段 2：停止模式 2，按下停止按钮，M2.1 线圈得电，M2.1 常闭触点断开，造成所有的定时器断电，从而使得程序“停止”在一个位置。

程序段 3：停止模式 3，即急停模式，立即把所有的线圈清零复位。

程序段 4：自动运行程序。MB3=0（即 M3.0～M3.7=0）按下起动按钮才能起作用，这一点很重要，初学者容易忽略。这个程序段一共有 4 步，每一步一个动作（灯亮），执行当前步的动作时，切断上一步的动作，这是编程的核心思路，有人称这种方法是“起保停”逻辑编程方法。

程序段 5：将梯形图逻辑运算的结果输出。

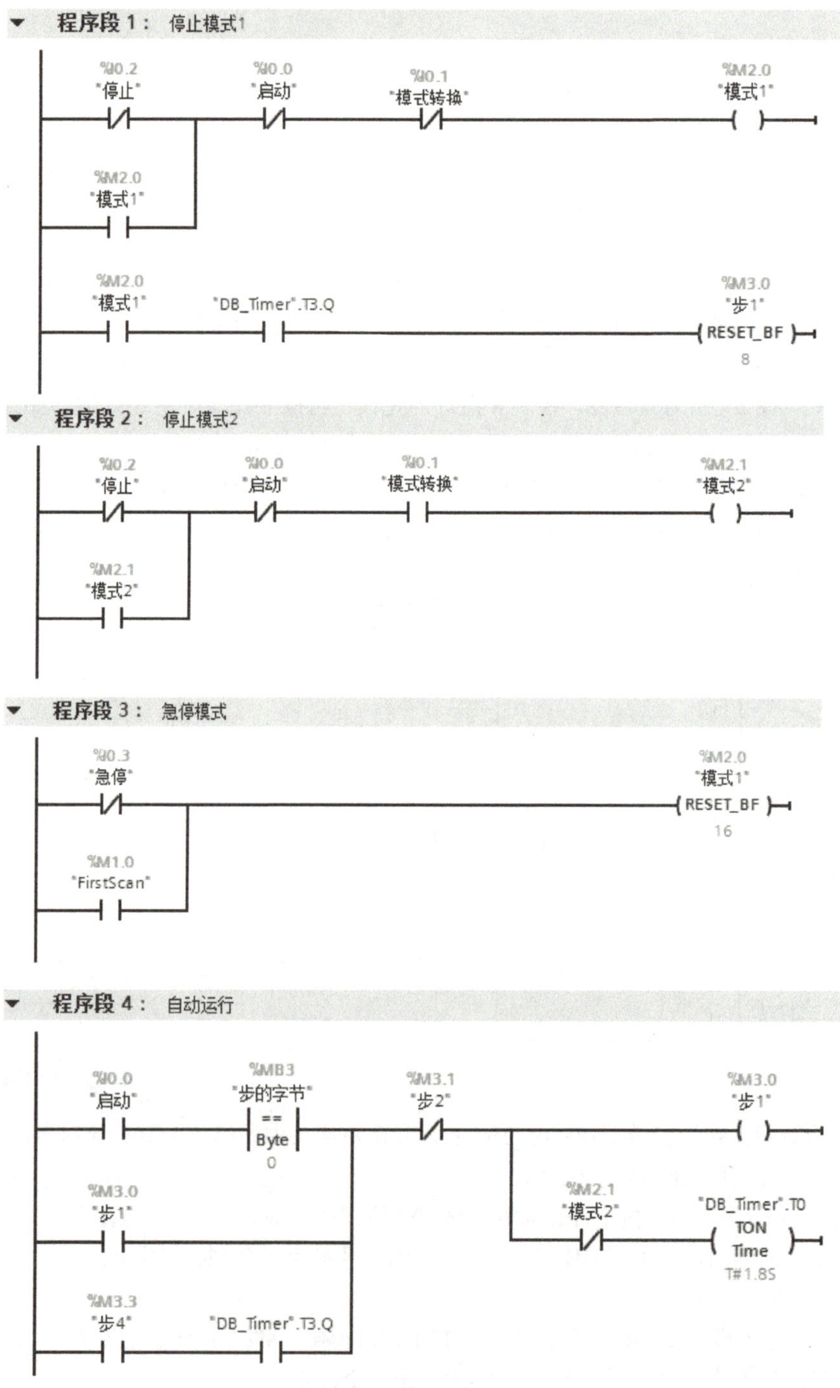

图 5-75　梯形图程序

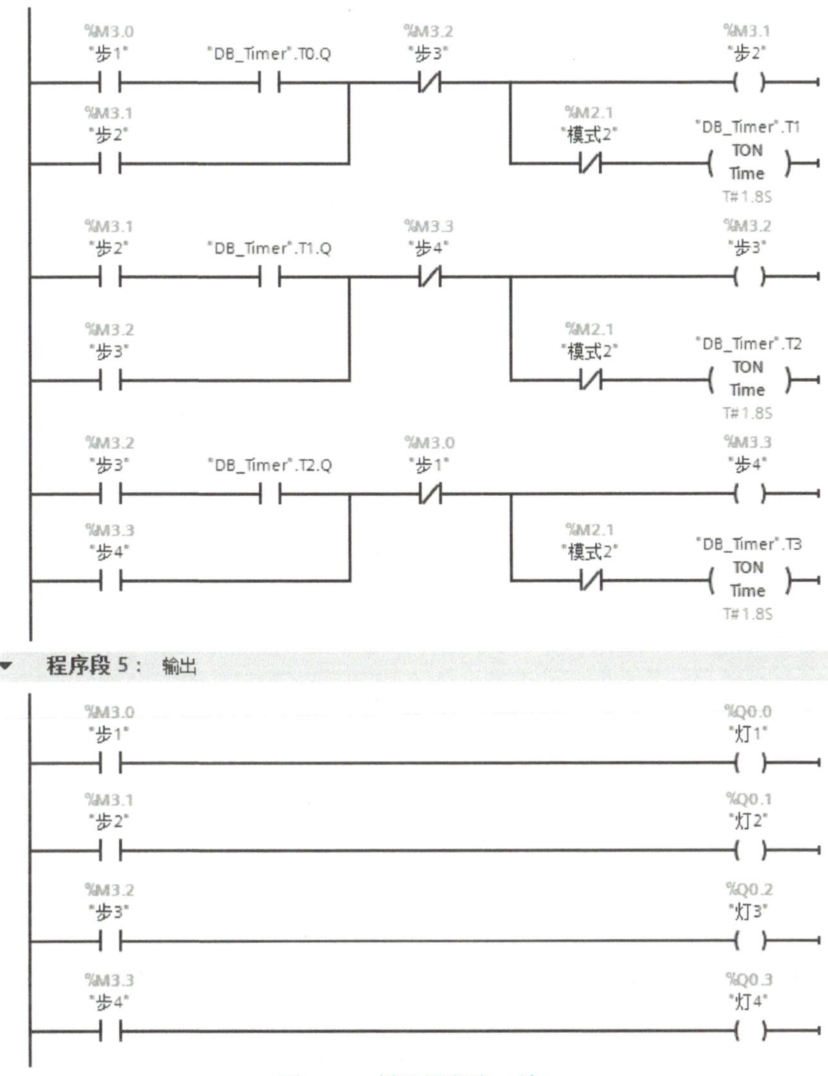

图 5-75　梯形图程序（续）

5.4.4　用 MOVE 指令编写逻辑控制程序

用 MOVE 指令编写逻辑控制程序，实际就是指定一个“步号”，每一步完成一个或几个动作，步的跳转由 MOVE 指令完成。这种编写逻辑控制的方法，便于阅读和修改，也很方便故障诊断，因此在工程中被广泛采用。下面举例说明。

题目与例 5-13 相同。梯形图如图 5-76 所示。

程序段 1：停止模式 1，按下停止按钮，M2.0 线圈得电，M2.0 常开触点闭合，当完成一个工作循环后，定时器"DB_Timer".T3.Q 的常开触点闭合，复位位域指令将线圈 M3.0～M3.7 复位，系统停止运行。

程序段 2：停止模式 2，按下停止按钮，M2.1 线圈得电，M2.1 常闭触点断开，造成所有的定时器断电，从而使得程序“停止”在一个位置。

程序段 3：停止模式 3，即急停模式，立即把所有的线圈清零复位。

程序段 4：是自动模式控制逻辑的核心。MB3 是步号，这个逻辑过程一共有 4 步，每一步完成一个动作。例如，MB3=1 是第 1 步，点亮灯 1，灭灯 4；MB3=2 是第 2 步，点亮灯 2，灭灯 1；

MB3=3 是第 3 步，点亮灯 3，灭灯 2；MB3=4 是第 4 步，点亮灯 4，灭灯 3。这种编程方法逻辑非常简洁，在工程中很常用，读者应该学会。

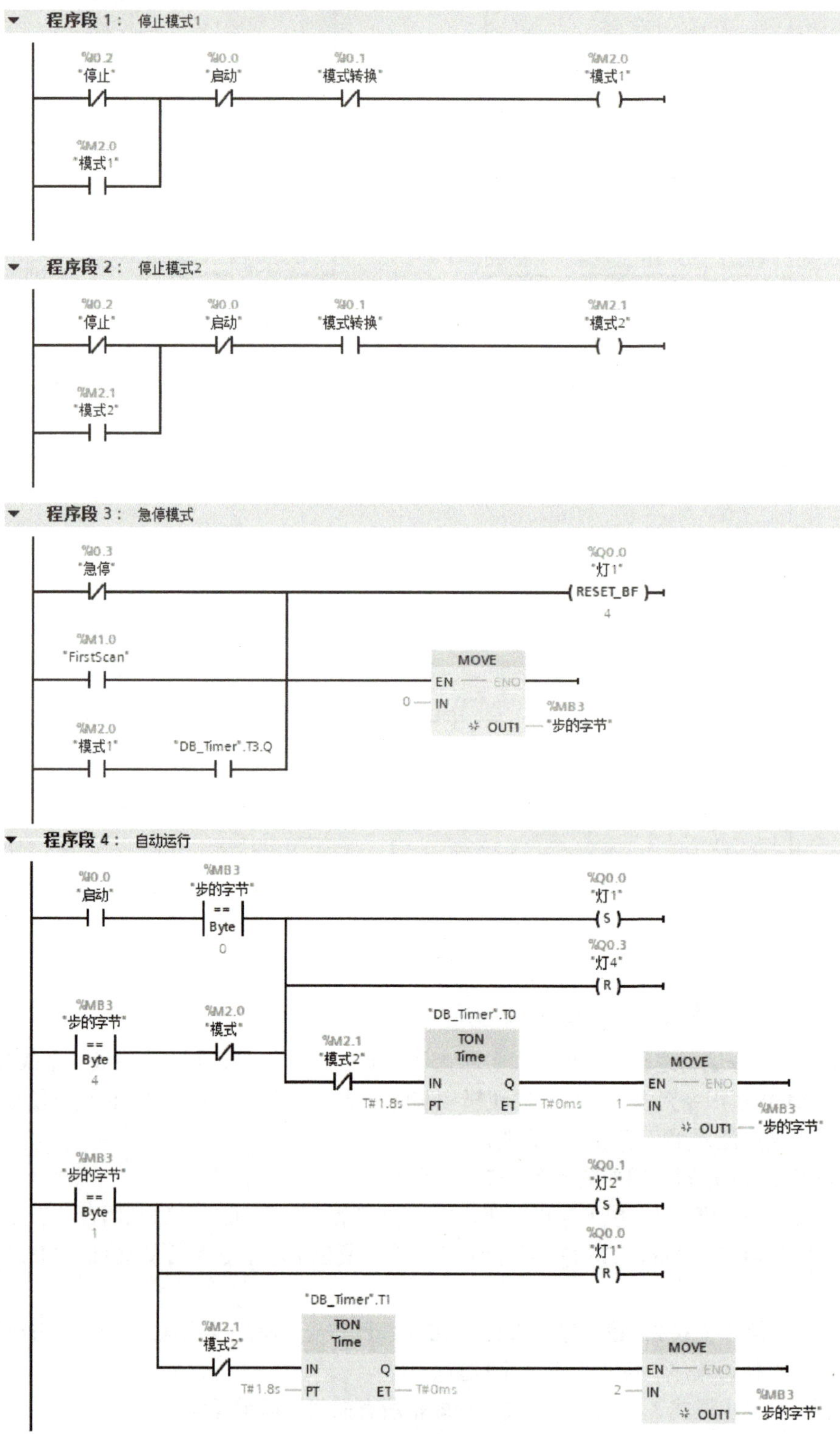

图 5-76　梯形图程序

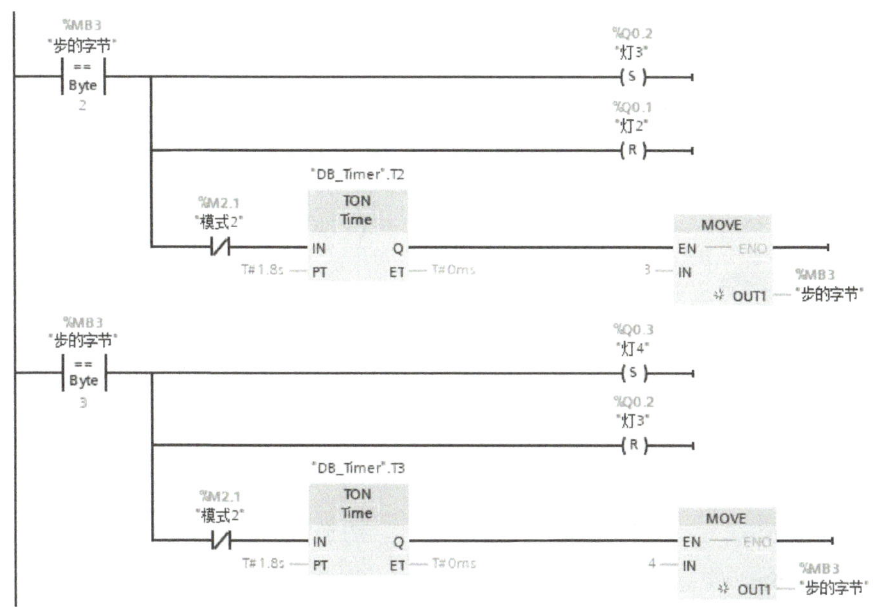

图 5-76　梯形图程序（续）

任务小结

这个例子虽然简单，但是一个典型的逻辑控制实例，有两个重要的知识点。

① 读者要学会逻辑控制程序的编写方法。

② 要理解停止模式的应用场合、掌握编写停止程序的方法。本例的停止模式 1 常用于一个产品加工有多道工序，必须完成所有工序才算合格的情况；本例的停止模式 2 常用于设备加工过程中，发生意外事件，例如卡机使工序不能继续，使用模式 2 停止，排除故障后继续完成剩余的工序；停止模式 3 是急停，当人身和设备有安全问题时使用，使设备立即处于停止状态。

5.4.5　综合应用

本例是逻辑控制的综合应用。除了逻辑控制外，还用到启动组织块、多重背景、数据块等，有一定的难度。本案例的解题方法、过程和编程的方法与实际工程项目基本一致。

【例 5-14】 用 S7-1200 PLC 控制搅拌机的运行，搅拌机示意图如图 5-77 所示。运行逻辑如下：

（1）自动模式时，当按下起动按钮 SB1 时，默认情况下，搅拌机正转 10s 后停 1s；反转 10s 后停 1s；如此循环 5 次后停机，以上的时间和循环次数可以在 HMI 中修改。

（2）手动模式时，2 个按钮可以对正反转进行点动控制。

（3）任何时候，按下停止按钮 SB2，立即停止，完全复位。

解：（1）设计电气原理图，如图 5-78 所示。

（2）编写程序

1）创建数据块 DB1。创建数据块，如图 5-79 所示，注意其数据类型，每个变量的含义，见注释的说明。

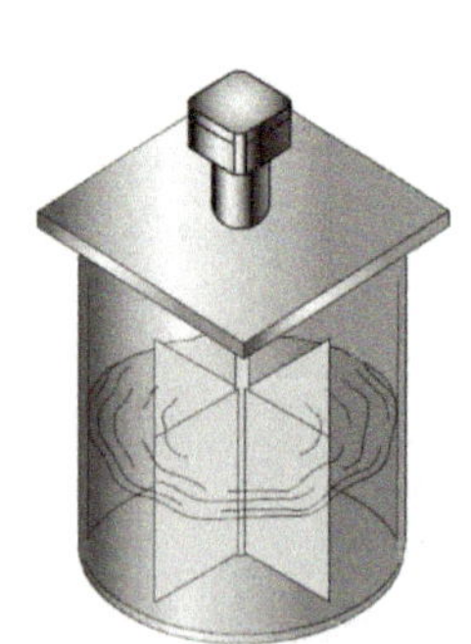

图 5-77　搅拌机示意图

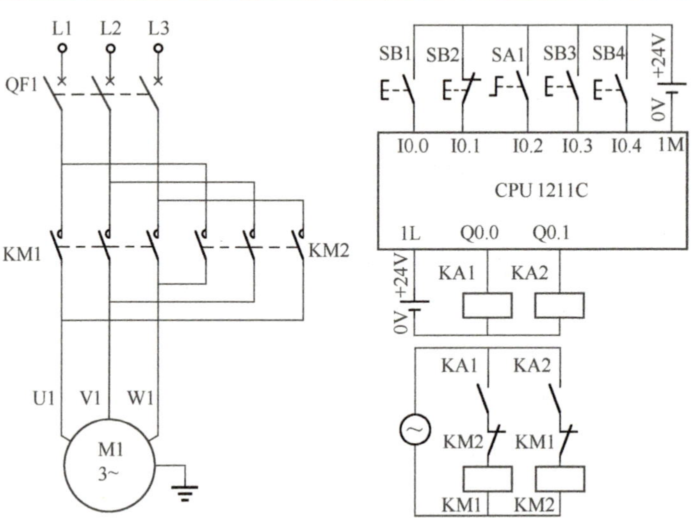

图 5-78　电气原理图

DB1

	名称	数据类型	起始值	...	...	...	...	设定值	注释
1	▼ Static			☐	☐	☐	☐	☐	
2	CycleNo	Int	0	☐	☑	☑	☑	☐	循环次数
3	StepNo	USInt	0	☐	☑	☑	☑	☐	步号
4	RunFwdTime	Time	T#0ms	☐	☑	☑	☑	☐	正转时间
5	RunRevTime	Time	T#0ms	☐	☑	☑	☑	☐	反转时间
6	StopTime	Time	T#0ms	☐	☑	☑	☑	☐	停机时间
7	▶ C0	IEC_COUNTER		☐	☑	☑	☑	☐	计数器
8	Reset	Bool	false	☑	☑	☑	☑	☑	计数器复位

图 5-79　创建数据块 DB1

2）创建 FB1_Mixer 函数块。创建 FB1_Mixer 函数块，其接口参数如图 5-80 所示，注意参数的数据类型，每个变量的含义，见注释的说明。定时器的数据类型在下拉框中找不到，直接输入即可。

FB1_Mixer

	名称	数据类型	默认值	...	...	...	...	设定值	注释
1	▼ Input				☐	☐	☐	☐	
2	Start	Bool	false	...	☑	☑	☑	☐	开始
3	Stop	Bool	false	...	☑	☑	☑	☐	停止
4	FwdTime	Time	T#0ms	...	☑	☑	☑	☐	正转时间
5	RevTime	Time	T#0ms	...	☑	☑	☑	☐	反转时间
6	StopTime	Time	T#0ms	...	☑	☑	☑	☐	停止时间
7	Cycle	Int	0	...	☑	☑	☑	☐	循环次数
8	▼ Output				☐	☐	☐	☐	
9	Fwd	Bool	false	...	☑	☑	☑	☐	正转
10	Rev	Bool	false	...	☑	☑	☑	☐	反转
11	▼ InOut				☐	☐	☐	☐	
12	<新增>				☐	☐	☐	☐	
13	▼ Static				☐	☐	☐	☐	
14	▶ t0Timer	TON_TIME		...	☑	☑	☑	☐	
15	▶ t1Timer	TON_TIME		...	☑	☑	☑	☑	正转定时器
16	▶ t2Timer	TON_TIME		...	☑	☑	☑	☑	停止定时器
17	▶ t3Timer	TON_TIME		...	☑	☑	☑	☑	反转定时器
18	▶ t4Timer	TON_TIME		...	☑	☑	☑	☑	停止定时器

图 5-80　创建 FB1_Mixer 函数块

FB1_Mixer 函数块中的梯形图，如图 5-81 所示。程序解读如下。

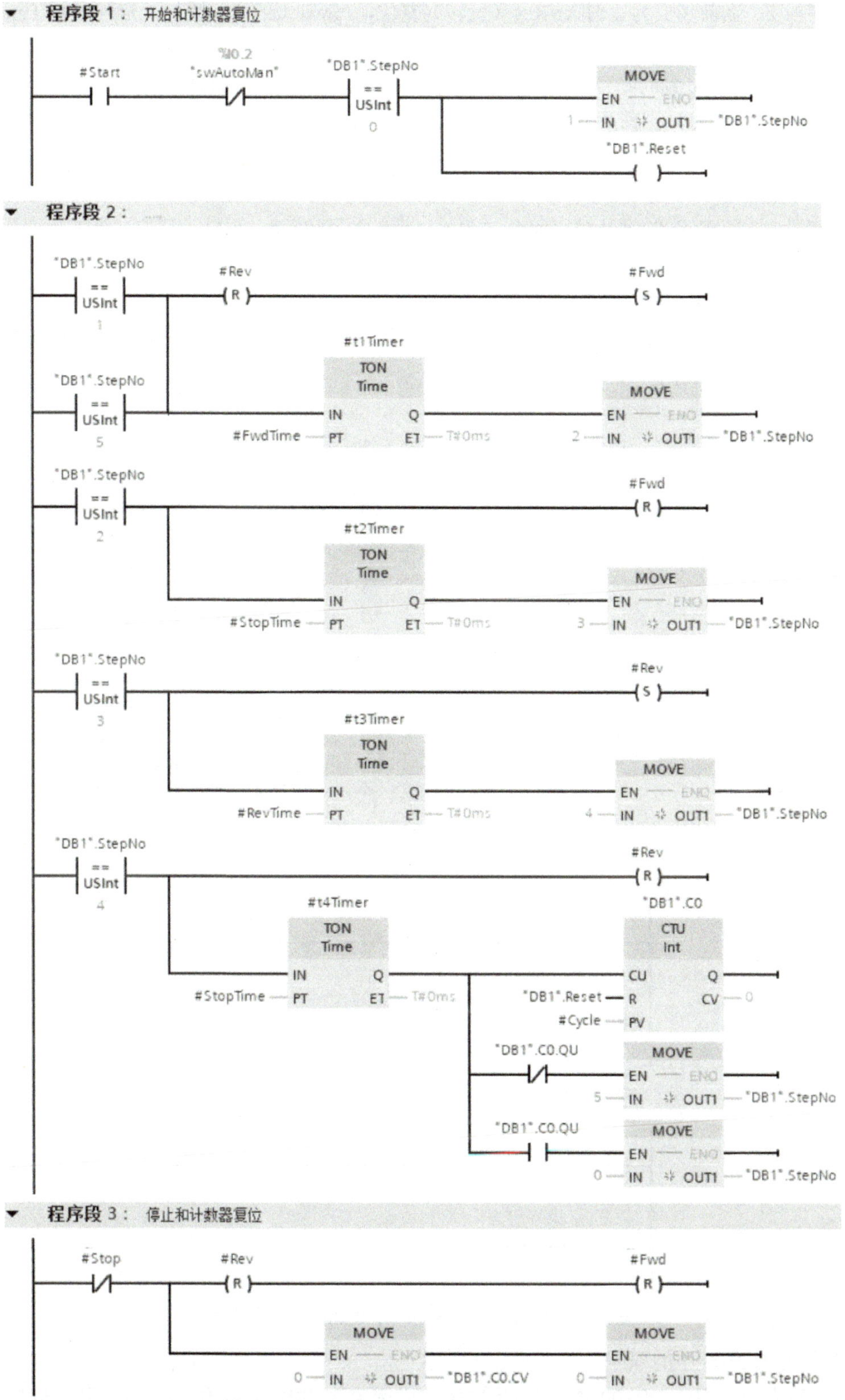

程序段 1：开始和计数器复位

#Start　%I0.2 "swAutoMan"　"DB1".StepNo == USInt 0　MOVE EN ENO 1 IN OUT1 "DB1".StepNo　"DB1".Reset ( )

程序段 2：

"DB1".StepNo == USInt 1　#Rev (R)　#Fwd (S)
"DB1".StepNo == USInt 5　#t1Timer TON Time IN Q #FwdTime PT ET T#0ms　MOVE EN ENO 2 IN OUT1 "DB1".StepNo
"DB1".StepNo == USInt 2　#Fwd (R)　#t2Timer TON Time IN Q #StopTime PT ET T#0ms　MOVE EN ENO 3 IN OUT1 "DB1".StepNo
"DB1".StepNo == USInt 3　#Rev (S)　#t3Timer TON Time IN Q #RevTime PT ET T#0ms　MOVE EN ENO 4 IN OUT1 "DB1".StepNo
"DB1".StepNo == USInt 4　#Rev (R)　#t4Timer TON Time IN Q #StopTime PT ET T#0ms　"DB1".C0 CTU Int CU Q "DB1".Reset R CV 0 #Cycle PV
"DB1".C0.QU　MOVE EN ENO 5 IN OUT1 "DB1".StepNo
"DB1".C0.QU　MOVE EN ENO 0 IN OUT1 "DB1".StepNo

程序段 3：停止和计数器复位

#Stop　#Rev (R)　#Fwd (R)　MOVE EN ENO 0 IN OUT1 "DB1".C0.CV　MOVE EN ENO 0 IN OUT1 "DB1".StepNo

图 5-81　FB1_Mixer 函数块中的梯形图

程序段 1：#Start 的常开触点闭合，当前步为 0，之后当前步变为 1，计数器复位。

程序段 2：当前步变为 1 时，#Rev（反转）复位，#Fwd（正转）置位。定时器#t1Timer 开始定时，当定时时间#FwdTime 到时，当前步变为 2。#Fwd（正转）复位，定时器#t2Timer 开始定时，当定时时间#StopTime 到时，当前步变为 3，#Rev（反转）置位。定时器#t3Timer 开始定时，当定时时间#RevTime 到时，当前步变为 4，#Rev（反转）复位。定时器#t4Timer 开始定时，当定时时间#StopTime 到，计数器当前值加 1，如计数器当前值不等于 5，当前步变为 5，如计数器当前值等于 5，当前步变为 0。

程序段 3：当#Stop 的常开触点闭合，#Rev（反转）和#Fwd（正转）复位，当前步变为 0，计数器复位。

3）创建 FB2_ManualControl 函数块。

创建 FB2_ManualControl 函数块，其接口参数如图 5-82 所示，FB2_ManualControl 函数块中的梯形图如图 5-83 所示。

FB2_ManualControl

	名称	数据类型	默认值	...	...	从 H...	...	设定值	注释
1	▼ Input				☐	☐	☐	☐	
2	▪ StartFwd	Bool	false	...	☑	☑	☑	☐	点动正转
3	▪ StartRev	Bool	false	...	☑	☑	☑	☐	点动反转
4	▪ <新增>				☐	☐	☐	☐	
5	▼ Output				☐	☐	☐	☐	
6	▪ Fwd	Bool	false	...	☑	☑	☑	☐	正转
7	▪ Rev	Bool	false	...	☑	☑	☑	☐	反转
8	▼ InOut				☐	☐	☐	☐	
9	▪ <新增>				☐	☐	☐	☐	
10	▼ Static				☐	☐	☐	☐	
11	▪ Flag1_1	Bool	false	▾	☑	☑	☑	☐	沿指令第2操作数
12	▪ Flag1_2	Bool	false	...	☑	☑	☑	☐	沿指令第2操作数
13	▪ Flag2_1	Bool	false	...	☑	☑	☑	☐	沿指令第2操作数
14	▪ Flag2_2	Bool	false	...	☑	☑	☑	☐	沿指令第2操作数

图 5-82　接口参数

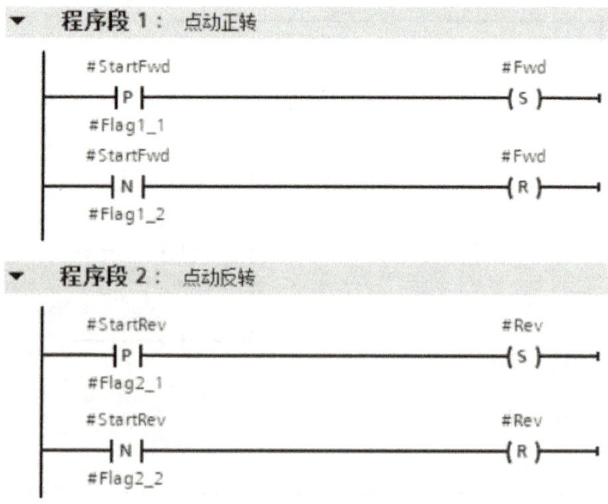

图 5-83　FB2_ManualControl 函数块中的梯形图

4）编写 OB100 中的程序。

先创建启动组织块 OB100 块，然后编写梯形图程序，如图 5-84 所示，其作用是初始化。

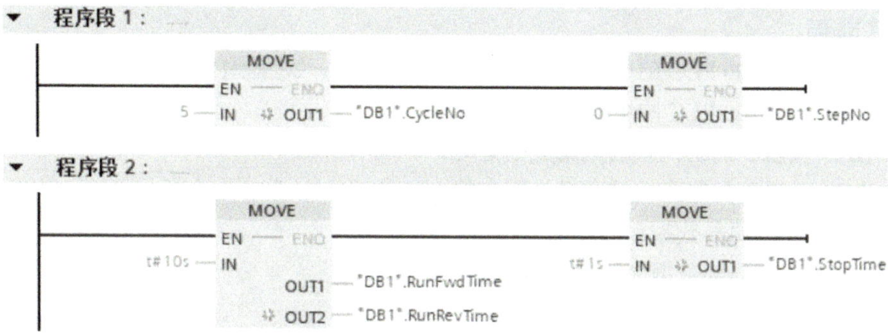

图 5-84　OB100 中的梯形图

5）编写主程序。编写主程序如图 5-85 所示。

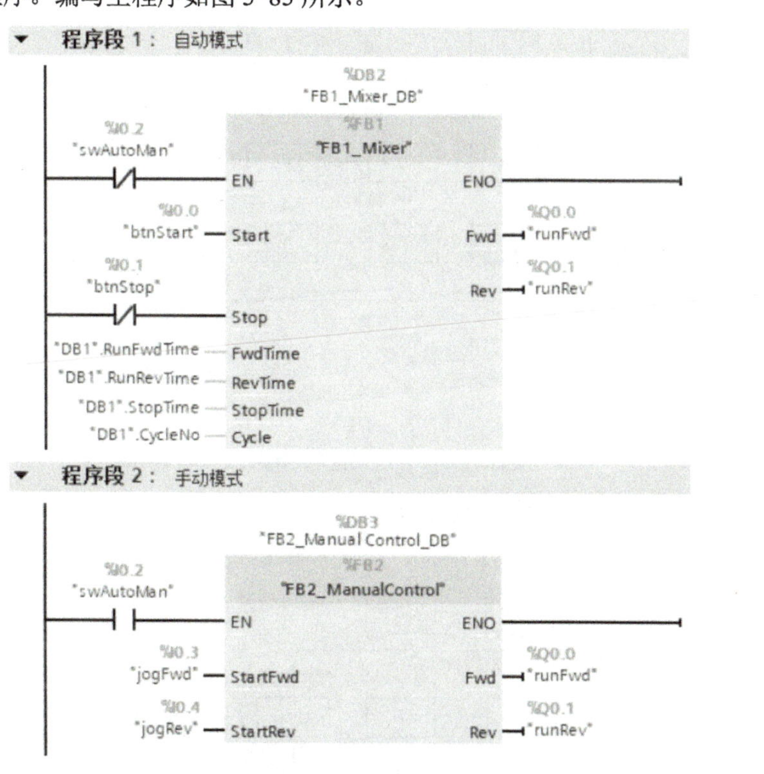

图 5-85　主程序梯形图

作业

一、简答题

1．全局变量和局部变量有何区别？

2．函数 FC 和函数块 FB 有何区别？

3．背景数据块和全局数据块有何区别？优化访问数据块和非优化访问数据块有何区别？

4．三相异步电动机的正反转控制中，梯形图中正转和反转控制进行了互锁，硬件回路为何要互锁？

5．梯形图编程有哪些基本原则？

二、判断题

1．西门子 S7-1200 PLC 的中断有优先级，1 是最高级，26 是最低级。（　　）

2．西门子 S7-1200 PLC 的主程序只能放在 OB1 中。（　　）

3．OB123 及以上的组织块的定义是固定的。（　　）

4．OB122 及以下的组织块的定义是固定的。（　　）

5．FC 中有静态局部数据和临时局部数据。（　　）

6．FB 中有静态局部数据和临时局部数据。（　　）

三、编程题

1．根据如图 5-86 所示的功能图编写程序。

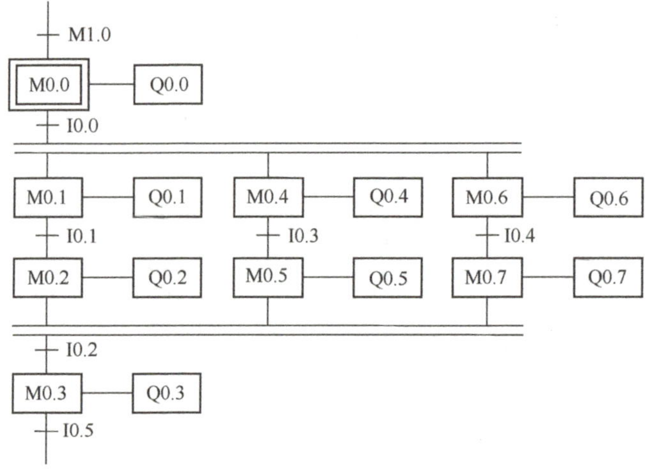

图 5-86　题 1 功能图

2．根据如图 5-87 所示的功能图编写程序。

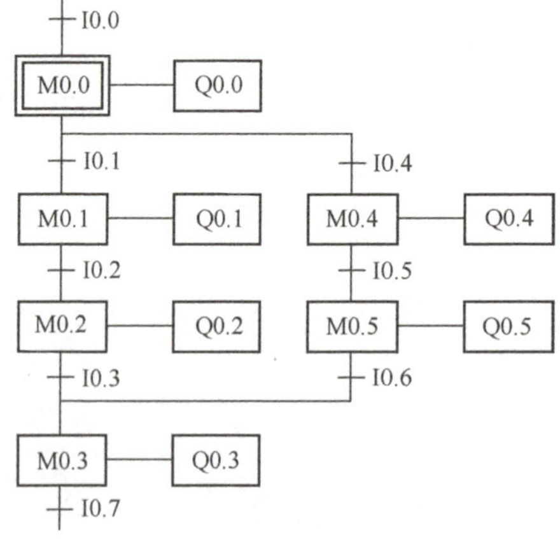

图 5-87　题 2 功能图

3．机械手的工作示意图如图 5-88 所示，当按下起动按钮时，机械手将工件从 A 点搬运到 B 点，然后返回 A 点，再如此循环，任何时候按下停止按钮时系统复位到原点，请编写控制程序。

4．按下按钮，I0.0 触点闭合，Q0.0 变为 ON 并自保持，定时器 T0 定时 7s，用计数器 C0 对 Q0.1 输入的脉冲计数，计数满 4 个脉冲后，Q0.0 变为 OFF，同时 C0 和 T0 被复位，在 PLC 刚开始执行用户程序时，C0 也被复位，时序图如图 5-89 所示，设计出梯形图。

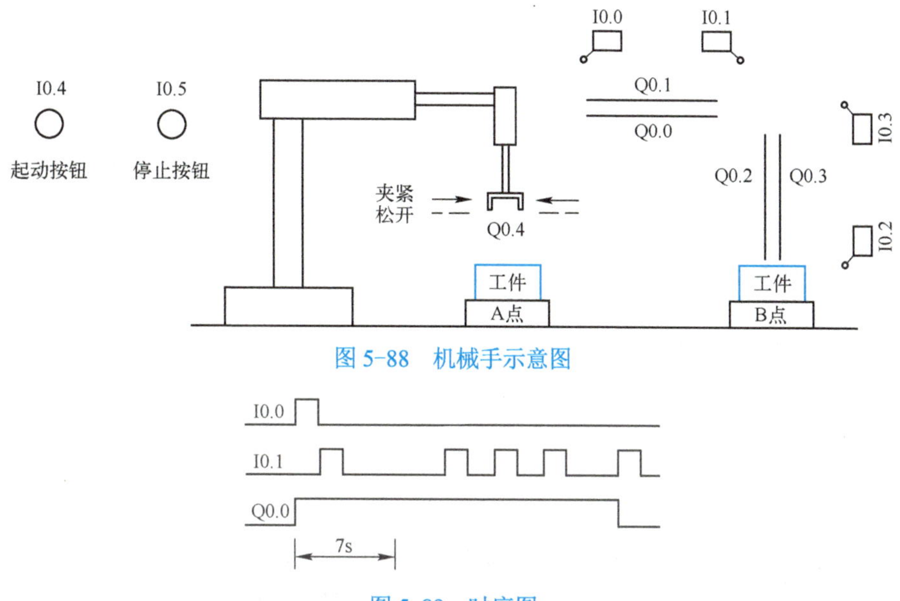

图 5-88　机械手示意图

图 5-89　时序图

5. 用 PLC 控制一台电动机，控制要求如下：

① 按下起动按钮，电动机正转，3s 后自动反转。

② 反转 5s 后自动正转，如此反复，自动切换。

③ 切换 5 个周期后，电动机自动停转。

④ 切换过程中，按下停止按钮，分两种情况：一是电动机完成当前周期停转；二是按下停止按钮，电动机立即停转。请分别编写控制程序。

6. 设计一段程序，将 MB100 每隔 100ms 加 1，当其等于 100 时停止加法运算，若时间间隔是 300ms，如何编写程序。

7. 用移位指令构成移位寄存器，实现广告牌字的闪耀控制。用 HL1～HL4 四盏灯分别照亮“欢迎光临”四个字，其控制要求见表 5-8，每步间隔时间 1s。

表 5-8　广告牌字闪耀流程

流　程	1	2	3	4	5	6	7	8
HL1	√				√		√	
HL2		√			√		√	
HL3			√		√		√	
HL4				√	√		√	

第 6 章　S7-1200 PLC 的模拟量模块及其应用

本章主要介绍模拟量的相关概念；传感器和变送器的接线；模拟量模块及其接线、组态。模拟量 A/D 和 D/A 转换的常用指令。最后介绍模拟量模块的工程应用。

6.1　基本概念

6.1.1　模拟量与数字量

1. 模拟量

在时间和数量上都连续的物理量称为模拟量，例如电压、电流、温度、压力、流量等。受控对象是模拟量的系统称为模拟量控制系统。模拟量的时域图如图 6-1 所示。

用模拟量表示的信号称为模拟信号，计算机（含 PLC）的 CPU 不能直接识别模拟信号。工作在模拟信号下的电子电路叫作模拟电路。

2. 数字量

在时间上和数量上都是离散的物理量称为数字量。模拟量是连续的量，数字量是不连续的量。

用数字量表示的信号称为数字信号。工作在数字信号下的电子电路称为数字电路。数字量由多个开关量组成。数字量的时域图如图 6-2 所示。

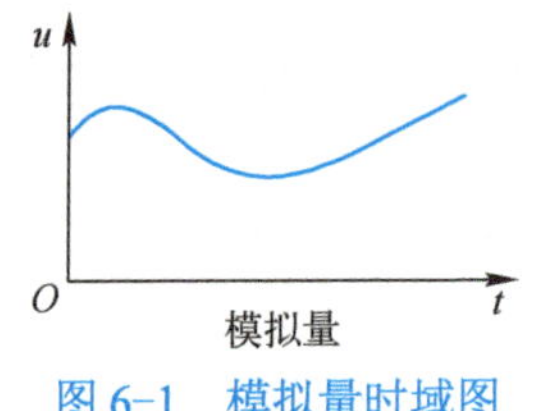

图 6-1　模拟量时域图

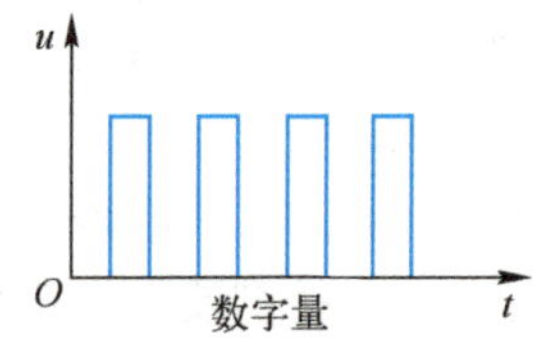

图 6-2　数字量时域图

在工业控制中，某些输入量（温度、压力、液位、流量等）是连续变化的模拟量信号，某些被控对象也需模拟信号控制，因此要求 PLC 有处理模拟信号的能力。PLC 内部执行的均为数字量，因此模拟量处理需要完成两方面任务：一是将模拟量转换为数字量（A/D 转换）；二是将数字量转换为模拟量（D/A 转换）。

如图 6-3 所示是炉温闭环控制系统模型，热电偶（一种传感器）所测量的电炉温度（电压信号）是模拟信号，该信号经过变送器放大，再经过模拟量输入模块的 A/D 转换，变成数字量，即反馈值。给定值也是数字量（如设定为 50℃），在 PLC 中计算偏差，并经过 PID 运算（调节），此结果也是数字量，然后经过模拟量输出模块的 D/A 转换，变成模拟量，这个模拟量是加热炉加热功率的调节信号。

6.1.2　传感器与变送器

1. 传感器

（1）传感器的概念

模拟量信号的采集由传感器来完成。传感器将非电信号（如温度、压力、液位等）转换成电信号。注意：此时的信号为非标准信号。典型的传感器外形如图 6-4 所示。

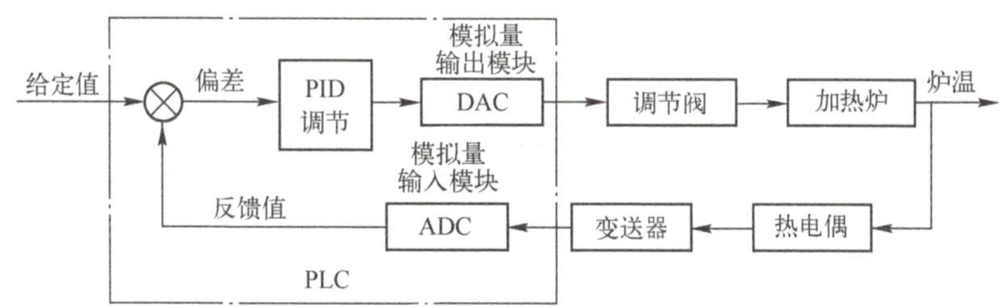

图 6-3　炉温闭环控制系统模型

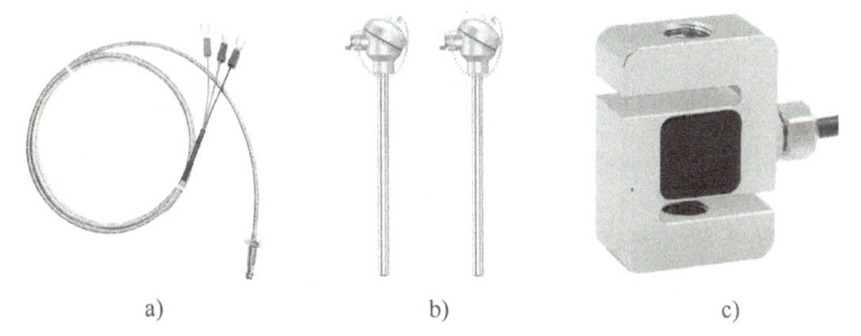

a)　b)　c)

图 6-4　传感器外形

a) 热电阻　b) 热电偶　c) 拉力传感器

（2）传感器的分类

传感器有多种分类方法，最常见的是以其功能分类，包括温度传感器（热电阻、热敏电阻和热电偶等）、流量传感器、液位传感器、压力传感器、视觉传感器和位移传感器等。还有其他的分类方法。

2. 变送器

（1）变送器的概念

很多传感器产生的信号并不是标准信号（0～10V、4～20mA 是标准信号），如应变片产生的电压是毫伏级别的信号，非常微弱，再如热电偶、热电阻产生的温度信号不仅十分微弱，而且也不成线性，以上描述的信号如果直接送入计算机（或 PLC），处理起来有一定的困难。因此变送器应运而生。温度变送器外形如图 6-5 所示。

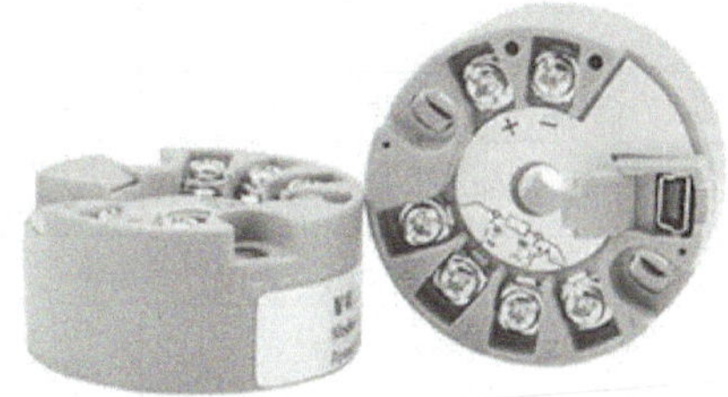

图 6-5　温度变送器外形

变送器是从传感器发展而来的，凡能输出标准信号的传感器就称为变送器。例如目前市面上的压力传感器基本上都可以输出标准信号。而热电偶和热电阻不能输出标准信号，需要使用变送器将非标准信号进行放大转换成线性的标准信号。

（2）变送器的分类

1）变送器按输出信号类型可分为电流输出型和电压输出型两种。

电压信号的范围为：1～5V、0～10V、-10～10V，首选为 1～5V、0～10V。

电流信号的标准为：0～10mA、0～20mA、4～20mA，首选为 4～20mA。

2）变送器分为二线式和四线式两种。

四线式变送器有两根电源线和两根信号线。

二线式变送器只有两根外部接线，它们既是电源线又是信号线，二线式变送器的输出信号一般是 4～20mA。二线式变送器的接线少，传送距离长，所以在工业中应用最为广泛。

二线式电流信号的下限一般不能为零，原因在于通常把二线式传感器的零信号作为断线检测信号。SM1231 模拟量模块就有此功能。

6.2　S7-1200 PLC 模拟量模块及其接线

S7-1200 PLC 模拟量模块包括模拟量输入模块（SM1231）、模拟量输出模块（SM1232）、热电偶和热电阻模拟量输入模块（SM1231），以及模拟量输入/输出模块（SM1234）。

微课：S7-1200 PLC 模拟量模块及其接线

6.2.1　模拟量输入模块（SM1231）及其接线

（1）模拟量输入模块（SM1231）的技术规范

目前 S7-1200 PLC 的模拟量输入模块（SM1231）有多个规格，其典型模块的技术规范见表 6-1。S7-1200 PLC 的模拟量输入模块主要用于把外部的电流或者电压信号转换成 CPU 可以识别的数字量。模拟量模块通常与传感器和变送器相连接。

表 6-1　模拟量输入模块（SM1231）的技术规范

型号	SM1231 AI 4×13 位	SM1231 AI 8×13 位	SM1231 AI 4×16 位
订货号（MLFB）	6ES7 231-4HD32-0XB0	6ES7 231-4HF32-0XB0	6ES7 231-5ND32-0XB0
功耗/W	2.2	2.3	2.0
电流消耗（SM 总线）/mA	80	90	80
电流消耗(DC 24V)/mA	45	45	65
模拟量输入			
输入路数	4	8	4
类型	电压或电流（差动）：可2 个选为一组		电压或电流（差动）
范围	±10V、±5V、±2.5V 或0～20mA		±10V、±5V、±2.5V、±1.25V、0～20mA 或 4～20mA
满量程范围(数据字)	-27648～27648		
过冲/下冲范围（数据字）	电压：32511～27649/-27649～-32512 电流：32511～27649/0～-4864		电压：32511～27649/-27649～-32512 电流：0～20mA：32511～27649/0～-4864 4～20mA：32511～27649/-1～-4864
上溢/下溢（数据字）	电压：32767～32512/-32513～-32768 电流：32767～32512/-4865～-32768		电压：32767～32512/-32513～-32768 电流：0～20mA：32767～32512/-4865～-32768 4～20mA：32767～32512/-4865～ -32768
精度	12 位+符号位		15 位+符号位
精度（25℃/0～55℃）	满量程的±0.1%/±0.2%		满量程的±0.1%/±0.3%
工作信号范围	信号加共模电压必须小于+12V 且大于-12V		
诊断			
断路(仅限电流模式)	不适用	不适用	仅限4～20mA 范围

（2）模拟量输入模块（SM1231）的接线

模拟量输入模块 SM1231 的接线如图 6-6 所示，通常与各类模拟量传感器和变送器相连接，通道 0 和 1 只能同时测量电流或电压信号，只能二选其一；通道 2 和 3 也是如此。信号范围：±10V、±5V、±2.5V 和 0～20mA；满量程数据范围：−27648～27648。

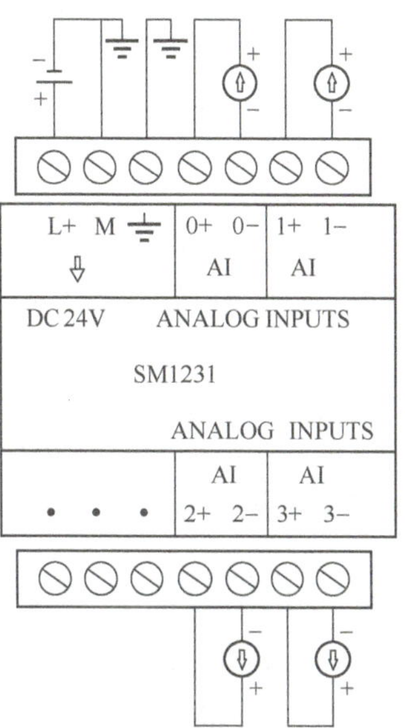

图 6-6　模拟量输入模块 SM1231 的接线

模拟量输入模块有两个参数容易混淆，即模拟量转换的分辨率和模拟量转换的精度（误差）。分辨率是模拟量转换芯片的转换精度，即用多少位的数值来表示模拟量。若模拟量模块的转换分辨率是 12 位，则能够反映模拟量变化的最小单位是满量程的 1/4096。模拟量转换的精度除了取决于 A/D 转换的分辨率，还受到转换芯片的外部电路的影响。在实际应用中，输入模拟量信号会有波动、噪声和干扰，内部模拟电路也会产生噪声、漂移，这些都会对转换的最后精度造成影响。这些因素造成的误差要大于芯片的转换误差。

当模拟量的扩展模块处于正常状态时，LED 指示灯为绿色显示，而当为供电状态时，为红色闪烁。

使用模拟量模块时，要注意以下问题。

1）模拟量模块有专用的插针接头与 CPU 通信，并通过此接头，CPU 与模拟量模块进行信号交换。此外，模拟量模块必须外接 DC 24V 电源。

2）每个模块能同时输入/输出电流或者电压信号，对于模拟量输入的电压或者电流信号的选择和量程的选择都是通过软件配置来实现，如图 6-7 所示，模块 SM1231 的通道 0 设定为电压信号，量程为±2.5V。通道 1 的信号也随之变为电压信号，且为灰色，不能单独设置。

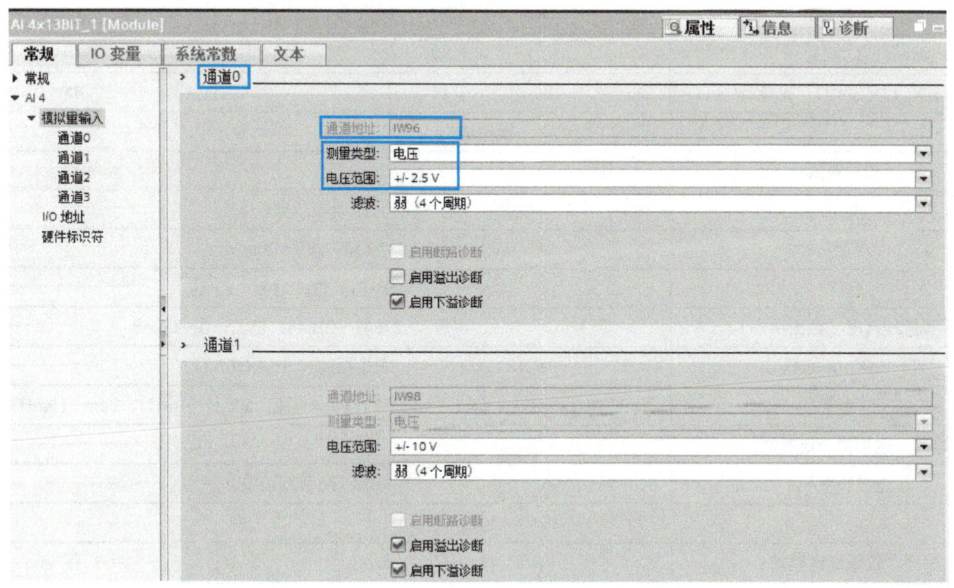

图 6-7　SM1231 信号类型和量程选择

双极性就是信号在变化的过程中要经过“零”，单极性不过零。由于模拟量转换为数字量是有符号整数，所以双极性信号对应的数值会有负数。在 S7-1200 PLC 中，单极性模拟量输入/输出信号的数值范围是 0～27648；双极性模拟量信号的数值范围是-27648～27648。

3）对于模拟量输入模块，传感器电缆线应尽可能短，而且应使用屏蔽双绞线，导线应避免弯成锐角。靠近信号源屏蔽线的屏蔽层应单端接地。

4）一般电压信号比电流信号更容易受干扰，应优先选用电流信号。电压型的模拟量信号由于输入端的内阻很高，极易引入干扰。一般电压信号用于控制设备柜内的电位器设置，或者适用于距离非常近、电磁环境好的场合。电流信号不容易受到传输线沿途的电磁干扰，因而在工业现场获得广泛应用。电流信号可以传输比电压信号远得多的距离。

5）前述的 CPU 和扩展模块的数字量的输入点和输出点都有隔离保护，但模拟量的输入和输出则没有隔离。如果用户的系统中需要隔离，请另行购买信号隔离器件。

6）模拟量输入模块的电源地和传感器的信号地必须连接（工作接地），否则将会产生一个很高的上下振动的共模电压，影响模拟量输入值，测量结果可能是一个变动很大的不稳定的值。

7）西门子的模拟量模块的端子排是上下两排分布，容易混淆。在接线时要特别注意，先接下面端子的线，再接上面端子的线，而且不要弄错端子号。

6.2.2　模拟量输出模块（SM1232）及其接线

（1）模拟量输出模块（SM1232）的技术规范

目前 S7-1200 PLC 的模拟量输出模块（SM1232）有多个规格，其典型模块的技术规范见表 6-2。模拟量输出模块主要用于把 CPU 的数字量转换成模拟量（电流或者电压）信号输出，一般与变频器或者比例阀相连接。

表 6-2　模拟量输出模块（SM1232）的技术规范

型号	SM1232 AQ 2×14 位	SM1232 AQ 4×14 位
订货号（MLFB）	6ES7 232-4HB32-0XB0	6ES7 232-4HD32-0XB0
功耗/W	1.5	1.5
电流消耗（SM 总线）/mA	80	80
电流消耗（DC 24V），无负载/mA	45	45
模拟输出		
输出路数	2	4
类型	电压或电流	
范围	±10V 或0～20mA	
精度	电压：14 位；电流：13 位	
满量程范围（数据字）	电压：-27648～27648；电流：0～27648	
精度（25℃/0～55℃）	满量程的±0.3%/±0.6%	
稳定时间（新值的 95%）	电压：300μs（R）、750μs（1μF）；电流：600μs（1mH）、2ms（10mH）	
隔离（现场侧与逻辑侧）	无	
电缆长度/m	100（屏蔽双绞线）	
诊断		
断路（仅限电流模式）	有	有

（2）模拟量输出模块（SM1232）的接线

模拟量输出模块 SM1232 的接线如图 6-8 所示，两个通道的模拟输出电流或电压信号，可以按需要选择。信号范围：±10V、0～20mA 和 4～20mA；满量程数据范围：-27648～27648。

6.2.3 热电偶和热电阻模拟量输入模块（SM1231）及其接线

（1）热电偶和热电阻模拟量输入模块（SM1231）的技术规范

如果没有热电偶和热电阻模拟量输入模块，那么也可以使用前述介绍的模拟量输入模块测量温度，工程上通常需要在模拟量输入模块和热电阻或者热电偶之间加专用变送器。目前，S7-1200 PLC 的热电偶和热电阻模拟量输入模块有多个规格。

（2）热电偶模拟量输入模块（SM1231）的接线

限于篇幅，本书只介绍热电偶模拟量输入模块的接线，如图 6-9 所示。

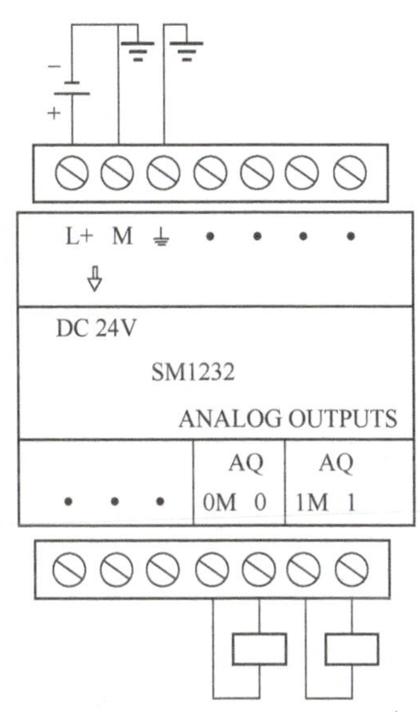

图 6-8 模拟量输出模块 SM1232 的接线

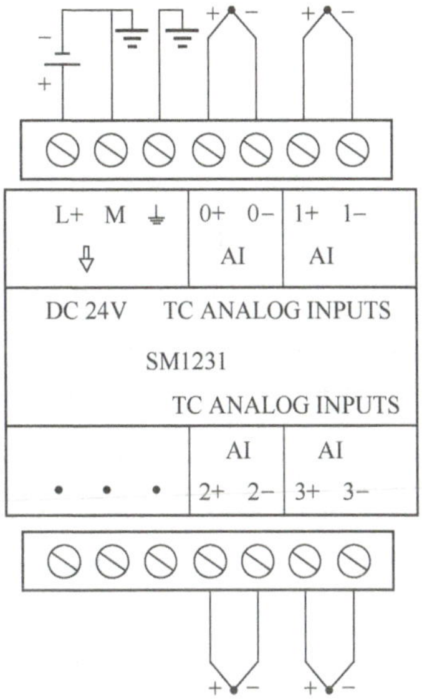

图 6-9 热电偶模拟量输入模块（SM1231）的接线

6.3 S7-1200 PLC 模拟量模块综合应用

6.3.1 相关指令介绍

通常 A/D 和 D/A 转换要用到标准化指令（NORM_X）和缩放指令（SCALE_X），以下分别介绍。

1. 标准化指令（NORM_X）

使用“标准化”指令，可将输入 VALUE 中变量的值映射到线性标尺对其进行标准化。使用参数 MIN 和 MAX 定义输入 VALUE 值范围的限值。标准化指令（NORM_X）和参数见表 6-3。

表 6-3 标准化指令（NORM_X）和参数

LAD	参数	数据类型	说明
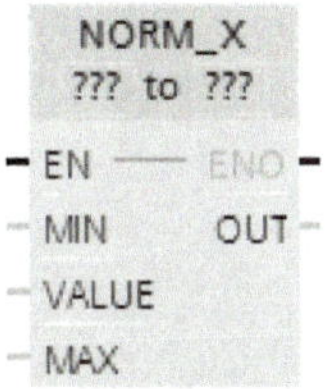 NORM_X ??? to ??? EN ENO MIN OUT VALUE MAX	EN	BOOL	允许输入
	ENO	BOOL	允许输出
	MIN	整数、浮点数	取值范围的下限
	VALUE	整数、浮点数	要标准化的值
	MAX	整数、浮点数	取值范围的上限
	OUT	浮点数	标准化结果

注：可以从指令框的“???”下拉列表中选择该指令的数据类型。

“标准化”指令的计算公式是：OUT = (VALUE – MIN) / (MAX – MIN)，此公式对应的计算原理图如图 6-10 所示。

用一个例子来说明标准化指令（NORM_X），梯形图程序如图 6-11 所示。当 I0.0 闭合时，激活标准化指令，要标准化的 VALUE 存储在 MW10 中，VALUE 的范围是 0～27648，将 VALUE 标准化的输出范围是 0～1.0。假设 MW10 中是 13824，那么 MD16 中的标准化结果为 0.5。

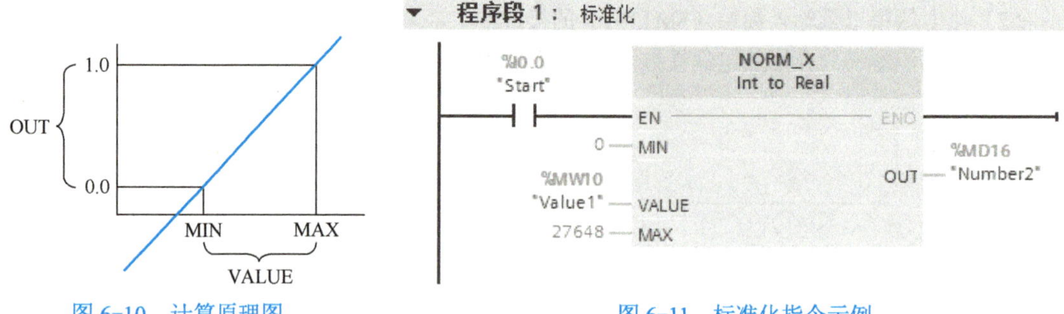

图 6-10 计算原理图　　　　图 6-11 标准化指令示例

2. 缩放指令（SCALE_X）

使用“缩放”指令，通过将输入 VALUE 的值映射到指定的值范围来对其进行缩放。当执行“缩放”指令时，输入 VALUE 的浮点值会缩放到由参数 MIN 和 MAX 定义的值范围。缩放结果为整数，存储在 OUT 输出中。缩放指令（SCALE_X）和参数见表 6-4。

表 6-4 缩放指令（SCALE_X）和参数

LAD	参数	数据类型	说明
SCALE_X ??? to ??? EN ENO MIN OUT VALUE MAX	EN	BOOL	允许输入
	ENO	BOOL	允许输出
	MIN	整数、浮点数	取值范围的下限
	VALUE	浮点数	要缩放的值
	MAX	整数、浮点数	取值范围的上限
	OUT	整数、浮点数	缩放结果

注：可以从指令框的“???”下拉列表中选择该指令的数据类型。

“缩放”指令的计算公式是：OUT = [VALUE×(MAX – MIN)] + MIN，此公式对应的计算原理图如图 6-12 所示。

以下用一个例子来说明缩放指令（SCALE_X），梯形图程序如图 6-13 所示。当 I0.0 闭合时，激活缩放指令，要缩放的 VALUE 存储在 MD10 中，VALUE 的范围是 0～1.0，将 VALUE 缩放的输出范围是 0～27648。假设 MD10 中是 0.5，那么 MW16 中的缩放结果为 13824。

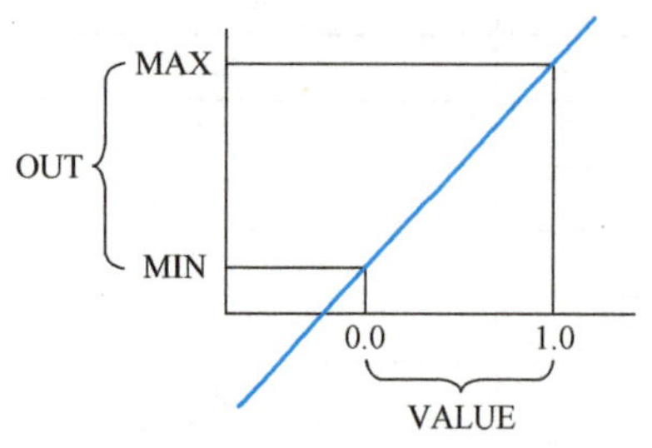

图 6-12 计算原理图

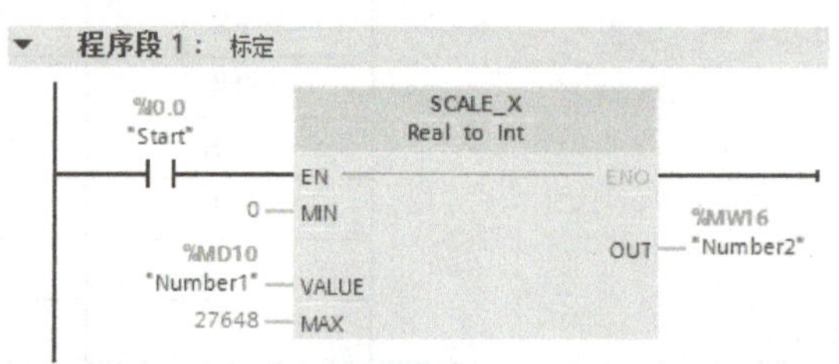

图 6-13 缩放指令示例

【例 6-1】 有一个位移传感器，输出信号为 0～10V，测量范围是 0～200mm，此传感器与 SM1231 连接，当位移大于 180.0 时报警，要求设计原理图，并编写控制程序。

解：此传感器输出的是电压信号，传感器的信号+与 SM1231 的 0+（通道 0 的信号正）相连，传感器的信号与 SM1231 的 0（通道 0 的信号负）相连，传感器和 SM1231 的电源与开关电源相连即可。接线图如图 6-14 所示，接线示意图如图 6-15 所示。

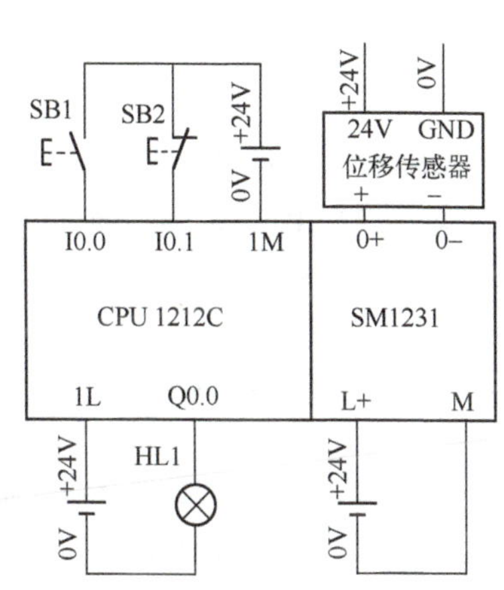

图 6-14　SM1231 接线图

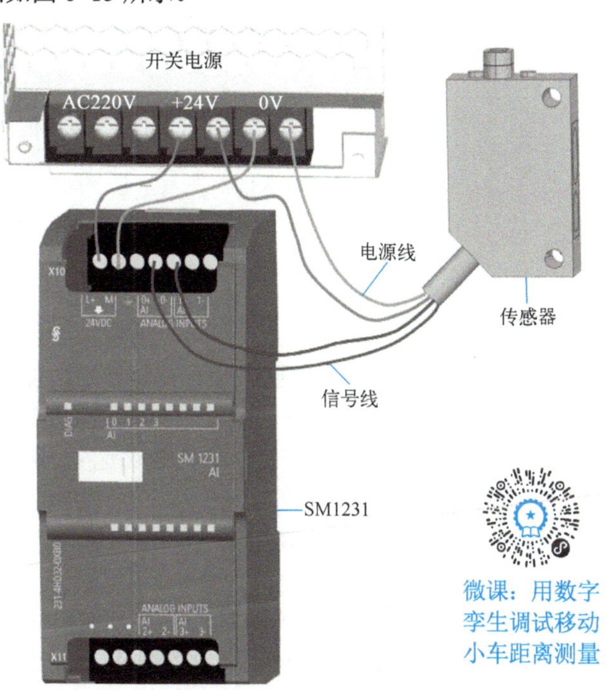

图 6-15　SM1231 接线示意图

微课：用数字孪生调试移动小车距离测量

此位移传感器输出的是电压信号，传感器有两根电源线和两根信号线，是四线式传感器。由于其输出的是标准信号，也可以称为变送器。

图 6-14 中，传感器接入 0 通道，且传感器的输出信号是 0～10V，所以 SM1231 模块的组态应与之匹配，组态的通道是 0 通道，测量类型为电压，电压范围为±10V，如图 6-16 所示。

注意：A/D 转换的结果，存放在地址 IW96 中，其范围是-27648～27648，本例 A/D 转换后的数值为 0～27648，对应传感器的位移值为 0～200mm。

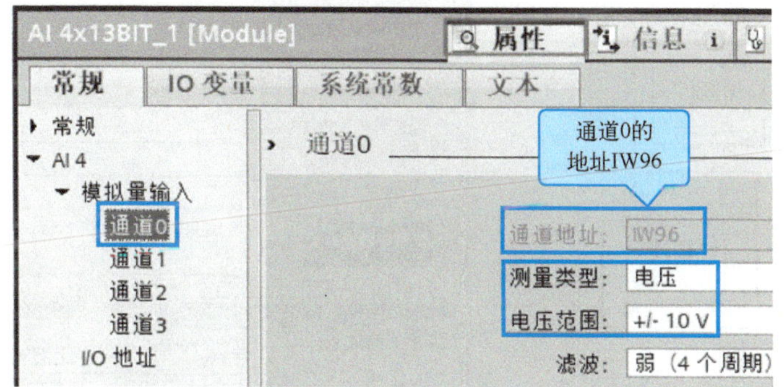

图 6-16　通道 0 的组态

梯形图如图 6-17 所示。程序段 2 解读如下。

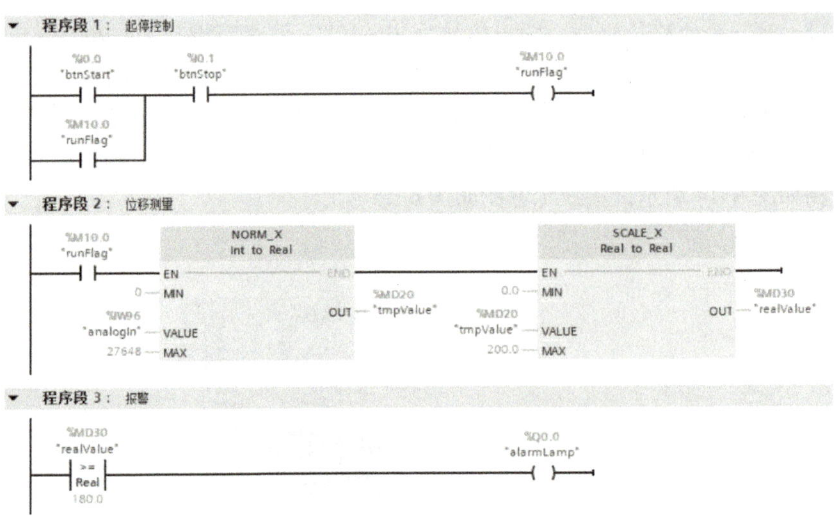

图 6-17　梯形图

IW96 中的数据是位移的模拟量 A/D 转换的结果，范围是 0～27648，经过标准化指令处理后，数值范围变成 0.0～1.0，例如 13824（27648 的 0.5 倍），标准化处理后变成 0.5。之后，缩放指令将标准化处理的结果缩放到传感器的量程范围内，即 0.0～200.0，例如标准化的结果是 0.5，那么缩放处理后，其结果即 MD30 为 100.0。

注意：如果现场的传感器是 4～20mA 电流输出的，那么在标准化指令中的 MIN 引脚填写的数值应该是 0，而不是 5530。

【例 6-2】 有一个 SMC 气动比例阀接入 SM1232 第 0 通道（模拟量输出），比例阀接收的输入信号范围是 0～10V，对应阀门开度范围是 0～100%。要求设计原理图，并编写控制程序。

解：比例阀接收的是电压信号，比例阀的 IN 与 SM1232 的 0（通道 0 的信号正）相连，比例阀的 GND 与 SM1232 的 0M（通道 0 的信号负）相连，比例阀和 SM1232 的电源与开关电源相连即可。接线图如图 6-18 所示，接线示意图如图 6-19 所示。

微课：用数字孪生调试阀门的开度控制

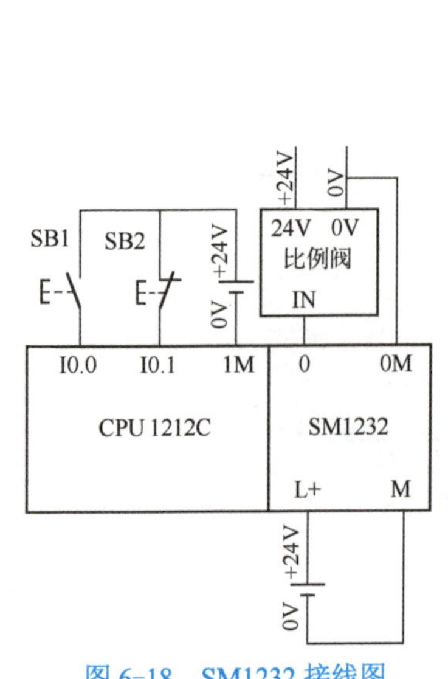

图 6-18　SM1232 接线图

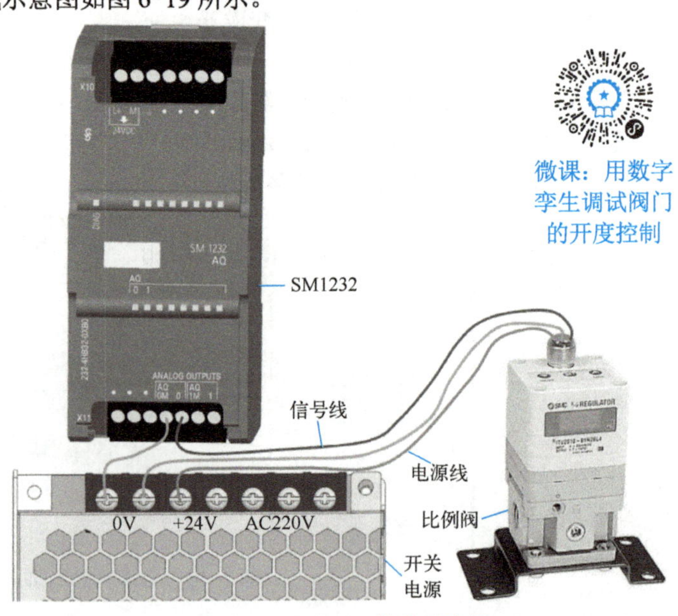

图 6-19　SM1232 接线示意图

此比例阀只有 3 根线，电源的 0V 和信号负是共用的，这种形式在传感器和比例阀中很常见。

图 6-18 中，比例阀接入 0 通道，且比例阀的输入信号是 0～10V，所以 SM1232 模块的组态应与之匹配，组态的通道是 0 通道，模拟量输出的类型为电压，电压范围为±10V，如图 6-20 所示。注意：用于 D/A 转换的地址是 QW96，其范围是-27648～27648，经 0 通道 D/A 转换后，电压为-10V～10V，本例为 0～10V，对应比例阀开度为 0～100%。

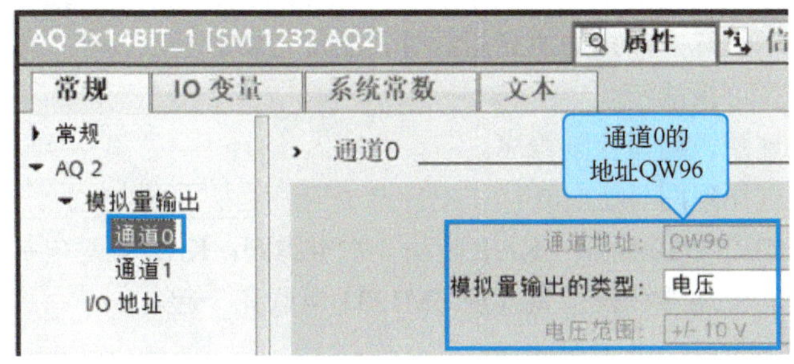

图 6-20　通道 0 的组态

梯形图如图 6-21 所示。程序段 2 解读如下。

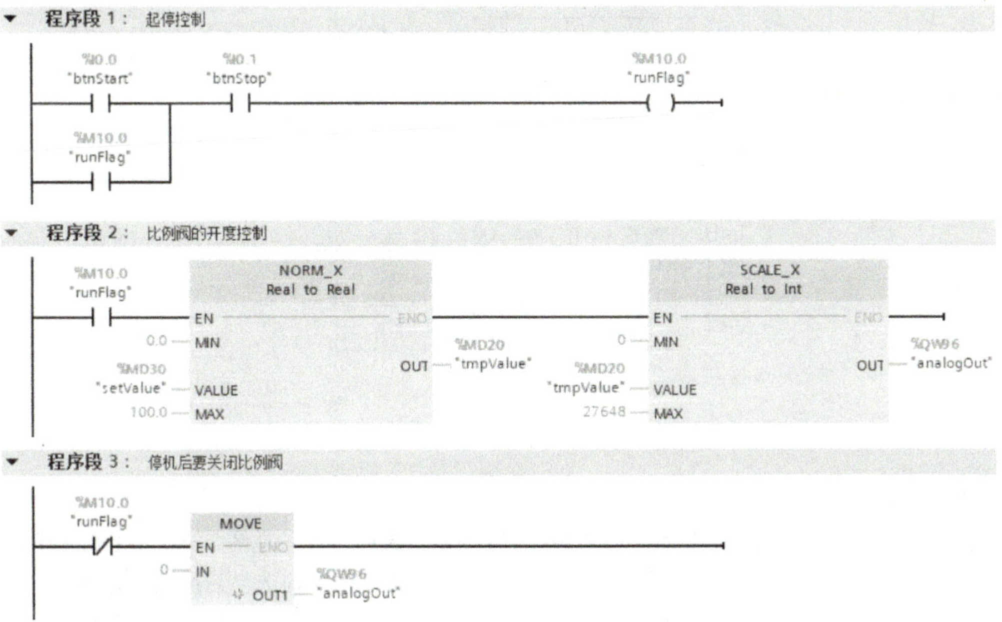

图 6-21　梯形图

阀门的开度范围是 0.0～100.0，设定值在 MD30 中（通常由 HMI 给定），将其进行标准化处理，处理后的值的范围是 0.0～1.0，存储在 MD20 中。100.0 标准化的结果为 1.0，50.0 标准化的结果为 0.5。将标准化后的结果进行比例运算，运算结果送入 QW96，而 QW96 是模拟量输出通道 0 对应的地址，模拟量模块 SM1232 的 0 通道的 D/A 转换值（QW96）的范围是 0～27648，因此标准化结果为 1.0 时，比例运算结果是 27648，经过 D/A 转换后为 10V，送入阀门控制器，则阀门的开度为 100%打开。

学习小结

标准化指令（NORM_X）和缩放指令（SCALE_X）的使用大大简化了程序编写量，且通常成对使用，最常见的应用场合是 A/D 和 D/A 转换，PLC 与变频器、伺服驱动系统通信的场合。

6.3.2　S7-1200 PLC 模拟量模块应用实例

本节通过一个工程实例，进一步解读模拟量模块的工程应用。

【例 6-3】 有一个电加热炉，其控制要求如下：

（1）当水位低于低限位 SQ1 时，加水阀自动补水，高于高水位 SQ2 时，停止补水。

（2）当温度低于 92℃，开始加热，高于 99℃停止加热，水位低于低限位 SQ1 时，不能加热。

（3）加热时，显示红灯，停止加热显示绿灯，温度可实时显示。

（4）传感器断线后可报故障。

要求设计电气原理图，编写控制程序。

解：（1）设计电气原理图

设计电气原理图如图 6-22 所示。KA1 驱动补水电磁阀，KA2 驱动电加热器。变送器是二线式的，因此 24V 电源、变送器和模拟量模块 SM1231 串联在一起。

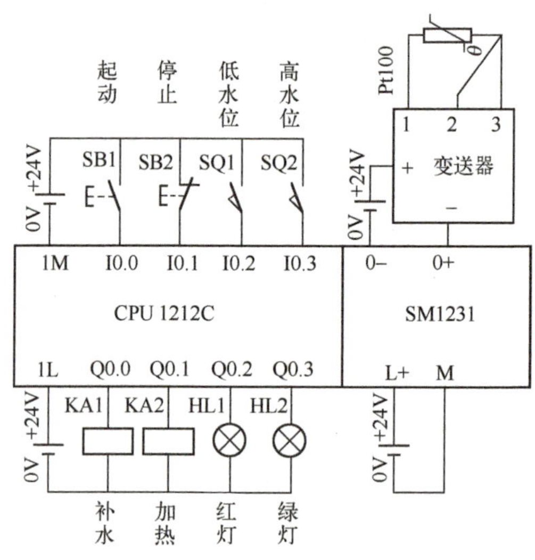

图 6-22　电气原理图

（2）硬件组态

添加 CPU 1212C 和 SM1232 模块，如图 6-23 所示，选中“设备视图”→“SM1232 模块”→“通道 0”，选择测量类型为“电流”，电流范围为 4～20mA，最后勾选“启用断路诊断”。

注意：二线式变送器只能处理电流信号，也只有 4～20mA 信号才能使用“断路诊断”功能。

（3）编写程序

梯形图程序如图 6-24 所示。程序解读如下。

程序段 1：加热炉系统的起停控制。

程序段 2：当水位低于低水位时，I0.2 常闭触点接通，Q0.0 线圈得电自锁，补水阀补水，当水位高于高水位时，I0.3 的常闭触点断开，Q0.0 断电，停止补水。

程序段 3：温度测量，温度数值保存在 MD30 中。

程序段 4：当温度低于 92℃时，Q0.1 线圈得电自锁，开始加热，当温度高于 99℃时，Q0.1 线圈断电，停止加热，任何时候，水位低于低水位时，I0.2 常开触点断开，不能加热。

程序段 5：正常加热时，Q0.1 常开触点闭合，点亮红灯；不加热时，Q0.1 常闭触点闭合，点亮绿灯。

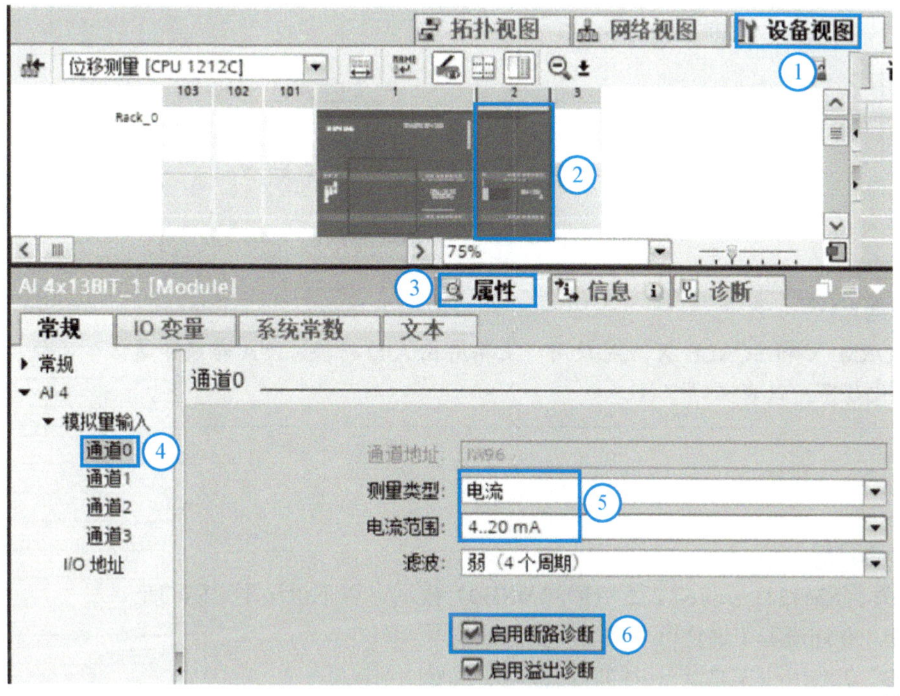

图 6-23　SM1232 的硬件组态

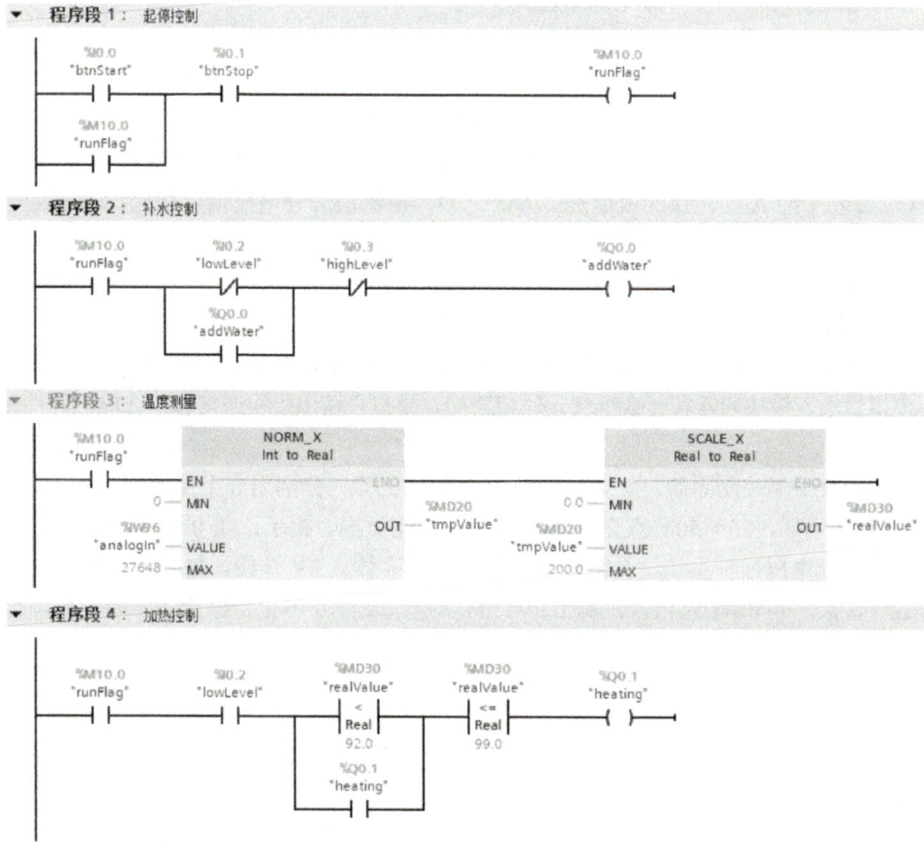

图 6-24　梯形图

图 6-24　梯形图（续）

任务小结

NORM_X 和 SCALE_X 成对使用，主要用在 A/D 转换、D/A 转换和通信等场合，合理使用可简化程序，读者必须掌握。

作业

一、选择题

1. 关于 SM1231（6ES7 231-4HD32-0XB0）模块，以下说法不正确的是（　　）。

   A．0 通道和 1 通道可以同时测量电流信号

   B．2 通道和 3 通道可以同时测量电压信号

   C．0 通道测量电压信号、同时 1 通道测量电流信号

   D．通过变送器，可与热电偶相连接

2. 以下哪个模块是模拟量输出模块？（　　）

   A．SM1231　　B．SM1232　　C．SM1222　　D．SM1234

3. 对 SM1231 模块 4～20mA 的 A/D 转换说法正确的是（　　）。

   A．4mA 经 A/D 转换的数值是 5530　　B．4mA 经 A/D 转换的数值是 0

   C．20mA 经 A/D 转换的数值是 27648　　D．电流信号与电压信号相比，不易受干扰

二、简答题

1. 什么是模拟量？什么是数字量？
2. 二线式变送器的优点是什么？
3. 为什么热电阻信号通常先要接入变送器，再接入模拟量模块？
4. 模拟量输入模块通常和什么电气元件相连接？模拟量输出模块通常和什么电气元件相连接？

三、编程题

1．设计一套炉温控制系统，炉子温度范围为 0～200℃，分别用 8 个指示灯均匀显示。即 0～25℃点亮一盏指示灯，25～50℃点亮 2 盏指示灯，依此类推。提示：用 0～10V 代替 0～200℃。

2．设计一套电压控制系统，系统起动后电压表的读数从 0V 开始，每隔 10s 递增 0.2V，直至 10V，停止 10s 后，再每隔 5s 依次递减 0.2V，直至电压表为 0 停止，停止 10s 后，循环往复。

第 7 章　S7-1200 PLC 的通信应用

本章主要介绍 S7-1200 PLC 的 S7 通信、PROFINET IO 通信和 Modbus-RTU 通信，本章是 PLC 学习中的重点和难点内容。

7.1　通信基础知识

微课：通信的基本概念

PLC 的通信包括 PLC 与 PLC 之间的通信、PLC 与上位计算机之间的通信，以及和其他智能设备之间的通信。PLC 与 PLC 之间通信的实质就是计算机的通信，使得众多独立的控制任务构成一个控制工程整体，形成模块控制体系。

7.1.1　通信的基本概念

1. RS-485 标准接口

RS-485 是 RS-422A 的变形，不同之处在于 RS-422 是全双工，RS-485 是半双工，RS-485 通信时最少只需要一对双绞线，这是其重要的优点。其最大传输距离为 1200m，最高传输速度为 10Mbit/s。

RS-485 还有一个优势在于其通信网络上可以有多台设备（RS-232C 网络上只能有 2 台设备），如图 7-1 所示。注意 RS-485 通信时，所有设备的信号正（A）进行串联，所有设备的信号负（B）进行串联，不能交叉线连接。此外，首末站需要接入终端电阻。RS-485 应用非常广泛，很多现场总线的物理层都基于 RS-485，如 PROFIBUS、CC-LINK 和 CANopen 等。

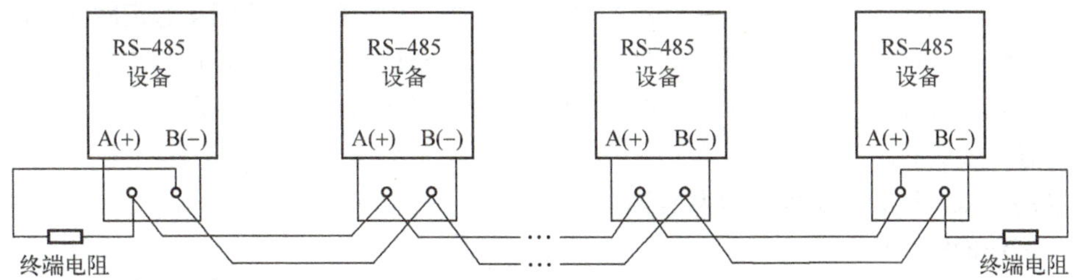

图 7-1　RS-485 通信设备的连接

2. 单工、全双工与半双工

单工、双工与半双工是通信中描述数据传送方向的专用术语。

1）单工（Simplex）：指数据只能实现单向传送的通信方式，一般用于数据的输出，不可以进行数据交换，如图 7-2 所示。

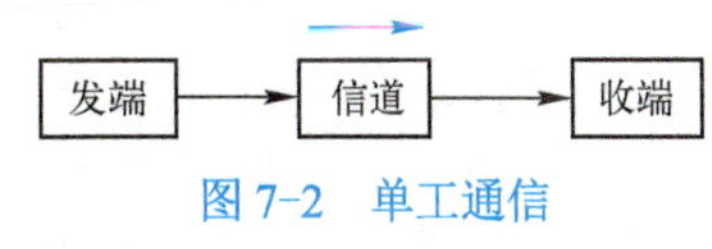

图 7-2　单工通信

2）全双工（Full Simplex）：也称双工，指数据可以进行双向数据传送，同一时刻既能发送数据，也能接收数据，如图 7-3 所示。通常需要两对双绞线连接，通信线路成本高。例如，RS-422、RS-232 是“全双工”通信方式。

3）半双工（Half Simplex）：指数据可以进行双向数据传送，同一时刻只能发送数据或者接收数据，如图 7-4 所示。通常需要一对双绞线连接，与全双工相比，半双工方式通信线路成本低。例如，USB、RS-485 只用一对双绞线时就是“半双工”通信方式。

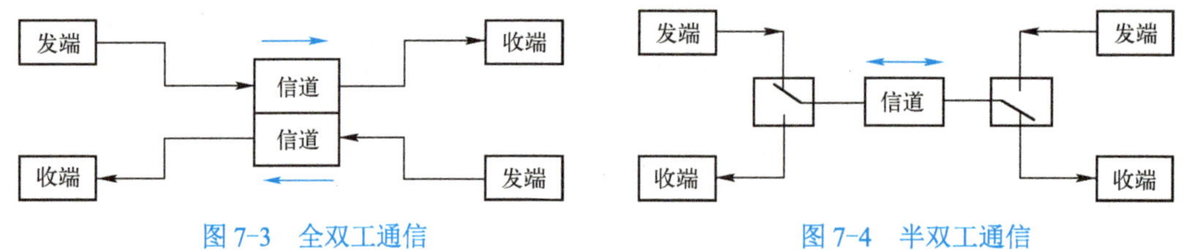

图 7-3 全双工通信　　图 7-4 半双工通信

3. 以太网

（1）以太网的概念

以太网（Ethernet）是由 Xerox 公司创建，并由 Xerox、Intel 和 DEC 公司联合开发的基带局域网规范。以太网使用 CSMA/CD（带冲突检测的载波监听多路访问）技术，并以 10Mbit/s 的速率运行在多种类型的电缆上。以太网与 IEEE 802.3 系列标准相似。以太网不是一种具体的网络，而是一种技术规范。

（2）以太网的拓扑结构

常见的有星形、总线型和环形。

（3）以太网的通信介质

以太网可以采用多种连接介质，包括同轴缆、双绞线、光纤和无线传输等。其中双绞线多用于从主机到集线器或交换机的连接，而光纤则主要用于交换机间的级联和交换机到路由器间的点到点链路上。同轴缆作为早期的主要连接介质已经逐渐趋于淘汰。双绞线的传输距离通常为 100m 以内，而单模光纤的传输距离是几十千米。

4. 工业以太网

Ethernet 采用随机争用型介质访问方法，即带冲突检测的载波监听多路访问（CSMA/CD）技术，监听等待时间和冲突等待时间是随机的且无法预知，因此无法预测网络延迟时间，即不确定性。如果网络负载过高，网络延迟时间加长，实时性也不佳。而很多工业控制场合要求通信网络（特别是现场网络）是确定的、实时的。因此，尽管以太网有诸多优点，若要用在工业现场的控制，还是需要进行改造的。

与商用以太网比较，工业以太网有如下特点：

（1）通信的实时性和确定性

提高通信的实时性和确定性，首先是明确传输通道，避免冲突；其次是减少处理时间，提高响应速度。在工业以太网中通常采用的具体方法是：使用交换式集线器；采用全双工通信模式；修改 TCP(UDP)/IP 协议栈，增加实时调度来控制通信中的不确定因素；修改数据链路层协议，在实时通道内由实时 MAC 接管通信控制，避免报文冲突，简化数据处理；修改数据链路层之上的协议如改变帧结构、优化调度方式等，从而保证实时性等。

（2）安全性和适应工控环境

由于工业以太网产品要在工业现场使用，对产品的材料、强度、适用性、可互操作性、可靠性、抗干扰性（屏蔽，使用超 5 类或以上）等有较高要求。

以太网包含工业以太网，常见的工业以太网标准有 PROFINET、Modbus-TCP、Ethernet/IP 和我国的 EPA 等。EPA 是浙大中控为主推出的实时以太网，是自主可控的技术，无疑是中国工控的骄傲。

7.1.2 现场总线介绍

1. 现场总线的诞生

微课：现场总线介绍

现场总线是 20 世纪 80 年代中后期在工业控制中逐步发展起来的。计算机技术的发展为现场总线的诞生奠定了技术基础。

另一方面，智能仪表也出现在工业控制中。智能仪表的出现为现场总线的诞生奠定了应用基础。

2. 现场总线的概念

国际电工委员会（IEC）对现场总线（FieldBUS）的定义为：一种应用于生产现场，在现场设备之间、现场设备和控制装置之间实行双向、串行、多节点的数字通信网络。

现场总线的概念有广义与狭义之分。狭义的现场总线就是指基于 EIA485 的串行通信网络。广义的现场总线泛指用于工业现场的所有控制网络。广义的现场总线包括狭义现场总线和工业以太网。

现场总线的应用起到了很好的省配线效果，即减少了大量电缆的使用；减少了设备安装、调试和维护的时间；现场的数据得以自动传输到上位机，极大地提高了自动化水平。完美契合了“绿色、低碳”的产业政策。

3. 主流现场总线的简介

1984 年国际电工技术委员会/国际标准协会（IEC/ISA）就开始制定现场总线的标准，然而统一的标准至今仍未完成。很多公司推出其各自的现场总线技术，但彼此的开放性和互操作性难以统一。

经过 12 年的讨论，终于在 1999 年年底通过了 IEC 61158 现场总线标准，这个标准容纳了 8 种互不兼容的总线协议。后来又经过不断讨论和协商，在 2003 年 4 月，IEC 61158 Ed.3 现场总线标准第 3 版正式成为国际标准，确定了 10 种不同类型的现场总线为 IEC 61158 现场总线。2007 年 7 月，第 4 版现场总线增加到 20 种，见表 7-1。

表 7-1 IEC 61158 的现场总线

类型编号	名 称	发起的公司
Type 1	TS61158 现场总线	原来的技术报告
Type 2	ControlNet 和 Ethernet/IP 现场总线	美国罗克韦尔（Rockwell）公司
Type 3	PROFIBUS 现场总线	德国西门子（Siemens）公司
Type 4	P-NET 现场总线	丹麦 Process-Data Sikebory Aps 公司
Type 5	FF HSE 现场总线	美国罗斯蒙特（Rosemount）公司
Type 6	SwiftNet 现场总线	美国波音（Boeing）公司
Type 7	World FIP 现场总线	法国阿尔斯通（Alstom）公司
Type 8	INTERBUS 现场总线	德国菲尼克斯（Phoenix Contact）公司
Type 9	FF H1 现场总线	现场总线基金会（FF）
Type 10	PROFINET 现场总线	德国西门子（Siemens）公司
Type 11	TC net 实时以太网	日本东芝（Toshiba）公司
Type 12	EtherCAT 实时以太网	德国倍福（Backhoff）公司
Type 13	Ethernet Powerlink 实时以太网	ABB，曾经奥地利的倍加莱（B&R）
Type 14	EPA 实时以太网	中国浙江大学等
Type 15	Modbus RTPS 实时以太网	法国施耐德（Schneider）公司
Type 16	SERCOS Ⅰ、Ⅱ现场总线	德国赫优讯（Hilscher）公司
Type 17	VNET/IP 实时以太网	日本横河（Yokogawa）公司

（续）

类型编号	名　　称	发起的公司
Type 18	CC-Llink 现场总线	日本三菱电机（Mitsubishi）公司
Type 19	SERCOS Ⅲ 现场总线	德国赫优讯（Hilscher）公司
Type 20	HART 现场总线	美国罗斯蒙特（Rosemount）公司

7.2　S7 通信及其应用

微课：以太网通信基础知识

7.2.1　S7 通信基础

1．S7 通信简介

S7 通信（S7 Communication）集成在每一个 SIMATIC S7/M7 和 C7 的系统中，属于 OSI 参考模型第 7 层应用层的协议，它独立于各个网络，可以应用于多种网络（MPI、PROFIBUS、工业以太网）。S7 通信通过不断地重复接收数据来保证网络报文的正确。在 SIMATIC S7 中，通过组态建立 S7 连接来实现 S7 通信。在 PC 上，S7 通信需要通过 SAPI-S7 接口函数或 OPC（过程控制用对象链接与嵌入）来实现。

OUC 通信、S7 通信和 PROFINET IO 通信的区别如下：

1）S7 通信是西门子公司产品的专用保密协议，不与第三方产品（如三菱 PLC）通信，是非实时通信。在工程实践中，西门子 PLC 之间的非实时通信常采用 S7 通信。

2）与第三方 PLC 进行以太网通信常用 OUC，是非实时通信。西门子 PLC 与第三方设备（如施耐德 PLC、国产机器人等）进行非实时以太网通信时，Modbus-TCP 经常被采用。

3）PROFINET IO 是实时通信，是开放协议，西门子 PLC 可通过此协议与西门子和第三方设备通信。

2．S7 通信指令说明

使用 GET 和 PUT 指令，通过 PROFINET 和 PROFIBUS 连接，创建 S7 CPU 通信。

（1）PUT 指令

PUT 指令可向远程 S7 CPU 中发送（写入）数据。发送（写入）数据时，远程 CPU 可处于 RUN 或 STOP 模式下。PUT 指令输入/输出参数见表 7-2。

表 7-2　PUT 指令的参数表

LAD	输入/输出	说 明
PUT Remote - Variant EN　ENO REQ　DONE ID　ERROR ADDR_1　STATUS SD_1	EN	使能
	REQ	在上升沿启动发送作业
	ID	S7 连接号
	ADDR_1	指向接收方的地址的指针。该指针可指向任何存储区
	SD_1	指向本地 CPU 中待发送数据的存储区
	DONE	上一请求已完成且没有出错后，DONE 位将保持为 TRUE 一个扫描周期时间
	STATUS	故障代码
	ERROR	是否出错：0 表示无错误，1 表示有错误

（2）GET 指令

使用 GET 指令从远程 S7 CPU 中读取数据。读取数据时，远程 CPU 可处于 RUN 或 STOP 模式下。GET 指令输入/输出参数见表 7-3。

表 7-3　GET 指令的参数表

LAD	输入/输出	说 明
GET Remote - Variant EN　ENO REQ　NDR ID　ERROR ADDR_1　STATUS RD_1	EN	使能
	REQ	通过由低到高的（上升沿）信号启动操作
	ID	S7 连接号
	ADDR_1	指向远程 CPU 中存储待读取数据的存储区
	RD_1	指向本地 CPU 中存储待读取数据的存储区
	BUSY	状态参数，可具有以下值： ● 0：发送作业尚未开始或已完成 ● 1：发送作业尚未完成，无法启动新的发送作业
	DONE	上一请求已完成且没有出错后，DONE 位将保持为 TRUE 一个扫描周期时间
	STATUS	故障代码
	NDR	新数据就绪： ● 0：请求尚未启动或仍在运行 ● 1：已成功完成任务
	ERROR	是否出错：0 表示无错误，1 表示有错误

7.2.2　两台 S7-1200 PLC 之间的 S7 通信

微课：两台 S7-1200 PLC 之间的 S7 通信

S7 通信有单边通信和双边通信两种，尤其是单边通信使用方便，在工控中十分常用，以下用一个例子介绍两台 S7-1200 PLC 之间的 S7 通信。

【例 7-1】 用两台 S7-1200 PLC 实现 S7 通信。有一台设备，由两台 CPU 1211C 控制，一台作为客户端，一台作为服务器端，要求当按下客户端上的按钮 SB1 时，启动服务器端上的采集指示灯，同时采集服务器端的模拟量，并传送到客户端，按下停止按钮 SB2 时，服务器端上的采集指示灯，停止采集服务器端的模拟量。

1. 设计电气原理图

设计电气原理图如图 7-5 所示。以太网接口 X1P1 由网线连接。

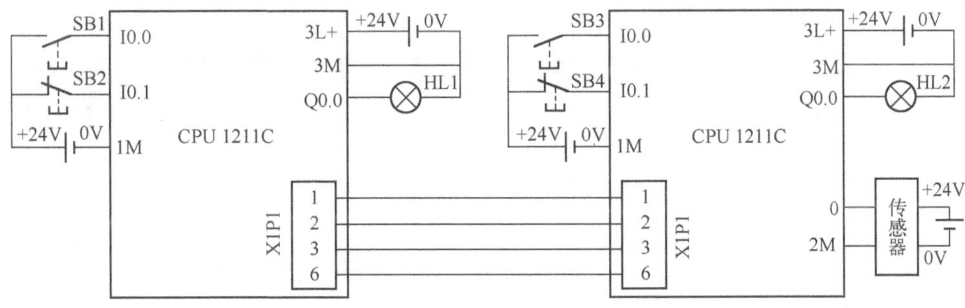

图 7-5　电气原理图

2. 硬件配置和组态

（1）软硬件配置

S7-1200 PLC 与 S7-1200 PLC 间的以太网通信用到的软硬件如下：

1）2 台 CPU 1211C。

2）1 台个人计算机（含网卡）。

3）2 根带 RJ45 接头的屏蔽双绞线（正线）。

4）1 套 TIA Portal。

（2）硬件配置（组态）和网络配置过程

1）新建项目。打开 TIA Portal，再新建项目，本例命名为“S7_1200”，再单击“项目视图”

按钮，切换到项目视图。

2）硬件配置。在 TIA Portal 软件项目视图的项目树中，双击“添加新设备”按钮，添加 CPU 模块“CPU 1211C”两次，并启用时钟存储器字节，如图 7-6 所示。

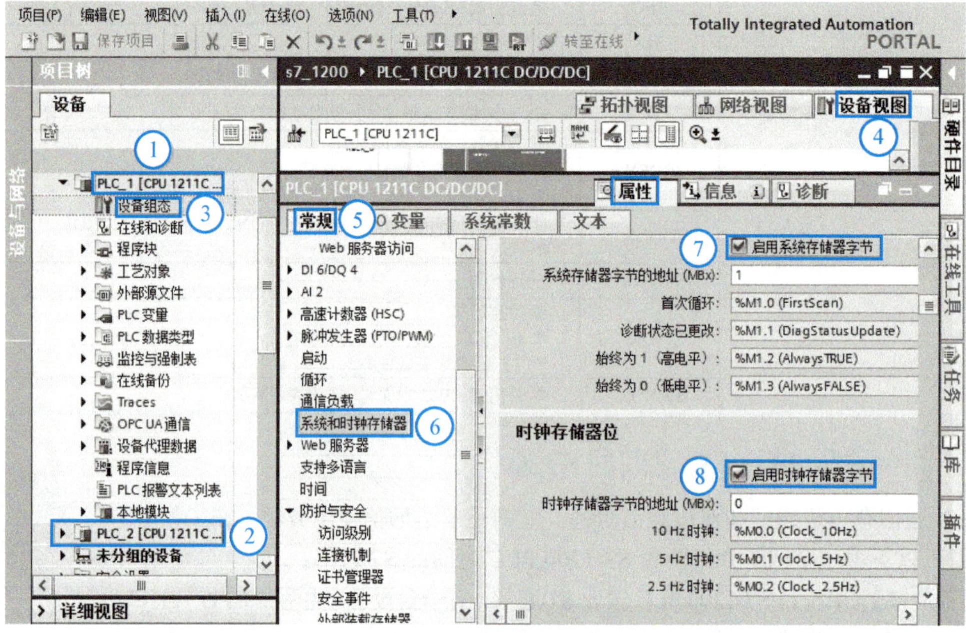

图 7-6　硬件配置

3）IP 地址设置。选中 PLC_1 的“设备视图”选项卡（标号 1 处）→CPU 1211C 模块绿色的 PN 接口（标号 2 处）→“属性”（标号 3 处）→“常规”选项卡（标号 4 处）→“以太网地址”（标号 5 处）选项，再设置 IP 地址（标号 6 处），如图 7-7 所示。

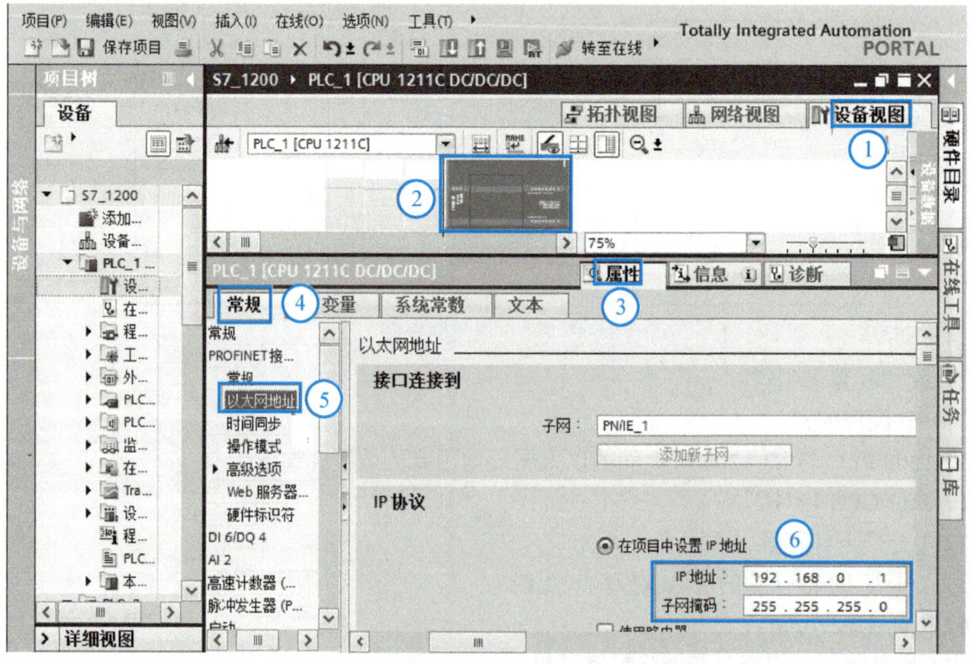

图 7-7　配置 IP 地址（客户端）

用同样的方法设置 PLC_2 的 IP 地址为 192.168.0.2。

4）调用函数块 PUT 和 GET。在 TIA Portal 软件项目视图的项目树中，打开“PLC_1”的主程序块，再选中“指令”→“S7 通信”，再将“PUT”和“GET”拖拽到主程序块，如图 7-8 所示。

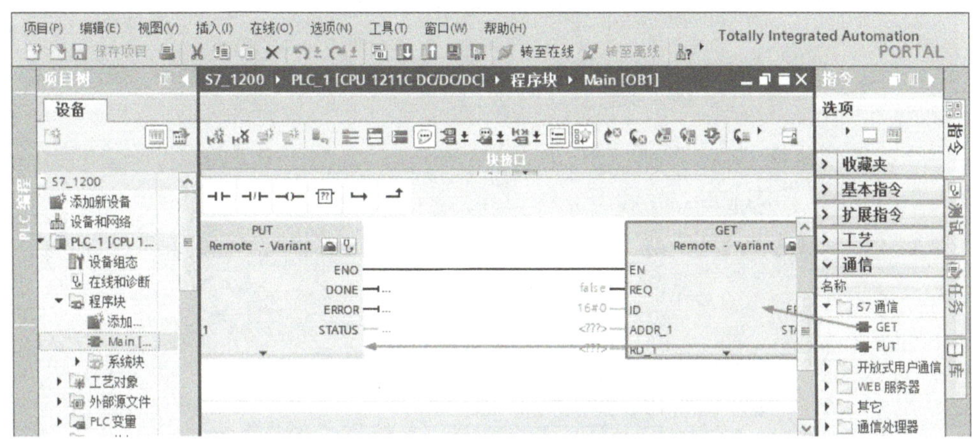

图 7-8　调用函数块 PUT 和 GET

5）配置客户端连接参数。选中“属性”→“连接参数”，如图 7-9 所示。先选择伙伴为“未知”，其余参数选择默认生成的参数。

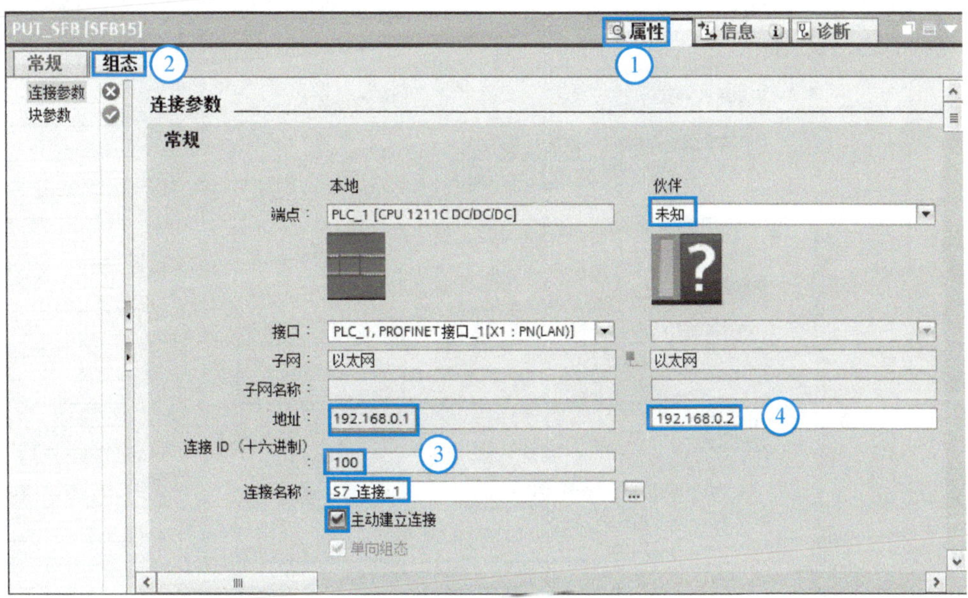

图 7-9　配置连接参数

6）配置客户端块参数。发送函数块 PUT 按照图 7-10 所示配置参数。每 1s 激活一次发送操作，每次将客户端 MB10 数据发送到伙伴站 MB10 中。接收函数块 GET 按照图 7-11 所示配置参数。每 1s 激活 10 次接收操作，每次将伙伴站 MW20 发送来的数据存储在客户端 MW20 中。

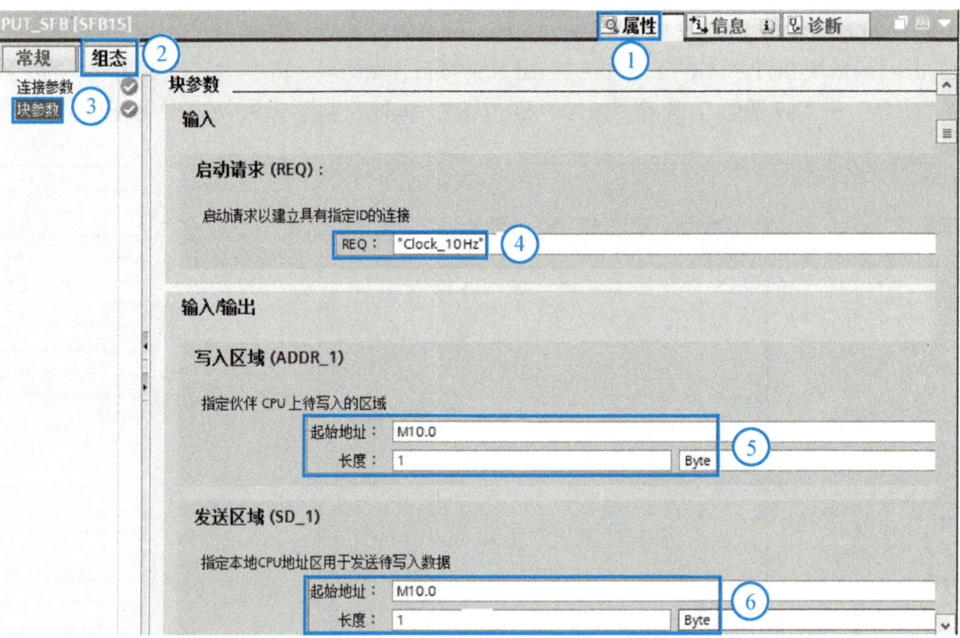

图 7-10　配置块参数（1）

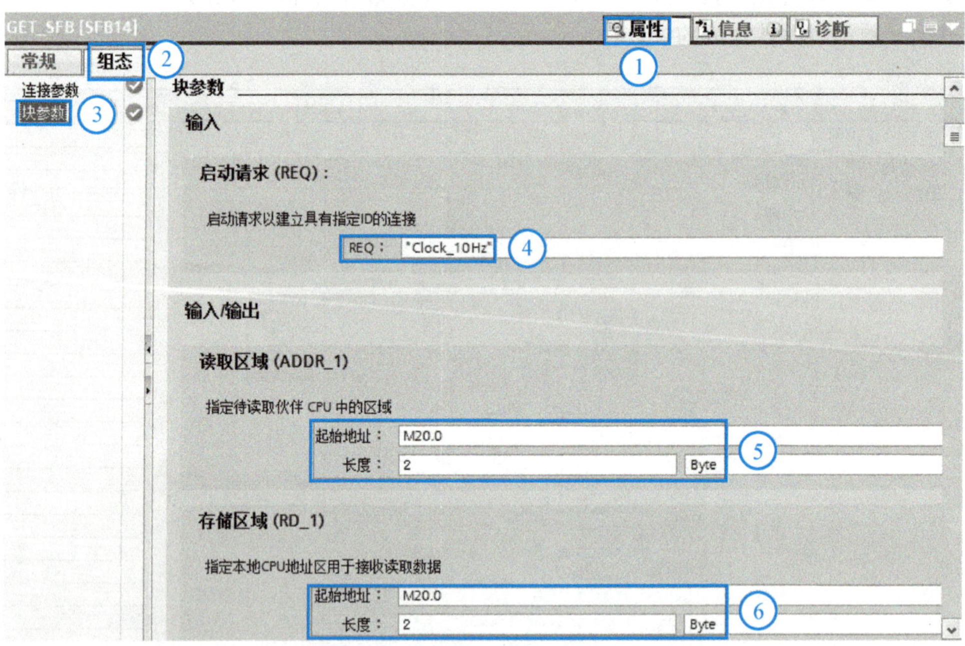

图 7-11　配置块参数（2）

7）更改连接机制。选中“属性”→“常规”→“防护与安全”→“连接机制”，如图 7-12 所示，勾选“允许来自远程对象的 PUT/GET 通信访问”选项，服务器和客户端都要进行这样的更改。

注意： 这一步很容易遗漏，如遗漏则不能建立有效的通信。

3. 编写程序

客户端的梯形图程序如图 7-13 所示，服务器的程序如图 7-14 所示，由于通信指令都在客户端，服务器端没有编写通信程序，所以这种通信方式称为单边通信。

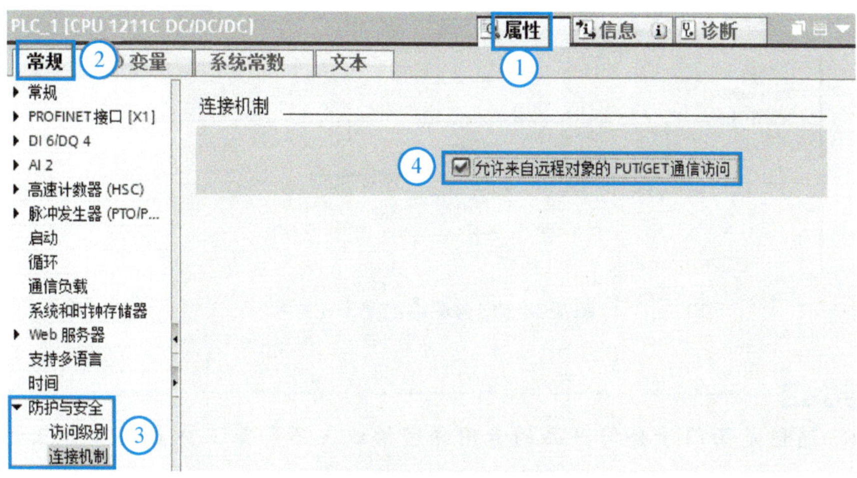

图 7-12　更改连接机制

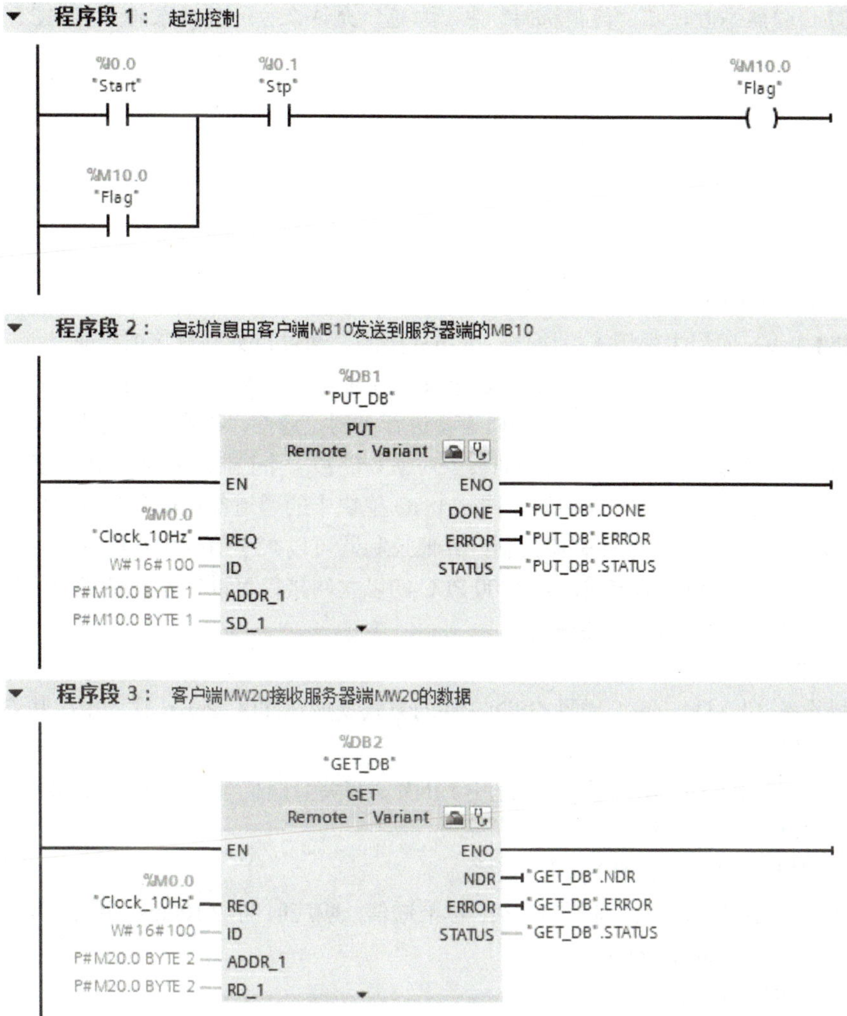

图 7-13　客户端的梯形图程序

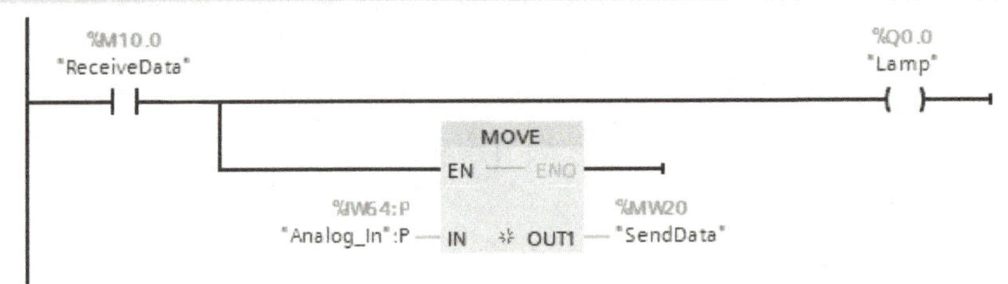

图 7-14　服务器端的梯形图程序

任务小结

① S7 通信是西门子公司产品的专用保密协议，不与第三方产品（如三菱 PLC）通信。

② S7 通信是非实时通信，当西门子产品非实时以太网通信时，S7 通信很常用。

③ S7 通信组态时，在“连接机制”中“勾选”允许来自远程对象的 PUT/GET 通信访问选项，特别重要，初学者很容易忽略。

7.3　PROFINET 通信及其应用

微课：S7-1200 PLC 与分布式模块 ET200SP 之间的 PROFINET 通信

7.3.1　PROFINET IO 通信基础

1. PROFINET IO 简介

PROFINET IO 通信主要用于模块化、分布式控制，通过以太网直接连接现场设备（IO-Devices）。PROFINET IO 通信是全双工点到点方式通信。一个 IO 控制器（IO-Controller）最多可以和 512 个 IO 设备进行点到点通信，按照设定的更新时间双方对等发送数据。一个 IO 设备的被控对象只能被一个控制器控制。在共享 IO 控制设备模式下，一个 IO 站点上不同的 IO 模块、同一个 IO 模块中的通道都可以最多被 4 个 IO 控制器共享，但输出模块只能被一个 IO 控制器控制，其他控制器可以共享信号状态信息。

由于访问机制是点到点的方式，S7-1200 PLC 的以太网接口可以作为 IO 控制器连接 IO 设备，又可以作为 IO 设备连接到上一级控制器。

2. PROFINET IO 的特点

1）现场设备（IO-Devices）通过 GSD 文件的方式集成在 TIA Portal 软件中，其 GSD 文件以 XML 格式形式保存。

2）PROFINET IO 控制器可以通过 IE/PB LINK（网关）连接到 PROFIBUS-DP 从站。

3. PROFINET IO 三种执行水平

（1）非实时数据通信（NRT）

PROFINET 是工业以太网，采用 TCP/IP 标准通信，响应时间为 100ms，用于工厂级通信。组态和诊断信息、上位机通信时可以采用。

（2）实时（RT）通信

对于现场传感器和执行设备的数据交换，响应时间约为 5～10ms 的时间（DP 满足）。PROFINET 提供了一个优化的、基于第二层的实时通道，解决了实时性问题。

PROFINET 的实时数据优先级传递，标准的交换机可保证实时性。

（3）等时同步实时（IRT）通信

在通信中，对实时性要求最高的是运动控制。100 个节点以下要求响应时间是 1ms，抖动误差不大于 1μs。等时数据传输需要特殊交换机（如 SCALANCE X-200 IRT）。

4. PROFINET 的分类

PROFINET 分为 PROFINET IO 和 PROFINET CBA，PROFINET IO 在广泛使用，PROFINET CBA 已趋于淘汰，S7-1200/1500 不再支持。

7.3.2　S7-1200 PLC 与分布式模块 ET200SP 之间的 PROFINET 通信

以下用一个例子来介绍 S7-1200 PLC 与分布式模块 ET200SP 之间的 PROFINET 通信。

【例 7-2】 用 S7-1200 PLC 与分布式模块 ET200SP，实现 PROFINET 通信。某系统的控制器有 CPU 1211C、IM155-6PN 和 DQ 8 组成，要用 CPU 1211C 上的 2 个按钮控制远程站上的一台电动机的起停。

解： 首先设计电气原理图。本例用到的软硬件如下：

视频：ET200SP 模块的安装

① 1 台 CPU 1211C。

② 1 台 IM155-6PN。

③ 1 台 DQ 8。

④ 1 台个人计算机（含网卡）。

⑤ 1 套 TIA Portal。

⑥ 1 根带 RJ45 接头的屏蔽双绞线（正线）。

电气原理图如图 7-15 所示。以太网接口 X1P1 由网线连接。

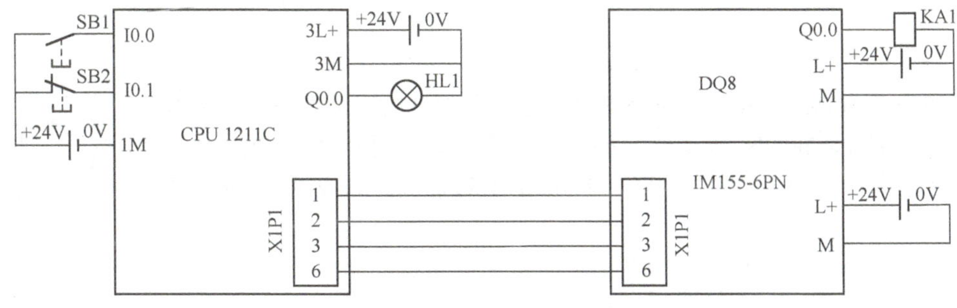

图 7-15　电气原理图

接下来进行硬件组态。前面的例子多采用离线硬件组态，本例采用在线硬件组态。具体步骤如下：

1）新建项目，添加 CPU 模块。打开 TIA Portal 软件，新建项目，本例命名为“ET200SP”，在“项目视图”中，双击“添加新设备”按钮，弹出如图 7-16 所示界面。在线组态，“检测”出 CPU 1211C，如图 7-17 所示。

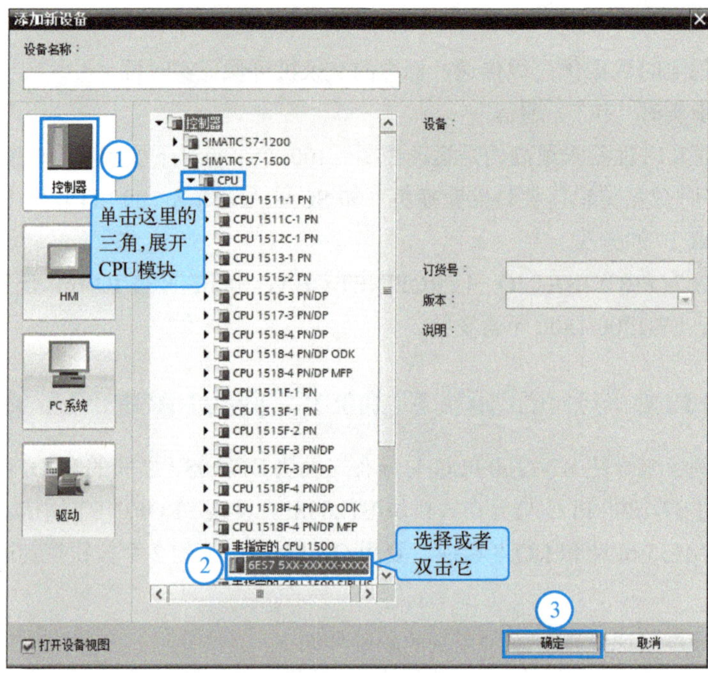

图 7-16　添加 CPU 模块（1）

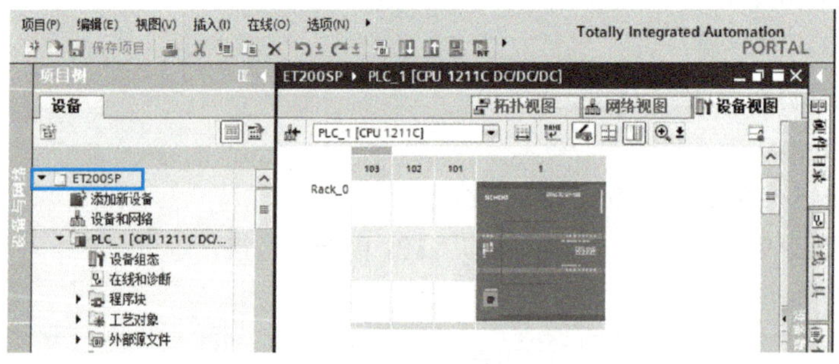

图 7-17　添加 CPU 模块（2）

2）在线组态 IM155-6PN 和 DQ 8 模块。选中菜单栏的“在线”→“硬件检测”，单击“网络中的 PROFINET 设备...”，如图 7-18 所示。弹出如图 7-19 所示的界面，按图设置，单击“添加设备”按钮，ET200SP 被添加到网络视图中，如图 7-20 所示。

视频：ET200SP 模块的拆卸

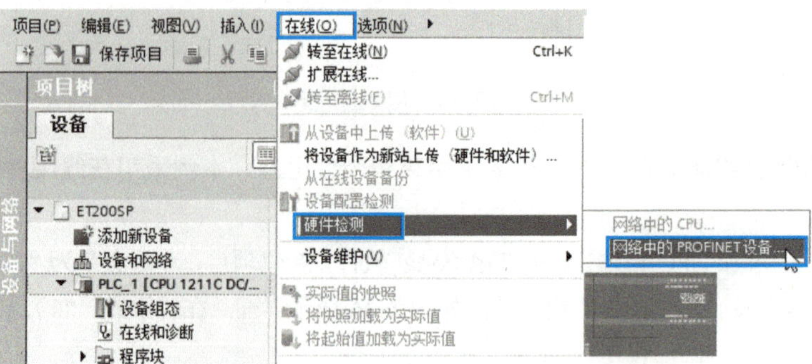

图 7-18　插入 IM155-5PN 模块

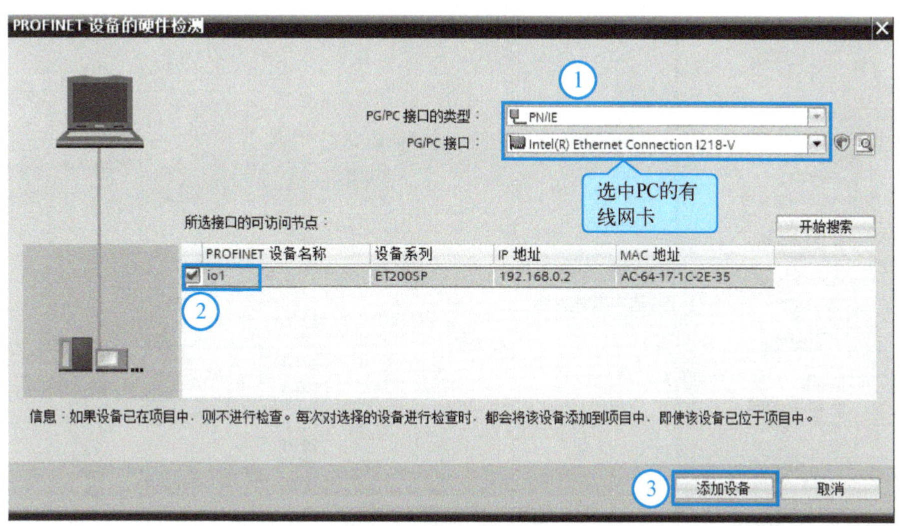

图 7-19　插入 IM155-6PN 模块

3）建立 IO 控制器（本例为 CPU 模块）与 IO 设备站的连接。选中“网络视图”（1 处）选项卡，再用鼠标把 PLC_1 的 PN 口（2 处）选中并按住不放，拖拽到 IO1 的 PN 口（3 处）松开鼠标，如图 7-20 所示。

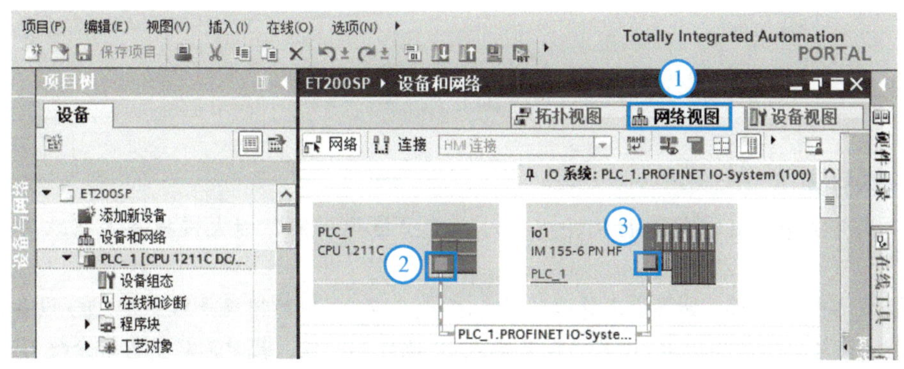

图 7-20　建立 IO 控制器与 IO 设备站的连接

4）分配 IO 设备名称和 IP 地址。由于本例是在线组态，分布式模块的实际 IP 和名称与组态是一致的，所以不需要分配 IO 设备名称和 IP 地址。如果是离线组态，则需要分布式模块的实际 IP 和名称与组态修改成一致。

修改 IO 设备 IP 地址的方法是：在项目树中选中“在线访问”→“读者 PC 的有线网卡”→“IO 设备（本例为 IO1）”，双击“在线和诊断”，在“IP 地址”中输入需要修改的 IP 地址，本例为“192.168.0.3”，单击“分配 IP 地址”即可，如图 7-21 所示。分配 PROFINET 设备名称的方法类似。

只需要在 IO 控制器（CPU 模块）中编写程序，如图 7-22 所示，而此 IO 设备 ET200SP 中，并不需要编写程序。

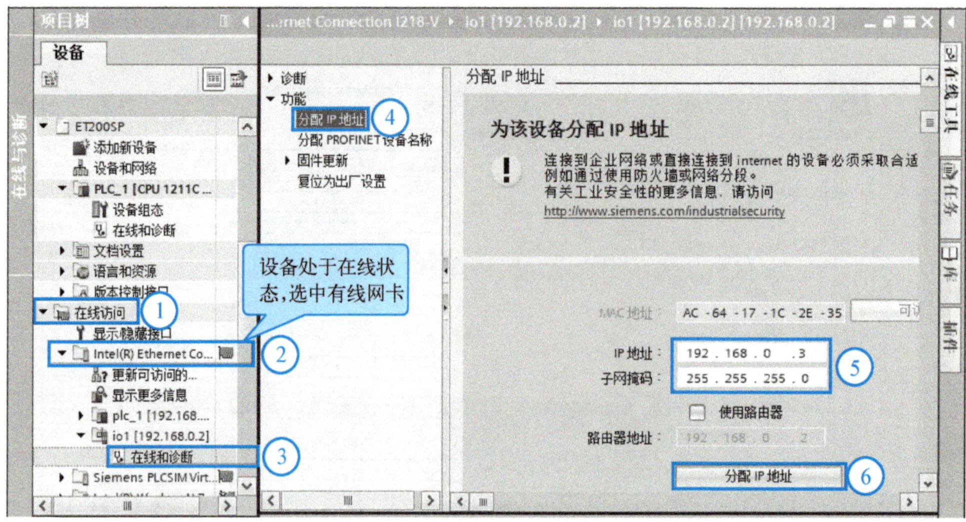

图 7-21　分配 IO 设备 IP 地址

程序段 1：

%I0.0 "Start"　%I0.1 "Stp"　%Q1.0 "Lamp"

%Q1.0 "Lamp"

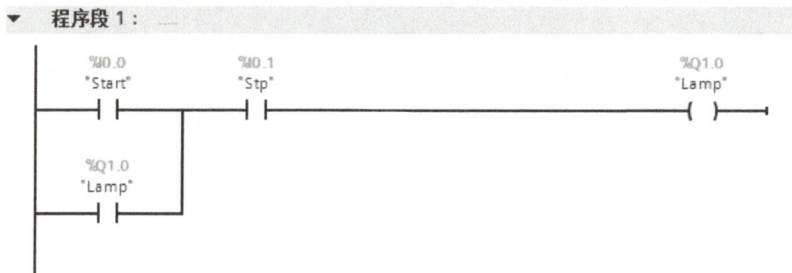

图 7-22　IO 控制器中的程序

任务小结

① 用 TIA Portal 软件进行硬件组态时，使用拖拽功能，能大幅提高工程效率，必须学会。

② 在下载程序后，如果发现总线故障（BF 灯红色），一般情况是组态时，IO 设备的设备名或 IP 地址与实际设备的 IO 设备的设备名或 IP 地址不一致。此时，需要重新分配 IP 地址或设备名。

③ 分配 IO 设备的设备名和 IP 地址，应在线完成，也就是说必须有在线的硬件设备。

7.4　Modbus 通信及其应用

微课：S7-1200 PLC 的 Modbus 通信

7.4.1　Modbus 通信介绍

1．Modbus 通信协议简介

Modbus 是 MODICON 公司（莫迪康公司，现已并入施耐德公司）于 1979 年开发的一种通信协议，是一种工业现场总线协议标准。1996 年施耐德公司推出了基于以太网 TCP/IP 的 Modbus 协议，即 Modbus-TCP。

Modbus 协议是一项应用层报文传输协议，包括 Modbus-ASCII、Modbus-RTU、Modbus-TCP 三种报文类型，协议本身并没有定义物理层，只是定义了控制器能够认识和使用的消息结构，而不管它们是经过何种网络进行通信的。

标准的 Modbus 协议物理层接口有 RS-232、RS-422、RS-485 和以太网口。采用 Master/Slave（主/从）方式通信。

Modbus 在 2004 年成为我国国家标准。

Modbus-RTU 的协议的帧规格如图 7-23 所示。

地址字段	功能代码	数据	出错检查 (CRC)
1个字节	1个字节	0~252个字节	2个字节

图 7-23　Modbus-RTU 的协议的帧规格

2. S7-1200 PLC 支持的协议

S7-1200 CPU 模块的 PN/IE 接口（以太网口，如图 7-24 所示）支持用户开放通信（含 Modbus-TCP、TCP、UDP、ISO、ISO_on_TCP 等）、PROFINET 和 S7 通信协议等。

CM1241 模块的串口如图 7-24 所示，支持 Modbus-RTU、自由口通信和 USS 通信协议等。

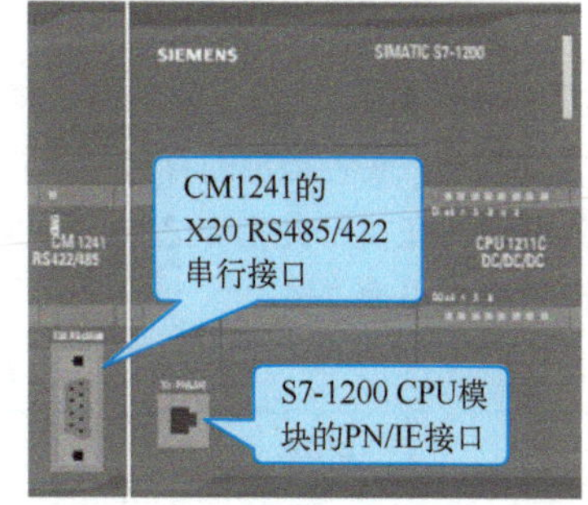

图 7-24　S7-1200 PLC 的通信接口

7.4.2　Modbus 通信指令

1. Modbus_Comm_Load 指令

Modbus_Comm_Load 指令用于 Modbus RTU 协议通信的端口的初始化，即设置端口的奇偶校验和波特率。Modbus RTU 端口硬件选项：最多安装三个 CM（RS-485 或 RS-232）及一个 CB（RS-485）。主站和从站都要调用此指令，Modbus_Comm_Load 指令输入/输出参数见表 7-4。

表 7-4　Modbus_Comm_Load 指令的输入/输出参数

LAD	输入/输出	说　明
MB_COMM_LOAD: EN, REQ, PORT, BAUD, PARITY, FLOW_CTRL, RTS_ON_DLY, RTS_OFF_DLY, RESP_TO, MB_DB; ENO, DONE, ERROR, STATUS	EN	使能
	REQ	上升沿时信号启动操作
	PORT	硬件标识符
	PARITY	奇偶校验选择： ● 0-无 ● 1-奇校验 ● 2-偶校验
	MB_DB	对 Modbus_Master 或 Modbus_Slave 指令所使用的背景数据块的引用
	DONE	上一请求已完成且没有出错后，DONE 位将保持为 TRUE 一个扫描周期时间
	STATUS	故障代码
	ERROR	是否出错；0 表示无错误，1 表示有错误

2. Modbus_Master 指令

Modbus_Master 指令是 Modbus 主站指令，用于访问一个或多个 Modbus 从站设备中的数据。在执行此指令之前，要执行 Modbus_Comm_Load 指令组态端口。Modbus_Master 指令输入/输出参数见表 7-5。

表 7-5　Modbus_Master 指令的输入/输出参数

LAD	输入/输出	说　明
MB_MASTER EN　ENO REQ　DONE MB_ADDR　BUSY MODE　ERROR DATA_ADDR　STATUS DATA_LEN DATA_PTR	EN	使能
	MB_ADDR	从站站地址，有效值为 0～247
	MODE	模式选择：0-读，1-写
	DATA_ADDR	从站中的起始地址，详见表 7-6
	DATA_LEN	数据长度
	DATA_PTR	数据指针：指向要写入或读取的数据的 M 或 DB 地址（未经优化的 DB 类型），详见表 7-6
	DONE	上一请求已完成且没有出错后，DONE 位将保持为 TRUE 一个扫描周期时间
	BUSY	● 0-无 Modbus_Master 操作正在进行 ● 1-Modbus_Master 操作正在进行
	STATUS	故障代码
	ERROR	是否出错：0 表示无错误，1 表示有错误

3. MB_SLAVE 指令

MB_SLAVE 指令的功能是将串口作为 Modbus 从站，响应 Modbus 主站的请求，即接收主站发送的数据，或者指定的存储区数据被主站读取。使用 MB_SLAVE 指令，要求每个端口独占一个背景数据块。在执行此指令之前，要执行 Modbus_Comm_Load 指令组态端口。MB_SLAVE 指令的输入/输出参数见表 7-6。

表 7-6　MB_SLAVE 指令的输入/输出参数

LAD	输入/输出	说　明
MB_SLAVE EN　ENO MB_ADDR　NDR MB_HOLD_REG　DR ERROR STATUS	EN	使能
	MB_ADDR	从站站地址，有效值为 0～247
	MB_HOLD_REG	保持存储器数据块的地址
	NDR	新数据是否准备好：0 表示无数据，1 表示主站有新数据写入
	DR	读数据标志：0 表示未读数据，1 表示主站读取数据完成
	STATUS	故障代码
	ERROR	是否出错：0 表示无错误，1 表示有错误

学习小结

① 得益于免费和开放的优势，Modbus 通信协议在我国比较常用，尤其在仪表中，Modbus-RTU 很常用，此外多数国产的 PLC 支持 Modbus-RTU 通信协议。

② 在工业以太网通信中，Modbus-TCP 的占有率也名列前茅。

7.4.3　S7-1200 PLC 与温度仪表之间的 Modbus-RTU 通信

微课：S7-1200 PLC 与温度仪表之间的 Modbus-RTU 通信

【例 7-3】　要求用 S7-1200 PLC 和温度仪表（型号 KCMR-91W），采用 Modbus-RTU 通信，用串行通信模块采集温度仪表的实时温度值。

1. 设计电气原理图

本任务用到的软硬件如下：

① 1 台 CPU 1211C。

② 1 台 CM1241（RS-485/422 端口）。

③ 1 台 KCMR-91W 温度仪表（配 RS-485 端口，支持 Modbus-RTU 协议）。

④ 1 根带 PROFIBUS 接头的屏蔽双绞线。

⑤ 1 套 TIA Portal。

电气原理图如图 7-25 所示，采用 RS-485 的接线方式，通信电缆需要两根屏蔽线缆，CM1241 模块侧需配置 PROFIBUS 接头，CM1241 模块无须接电源。温度仪表需要接 AC 220V 电源。

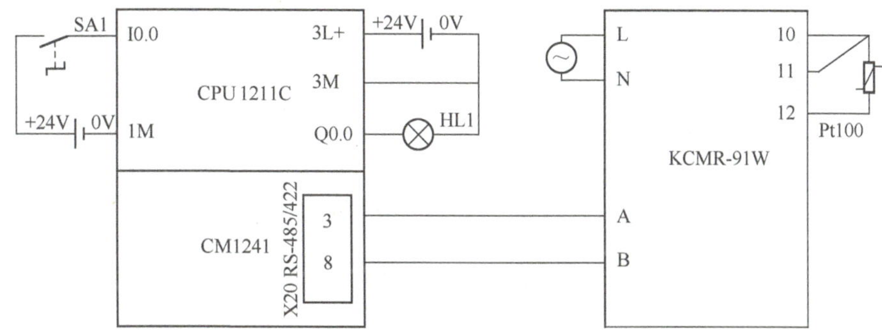

图 7-25　电气原理图

2. 温度仪表器介绍

KCMR-91W 温度仪表有测量实时温度、报警、PID 运算和 Modbus-RTU 通信等功能，本例只使用仪表的温度测量功能，并将温度实时测量值传送到 PLC 中。

KCMR-91W 温度仪表默认的 Modbus 地址是 1；默认的波特率是 9600bit/s；默认 8 位传送、1 位停止位、无奇偶校验；当然这些通信参数是可以重新设置的，本例不修改。

KCMR-91W 温度仪表的测量值寄存器的绝对地址是 16#1001（十六进制数），对应西门子 PLC 的保持寄存器地址是 44098（十进制），这个地址在编程时要用到。这个地址由仪表厂家定义，不同厂家有不同地址。

KCMR-91W 温度仪表发送给 PLC 的测量值是乘 10 的数值，因此 PLC 接收到的数值必须除 10，编写程序时应注意这一点。

3. 编写控制程序

1）新建项目。先打开 TIA Portal 软件，再新建项目，本例命名为“Modbus_RTU”，接着单击“项目视图”按钮，切换到项目视图。

2）硬件配置。在 TIA Portal 软件项目视图的项目树中，双击“添加新设备”按钮，先添加 CPU 模块“CPU 1211C”，并启用时钟存储器字节和系统存储器字节，如图 7-26 所示。

3）在主站中，创建数据块 DB。在项目树中，选择“Master_RTU”→“程序块”→“添加新块”，选中“DB”，单击“确定”按钮，新建空数据块 DB1，再在 DB 中创建 ReceiveData 和 RealValue，如图 7-27 所示，注意数据类型。

在项目树中，如图 7-28 所示，选择“Master_RTU”→“程序块”→“DB”，单击鼠标右键，在弹出的快捷菜单中单击“属性”选项，打开“属性”界面，如图 7-29 所示，选择“属性”选项，去掉“优化的块访问”前面的对号“√”，也就是把块变成非优化访问。

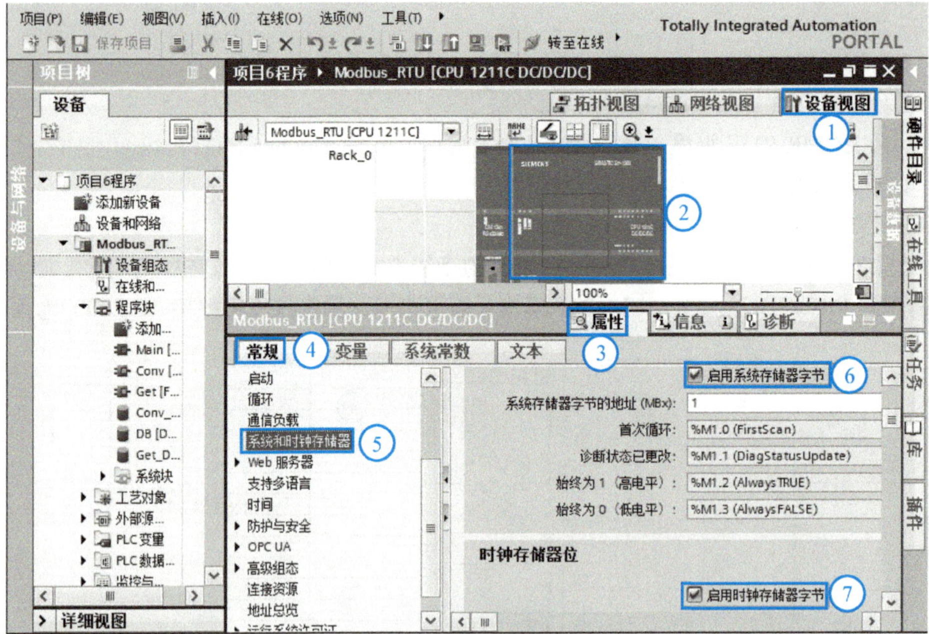

图 7-26　硬件配置

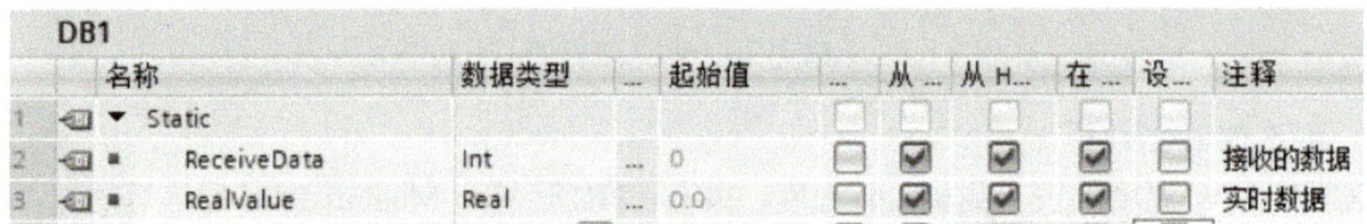

DB1

	名称	数据类型	...	起始值	...	从 ...	从 H...	在 ...	设...	注释
1	▼ Static				☐	☐	☐	☐	☐	
2	■ ReceiveData	Int	...	0	☐	☑	☑	☑	☐	接收的数据
3	■ RealValue	Real	...	0.0	☐	☑	☑	☑	☐	实时数据

图 7-27　在主站 Master 中，创建数据块 DB1

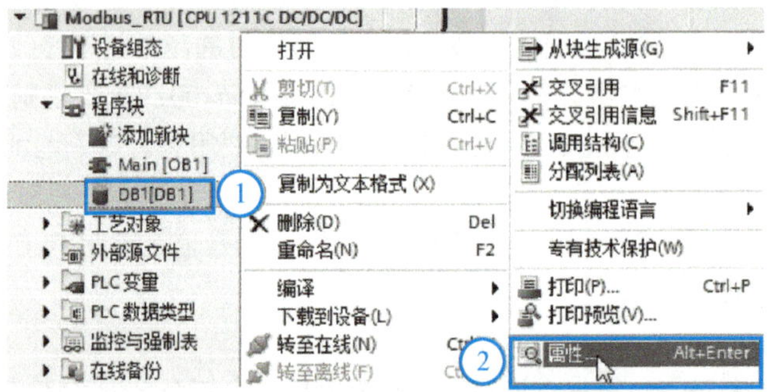

图 7-28　打开 DB1 的属性

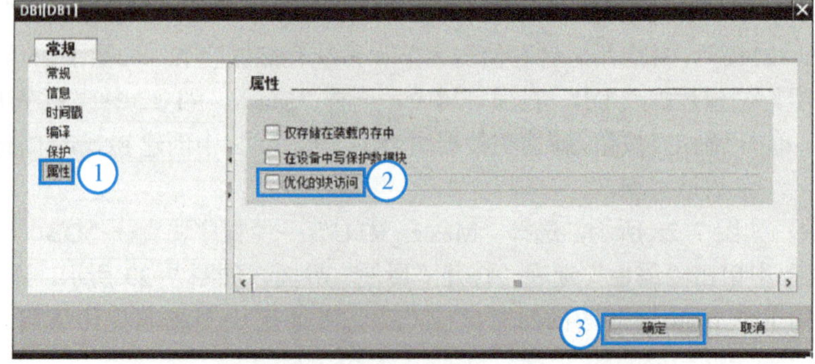

图 7-29　修改 DB1 的属性

4）编写主站的程序。编写主站的 OB1 中的梯形图程序如图 7-30 所示。编程前，要在参数表创建 Real 类型的临时变量#Temp1，当然程序中的#Temp1 可以用 MD10 代替。

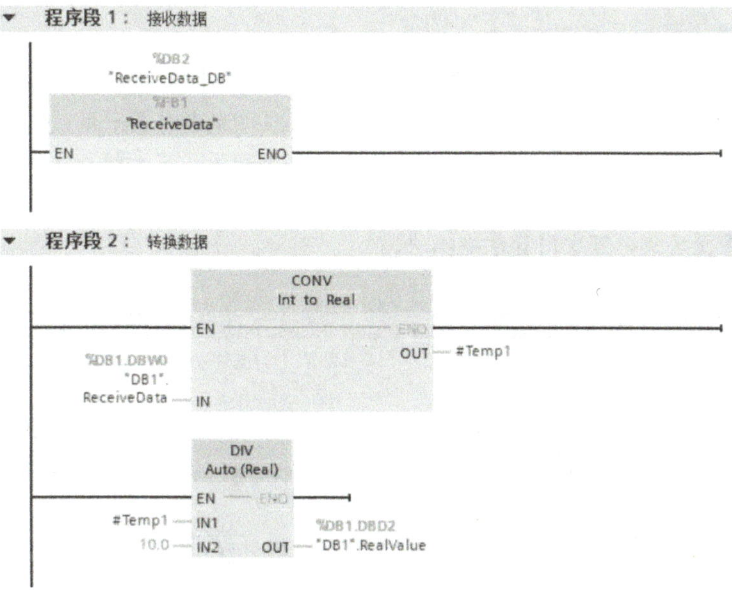

图 7-30　OB1 中的梯形图程序

编写 FB1 的程序如图 7-31 所示，程序段 1 的主要作用是初始化，只要温度仪表的通信参数不修改，则此程序只需要运行一次，此外要注意，波特率和奇偶校验与 CM1241 模块的硬件组态和温度仪表的应一致，否则通信不能建立。

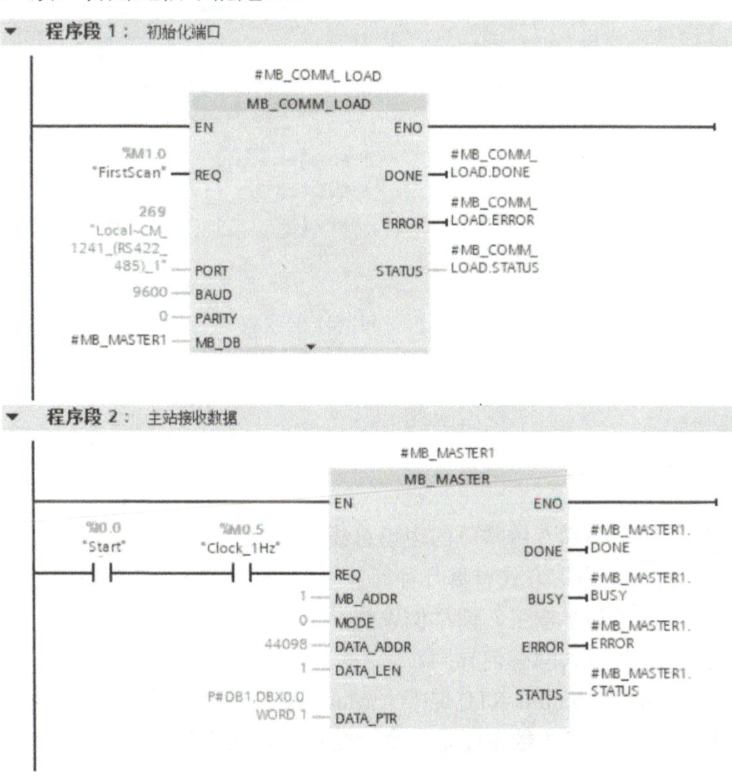

图 7-31　FB1 中的梯形图程序

程序段 2 主要是读取数据，按一次按钮即可读入到数组 ReceiveData 中，温度仪表的站地址必须与程序中一致，默认为 1，可以用仪表按键修改。

任务小结

① 特别注意：如图 7-32 所示的硬件组态中要组态为“半双工”，因为温度仪表的信号线是 2 根（RS-485）；波特率为 9.6kbit/s，偶校验与图 7-31 中的程序要一致，仪表的波特率也应设置为 9.6kbit/s。所以硬件组态、程序和温度仪表都要一致（三者统一），这一点是非常重要的。

② 采用多重实例，可少用背景数据块。

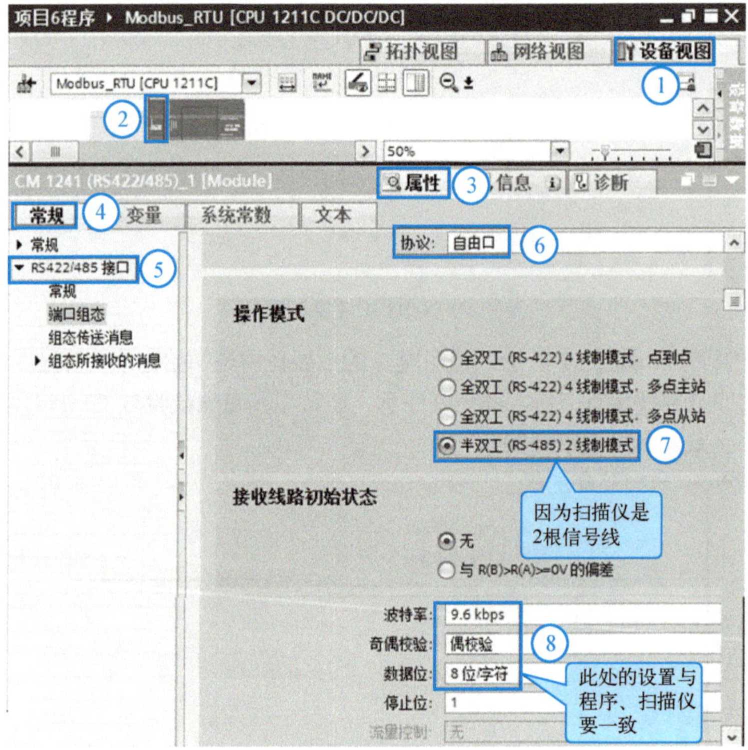

图 7-32　CM1241 的组态

作业

一、问答题

1．什么是现场总线？列举 5 种常见的现场总线。

2．西门子 PLC 的常见通信方式有哪几种？

3．什么是双工、单工和半双工？请举例说明。

4．商用以太网和工业以太网有何异同？

5．S7-1200 PLC 进行 Modbus-RTU 通信，Modbus-RTU 地址为 40001～40015，对应数据块 DB1 的数据区是多少？对应 M 的数据区是多少？提示：答案不唯一。

拓展内容：
S7-1200 PLC 之间的 TCP 通信

拓展内容：
S7-1200 PLC 与 ET200M 之间的 PROFIBUS-DP 通信

拓展内容：
S7-1200 PLC 与 G120 变频器之间的 PROFINET 通信

二、单选题

1．在通信中下列选项中说法错误的是（　　）。

A．单工是指只能实现单向传送数据的通信方式

B．双工是指数据可以双向传送，同一时刻既能发送数据也能接收数据，RS-485 就是“双工”通信模式

C．“双工”通信方式通常需要两对双绞线连接，通信成本较高

D．半双工指数据可以进行双向传送，同一时刻只能发送数据或接收数据

2．以太网双绞线的最大通信距离是（　　）。

A．1200m　　B．15m　　C．2000m　　D．100m

3．Modbus-RTU 总线的物理层是（　　）。

A．RS-485　　B．RS-232C　　C．A 或 B　　D．USB

4．S7-1200 的 PN 口内置的通信协议不包含（　　）。

A．PROFINET　　B．Modbus-TCP

C．Modbus-RTU　　D．S7

5．以下几种通信协议不属于以太网范畴的是（　　）。

A．PROFINET

B．Modbus-TCP

C．EtherNet/IP

D．PROFIBUS

6．以下通信属于实时通信的是（　　）。

A．PROFINET IO　　B．TCP

C．S7　　D．USS

7．以下通信属于主从通信的是（　　）。

A．Modbus-RTU　　B．TCP

C．S7　　D．UDP

8．RS-485 双绞线的最大通信距离是（　　）。

A．1200m　　B．15m

C．2000m　　D．100m

三、编程题

1．有两台 CPU 1212C，一台为客户端，一台为服务器端，采用 S7 通信，每秒 10 次从客户端向服务器端发送 10 个字，要求组态硬件，并编写控制程序。

2．有两台 CPU 1212C，一台为主站，一台为从站，采用 Modbus-RTU 通信，每秒 10 次从主站向从站发送 10 个字，要求组态硬件，并编写控制程序。

3．控制系统由 S7-1200 PLC 与分布式模块 ET200SP 组成，通信方式是 PROFINET IO，要求编写程序实现将 S7-1200 PLC 上 MW10 中的数据，传送到分布式模块 ET200SP 上的 QW10。

第 8 章　S7-1200 PLC 的高速输出及其应用

学习本章要掌握如下知识和技能：掌握利用 PLC 的高速输出点控制步进驱动系统的速度控制和位置控制，PLC 控制脉冲型伺服驱动系统的方法与控制步进驱动系统类似。

8.1　步进驱动系统的结构和工作原理

8.1.1　步进电动机简介

步进电动机是一种将电脉冲转化为角位移的执行机构，是一种专门用于速度和位置精确控制的特种电动机，它的旋转是以固定的角度（称为步距角）一步一步运行的，故称步进电动机。一般电动机是连续旋转的，而步进电动机的转动是一步一步进行的。每输入一个脉冲电信号，步进电动机就转动一个角度。通过改变脉冲频率和数量，即可实现调速和控制转动的角位移大小，具有较高的定位精度，其最小步距角可小于 0.75°，转动、停止、反转反应灵敏、可靠，在开环数控系统中得到了广泛的应用。步进电动机的外形如图 8-1 所示。

图 8-1　步进电动机外形图

1．步进电动机的分类

步进电动机可分为永磁式步进电动机、反应式步进电动机和混合式步进电动机。还有其他的分类方法。

2．步进电动机的重要参数

（1）步距角

它表示控制系统每发一个步进脉冲信号，电动机所转动的角度。电动机出厂时给出了一个步距角的值，这个步距角可以称之为“电动机固有步距角”，它不一定是电动机实际工作时的真正步距角，真正的步距角和驱动器有关。步距角满足如下公式：

$$\beta = 360^\circ / ZKm$$

其中，Z 为转子齿数；m 为定子绕组相数；K 为通电系数，当前后通电相数一致时 K=1，否则 K=2。

由此可见，步进电动机的转子齿数 Z 和定子相数（或运行拍数）越多，则步距角越小，控制越精确。

（2）相数

步进电动机的相数是指电动机内部的线圈组数，或者说产生不同对极 N、S 磁场的励磁线圈对数。常用 m 表示。目前常用的有二相、三相、四相、五相、六相和八相等步进电动机。电动机相数不同，其步距角也不同，一般二相电动机的步距角为 0.9°/1.8°、三相的为 0.75°/1.5°、五相的为 0.36°/0.72°。在没有细分驱动器时，用户主要靠选择不同相数的步进电动机来满足自己步距角的要求。如果使用细分驱动器，则“相数”将变得没有意义，用户只需在驱动器上改变细分数，就可以改变步距角。

（3）拍数

完成一个磁场周期性变化所需脉冲数或导电状态用 n 表示，或指电动机转过一个齿距角所需脉冲数。以四相电动机为例，有四相四拍运行方式即 AB-BC-CD-DA-AB，四相八拍运行方式即 A-AB-B-BC-C-CD-D-DA-A。步距角对应一个脉冲信号，电动机转子转过的角位移用θ表示。θ= 360°（转子齿数 J 运行拍数），以常规二、四相，转子齿为 50 齿电动机为例。四拍运行时步距角为θ=360°/（50×4）=1.8°（俗称整步），八拍运行时步距角为θ=360°/（50×8）=0.9°（俗称半步）。

（4）保持转矩（Holding Torque）

保持转矩是指步进电动机通电但没有转动时，定子锁住转子的力矩。它是步进电动机最重要的参数之一，通常步进电动机在低速时的力矩接近保持转矩。由于步进电动机的输出力矩随速度的增大而不断衰减，输出功率也随速度的增大而变化，所以保持转矩就成为衡量步进电动机性能最重要的参数之一。比如，当人们说 2N·m 的步进电动机时，在没有特殊说明的情况下是指保持转矩为 2N·m 的步进电动机。

（5）失步

电动机运转时的步数，不等于理论上的步数，即为失步。

微课：步进驱动系统的工作原理及其接线

8.1.2　步进电动机的结构和工作原理

1．步进电动机的构造

步进电动机由转子（转子、永磁体、转轴、滚珠轴承），定子（绕组、定子），前后端盖等组成。最典型的两相混合式步进电动机的定子有 8 个大齿和 40 个小齿，转子有 50 个小齿；三相电动机的定子有 9 个大齿和 45 个小齿，转子有 50 个小齿。步进电动机构造图如图 8-2 所示。步进电动机的定子如图 8-3 所示，步进电动机的转子如图 8-4 所示。

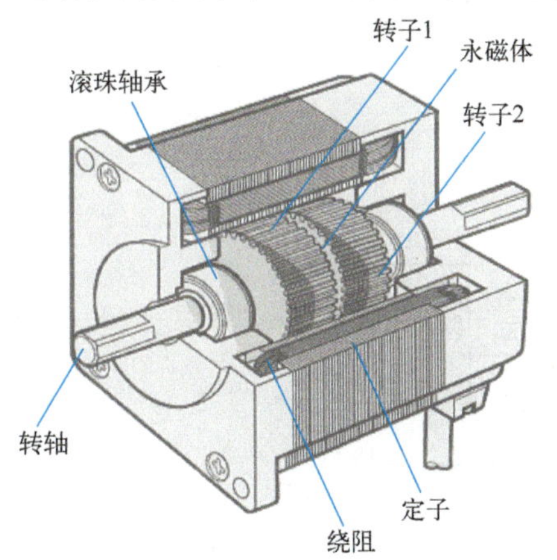

图 8-2　步进电动机构造图

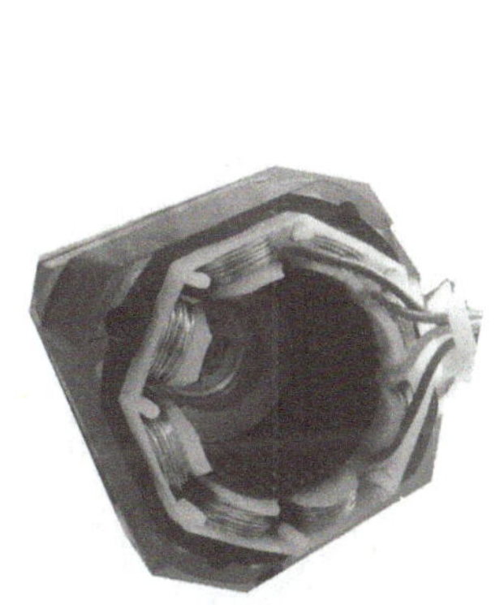
图 8-3　步进电动机的定子

图 8-4　步进电动机的转子

步进电动机的机座号主要有 35、39、42、57、86 和 110 等。

2．步进电动机的工作原理

如图 8-5 所示是步进电动机的原理图，假设转子只有 2 个齿，而定子只有 4 个齿。当给 A 相通电时，定子上产生一个磁场，磁场的 S 极在上方，而转子是永久磁铁，转子磁场的 N 极在上方，由于图中定子 A 相 S 极和转子的 N 极相吸引，所以定子 S 极和转子 N 极对齐（同理定子 N 极和转子的 S 极也相吸引），因此转子没有切向力，转子静止。接着，A 相绕组断电，定子的 A 相磁场消失，给 B 相绕组通电时，B 相绕组产生的磁场，将转子的位置吸引到 B 相的位置，因此转子齿偏离定子齿一个角度，也就是带动转子转动。

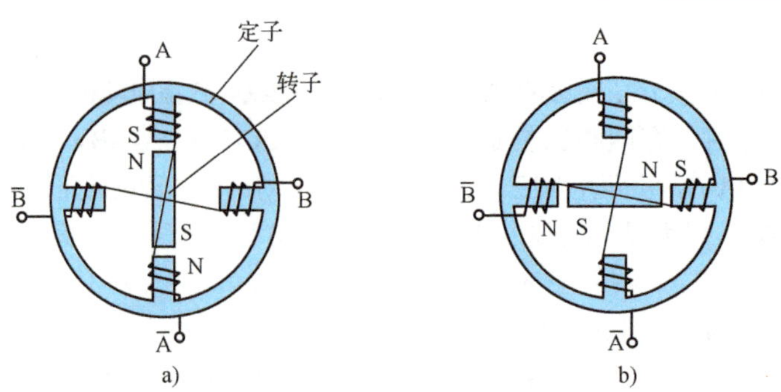

图 8-5 步进电动机的原理图

8.1.3 步进驱动器的工作原理

步进驱动器的外形如图 8-6 所示。步进驱动器是一种能使步进电动机运转的功率放大器，能把控制器发来的脉冲信号转化为步进电动机的角位移，电动机的转速与脉冲频率成正比，所以控制脉冲频率可以精确调速，控制脉冲数就可以精确定位。一个完整的步进驱动系统如图 8-7 所示。控制器（通常是 PLC）发出脉冲信号和方向信号，步进驱动器接收这些信号，先进行环形分配和细分，然后进行功率放大，变成安培级的脉冲信号发送到步进电动机，从而控制步进电动机的速度和位移。可见，步进驱动器最重要的功能是环形分配和功率放大。

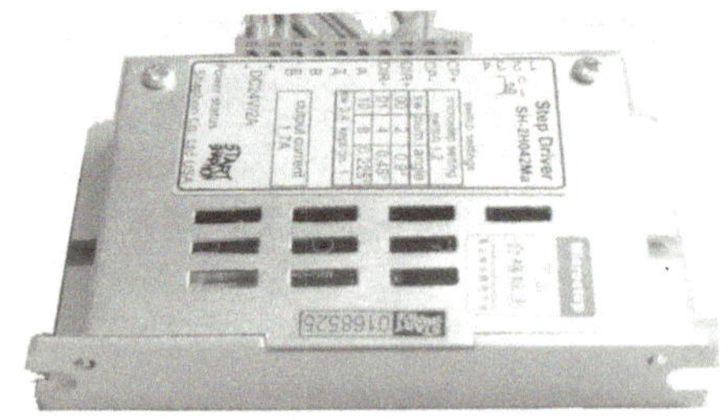

图 8-6 步进驱动器外形

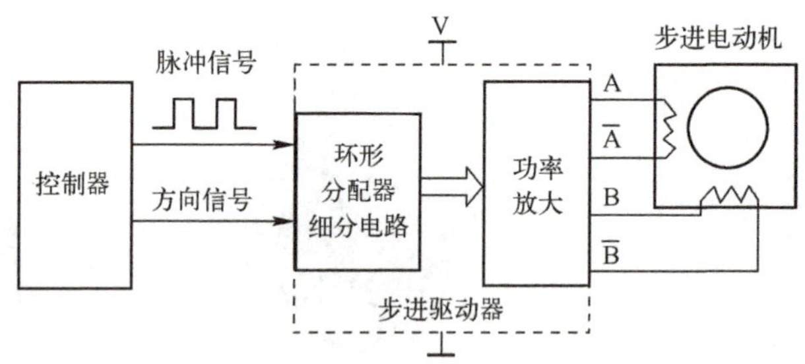

图 8-7 步进驱动系统框图

8.2 S7-1200 对步进驱动系统的速度和位置控制

8.2.1 S7-1200 PLC 运动控制指令介绍

微课：S7-1200 PLC 运动控制指令介绍

在使用运动控制指令之前，必须要启用轴，轴的运行期间，此指令必须处于开启状态，因此 MC_Power（有的资料称此指令为励磁指令）是必须使用的指令，该指令的作用是启用或者禁用轴。

1. MC_Power 使能指令介绍

轴在运动之前，必须使用使能指令，其具体参数说明见表 8-1。

表 8-1　MC_Power 使能指令的参数

LAD	SCL	输入/输出	参数的含义
MC_Power EN　ENO Axis　Status Enable　Busy StopMode　Error ErrorID ErrorInfo	"MC_Power_DB"(Axis:=_multi_fb_in_, Enable:=_bool_in_, StopMode:=_int_in_, Status=>_bool_out_, Busy=>_bool_out_, Error=>_bool_out_, ErrorID=>_word_out_ ErrorInfo=>_word_out_);	EN	使能
		Axis	已配置好的工艺对象名称
		StopMode	轴停止模式，有三种模式
		Enable	为 1 时，轴使能；为 0 时，轴停止（不是上升沿）
		Busy	标记 MC_Power 指令是否处于活动状态
		Error	标记 MC_Power 指令是否产生错误
		ErrorID	错误 ID 码
		ErrorInfo	错误信息

MC_Power 使能指令的 StopMode 含义是轴停止模式，如图 8-8 所示。详细说明如下：

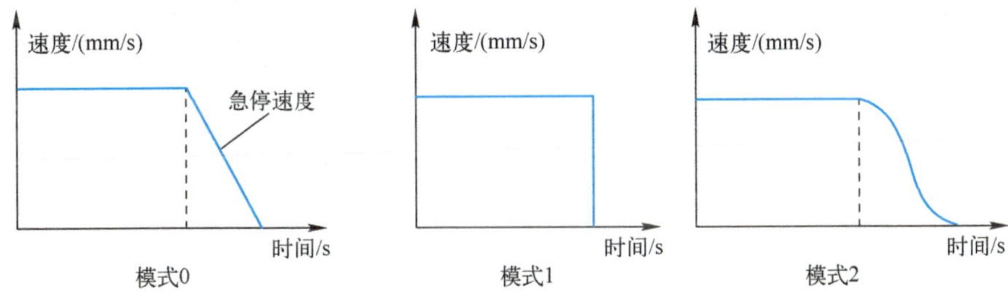

图 8-8　停机的 3 种模式

1）模式 0：紧急停止，按照轴工艺对象参数中的“急停”速度或时间来停止轴。

2）模式 1：立即停止，PLC 立即停止发脉冲。

3）模式 2：带有加速度变化率控制的紧急停止：如果用户组态了加速度变化率，则轴在减速时会把加速度变化率考虑在内，减速曲线变得平滑。

2. 在点动模式下移动轴指令 MC_MoveJog 介绍

MC_MoveJog 指令以指定的速度在点动模式下持续移动轴。该指令通常用于测试和调试。在点动模式下移动轴指令具体参数说明见表 8-2。

表 8-2　MC_MoveJog 在点动模式下移动轴指令的参数

LAD	SCL	输入/输出	参数的含义
MC_MOVEJOG EN　ENO Axis　InVelocity JogForward　Busy JogBackward　Command Aborted Velocity　Error Acceleration　ErrorId Deceleration Jerk Position Controlled	"MC_MC_MoveJog" (Axis:=_multi_fb_in, JogForward:=_bool_in_, JogBackward:=_bool_i Velocity:=_real_in_, PositionControlied:=bool_in_, Velocity=>_bool_out_, Busy=>_bool_out_, CommandAborted=>_bool_out_, Error=>_bool_out_, ErrorID=>_word_out_, ErrorInfo=>_word_out_);	EN	使能
		Axis	已配置好的工艺对象名称
		JogForward	轴就会以参数“Velocity”中指定的速度正向移动
		JogBackward	轴就会以参数“Velocity”中指定的速度反向移动
		Velocity	运动过程的速度设定值/转速设定值
		Done	1：已达到目标位置
		Busy	1：正在执行任务
		CommandAborted	1：任务在执行期间被另一任务中止

3. MC_MoveAbsolute 绝对定位轴指令

MC_MoveAbsolute 绝对定位轴块的执行需要建立参考点（伺服电动机是增量编码器），通过定义距离、速度和方向即可。当上升沿使能 Execute 后，轴按照设定的速度和绝对位置运行。绝对定位轴指令具体参数说明见表 8-3。这个指令非常常用，是必须要重点掌握的。

表 8-3　MC_MoveAbsolute 绝对定位轴指令的参数

LAD	SCL	输入/输出	参数的含义
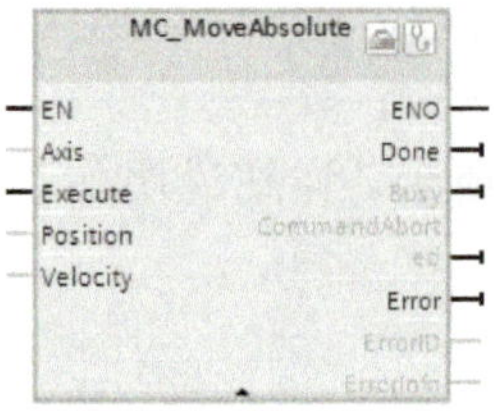	"MC_MoveAbsolute_DB"(Axis:=_multi_fb_in_, Execute:=_bool_in_, Position:=_real_in_, Velocity:=_real_in_, Done=>_bool_out_, Busy=>_bool_out_, CommandAborted=>_bool_out_, Error=>_bool_out_, ErrorID=>_word_out_, ErrorInfo=>_word_out_);	EN	使能
		Axis	已配置好的工艺对象名称
		Execute	上升沿使能
		Position	绝对目标位置
		Velocity	定义的速度 限制：启动/停止速度≤Velocity≤最大速度
		Done	1：已达到目标位置
		Busy	1：正在执行任务
		CommandAborted	1：任务在执行期间被另一任务中止

4. 停止轴指令 MC_Halt 介绍

MC_Halt 停止轴指令用于停止轴的运动，当上升沿使能 Execute 后，轴会按照已配置的减速曲线停车。停止轴块具体参数说明见表 8-4。

表 8-4　MC_Halt 停止轴指令的参数

LAD	SCL	各输入/输出	参数的含义
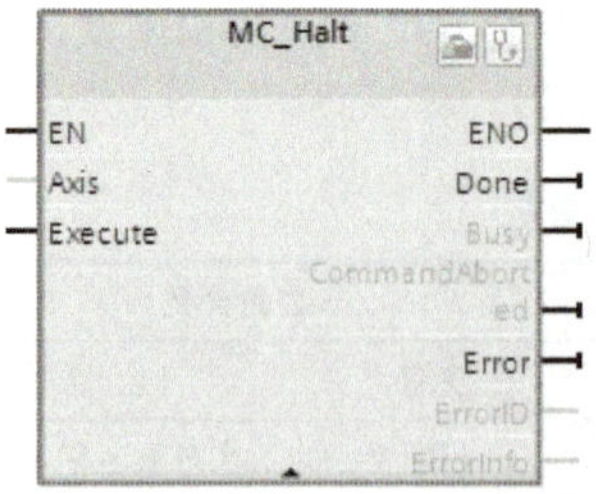	"MC_Halt_DB"(Axis:=_multi_fb_in_, Execute:=_bool_in_, Done=>_bool_out_, Busy=>_bool_out_, CommandAborted=>_bool_out_, Error=>_bool_out_, ErrorID=>_word_out_, ErrorInfo=>_word_out_);	EN	使能
		Axis	已配置好的工艺对象名称
		Execute	上升沿使能
		Done	1：速度达到零
		Busy	1：正在执行任务
		CommandAborted	1：任务在执行期间被另一任务中止

5. MC_Reset 错误确认指令介绍

如果存在一个错误需要确认，必须调用错误确认指令，进行复位，例如轴硬件超程，处理完成后，必须复位。其具体参数说明见表 8-5。

表 8-5 MC_Reset 错误确认指令的参数

LAD	SCL	输入/输出	参数的含义
MC_Reset EN ENO Axis Done Execute Busy Restart Error ErrorID ErrorInfo	"MC_Reset_DB"(Axis:=_multi_fb_in_, Execute:=_bool_in_, Restart:=_bool_in_, Done=>_bool_out_, Busy=>_bool_out_, Error=>_bool_out_, ErrorID=>_word_out_, ErrorInfo=>_word_out_);	EN	使能
		Axis	已配置好的工艺对象名称
		Execute	上升沿使能
		Restart	0：用来确认错误 1：将轴的组态从装载存储器下载到工作存储器
		Done	轴的错误已确认
		Busy	是否忙
		ErrorID	错误 ID 码
		ErrorInfo	错误信息

6. MC_Home 回参考点指令介绍

参考点在系统中有时作为坐标原点，对于运动控制系统是非常重要的。回参考点指令具体参数说明见表 8-6。

表 8-6 MC_Home 回参考点指令的参数

LAD	SCL	输入/输出	参数的含义
"MC_Home_DB" MC_Home EN ENO Axis Done Execute Busy Position CommandAborted Mode Error ErrorID ErrorInfo ReferenceMarkPosition	"MC_Home_DB"(Axis:=_multi_fb_in_, Execute:=_bool_in_, Position:=_real_in_, Mode:=_int_in_, Done=>_bool_out_, Busy=>_bool_out_, CommandAborted=>_bool_out_, Error=>_bool_out_, ErrorID=>_word_out_, ErrorInfo=>_word_out_);	EN	使能
		Axis	已配置好的工艺对象名称
		Execute	上升沿使能
		Position	Mode = 1 时：对当前轴位置的修正值 Mode = 0,2,3 时：轴的绝对位置值
		Mode	回原点的模式，共 4 种
		Done	1：任务完成
		Busy	1：正在执行任务
		ReferenceMarkPosition	显示工艺对象回原点位置

MC_Home 回参考点指令回原点模式 Mode 有 0～3 四种模式，具体介绍如下。

（1）Mode = 0 绝对式直接回原点

该模式下的 MC_Home 指令触发后轴并不运行，也不会去寻找原点开关。指令执行后的结果是：轴的坐标值直接更新成新的坐标，新的坐标值就是 MC_Home 指令的“Position”引脚的数值。例子中，“Position” =0.0mm，则轴的当前坐标值也就更新成了 0.0mm。该坐标值属于“绝对”坐标值，也就是相当于轴已经建立了绝对坐标系，可以进行绝对运动，如图 8-9 所示。

（2）Mode = 1 相对式直接回原点

与 Mode = 0 相同，以该模式触发 MC_Home 指令后轴并不运行，只是更新轴的当前位置值。更新的方式与 Mode = 0 不同，而是在轴原来坐标值的基础上加上“Position”数值后得到的坐标值作为轴当前位置的新值。如图 8-10 所示，指令 MC_Home 指令后，轴的位置值变成了 210mm，相应的 a 和 c 点的坐标位置值也相应更新成新值。

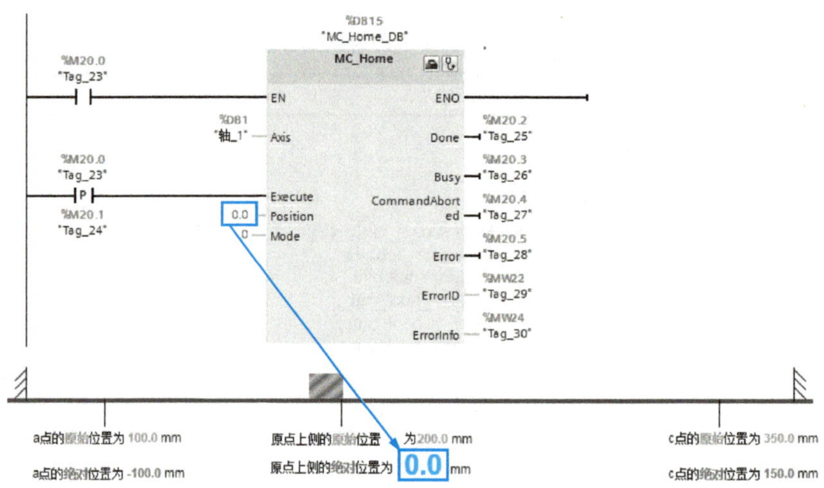

图 8-9　Mode = 0 绝对式直接回原点

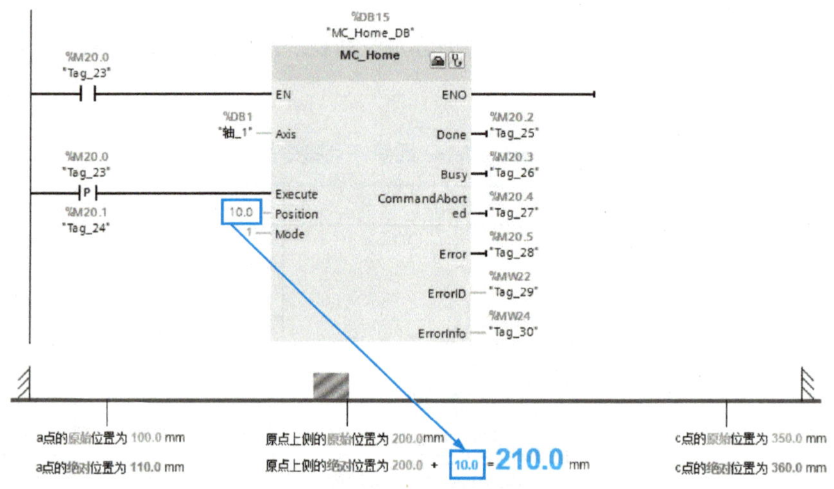

图 8-10　Mode = 1 相对式直接回原点

（3）Mode = 2：被动回零点，轴的位置值为参数“Position”的值

被动回原点指的是：轴在运行过程中碰到原点开关，轴的当前位置将设置为回原点位置值。以下详细介绍被动回原点的过程。

1）在工艺组态时，选择“参考点开关一侧”为“上侧”。

2）先让轴执行一个相对运动指令，该指令设定的路径能让轴经过原点开关。

3）在该指令执行的过程中，触发 MC_Home 指令，设置模式为 Mode=2。

4）再触发 MC_MoveRelative 指令，要保证触发该指令的方向能够经过原点开关。也可以用 MC_MoveAbsolute 指令、MC_MoveVelocity 指令或 MC_MoveJog 指令取代 MC_MoveRelative 指令。

当轴在以 MC_MoveRelative 指令指定的速度运行的过程中碰到原点开关的有效边沿时，轴立即更新坐标位置为 MC_Home 指令上的“Position”值，如图 8-11 所示。在这个过程中轴并不停止运行，也不会更改运行速度。直到达到 MC_MoveRelative 指令的距离值，轴停止运行。

（4）Mode = 3：主动回零点，轴的位置值为参数“Position”的值

这种方式很常用，将在后续组态时说明。

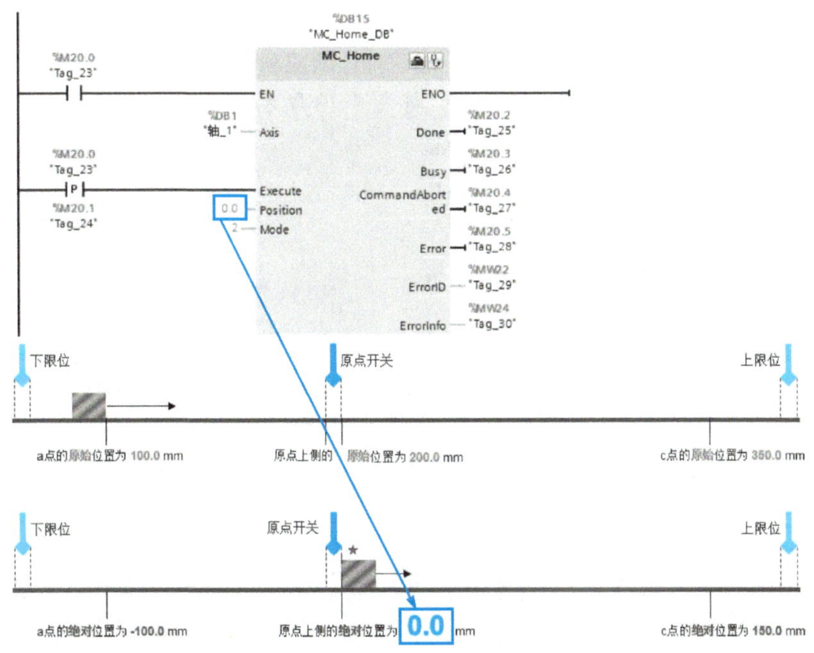

图 8-11　Mode = 2 被动回零点

8.2.2　S7-1200 PLC 对步进驱动系统的速度控制

微课：S7-1200 PLC 对步进驱动系统的速度控制

步进驱动系统常用于速度控制和位置控制。速度控制比较简单，改变 PLC 发出脉冲频率即可调节步进驱动系统的转速，两者成正比，这是步进驱动系统的调速原理，以下用一个例子介绍 S7-1200 PLC 对步进驱动系统的速度控制。

【例 8-1】 某设备上有一套步进驱动系统，步进电动机的步距角为 1.8°，丝杠螺距为 10mm，控制要求为：

当按下 SB1 按钮时以 100mm/s 的速度正向移动，当按下 SB2 按钮时以 10mm/s 的速度反向移动，当按下停止按钮 SB3 时停止运行。要求设计原理图和控制程序。

解

1. 主要软硬件配置

1）1 套 TIA Portal。

2）1 台步进电动机，型号为 17HS111。

3）1 台步进驱动器，型号为 SH-2H042Ma。

4）1 台 CPU 1211C。

原理图如图 8-12 所示。

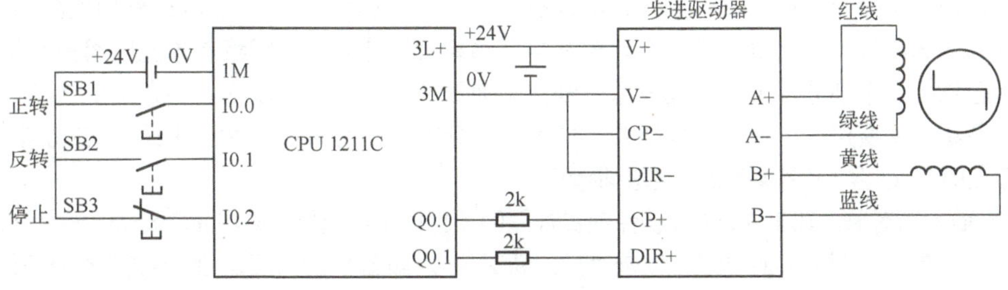

图 8-12　原理图

2. 硬件组态

（1）新建项目，添加 CPU。打开 TIA 博途软件，新建项目“MotionControl”，单击项目树中的“添加新设备”选项，添加“CPU 1211C”，如图 8-13 所示。

（2）启用脉冲发生器。在设备视图中，选中“属性”→“常规”→“脉冲发生器（PTO/PWM）”→“PTO1/PWM1”，勾选“启用该脉冲发生器”选项，如图 8-14 所示，表示启用了“PTO1/PWM1”脉冲发生器。

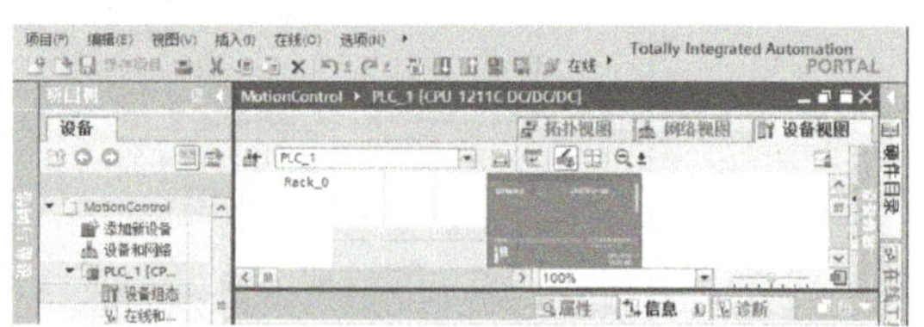

图 8-13　新建项目，添加 CPU

（3）选择脉冲发生器的类型。在设备视图中选中“属性”→“常规”→“脉冲发生器（PTO/PWM）”→“PTO1/PWM1”→“参数分配”，选择信号类型为“PTO（脉冲 A 和方向 B）”，如图 8-15 所示。

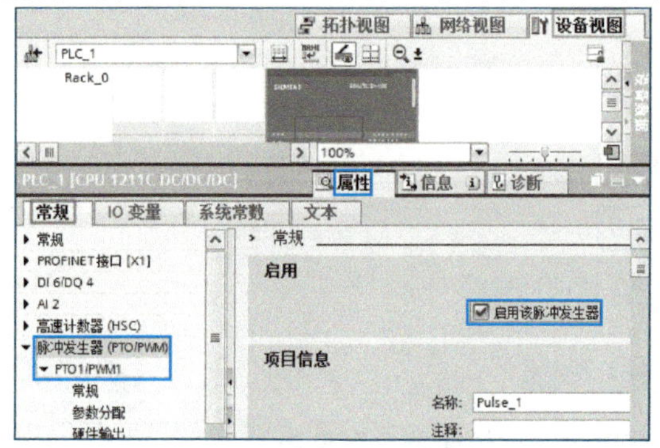

图 8-14　启用脉冲发生器

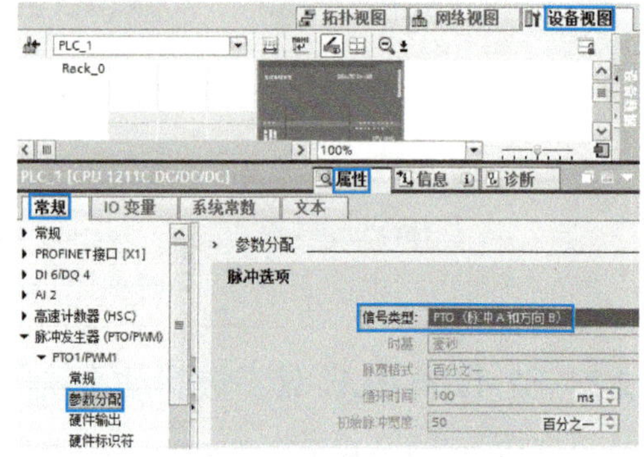

图 8-15　选择脉冲发生器的类型

信号类型有 5 个选项，分别是 PWM、PTO（脉冲 A 和方向 B）、PTO（脉冲上升沿 A 和脉冲下降沿 B）、PTO（A/B 相移）和 PTO（A/B 相移-四倍频）。

（4）组态硬件输出。设备视图中选中“属性”→“常规”→“脉冲发生器（PTO/PWM）”→“PTO1/PWM1”→“硬件输出”，选择脉冲输出点为 Q0.0，勾选“启用方向输出”，选择方向输出为 Q0.1，如图 8-16 所示。

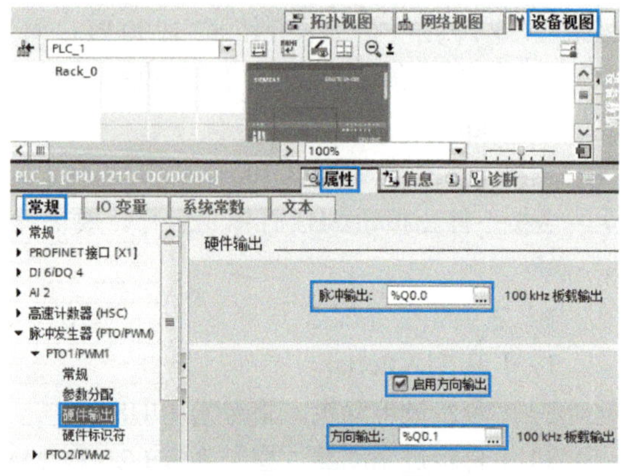

图 8-16　硬件输出

3. 工艺对象“轴”组态

工艺对象“轴”组态是硬件组态的一部分，由于这部分内容非常重要，因此单独进行讲解。

“轴”表示驱动的工艺对象，“轴”工艺对象是用户程序与驱动的接口。工艺对象从用户程序收到运动控制命令，在运行时执行并监视执行状态。“驱动”表示步进电动机加电源部分或者伺服驱动加脉冲接口的机电单元。运动控制中必须要对工艺对象进行组态才能应用控制指令块。工艺组态包括三个部分：工艺参数组态、轴控制面板和诊断面板。以下主要介绍工艺参数组态。

参数组态主要定义了轴的工程单位（如脉冲数/分钟、转/分钟）、软硬件限位、启动/停止速度和参考点的定义等。工艺参数的组态步骤如下：

1）插入新对象。在 TIA Portal 软件项目视图的项目树中，选择“MotionControl”→“PLC_1”→“工艺对象”→“插入新对象”，双击“插入新对象”，如图 8-17 所示，弹出如图 8-18 所示的界面，选择“运动控制”→“TO_PositioningAxis”，单击“确定”按钮，弹出如图 8-19 所示的界面。

2）组态常规参数。在“功能图”选项卡中，选择“基本参数”→“常规”，“驱动器”项目中有三个选项：PTO（表示运动控制由脉冲控制）、模拟驱动装置接口（表示运动控制由模拟量控制）和 PROFIdrive（表示运动控制由通信控制），本例选择“PTO”选项，测量单位可根据实际情况选择，本例选用默认设置，如图 8-19 所示。

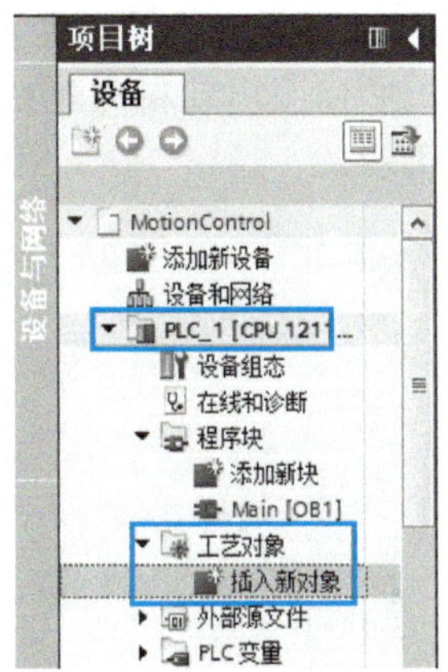

图 8-17　插入新对象

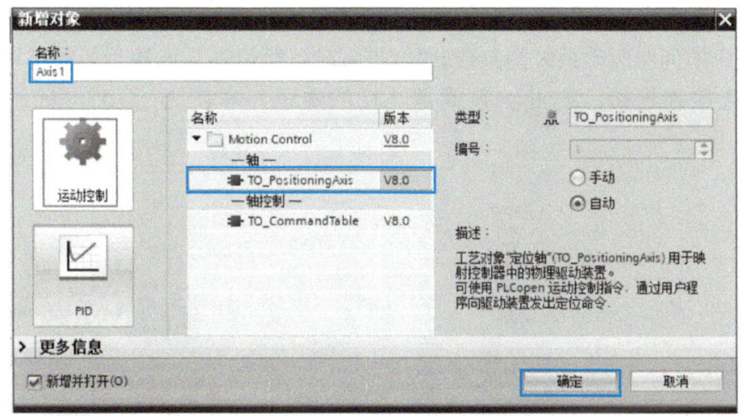

图 8-18　定义工艺对象数据块

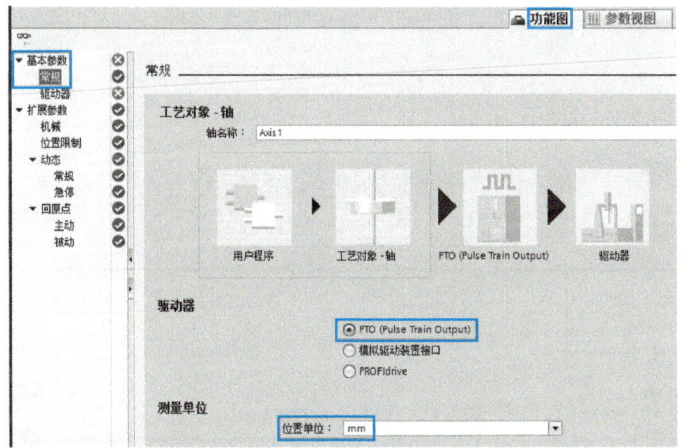

图 8-19　组态常规参数

3）组态驱动器参数。在“功能图”选项卡中，选择“基本参数”→“驱动器”，选择脉冲发生器为“Pulse_1”，其对应的脉冲输出点和信号类型以及方向输出，都已经在硬件组态时定义了，在此不做修改，如图 8-20 所示。

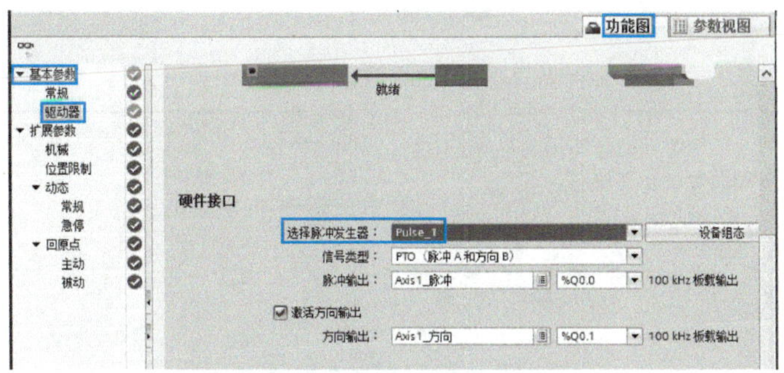

图 8-20　组态驱动器参数

“驱动器的使能和反馈”在工程中经常用到，当 PLC 准备就绪，输出一个信号到伺服驱动器的使能端子上，通知伺服驱动器，PLC 已经准备就绪。当伺服驱动器准备就绪后发出一个信号到 PLC 的输入端，通知 PLC，伺服驱动器已经准备就绪。本例中没有使用此功能。

4）组态机械参数。在“功能图”选项卡中，选择“扩展参数”→“机械”，设置“电机每转的脉冲数”为“200”（因为步进电动机的步距角为 1.8°，所以 200 个脉冲转一圈），此参数取决于步进/伺服驱动系统的参数。“电机每转负载位移”取决于机械结构，如步进/伺服电动机与丝杠直接相连接，则此参数就是丝杠的螺距，本例为“10”，如图 8-21 所示。

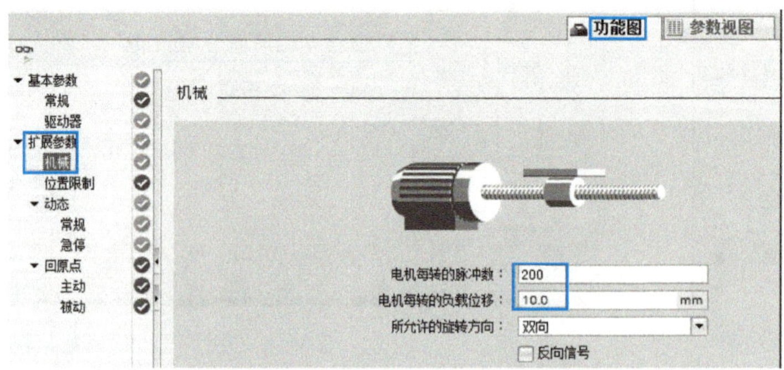

图 8-21　组态机械参数

4. 编写程序

梯形图程序如图 8-22 所示。

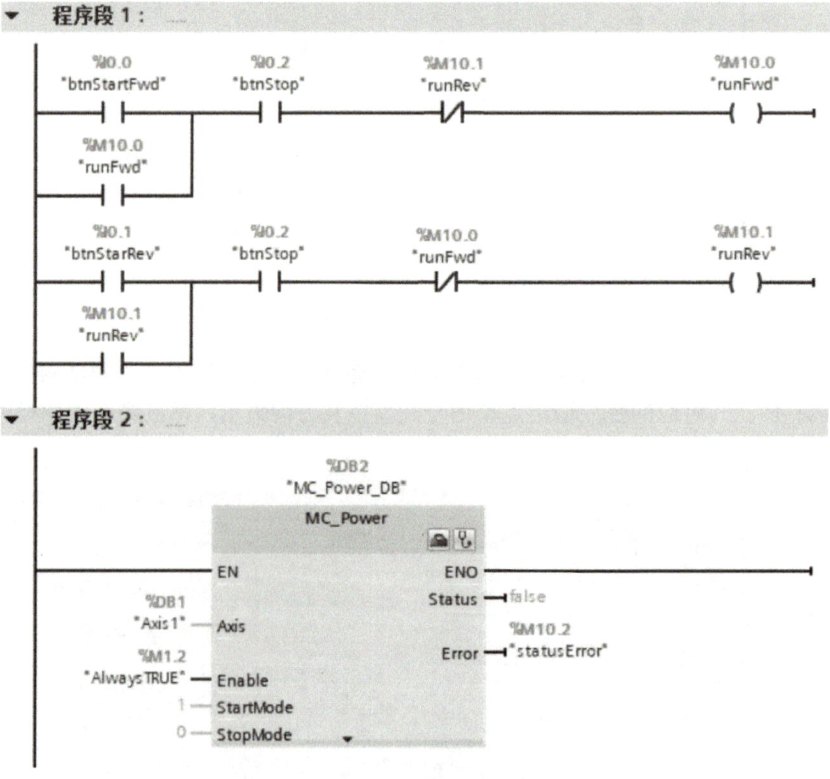

图 8-22　梯形图程序

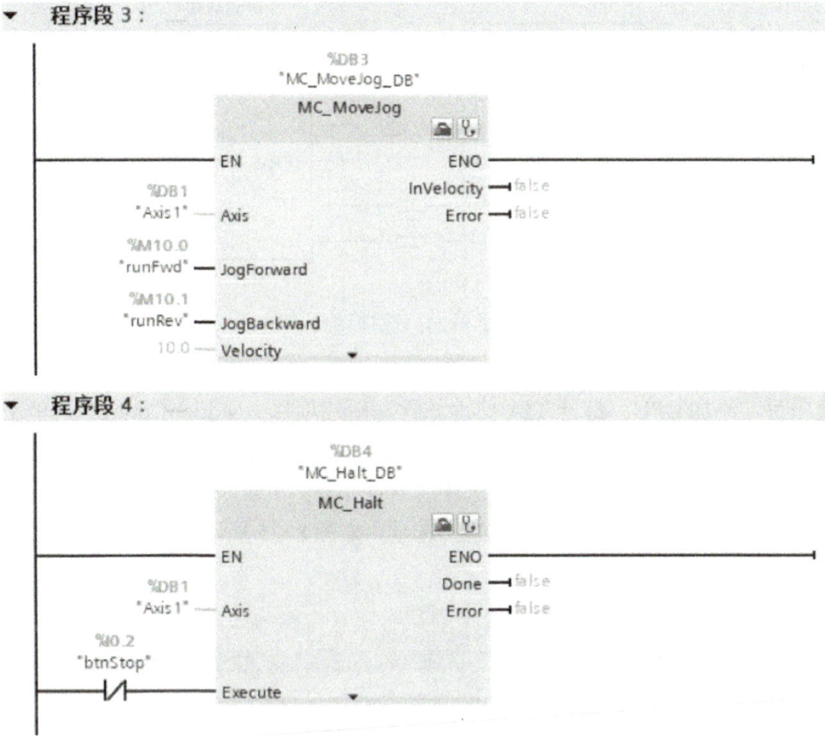

图 8-22　梯形图程序（续）

8.2.3　S7-1200 PLC 对步进驱动系统的位置控制

微课：S7-1200 PLC 对步进驱动系统的位置控制

步进驱动系统常用于速度控制和位置控制。位置控制更加常用，改变 PLC 发出脉冲个数即可调节步进驱动系统的位置，两者成正比，这是步进驱动系统的位置控制的原理，以下用一个例子介绍 PLC 对步进驱动系统的位置控制。

【例 8-2】 某设备上有一套步进驱动系统，步进驱动器的型号为 SH-2H042Ma，步进电动机的型号为 17HS111，控制要求如下：

1）按下复位按钮 SB2，步进驱动系统回原点。

2）按下起动按钮 SB1，步进电动机带动滑块向前运行 50ms，停 2s，然后返回原点完成一个循环过程。

3）按下急停按钮 SB3 时，系统立即停止。

4）运行时，灯闪亮。

设计原理图，并编写程序。

解：

1. 主要软硬件配置

① 1 套 TIA Portal。

② 1 台步进电动机，型号为 17HS111。

③ 1 台步进驱动器，型号为 SH-2H042Ma。

④ 1 台 CPU 1211C。

原理图如图 8-23 所示。

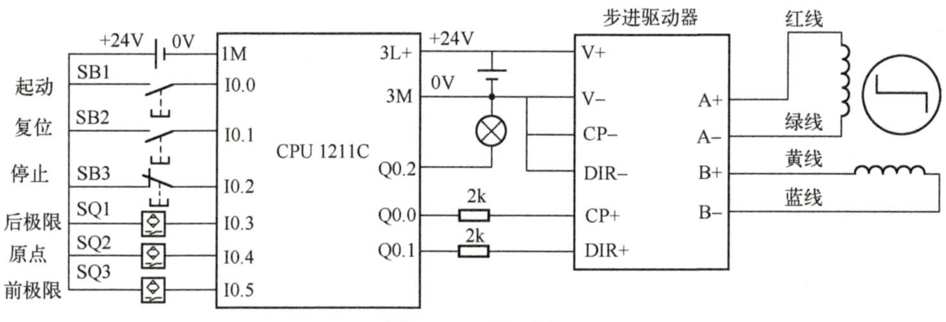

图 8-23　原理图

2. 硬件组态

1）新建项目，添加 CPU。打开 TIA 博途软件，新建项目“MotionControl”，单击项目树中的“添加新设备”选项，添加“CPU 1211C”，如图 8-24 所示。

2）启用脉冲发生器。在设备视图中，选中“属性”→“常规”→“脉冲发生器（PTO/PWM）”→“PTO1/PWM1”，勾选“启用该脉冲发生器”选项，如图 8-25 所示，表示启用了“PTO1/PWM1”脉冲发生器。

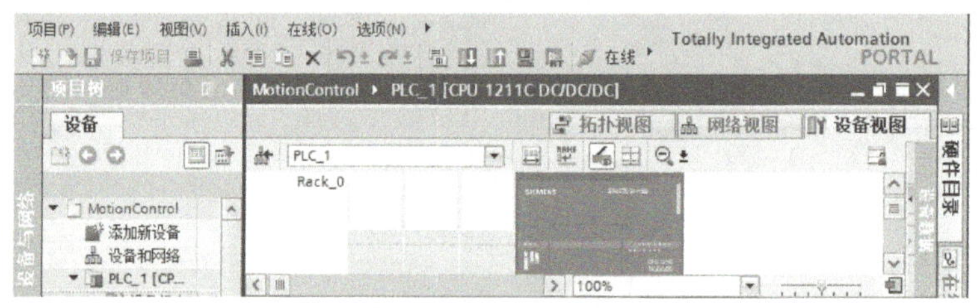

图 8-24　新建项目，添加 CPU

3）选择脉冲发生器的类型。在设备视图中，选中“属性”→“常规”→“脉冲发生器（PTO/PWM）”→“PTO1/PWM1”→“参数分配”，选择信号类型为“PTO（脉冲 A 和方向 B）”，如图 8-26 所示。

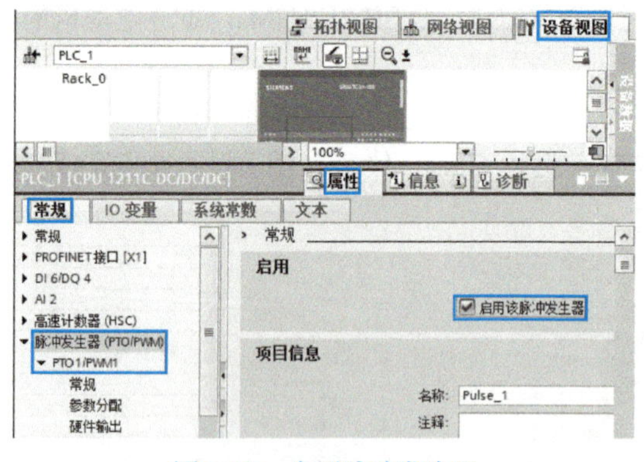

图 8-25　启用脉冲发生器

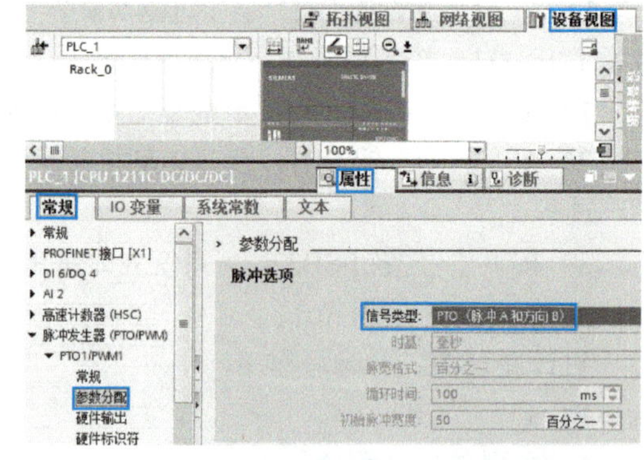

图 8-26　选择脉冲发生器的类型

信号类型有 5 个选项：PWM、PTO（脉冲 A 和方向 B）、PTO（脉冲上升沿 A 和脉冲下降沿 B）、PTO（A/B 相移）和 PTO（A/B 相移-四倍频）。

4）配置硬件输出。在设备视图中，选中“属性”→“常规”→“脉冲发生器（PTO/PWM）”→“PTO1/PWM1”→“硬件输出”，选择脉冲输出点为 Q0.0，勾选“启用方向输出”，选择方向输出为 Q0.1，如图 8-27 所示。

3. 工艺对象“轴”配置

工艺对象“轴”配置是硬件配置的一部分，由于这部分内容非常重要，因此单独进行讲解。

“轴”表示驱动的工艺对象，“轴”工艺对象是用户程序与驱动的接口。工艺对象从用户程序收到运动控制命令，在运行时执行并监视执行状态。“驱动”表示步进电动机加电源部分或者伺服驱动加脉冲接口的机电单元。运动控制中，必须要对工艺对象进行配置才能应用控制指令块。工艺配置包括三个部分：工艺参数配置、轴控制面板和诊断面板。以下分别进行介绍。

（1）工艺参数配置

参数配置主要定义了轴的工程单位（如脉冲数/分钟、转/分钟）、软硬件限位、启动/停止速度和参考点的定义等。工艺参数的组态步骤如下：

1）插入新对象。在 TIA Portal 软件项目视图的项目树中，选择“MotionControl”→“PLC_1”→“工艺对象”→“插入新对象”，双击“插入新对象”，如图 8-28 所示，弹出如图 8-29 所示的界面，选择“运动控制”→“TO_PositioningAxis”，单击“确定”按钮，弹出如图 8-30 所示的界面。

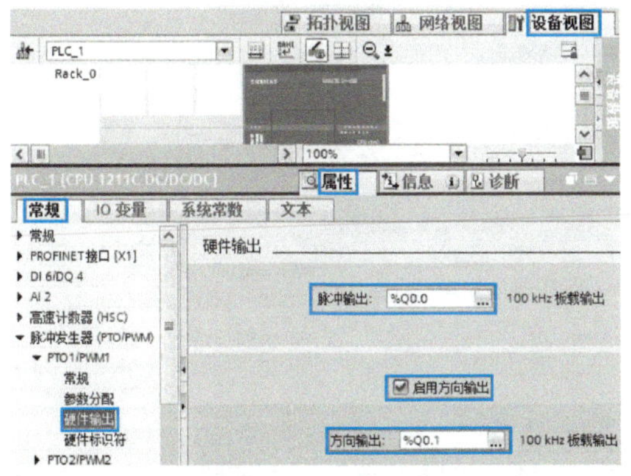

图 8-27　硬件输出

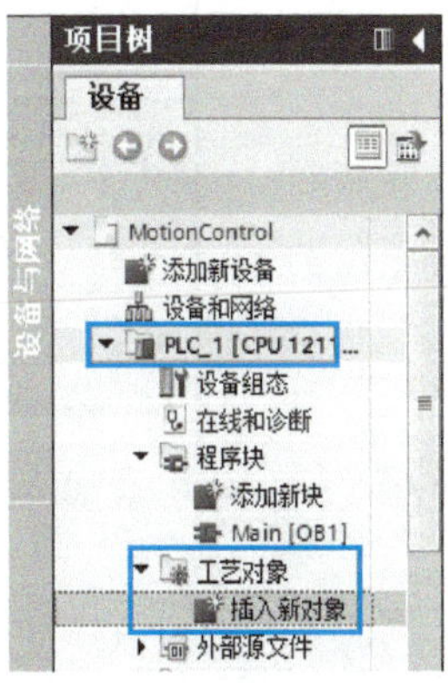

图 8-28　插入新对象

2）配置常规参数。在“功能图”选项卡中，选择“基本参数”→“常规”，“驱动器”项目中有三个选项：PTO（表示运动控制由脉冲控制）、模拟驱动装置接口（表示运动控制由模拟量控制）和 PROFIdrive（表示运动控制由通信控制），本例选择“PTO”选项，测量单位可根据实际情况选择，本例选用默认设置，如图 8-30 所示。

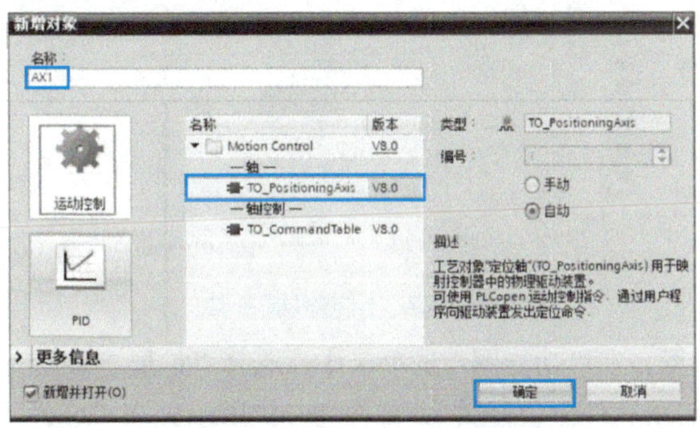

图 8-29　定义工艺对象数据块

3）组态驱动器参数。在“功能图”选项卡中，选择“基本参数”→“驱动器”，选择脉冲发生器为“Pulse_1”，其对应的脉冲输出点和信号类型以及方向输出，都已经在硬件配置时定义了，在此不做修改，如图 8-31 所示。

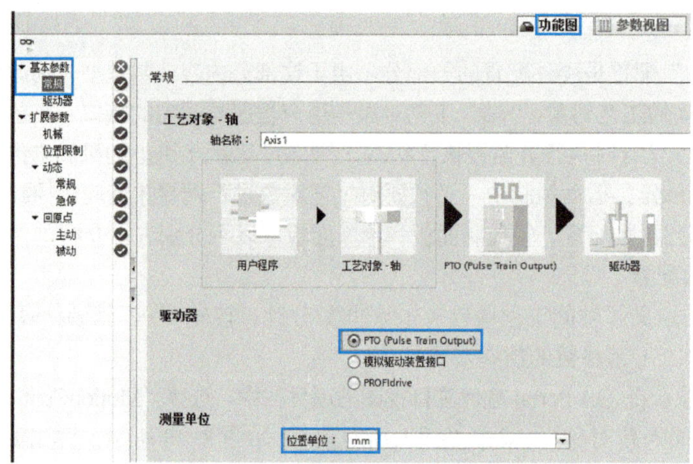

图 8-30　组态常规参数

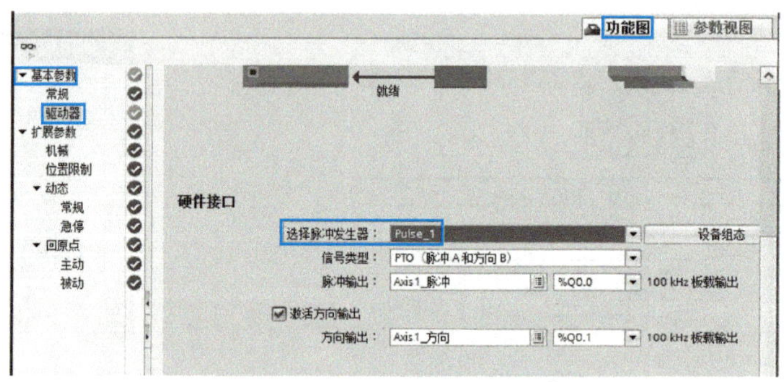

图 8-31　组态驱动器参数

4）组态机械参数。在“功能图”选项卡中，选择“扩展参数”→“机械”，设置“电机每转的脉冲数”为“200”，此参数取决于步进驱动器的参数。“电机每转的负载位移”取决于机械结构，如步进电动机与丝杠直接相连接，则此参数就是丝杠的螺距，本例为“10”，如图 8-32 所示。

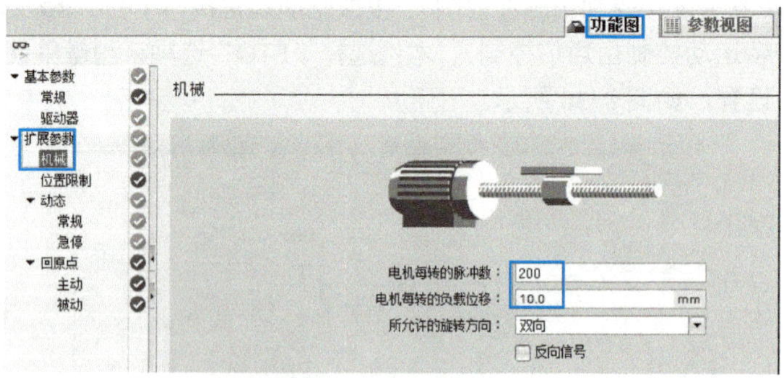

图 8-32　组态机械参数

5）配置位置限制参数。在“功能图”选项卡中，选择“扩展参数”→“位置限制”，勾选“启用硬件限位开关”和“启用软件限位开关”，如图 8-33 所示。在“硬件下限位开关输入”中选择“I0.3”，在“硬件上限位开关输入”中选择“I0.5”，选择电平为“高电平”，这些设置必须与原理图匹配。由于本例的限位开关在原理图中接入的是常开触点，而且是 PNP 输入接法，因此当限位开关起作用时为“高电平”，所以此处选择“高电平”，如果输入端是 NPN 接法，那么此处也应选择“高电平”，这一点请读者特别注意。

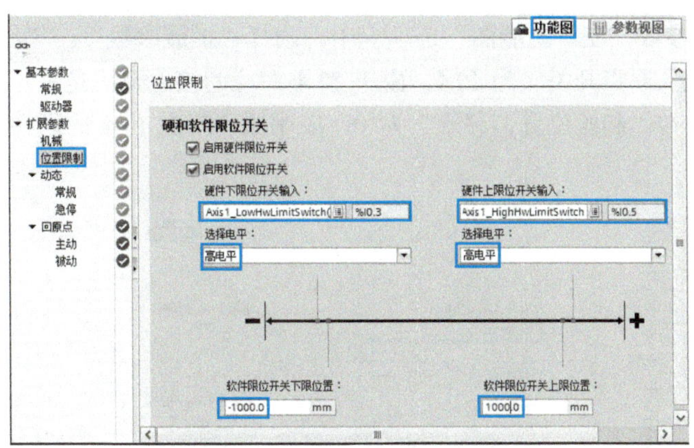

图 8-33　组态位置限制参数

软件限位开关的设置根据实际情况确定，本例设置为“-1000”和“1000”。

6）配置位置限制参数。在“功能图”选项卡中，选择“扩展参数”→“动态”→“常规”，根据实际情况修改最大转速、启动/停止速度和加速时间/减速时间等参数（此处的加速时间和减速时间是正常停机时的数值），本例设置如图 8-34 所示。

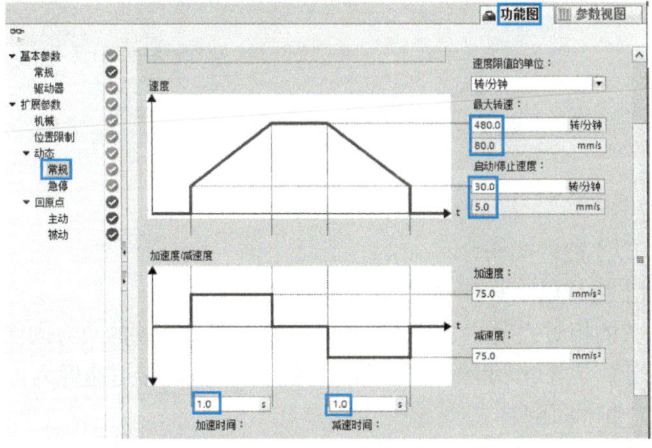

图 8-34　组态动态参数（1）

在“功能图”选项卡中，选择“扩展参数”→“动态”→“急停”，根据实际情况修改紧急减速度急停/减速时间等参数（此处的加速时间和减速时间是急停时的数值），本例设置如图 8-35 所示。

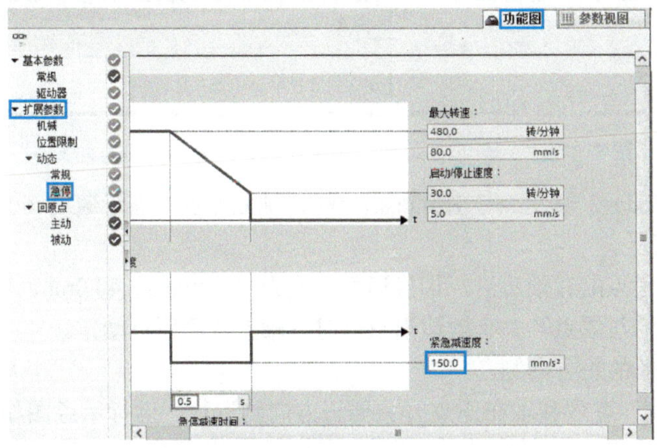

图 8-35　组态动态参数（2）

7）配置回原点参数。在“功能图”选项卡中，选择“扩展参数”→“回原点”→“主动”，根据原理图选择“输入原点开关”为 I0.4。由于 I0.4 对应的接近开关是常开触点，所以“选择电平”选项是“高电平”。“起始位置偏移量”为 0，表明原点就在 I0.4 的硬件物理位置上，本例设置如图 8-36 所示。

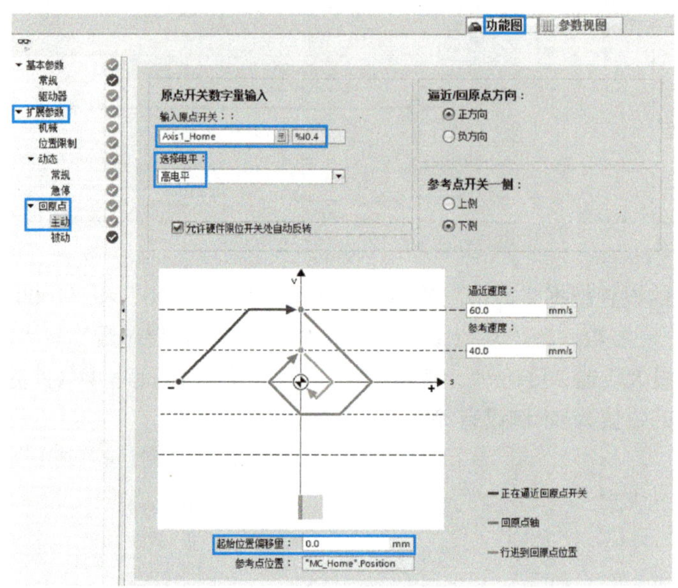

图 8-36　组态回原点

（2）主动回原点的 4 种情况简介

主动回原点极为常用，以下详细介绍。

根据轴与原点开关的相对位置，分成 4 种情况：轴在原点开关的负方向侧、轴在原点开关的正方向侧、轴刚执行过回原点指令，以及轴在原点开关的正下方。接近速度为正方向运行。

1）轴在原点开关负方向侧。

实际上是“上侧”有效和轴在原点开关负方向侧，运行示意图如图 8-37 所示。说明如下：

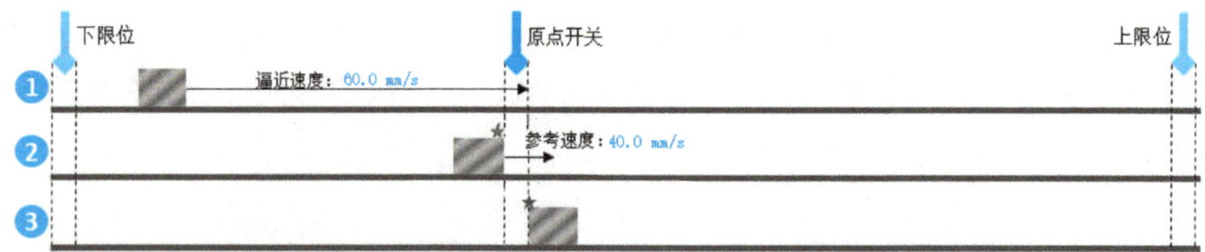

图 8-37　“上侧”有效和轴在原点开关负方向侧运行示意图

① 当程序以 Mode=3 触发 MC_Home 指令时，轴立即以“逼近速度 60.0mm/s”向右（正方向）运行寻找原点开关。

② 当轴碰到参考点的有效边沿，切换运行速度为“参考速度 40.0mm/s”继续运行。

③ 当轴的左边沿与原点开关有效边沿重合时，轴完成回原点动作。

2）轴在原点开关的正方向侧。

实际上是“上侧”有效和轴在原点开关的正方向侧运行，运行示意图如图 8-38 所示。说明如下：

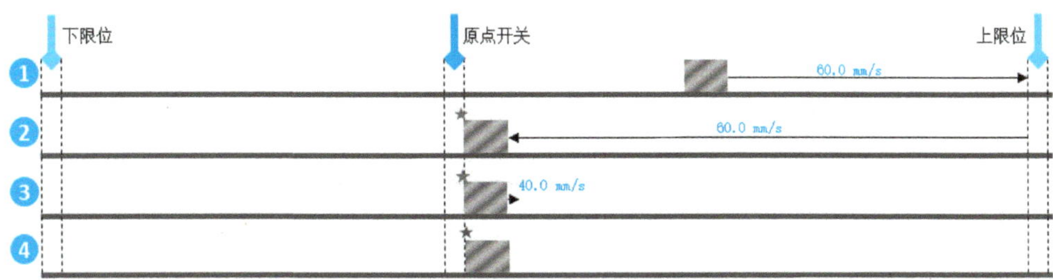

图 8-38　“上侧”有效和轴在原点开关的正方向侧运行示意图

① 当轴在原点开关的正方向（右侧）时，触发主动回原点指令，轴会以“逼近速度”运行，直到碰到右限位开关，如果在这种情况下，用户没有使能“允许硬件限位开关处自动反转”选项，则轴因错误取消回原点动作并按急停速度使轴制动；如果用户使能了该选项，则轴将以组态的减速度减速（不是以紧急减速度）运行，然后反向运行，反向继续寻找原点开关。

② 当轴掉头后继续以“逼近速度”向负方向寻找原点开关的有效边沿。

③ 原点开关的有效边沿是右侧边沿，当轴碰到原点开关的有效边沿后，将速度切换成“参考速度”最终完成定位。

轴刚执行过回原点指令的示意图如图 8-39 所示，轴在原点开关的正下方的示意图如图 8-40 所示，在此不再赘述。

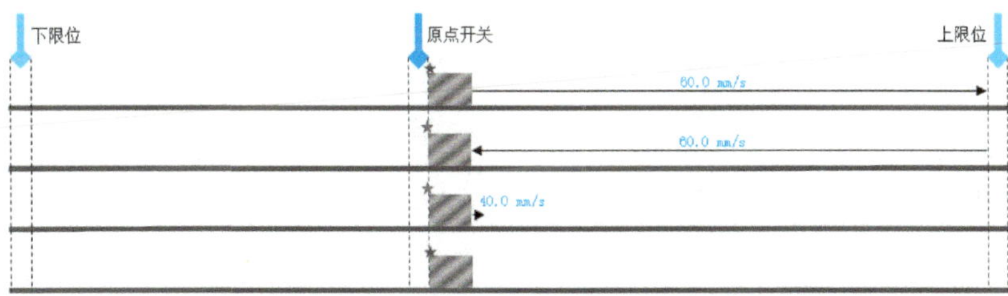

图 8-39　“上侧”有效和轴刚执行过回原点指令的示意图

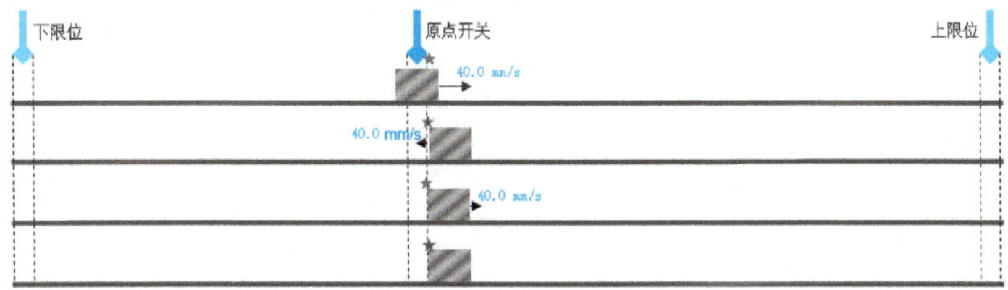

图 8-40　“上侧”有效和轴在原点开关的正下方的示意图

4. 编写控制程序

创建数据块如图 8-41a 所示，编写程序如图 8-41b 所示。

X-DB

	名称	数据类型	起始值	保持
1	▼ Static			☐
2	X_HOME_EX	Bool	false	☐
3	X_HOME_done	Bool	false	☐
4	X_MAB_EX	Bool	false	☐
5	X_MAB_done	Bool	false	☐

a)

图 8-41　创建数据块和程序

a) 数据块

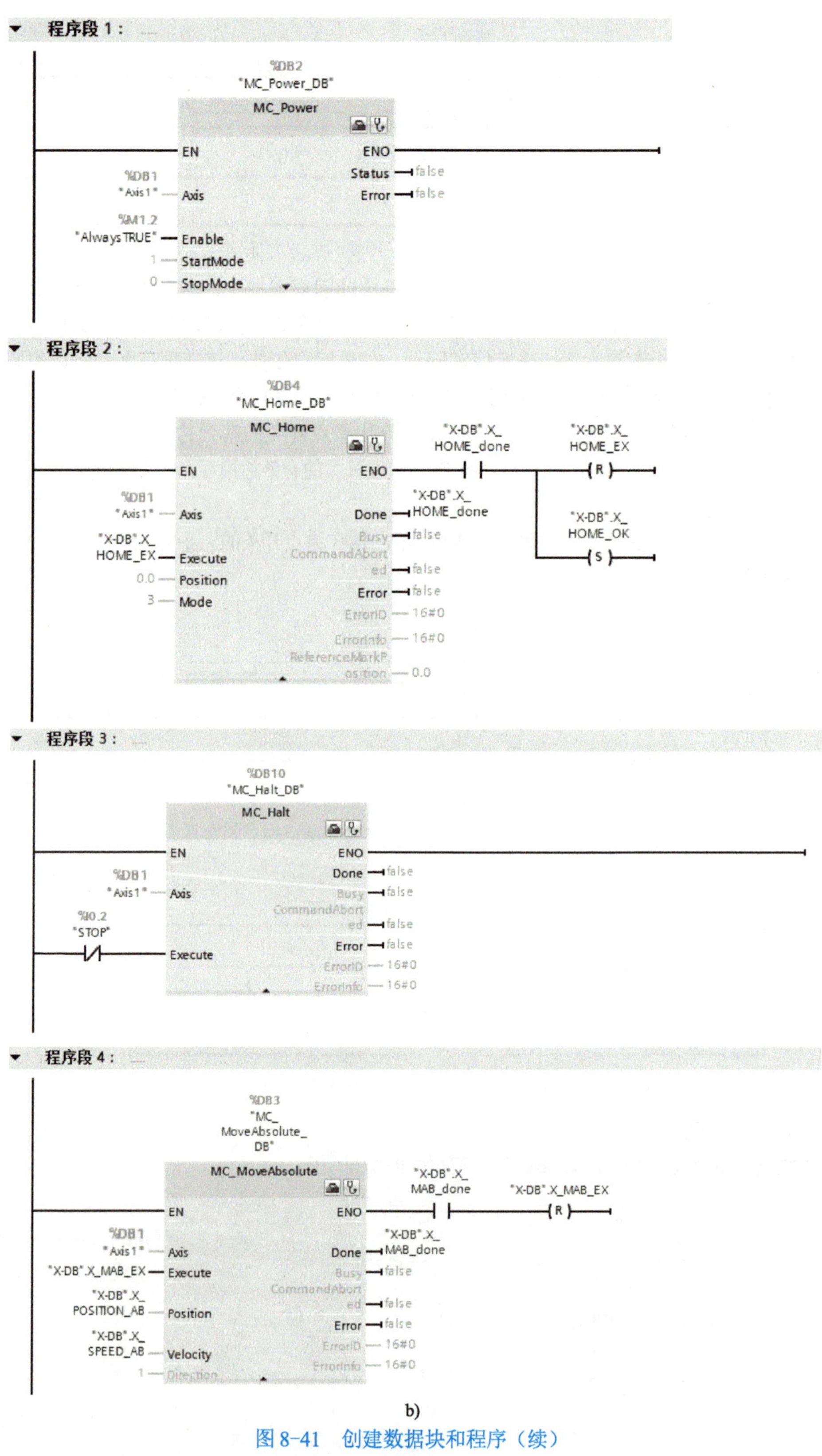

b)

图 8-41　创建数据块和程序（续）

b) 程序

▼ 程序段 5：……

%I0.1
"RESET"
P
%M30.0
"Tag_1"
"X-DB".X_
HOME_EX
S

▼ 程序段 6：……

%I0.0
"START"
P
%M30.1
"Tag_2"
"X-DB".X_
HOME_OK
MOVE
EN ENO
1 IN
OUT1 %MB103 "Auto_step"

▼ 程序段 7：……

%MB103
"Auto_step"
==
Byte
1
MOVE
EN ENO
50.0 IN
OUT1 "X-DB".X_
POSITION_AB
MOVE
EN ENO
50.0 IN
OUT1 "X-DB".X_
SPEED_AB
"X-DB".X_MAB_EX
S
MOVE
EN ENO
2 IN
OUT1 %MB103 "Auto_step"

▼ 程序段 8：……

%MB103
"Auto_step"
==
Byte
2
"X-DB".X_MAB_EX
%DB8
"IEC_Timer_0_
DB_2"
TON
Time
IN Q
t# 2S PT ET T#0ms
MOVE
EN ENO
3 IN
OUT1 %MB103 "Auto_step"

▼ 程序段 9：……

%MB103
"Auto_step"
==
Byte
3
"X-DB".X_MAB_EX
MOVE
EN ENO
0.0 IN
OUT1 "X-DB".X_
POSITION_AB
"X-DB".X_MAB_EX
S
MOVE
EN ENO
0 IN
OUT1 %MB103 "Auto_step"

▼ 程序段 10：……

"X-DB".X_MAB_EX
%M0.5
"Clock_1Hz"
%Q0.2
"LAMP"
( )

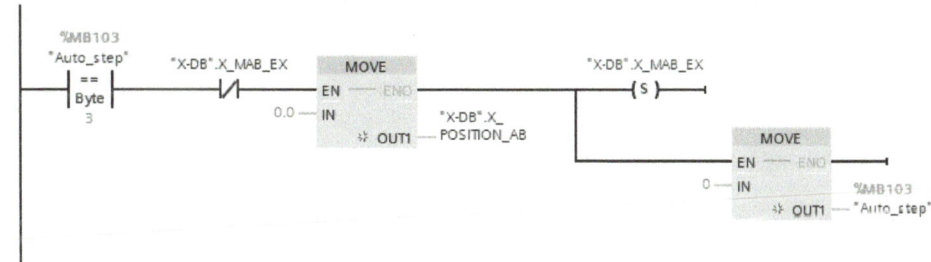

b)

图 8-41 创建数据块和程序（续）

b) 程序

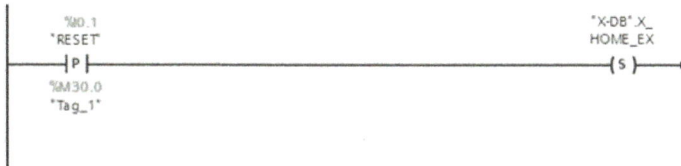

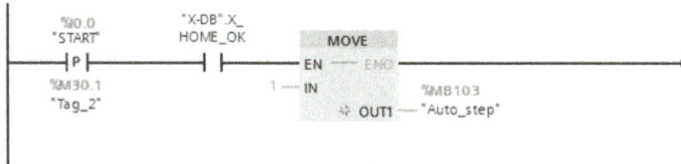

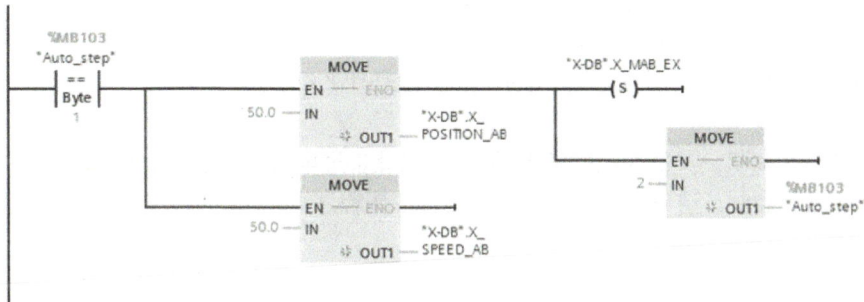

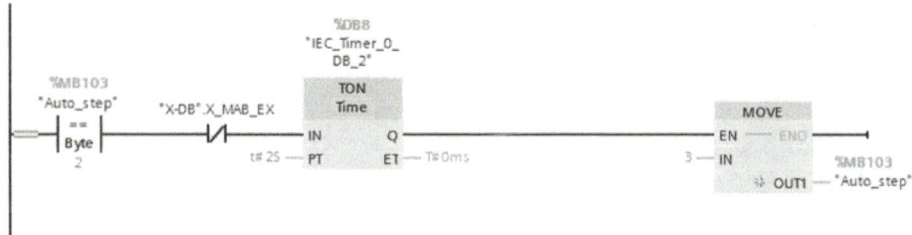

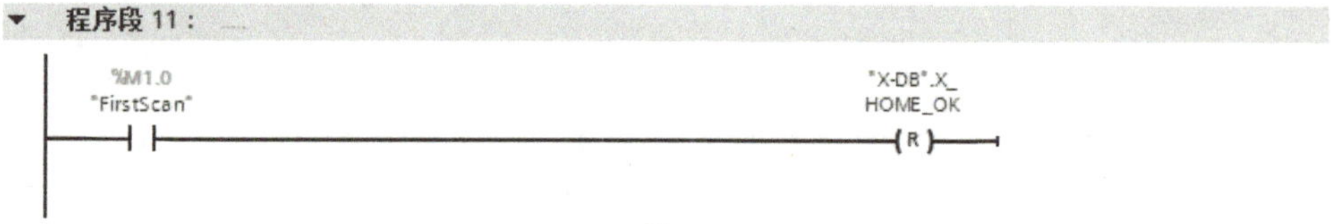

▼ 程序段 11：

%M1.0 "FirstScan" —| |— ... —(R)— "X-DB".X_HOME_OK

b)

图 8-41 创建数据块和程序（续）

b) 程序

作业

一、简答题

1．S7-1200 PLC 与步进驱动器连接时，为什么要在两者之间串联电阻？

2．简述步进电动机的工作原理。

3．PLC 控制步进电动机调速的原理是什么？

4．PLC 控制步进电动机转动不同角位移的原理是什么？

二、编程题

有一台步进电动机，其脉冲当量是 3°/脉冲，问此步进电动机转速为 250r/min 时，转 10 圈，若用 S7-1200 PLC 控制，请设计原理图，并编写梯形图程序。

第 9 章　西门子 PLC 的 SCL 编程

本章介绍 SCL 的应用场合和语言特点等，并最终使读者掌握 SCL 的程序编写方法。西门子 S7-300/400 PLC、S7-1200 PLC、S7-1500 PLC 的 SCL 语言具有共性，但针对 S7-1200 PLC 的 SCL 语言有其特色，本章主要针对 S7-1200 讲解 SCL 语言。

9.1　西门子 PLC 的 SCL 编程基础

9.1.1　SCL 简介

1. SCL 概念

SCL（Structured Control Language，结构化控制语言）是一种类似于计算机高级语言的编程方式，它的语法规范接近计算机中的 PASCAL 语言。SCL 编程语言实现了 IEC 61131-3 标准中定义的 ST 语言（结构化文本）的 PLCopen 初级水平。

2. SCL 特点

SCL 符合国际标准 IEC 61131-3，获得了 PLCopen 基础级认证，是一种类似于 PASCAL 的高级编程语言。它适用于 SIMATIC S7-300（推荐用于 CPU314 以上 CPU）、S7-400、C7、S7-1500 和 WinAC 产品。SCL 为 PLC 做了优化处理，它不仅具有 PLC 典型的元素（例如输入/输出、定时器、计数器、符号表），而且具有高级语言的特性，例如循环、选择、分支、数组和高级函数。

SCL 可以编译成 STL，虽然其代码量相对于 STL 编程有所增加，但程序结构和程序的总体效率提高了。类似于计算机行业的发展，汇编语言已经被舍弃，取而代之的是 C/C++等高级语言。SCL 对工程设计人员要求较高，需要其具有一定的计算机高级语言的知识和编程技巧。

3. SCL 应用范围

由于 SCL 是高级语言，所以其非常适合于如下任务：复杂运算功能、复杂数学函数、数据管理、过程优化。

由于 SCL 具备的优势，其在编程中的应用将越来越广泛，有的 PLC 厂家已经将结构化文本作为首推编程语言（以前首推梯形图）。

9.1.2　SCL 程序编辑器

1. 打开 SCL 编辑器

在博途项目视图中，单击“添加新块”，新建程序块，编程语言选中为“SCL”，再单击“确定”按钮，如图 9-1 所示，即可生成主程序 OB123，其编程语言为 SCL。在创建新的组织块、函数块和函数时，均可将其编程语言选定为 SCL。

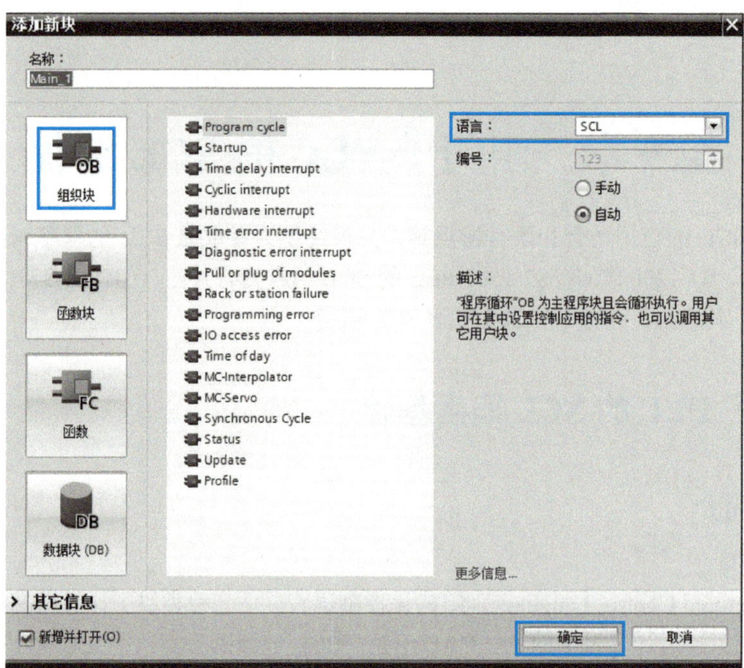

图 9-1　添加新块-选择编程语言为 SCL

在博途项目视图的项目树中，双击“Main_1[OB123]”，弹出的视图就是 SCL 编辑器，如图 9-2 所示。

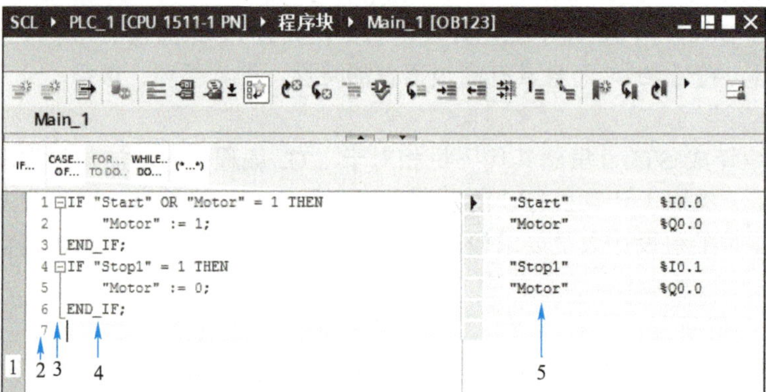

图 9-2　SCL 编辑器

2. SCL 编辑器的界面介绍

如图 9-2 所示，SCL 编辑器的界面分 5 个区域，SCL 编辑器的各部分组成及含义见表 9-1。

表 9-1　SCL 编辑器的各部分组成及含义

对应序号	组成部分	含义
1	侧栏	在侧栏中可以设置书签和断点
2	行号	行号显示在程序代码的左侧
3	轮廓视图	轮廓视图中将突出显示相应的代码部分
4	代码区	在代码区，可对 SCL 程序进行编辑
5	绝对操作数的显示	列出了赋值给绝对地址的符号操作数

9.1.3　SCL 编程语言基础

1. SCL 的基本术语

（1）字符集

SCL 使用 ASCII 字符子集：字母 A～Z（大小写），数字 0～9，空格和换行符等。此外，还包含特殊含义的字符（见表 9-2）。

表 9-2　SCL 的特殊含义字符

+	-	*	/	=	<	>	[	]	(	)
:	;	$	#	"	'	{	}	%	.	,

（2）保留字（Reserved Words）

保留字是用于特殊目的的关键字，不区分大小写。保留字在编写程序中要用到，不能作为变量使用。保留字见表 9-3。

表 9-3　SCL 的保留字符（部分）

AND	END_CASE	BOOL
ANY	CASE	BY
ARRAY	DIV	BYTE
AT	DO	REAL
BEGIN	DT	REPEAT
NOT	DWORD	RETURN
OF	ELSE	THEN
OK	ELSIF	STRING
OR	EN	STRUCT

（3）标识符（Identifiers）

标识符是分配给 SCL 语言对象的名称，即是给变量或块等分配的名称。标识符可以最多 24 个字母或者数字组成，其第一个必须是字母或者下画线，不区分大小写，但标识符不可作为关键字或者标准标识符。

例如，X1、_001、Value1 都是合法的标识符，而 001R（第一个字符是数字）、Array（Array 是关键字）、X Value（字符间不能有空格）是非法的标识符。由于不区分大小写，Y1 和 y1 是同一个标识符。

SCL 中定义了标准的标识符，分为四大类：块标识符、地址标识符、定时器标识符和计数器标识符。以下详细说明。

1）块标识符（Block Identifier）

块标识符用于块的绝对寻址，与 STEP 7 中的一致，块标识符见表 9-4。

表 9-4　SCL 的块标识符（部分）

SIMATIC 标识符	IEC 标识符	含义
DBx	DBx	数据块，DB0 为 SCL 保留
FBx	FBx	函数块
FCx	FCx	功能
OBx	OBx	组织块

（续）

SIMATIC 标识符	IEC 标识符	含义
Tx	Tx	定时器
UDTx	UDTx	自定义数据类型
Zx	Cx	计数器

2）地址标识符（Address Identifier）

在程序的任何位置，都要用地址标识符对 CPU 的存储器进行寻址。地址标识符（如%I0.0、%Q0.0、%M0.1 等），与 STEP 7 中定义的存储器一致，请参考前述的章节。

定时器标识符（Timer Identifier）和计数器标识符（Counter Identifier）都与 STEP 7 中基本一致。其表示方法如 T1 和 C1 等。

（4）数字（Numbers）

在 SCL 中，有多种表达数字的方法，其表达规则如下：

1）数字可以有正负、小数点或者指数表达。

2）数字间不能有空格、逗号和空格。

3）为了便于阅读，可以用下画线分隔符，如：16#11FF_AAFF、16#11FFAAFF 相等。

4）数字前面可以有正号（+）和负号（-），没有正负号，默认为正数。

5）数字不可超出范围，如整数范围是-32768～+32767。

数字中有整数和实数。

整数分为 INT（范围是-32768～+32767）和 DINT（范围是-2147483648～+2147483647），以下是合法的整数表达：-18，+188。

实数也称为浮点数，即是带小数点的数，以下是合法的实数表达：2.3、-1.88 和 1.1e+3（就是 1.1×10^3）。

（5）字符串（Character Strings）

字符串就是按照一定顺序排列的字符和数字，字符串用单引号标注，如‘QQ&360’。

（6）注释（Comment Section）

注释用于解释程序，帮助读者理解程序。注释不影响程序的执行，下载程序时，对于 S7-300/400 PLC，注释不会下载到 CPU 中去。对程序详细的注释是良好的习惯。

注释从“(*”开始，到“*)”结束，注释的例子如下：

```
TEMP1：=1;
(*这是一个临时变量,
用于存储中间结果*)
TEMP2=3;
```

（7）变量（Variables）

在 SCL 中，每个变量在使用前必须声明其变量的类型，以下是根据不同区域将变量分为三类：局域变量、全局变量和允许预定义的变量。

局域变量在逻辑块（FC、FB、OB）中定义，只能在块内有效访问，见表 9-5。

表 9-5　SCL 的局域变量

序号	变量	说　明
1	静态变量	静态变量是在块执行期间和执行后保留在背景数据块中的变量值，用于保存函数块值，FB 有，而 FC 无

（续）

序号	变量	说　　明
2	临时变量	临时变量属于逻辑块，不占用静态内存，其值只在执行期间保留。可以同时作为输入变量和输出变量使用
3	块参数	块参数是函数块和功能的形式参数，用于在块被调用时传递实际参数。包括输入参数、输出参数和输入/输出参数等

全局变量是指可以在程序中任意位置进行访问的数据或数据域。

2. 运算符

一个表达式代表一个值，它可以由单个地址（单个变量）或者几个地址（几个变量）利用运算符组合而成。

运算符有优先级，遵循一般算术运算的规律。SCL 中的运算符见表 9-6。

表 9-6　SCL 的运算符

序号	类别	名称	运算符	优先级
1	赋值	赋值	:=	11
2	算术运算	幂运算 乘 除 模运算 除 加、减	** * / MOD DIV +、-	2 4 4 4 4 5
3	比较运算	小于 大于 小于等于 大于等于 等于 不等于	< > <= >= = <>	6 6 6 6 7 7
4	逻辑运算	非 与 异或 或	NOT AND 或& XOR OR	3 8 9 10
5	（表达式）	（，）	()	1

3. 表达式

表达式是为了计算一个终值所用的公式，它由地址（变量）和运算符组成。表达式的规则如下：

1）两个运算符之间的地址（变量）与优先级高的运算结合。

2）按照运算符优先级进行运算。

3）具有相同的运算级别时，从左到右运算。

4）标识符前的减号表示该标识符乘以-1。

5）算术运算不能两个或者两个以上连用。

6）圆括号用于越过优先级。

7）算术运算不能用于连接字符或者逻辑运算。

8）左圆括号与右圆括号的个数应相等。

举例如下：

```
A1 AND (A2)        //逻辑运算表达式
(A3) < (A4)        //比较表达式
3+3*4/2            //算术运算表达式
```

（1）简单表达式（Simple Expression）

在 SCL 中，简单表达式就是简单的加减乘除的算式。举例如下：

```
SIMP_EXPRESSION:= A * B + D / C - 3 * VALUE1;
```

（2）算术运算表达式（Arithmetic Expressions）

算术运算表达式是由算术运算符构成的，允许处理数值数据类型。SCL 的算术运算符见表 9-6。

（3）比较运算表达式（Comparison Expressions）

比较运算表达式就是比较两个地址中的数值，结果为布尔数据类型。如果布尔运算的结果为真，则结果为 TRUE，如果布尔运算的结果为假，则结果为 FALSE。比较表达式的规则如下：

1）可以进行比较的数据类型有 INT、DINT、REAL、BOOL、BYTE、WORD、DWORD、CHAR 和 STING 等。

2）对于 DT、TIME、DATE、TOD 等时间数据类型，只能进行同数据类型的比较。

3）不允许 S5TIME 型的比较，如果要进行时间比较，必须使用 IEC 的时间。

4）比较表达式可以与布尔规则相结合，形成语句。例如：Value_A > 20 AND Value_B < 20。

（4）逻辑运算表达式（Logical Expressions）

逻辑运算表达式是逻辑运算符 AND、&、XOR 和 OR 与逻辑地址（布尔型）或数据类型为 BYTE、WORD、DWORD 型的变量结合而构成的逻辑表达式。SCL 的逻辑运算符及其地址和结果的数据类型见表 9-7。

表 9-7　SCL 的逻辑运算符及其地址和结果的数据类型

序号	运算	标识符	第一个地址	第二个地址	结果	优先级
1	非	NOT	ANY_BIT	-	ANY_BIT	3
2	与	AND	ANY_BIT	ANY_BIT	ANY_BIT	8
3	异或	XOR	ANY_BIT	ANY_BIT	ANY_BIT	9
4	或	OR	ANY_BIT	ANY_BIT	ANY_BIT	10

4．赋值

通过赋值，一个变量接收另一个变量或者表达式的值。在赋值运算符“:=”左边的是变量，该变量接受右边的地址或者表达式的值。

（1）基本数据类型的赋值（Value Assignments with Variables of an Elementary Data Type）

每个变量、地址或者表达式都可以赋值给一个变量或者地址。赋值举例如下：

```
// 给变量赋值常数
SWITCH_1 := -17 ;
SETPOINT_1 := 100.1 ;
QUERY_1 := TRUE ;
TIME_1 := T#1H_20M_10S_30MS ;
TIME_2 := T#2D_1H_20M_10S_30MS ;
DATE_1 := D#1996-01-10 ;
// 给变量赋值变量
SETPOINT_1 := SETPOINT_2 ;
SWITCH_2 := SWITCH_1 ;
// 给变量赋值表达式
```

```
SWITCH_2 := SWITCH_1 * 3 ;
```

（2）结构和 UDT 的赋值（Value Assignments with Variables of the Type STRUCT and UDT）

结构和 UDT 是复杂的数据类型，但很常用。可以对其赋值同样的数据类型变量、同样数据类型的表达式、同样的结构或者结构内的元素。应用举例如下：

```
//把一个完整的结构赋值给另一个结构
MEASVAL := PROCVAL ;
//将结构的一个元素赋值给另一个结构的元素
MEASVAL.VOLTAGE := PROCVAL.VOLTAGE ;
//将结构元素赋值给变量
AUXVAR := PROCVAL.RESISTANCE ;
//把常数赋值给结构元素
MEASVAL.RESISTANCE := 4.5;
//把常数赋值给数组元素
MEASVAL.SIMPLEARR[1,2] := 4;
```

（3）数组的赋值（Value Assignments with Variables of the Type ARRAY）

数组的赋值类似于结构的赋值。数组元素赋值就是对单个数组元素进行赋值，这比较常用。当数组元素的数据类型、数组下标、数组上标都相同时，一个数组可以赋值给另一个数组，这就是完整数组赋值。应用举例如下：

```
// 把一个数组赋值给另一个数组
SETPOINTS := PROCVALS ;
// 数组元素赋值
CRTLLR[2] := CRTLLR_1 ;
//数组元素赋值
CRTLLR [1,4] := CRTLLR_1 [4] ;
```

9.1.4　控制语句

SCL 提供的控制语句可分为三类：选择语句、循环语句和跳转语句。

（1）选择语句（Selective Statements）

选择语句有 IF 和 CASE，其使用方法和 C 语言等高级计算机语言的用法类似，其功能说明见表 9-8。

表 9-8　SCL 的选择语句功能说明

序号	语 句	说　明
1	IF	是二选一的语句，判断条件是“TRUE”或者“FALSE”控制程序进入不同的分支
2	CASE	是一个多选语句，根据变量值，程序有多个分支

1）IF 语句

IF 语句是条件，当条件满足时，按照顺序执行，不满足时跳出，其应用举例如下：

```
IF "START1" THEN        // 当 START1=1 时，将 N、SUM 赋值为 0，将 OK 赋值为 FALSE
    N := 0 ;
    SUM := 0 ;
    OK := FALSE ;
ELSIF "START" = TRUE THEN
```

```
        N := N + 1 ;             // 当 START= TRUE 时，执行 N := N + 1 ;
        SUM := SUM + N ;         // 当 START= TRUE 时，执行 SUM := SUM + N ;
    ELSE
        OK := FALSE ;            // 当 START=FALSE 时，执行 OK := FALSE ;
    END_IF ;                     // 结束 IF 条件语句
```

2）CASE 语句

当需要从问题的多个可能操作中选择其中一个执行时，可以选择嵌套 IF 语句来控制选择执行，但是选择过多会增加程序的复杂性，降低程序的执行效率。这种情况下，使用 CASE 语句就比较合适。其应用举例如下：

```
CASE TW OF
    1 : DISPLAY:= OVEN_TEMP;       //当 TW=1 时，执行 DISPLAY:= OVEN_TEMP;
    2 : DISPLAY:= MOTOR_SPEED;     //当 TW=2 时，执行 DISPLAY:= MOTOR_SPEED;
    3 : DISPLAY:= GROSS_TARE;      //当TW=3时，执行DISPLAY:= GROSS_TARE; QW4:= 16#0003;
      QW4:= 16#0003;
    4..10: DISPLAY:= INT_TO_DINT (TW); //当 TW=4..10 时，执行 DISPLAY:= INT_TO_DINT (TW);
      QW4:= 16#0004;                   //当 TW=4..10 时，执行 QW4:= 16#0004;
    11,13,19: DISPLAY:= 99;
    QW4:= 16#0005;
ELSE:
  DISPLAY:= 0;
  TW_ERROR:= 1;          //当 TW 不等于以上数值时，执行 DISPLAY:= 0 和 TW_ERROR:= 1;
END_CASE ;               //结束 CASE 语句
```

（2）循环语句（Loops）

SCL 提供的循环语句有三种：FOR 语句、WHILE 语句和 REPEAT 语句。其功能说明见表 9-9。

表 9-9　SCL 的循环语句功能说明

序号	语 句	说　　明
1	FOR	只要控制变量在指定的范围内，就重复执行语句序列
2	WHILE	只要一个执行条件满足，某一语句就周而复始地执行
3	REPEAT	重复执行某一语句，直到终止该程序的条件满足为止

1）FOR 语句

FOR 语句的控制变量必须为 INT 或者 DINT 类型的局部变量。FOR 循环语句定义了指定的初值和终值，这两个值的类型必须与控制变量的类型一致。其应用举例如下：

```
FOR INDEX := 1 TO 50 BY 2 DO      // INDEX 初值为 1，终值为 50，步长为 2
    IF IDWORD [INDEX] = 'KEY' THEN
        EXIT;
    END_IF;
END_FOR;                          //结束 FOR 语句
```

2）WHILE 语句

WHILE 语句通过执行条件来控制语句的循环执行。执行条件是根据逻辑表达式的规则形成的。其应用举例如下：

```
WHILE INDEX <= 50 AND IDWORD[INDEX] <> 'KEY' DO
    INDEX := INDEX + 2;          //当 INDEX <= 50 AND IDWORD[INDEX] <> 'KEY'时，
```

```
                              //执行 INDEX := INDEX + 2;
END_WHILE ;                   //终止循环
```

3）REPEAT 语句

在终止条件满足之前，使用 REPEAT 语句反复执行 REPEAT 与 UNTIL 之间的语句。终止的条件是根据逻辑表达式的规则形成的。REPEAT 语句的条件判断在循环体执行之后进行。就是终止条件得到满足，循环体仍然至少执行一次。其应用举例如下：

```
REPEAT
  INDEX := INDEX + 2 ;   //循环执行 INDEX := INDEX + 2 ;
  UNTIL INDEX > 50 OR IDWORD[INDEX] = 'KEY' // 直到 INDEX > 50 或 IDWORD[INDEX] ='KEY'
END_REPEAT ;             //终止循环
```

（3）程序跳转语句（Program Jump）

在 SCL 中的跳转语句有四种：CONTINUE 语句、EXIT 语句、GOTO 语句和 RETURN 语句，其功能说明见表 9-10。

表 9-10 SCL 的程序跳转语句功能说明

序号	语 句	说 明
1	CONTINUE	用于终止当前循环反复执行
2	EXIT	不管循环终止条件是否满足，在任意点退出循环
3	GOTO	使程序立即跳转到指定的标号处
4	RETURN	使得程序跳出正在执行的块

以下用三个例子来说明这三种语句的应用。

1）CONTINUE 语句的应用举例

```
INDEX := 0 ;
WHILE INDEX <= 100 DO
    INDEX := INDEX + 1 ;
    IF ARRAY[INDEX] = INDEX THEN
        CONTINUE ;   //当 ARRAY[INDEX] = INDEX 时，退出循环
    END_IF ;
    ARRAY[INDEX] := 0 ;
END_WHILE ;
```

2）EXIT 语句的应用举例

```
FOR INDEX_1 := 1 TO 51 BY 2 DO
  IF IDWORD[INDEX_1] = 'KEY' THEN
    INDEX_2 := INDEX_1 ; //当 IDWORD[INDEX_1] = 'KEY'，执行 INDEX_2 := INDEX_1;
    EXIT ;               //当 IDWORD[INDEX_1] = 'KEY'，执行退出循环
  END_IF ;
END_FOR ;
```

3）GOTO 语句的应用举例

```
IF A > B THEN
    GOTO LAB1 ;     //当 A > B，跳转到 LAB1
ELSIF A > C THEN
    GOTO LAB2 ;     //当 A > C，跳转到 LAB2
END_IF ;
LAB1: INDEX := 1 ;
```

```
        GOTO LAB3 ;      //当 INDEX := 1，跳转到 LAB3
    LAB2: INDEX := 2 ;
```

9.2 SCL 语言程序设计法及其应用

9.2.1 SCL 语言程序设计入门案例

在前述内容中，详细介绍了 SCL 的基础知识，以下用 4 个例子介绍 SCL 的具体应用。第一个例子比较简单。

【例 9-1】电气原理图如图 9-3 所示，用 SCL 语言编写一个主程序，实现对一台电动机的起停控制。

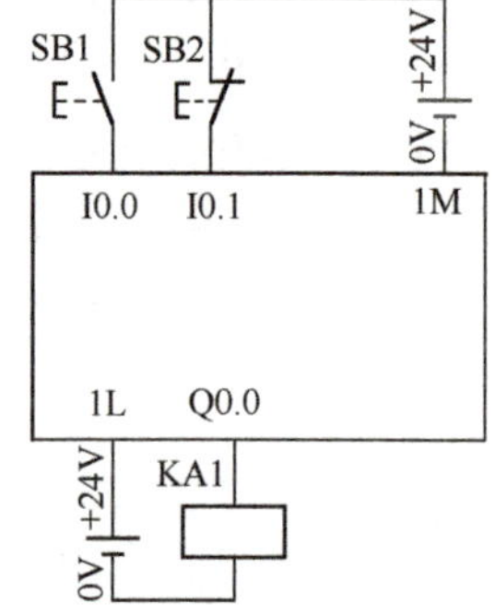

图 9-3　电气原理图

解：（1）新建项目。新建一个项目“SCL”，在 TIA Portal 项目视图的项目树中，单击“添加新块”，新建程序块，选择编程语言为“SCL”，单击“确定”按钮，如图 9-1 所示，即可生成主程序 OB1（OB123），其编程语言为 SCL。

（2）新建变量表。在 TIA Portal 项目视图的项目树中，双击“添加新变量表”，弹出变量表，创建变量表，输入、输出变量与其对应的地址如图 9-4 所示。注意：这里的变量是全局变量。

PLC 变量

	名称	变量表	数据类型	地址
1	Step	默认变量表	Byte	%MB100
2	btnStart	默认变量表	Bool	%I0.0
3	btnStop	默认变量表	Bool	%I0.1
4	motorOn	默认变量表	Bool	%Q0.0

图 9-4　创建变量表

微课：SCL 应用举例-电动机起停控制

（3）编写 SCL 程序。在 TIA Portal 项目视图的项目树中，双击“Main_1”，弹出 SCL 编辑器，在此界面中输入程序，如图 9-5 所示。运行此程序可实现起停控制。

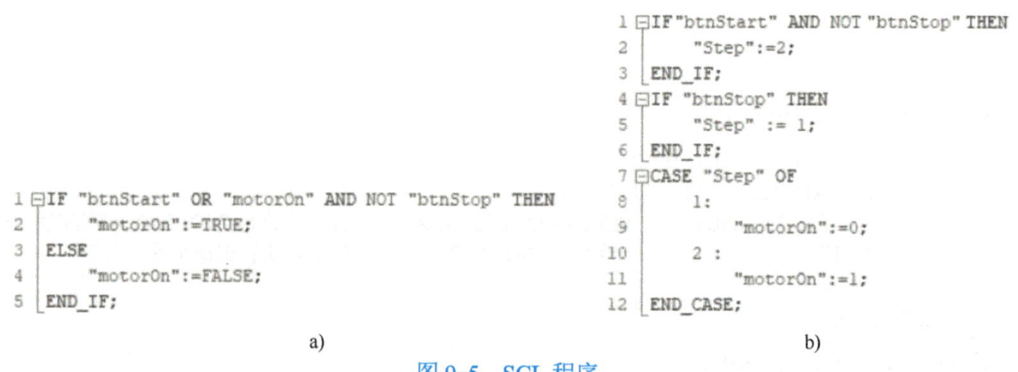

```
IF "btnStart" OR "motorOn" AND NOT "btnStop" THEN
    "motorOn":=TRUE;
ELSE
    "motorOn":=FALSE;
END_IF;
```

a)

```
IF "btnStart" AND NOT "btnStop" THEN
    "Step":=2;
END_IF;
IF "btnStop" THEN
    "Step" := 1;
END_IF;
CASE "Step" OF
    1:
        "motorOn":=0;
    2 :
        "motorOn":=1;
END_CASE;
```

b)

图 9-5　SCL 程序

a）方法 1　b）方法 2

【例 9-2】将以英寸为单位的整数数值转换成以毫米为单位的双整数数值。要求用 SCL 编写函数实现此功能。

解：（1）新建项目。新建一个项目“SCL1”，在 TIA Portal 项目视图的项目树中，单击“添加新块”，新建程序块，块名称为“FC1_InchToMm”，选择编程语言为“SCL”，块的类型是“函数 FC”，单击 “确定”按钮，即可生成函数 FC1，其编程语言为 SCL。

（2）定义函数块的变量。打开新建的函数“FC1_InchToMm”，定义函数 FC1_InchToMm 的输入变量（Input）、输出变量（Output）和临时变量（Temp），如图 9-6 所示。注意：这些变量是局部变量，只在本函数内有效。

FC1_InchToMm

	名称	数据类型	默认值
1	▼ Input		
2	■ inch	Int	
3	▼ Output		
4	■ millimeter	DInt	
5	▶ InOut		
6	▼ Temp		
7	■ tmpValue1	Real	
8	■ tmpValue2	Real	
9	▼ Constant		

图 9-6　定义函数块的变量

（3）编写函数 FC1_InchToMm 的 SCL 程序，如图 9-7 所示。

```
#tmpValue1:=INT_TO_REAL(#inch);
#tmpValue2 := #tmpValue1 * 25.4;
#millimeter := ROUND(#tmpValue2);  //四舍五入
```

图 9-7　函数 FC1_InchToMm 的 SCL 程序

（4）编写主程序，如图 9-8 所示。

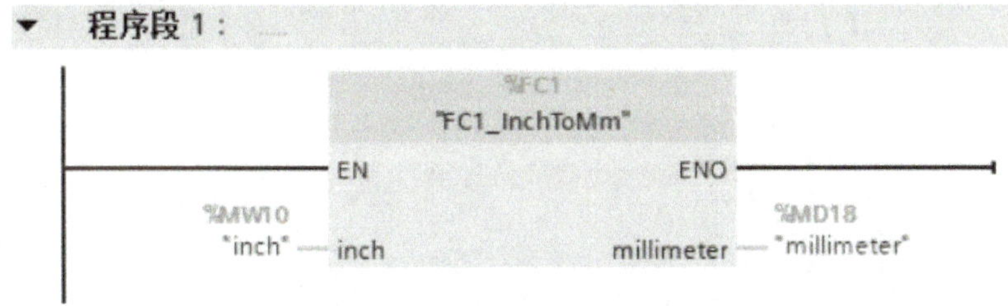

图 9-8　OB1 中的程序

【例 9-3】 用 S7-1200 PLC 控制一台鼓风机，鼓风机系统一般由引风机和鼓风机两级构成。原理图如图 4-39 所示，当按下起动按钮之后，引风机先工作，工作 5s 后，鼓风机工作。按下停止按钮之后，鼓风机先停止工作，5s 后，引风机才停止工作。

解：（1）创建新项目，并创建函数块 FB1_FanControl，打开此函数块，创建其块接口参数，如图 9-9 所示，特别要注意静态变量的创建。

（2）编写 FB1_FanControl 的 SCL 程序，如图 9-10 所示。再编写主程序，如图 9-11 所示。

微课：SCL 应用举例-鼓风机的控制

【例 9-4】 计算字中的为“1”的位的数量。要求用 SCL 编写函数块实现此功能。

解：（1）新建项目。新建一个项目“SCL2”，在 TIA Portal 项目视图的项目树中，单击“添加新块”，新建程序块，块名称为“WordBitCount”，选择编程语言为“SCL”，块的类型是“函数块FB”，单击“确定”按钮，即可生成函数块 FB1，其编程语言为 SCL。

FB1_FanControl

	名称	数据类型	默认值
1	▼ Input		
2	■ start	Bool	false
3	■ stop	Bool	false
4	▼ Output		
5	■ motor1	Bool	false
6	■ motor2	Bool	false
7	▼ Static		
8	■ ▶ t0Timer	TON_TIME	
9	■ ▶ t1Timer	TOF_TIME	
10	■ startTimer	Bool	false
11	■ setTime	Time	T#5s

图 9-9　创建 FB1_FanControl 的接口参数

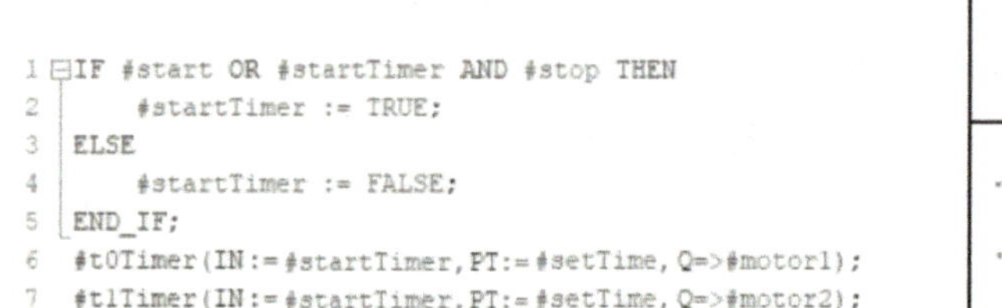

```
IF #start OR #startTimer AND #stop THEN
    #startTimer := TRUE;
ELSE
    #startTimer := FALSE;
END_IF;
#t0Timer(IN:=#startTimer,PT:=#setTime,Q=>#motor1);
#t1Timer(IN:=#startTimer,PT:=#setTime,Q=>#motor2);
```

图 9-10　FB1_FanControl 中的 SCL 程序

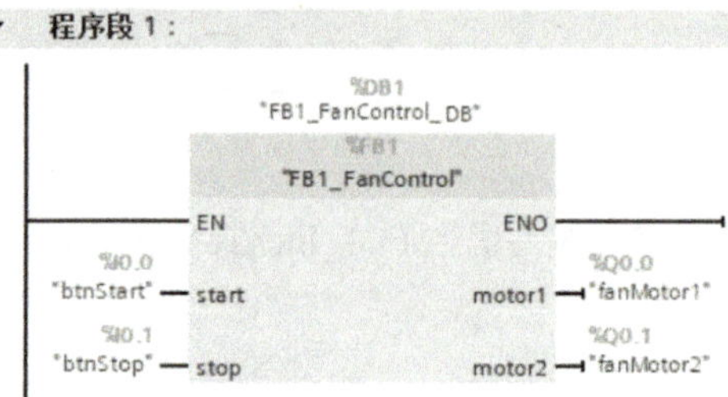

图 9-11　OB1 中的梯形图

（2）定义函数块的变量。打开新建的函数块“WordBitCount”，定义此函数块的输入变量（Input）、输出变量（Output）、静态变量（Static）和临时变量（Temp），如图 9-12 所示。

WordBitCount

	名称	数据类型	默认值
1	▼ Input		
2	■ status	Word	16#0
3	▼ Output		
4	■ count	Int	0
5	▼ Static		
6	■ statStatus	Word	16#0
7	■ statCount	Int	0
8	▼ Temp		
9	■ nCycle	Int	

图 9-12　定义函数块的接口参数

（3）编写函数块 WordBitCount 的 SCL 程序，如图 9-13 所示。

```
#statCount := 0;
#statStatus := #status;
FOR #nCycle := 0 TO 15 DO   //循环16次，即测试16个位
    IF #statStatus.%X0      //如果该位为1
    THEN
        #statCount += 1;    //计数值加1
    END_IF;
    #statStatus := ROR_WORD(IN := #statStatus, N := 1); //字的右循环
END_FOR;
#count := #statCount;
```

图 9-13　函数块 WordBitCount 的 SCL 程序

（4）编写主程序，如图 9-14 所示。如果输入端的数据为 2#1111_1000，那么输出端结果为 5。

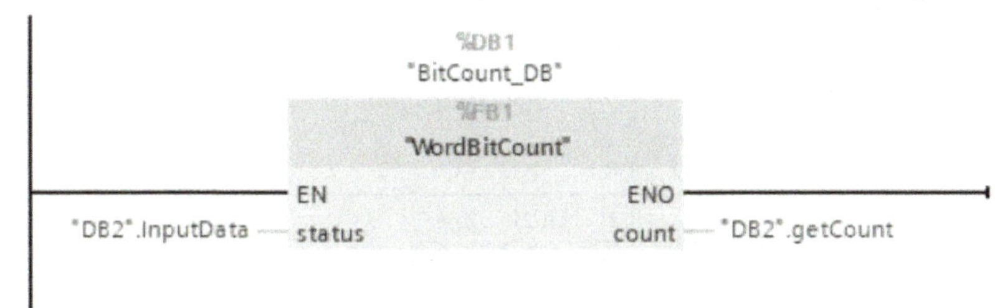

图 9-14　OB1 中的程序

9.2.2　用 SCL 语言编写逻辑控制程序

目前最流行的编程语言是结构文本（ST），西门子称之为 SCL。SCL 指令设计程序的方法可归入功能图设计法范畴，但因其独特特性，故此处被单独作为一种方法进行讲解。

【例 9-5】 用 S7-1200 PLC 控制 4 盏灯的亮灭。运行逻辑如下：

（1）自动模式时，当按下起动按钮 SB1 时，HL1 灯亮 2s，之后灭； HL2 灯亮 2s，之后灭；HL3 灯亮 2s，之后灭；HL4 灯亮 2s，之后灭，如此循环。

（2）手动模式时，4 个按钮可以对 4 盏灯进行点动控制。

（3）任何时候，当按下停止按钮 SB2 时，所有灯灭，完全复位。

1. I/O 分配

在 I/O 分配之前，先计算所需要的 I/O 点数，输入点为 7 个，输出点为 4 个，由于输入输出最好留 15%左右的余量备用，所用初步选择的 PLC 是 CPU 1212C，又因为控制对象为信号灯，CPU 的输出形式选为继电器比较有利（其输出电流可达 2A），所以 PLC 最后定为 CPU 1214C (AC/DC/RLY)。系统的 I/O 分配表见表 9-11。

表 9-11　I/O 分配表

输　入			输　出		
名 称	符 号	输入点	名 称	符 号	输出点
起动按钮	SB1	I0.0	灯 1	HL1	Q0.0
手动/自动转换	SA1	I0.1	灯 2	HL2	Q0.1
停止按钮	SB2	I0.2	灯 3	HL3	Q0.2
点动 1	SB3	I0.3	灯 4	HL4	Q0.3
点动 2	SB4	I0.4			
点动 3	SB5	I0.5			
点动 4	SB6	I0.6			

2. 设计电气原理图

根据 I/O 分配表和题意，设计原理图如图 9-15 所示，设计类似的工程时，如果灯功率较大，建议使用中间继电器驱动灯，从而保护 PLC 模块，这是工程上常规的设计方案。如果为指示灯则可直接连接到 PLC 的输出端。

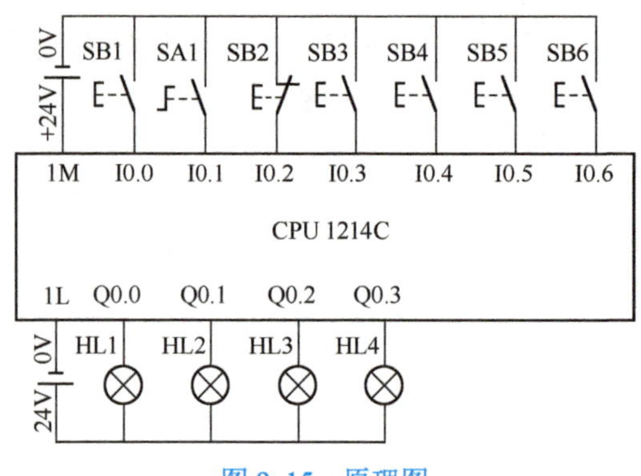

图 9-15　原理图

解：（1）FB1_LampRun (FB1)的块接口参数如图 9-16 所示，输入参数（Input）与按钮和接近开关对应，输出参数（Output）与指示灯的线圈对应。静态变量（Static）非常重要，主要起中间变量的作用，在逻辑运算过程中灯的状态先赋值给静态变量，最后统一将静态变量赋值给输出变量，这样可以避免双线圈输出。定时器也使用了静态变量，这样可以减少背景数据块的使用。静态变量使用非常灵活，在工程中非常常用，读者要认真领会。

FB1_LampRun

	名称	数据类型	默认值	保持	从 HMI/OPC U...	从 HMI/OPC ...	在 HMI ...	设定值
1	▼ Input				☐	☐	☐	☐
2	Start	Bool	false	非保持	☑	☑	☑	☐
3	Transfer	Bool	false	非保持	☑	☑	☑	☐
4	EStop	Bool	false	非保持	☑	☑	☑	☐
5	Jog1	Bool	false	非保持	☑	☑	☑	☐
6	Jog2	Bool	false	非保持	☑	☑	☑	☐
7	Jog3	Bool	false	非保持	☑	☑	☑	☐
8	Jog4	Bool	false	非保持	☑	☑	☑	☐
9	▼ Output				☐	☐	☐	☐
10	Lamp1	Bool	false	非保持	☑	☑	☑	☐
11	Lamp2	Bool	false	非保持	☑	☑	☑	☐
12	Lamp3	Bool	false	非保持	☑	☑	☑	☐
13	Lamp4	Bool	false	非保持	☑	☑	☑	☐
14	▶ InOut				☐	☐	☐	☐
15	▼ Static				☐	☐	☐	☐
16	statLamp1	Bool	false	非保持	☑	☑	☑	☐
17	statLamp2	Bool	false	非保持	☑	☑	☑	☐
18	statLamp3	Bool	false	非保持	☑	☑	☑	☐
19	statLamp4	Bool	false	非保持	☑	☑	☑	☐
20	stepNo	Byte	16#0	非保持	☑	☑	☑	☐
21	▶ t0Timer	TON_TIME		非保持	☑	☑	☑	☐
22	▶ t1Timer	TON_TIME		非保持	☑	☑	☑	☐
23	▶ t2Timer	TON_TIME		非保持	☑	☑	☑	☐
24	▶ t3Timer	TON_TIME		非保持	☑	☑	☑	☐
25	enNableT0	Bool	false	非保持	☑	☑	☑	☐
26	enNableT1	Bool	false	非保持	☑	☑	☑	☐
27	enNableT2	Bool	false	非保持	☑	☑	☑	☐
28	enNableT3	Bool	false	非保持	☑	☑	☑	☐

图 9-16　FB1_LampRun (FB1)的块接口参数

编写 FB1_LampRun(FB1)的 SCL 程序，如图 9-17 所示。本程序的自动模式时，相当于有 4 步，静态变量#stepNo 相当于“步号”，当条件满足时，每一步执行一个或者数个动作。

```
//停机
IF NOT #EStop THEN
        #statLamp1 := 0;
        #statLamp2 := 0;
        #statLamp3 := 0;
        #statLamp4 := 0;
        #stepNo :=0;
 END_IF;
IF NOT #Transfer THEN  //自动模式
    CASE #stepNo OF
        0:
            IF  #Start AND #EStop THEN  //起动运行
                #stepNo:=1; //激活第1步
            END_IF;
        1:
            #statLamp1:= 1;     //第1盏灯亮
            #enNableT0:= 1;
            IF #t0Timer.Q THEN
                #enNableT0 := 0;  //使能定时器0
                #statLamp1 := 0;
                #stepNo := 2;       //激活第2步
            END_IF;
        2:
            #statLamp2 := 1;     //第2盏灯亮
            #enNableT1 := 1;
            IF #t1Timer.Q THEN
                #enNableT1 := 0;  //使能定时器1
                #statLamp2 := 0;
                #stepNo := 3;//激活第3步
            END_IF;
        3:
            #statLamp3 := 1;    //第3盏灯亮
            #enNableT2 := 1;     //使能定时器2
            IF #t2Timer.Q THEN
                #enNableT2 := 0;
                #statLamp3 := 0;
                #stepNo := 4;     //激活第4步
            END_IF;
        4:
            #statLamp4 := 1;     //第4盏灯亮
            #enNableT3 := 1;     //使能定时器3
            IF #t3Timer.Q THEN
                #enNableT3 := 0;
                #statLamp4 := 0;
                #stepNo := 1;    //激活第1步
            END_IF;
    END_CASE;
END_IF;
//4个定时器为静态变量，可减少数据块的数量
#t0Timer(IN := #enNableT0, PT := t#2s);
#t1Timer(IN := #enNableT1, PT := t#2s);
#t2Timer(IN := #enNableT2, PT := t#2s);
#t3Timer(IN := #enNableT3, PT := t#2s);
//点动模式
IF #Transfer THEN
    #statLamp1 := #Jog1;
    #statLamp2 := #Jog2;
    #statLamp3 := #Jog3;
    #statLamp4 := #Jog4;
END_IF;
//4盏灯输出，将静态变量送到输出变量
#Lamp1 := #statLamp1;
#Lamp2 := #statLamp2;
#Lamp3 := #statLamp3;
#Lamp4 := #statLamp4;
```

图 9-17　FB1_LampRun (FB1)的 SCL 程序

（2）编写主程序，如图 9-18 所示。

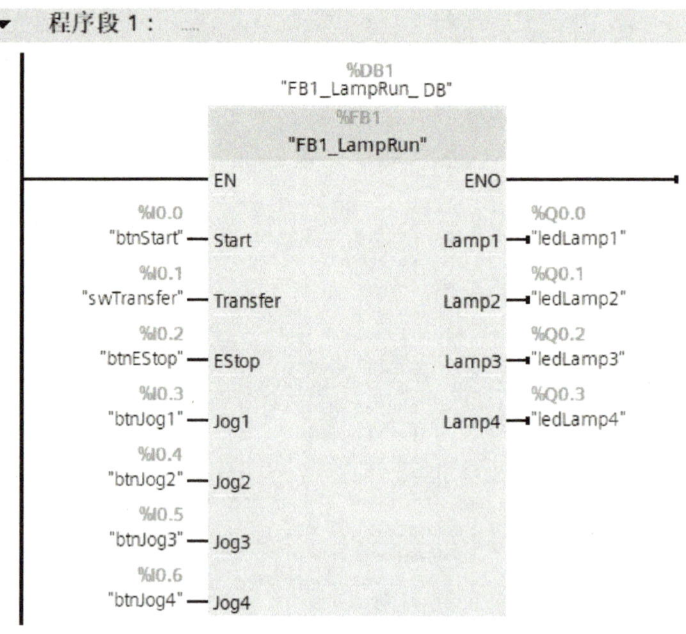

图 9-18　主程序梯形图

9.2.3　用 AI 软件生成 SCL 程序

人工智能（AI）技术的快速发展正在全球范围内引领一场技术革命，特别是在工业领域。2024 年，西门子推出的 Industrial Copilot，作为工业自动化领域的一大创新，深度融合了生成式 AI 技术，并与西门子 TIA 博途平台实现了无缝集成，为用户提供了一个全面且高效的自动化解决方案。这款产品的问世，极大地缩短了复杂自动化代码的生成周期，通过自动化处理虚拟任务和 PLC 代码构建，有效减轻了工程团队的工作压力，确保了复杂工程设计的高精度，从而全面提升了开发效率与产品质量。

尽管在全球化背景下，技术合作面临诸多挑战，但中国科技界并未因此放慢前进的步伐。杭州深度求索人工智能基础技术研究有限公司推出的 DeepSeek（深度求索）大模型，其最新版本 DeepSeek R1，在技术验证中展现出了卓越的性能，与全球领先的 AI 模型相媲美。目前，DeepSeek R1 软件已面向全球开放免费下载与安装，赢得了包括行业领军企业在内的广泛认可。这一成就不仅代表了中国科技发展的一个重要里程碑，也是中国在人工智能领域持续自主创新的有力证明。

DeepSeek R1 具备强大的功能，能够自动生成 PLC 梯形图、指令表以及 SCL 程序。以下以电动机起停控制的 SCL 程序生成为例，介绍 AI 如何助力程序生成：

1）登录 DeepSeek 的官方网站：https://www.deepseek.com/。

2）在网站上单击“DeepSeek 网页版”进行在线操作，或者在手机端下载并安装 DeepSeek R1 的应用程序。

3）在方框中输入“西门子 PLC 起停控制 scl 程序”，单击“深度思考（R1）”和“联网搜索”按钮，再单击按钮“⬆”按钮，如图 9-19 所示，一般等待几十秒或者更长时间，弹出深度思考后的结果，其中包含 SCL 程序。

我是 DeepSeek，很高兴见到你！

我可以帮你写代码、读文件、写作各种创意内容，请把你的任务交给我吧~

图 9-19　提问

以下的 SCL 程序是 DeepSeek 自动生成的程序（限于篇幅，思考过程和调试等内容没有列出）：

```
// 主逻辑
IF  "EmergencyStop" AND NOT "Overload" THEN
// 起保停核心逻辑
  "MotorControl" := ("StartButton" OR "MotorControl") AND NOT "StopButton";
ELSE
  "MotorControl" := FALSE; // 急停或过载时强制停止
END_IF;
```

在上述 SCL 程序中，各变量对应的地址如下：

"StartButton"：I0.0
"StopButton"：I0.1
"EmergencyStop"：I0.2
"Overload"：I0.3
"MotorControl"：Q0.0

DeepSeek 自动生成的程序对应的原理图如图 9-20 所示（此图由编者设计）。

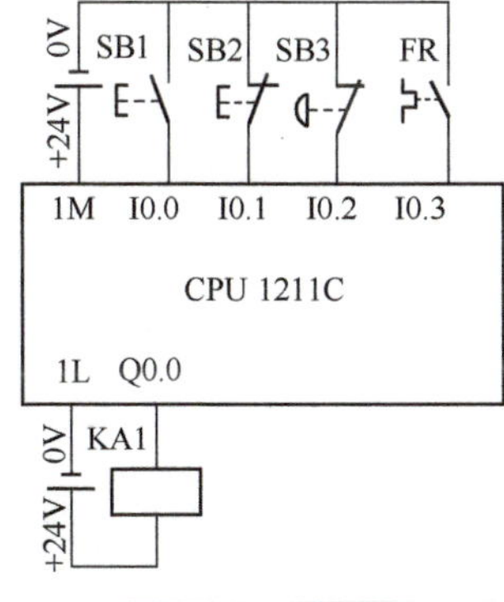

图 9-20　原理图

作业

一、判断题

1．SCL 实际就是 ST（结构文本）。（　　）

2．SCL 适合用于编写科学计算程序的场合。（　　）

3．OB1 中如采用了梯形图编程，就不能用 SCL 编程。（　　）

4．ST 和 LAD 是最常用的两种 PLC 编程语言。（　　）

5．SCL 的指令集比 LAD（梯形图）的指令集丰富。（　　）

6．在 SCL 中，赋值符号是“=”，等于是“:=”。（　　）

7．在 SCL 中，乘法的运算符号是“×”。（　　）

8．在 SCL 中，“IF…END_IF”是条件语句。（　　）

二、编程题

1．用 S7-1200 PLC 控制搅拌机的运行。运行逻辑为：当按下起动按钮 SB1 时，搅拌机正转 10s，之后停 1s；反转 10s，之后停 1s；如此循环 5 次后停机，任何时候按下停止按钮也停机。要求用 SCL 编程。

2．用 SCL 编写三相异步电动机的星-三角起动的程序。

第 10 章　S7-1200 PLC 工程应用

本章有两个工程实例。第 1 个实例是逻辑控制，是 S7-1200 PLC 入门级项目。第 2 个实例涉及逻辑控制和运动控制，任务相对复杂，难度较大。这两个实际工程项目是对读者学习成果的验证，能完成，则说明读者具备小型自动化系统集成的能力。

10.1　折边机控制系统的设计

微课：折边机控制系统设计

【例 10-1】 用 S7-1200 PLC 控制箱体折边机的运行。箱体折边机的功能是将一块平板薄钢板折成 U 形以用于制作箱体。控制系统要求如下：

1）有启动、复位和急停控制。

2）要有复位指示和一个工作完成结束的指示。

3）折边过程可以手动控制和自动控制。

4）按下“急停”按钮，设备立即停止工作。

箱体折边机工作示意图如图 10-1 所示，折边机由 4 个气缸组成，一个下压气缸、两个翻边气缸（由同一个电磁阀控制，在此仅以一个气缸说明）和一个顶出气缸。其工作过程是：当按下复位按钮 SB1 时，YV2 得电，下压气缸向上运行，到上极限位置 SQ1 为止；YV4 得电，翻边气缸向右运行，直到右极限位置 SQ3 为止；YV5 得电，顶出气缸向上运行，直到上极限位置 SQ6 为止，三个气缸同时动作，复位完成后，指示灯以 1s 为周期闪烁。工人放置钢板，此时按下启动按钮 SB2，YV6 得电，顶出气缸向下运行，到下极限位置 SQ5 为止；接着 YV1 得电，下压气缸向下运行，到下极限位置 SQ2 为止；接着 YV3 得电，翻边气缸向左运行，到左极限位置 SQ4 为止；保压 0.5s 后，YV4 得电，翻边气缸向右运行，到左极限位置 SQ3 为止；接着 YV2 得电，下压气缸向上运行，到上极限位置 SQ1 为止；YV5 得电，顶出气缸向上运行，顶出已经折弯完成的钢板，到上极限位置 SQ6 为止，一个工作循环完成，其气动原理图如图 10-2 所示。

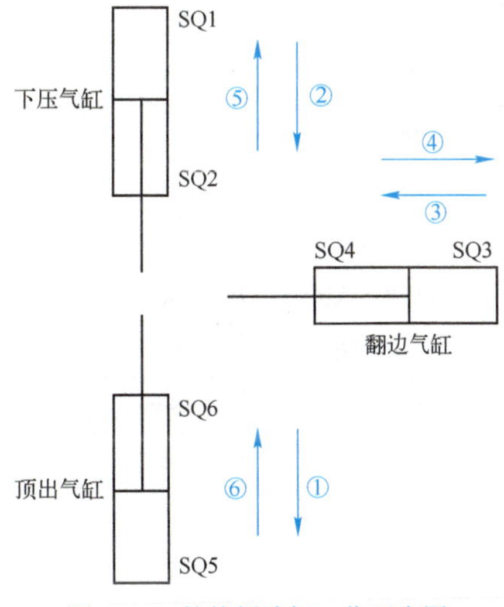

图 10-1　箱体折边机工作示意图

1. I/O 分配

在 I/O 分配之前，先计算所需要的 I/O 点数，输入点为 17 个，输出点为 7 个，由于输入输出最好留 15%左右的余量备用，所以初步选择的 PLC 是 CPU 1214C，又因为控制对象为电磁阀和信号灯，因此 CPU 的输出形式选为继电器比较有利（其输出电流可达 2A），所以 PLC 最后定为 CPU 1214C (AC/DC/RLY)和 SM1221(DI8)。折边机的 I/O 分配表见表 10-1。

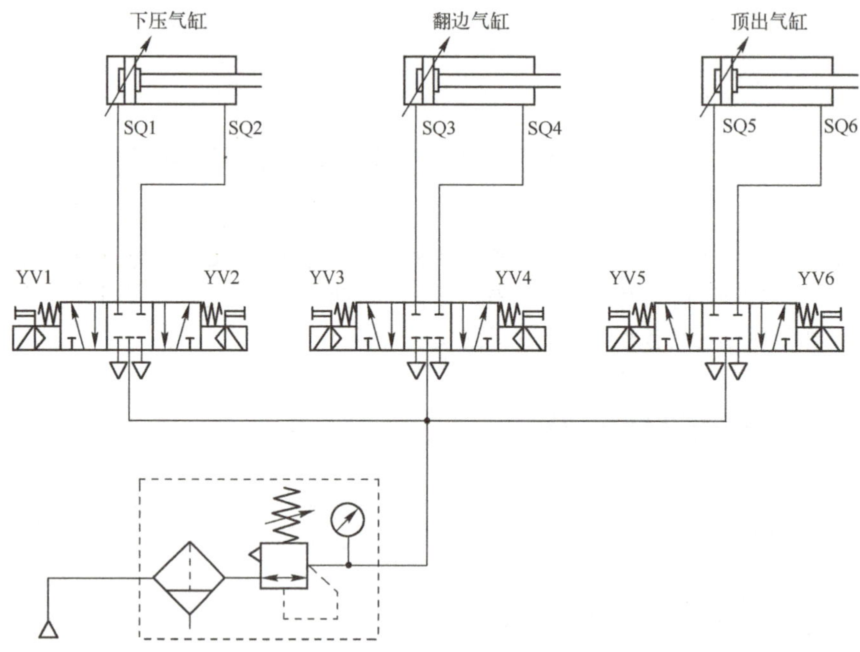

图 10-2　箱体折边机气动原理图

表 10-1　I/O 分配表

输　入			输　出		
名　称	符　号	输入点	名　称	符　号	输出点
手动/自动转换	SA1	I0.0	复位灯	HL1	Q0.0
复位按钮	SB1	I0.1	下压伸出线圈	YV1	Q0.1
起动按钮	SB2	I0.2	下压缩回线圈	YV2	Q0.2
急停按钮	SB3	I0.3	翻边伸出线圈	YV3	Q0.3
下压伸出按钮	SB4	I0.4	翻边缩回线圈	YV4	Q0.4
下压缩回按钮	SB5	I0.5	顶出伸出线圈	YV5	Q0.5
翻边伸出按钮	SB6	I0.6	顶出缩回线圈	YV6	Q0.6
翻边缩回按钮	SB7	I0.7			
顶出伸出按钮	SB8	I1.0			
顶出缩回按钮	SB9	I1.1			
下压原位限位	SQ1	I1.2			
下压伸出限位	SQ2	I1.3			
翻边原位限位	SQ3	I1.4			
翻边伸出限位	SQ4	I1.5			
顶出原位限位	SQ5	I2.0			
顶出伸出限位	SQ6	I2.1			
光电开关	SQ7	I2.2			

2. 设计电气原理图

根据 I/O 分配表和系统控制要求，设计原理图如图 10-3 所示。由于气动电磁阀的功率较小，因此其额定电流也比较小（小于 0.2A），而选定的 PLC 是继电器输出，其额定电流为 2A，因而 PLC 可以直接驱动电磁阀，但还是建议读者在设计类似的工程时，要加中间继电器，因为这样做更加可靠。

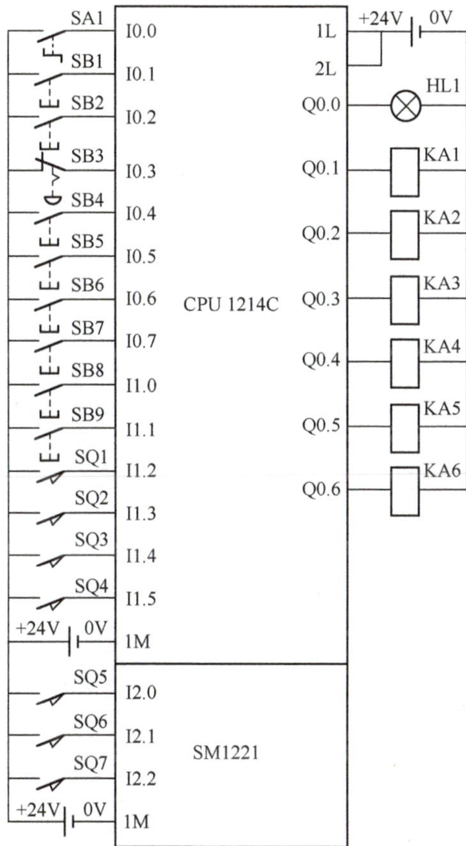

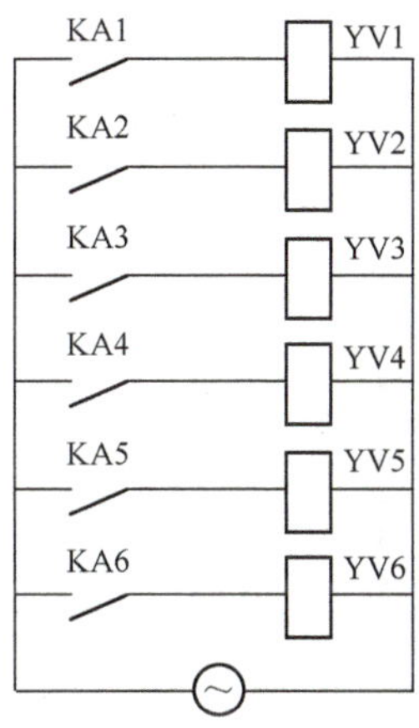

图 10-3　折边机接线图

3. 编写控制程序

主程序如图 10-4 所示。Hand_Control（FB1）程序的参数如图 10-5 所示。Hand_Control（FB1）程序的如图 10-6 所示，主要是 3 个气缸的手动伸缩控制。

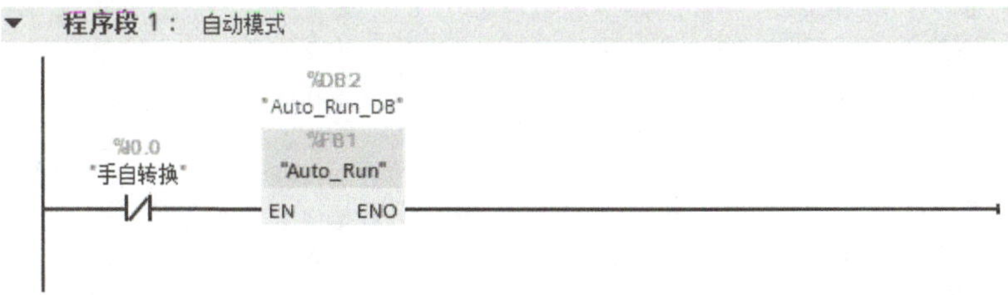

图 10-4　主程序梯形图

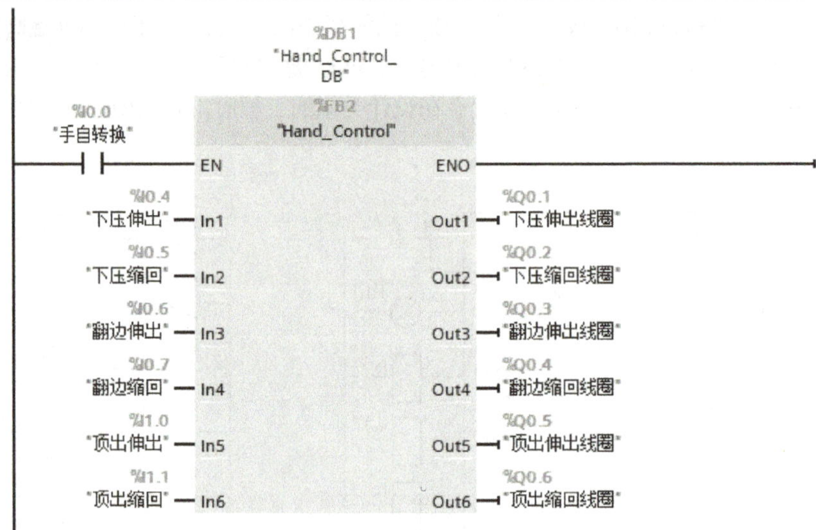

图 10-4　主程序梯形图（续）

Hand_Control

名称	数据类型	默认值	保持	从 HMI/OPC..
▼ Input				☐
In1	Bool	false	非保持	☑
In2	Bool	false	非保持	☑
In3	Bool	false	非保持	☑
In4	Bool	false	非保持	☑
In5	Bool	false	非保持	☑
In6	Bool	false	非保持	☑
▼ Output				☐
Out1	Bool	false	非保持	☑
Out2	Bool	false	非保持	☑
Out3	Bool	false	非保持	☑
Out4	Bool	false	非保持	☑
Out5	Bool	false	非保持	☑
Out6	Bool	false	非保持	☑
▼ Static				☐
Flag1	Bool	false	非保持	☑
Flag2	Bool	false	非保持	☑
Flag3	Bool	false	非保持	☑
Flag4	Bool	false	非保持	☑
Flag5	Bool	false	非保持	☑
Flag6	Bool	false	非保持	☑
Flag1_1	Bool	false	非保持	☑
Flag2_1	Bool	false	非保持	☑
Flag3_1	Bool	false	非保持	☑
Flag4_1	Bool	false	非保持	☑
Flag5_1	Bool	false	非保持	☑
Flag6_1	Bool	false	非保持	☑

图 10-5　Hand_Control（FB1）程序的参数

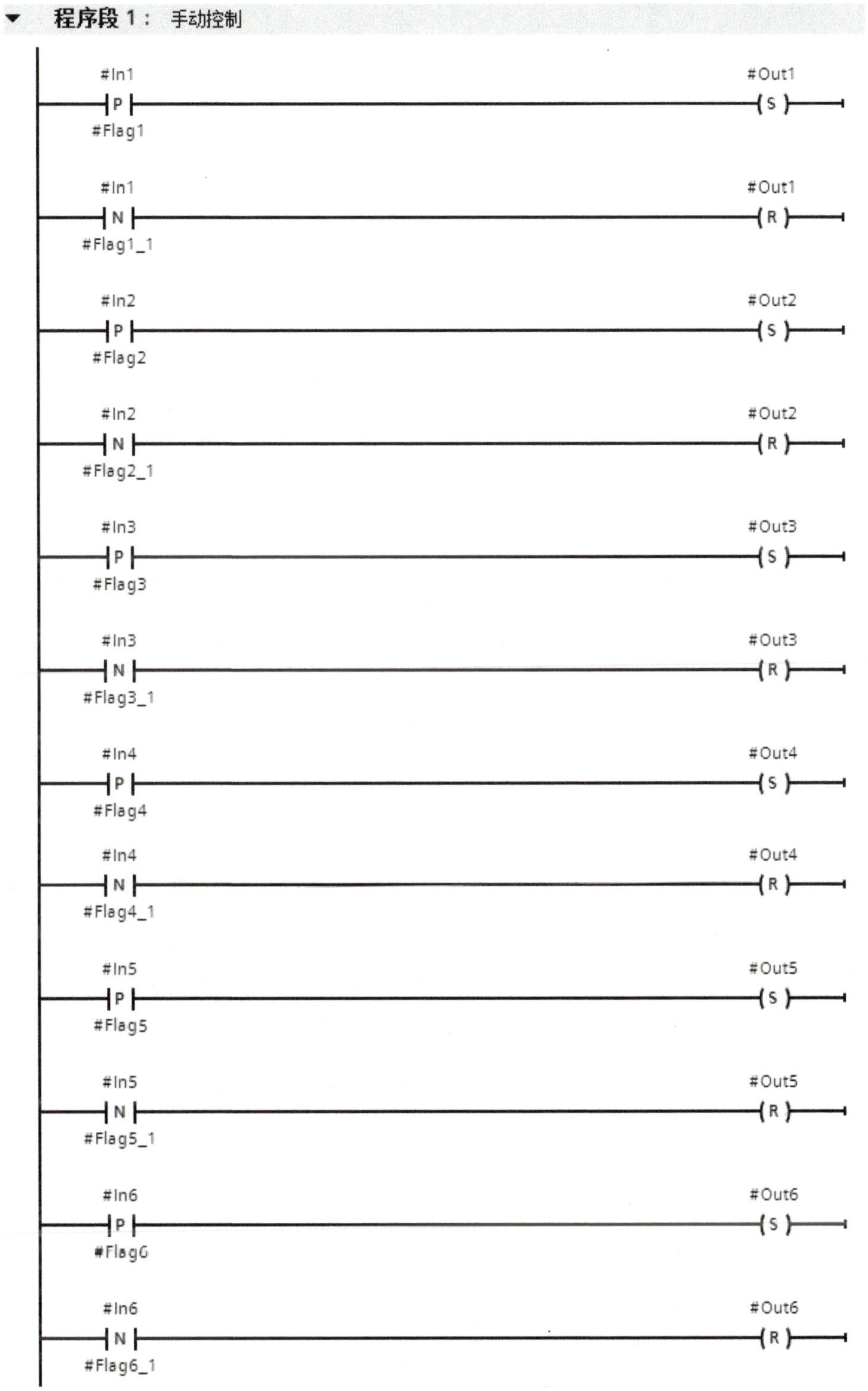

▼ 程序段 1： 手动控制

#In1 -|P|- #Flag1 —— #Out1 (S)
#In1 -|N|- #Flag1_1 —— #Out1 (R)
#In2 -|P|- #Flag2 —— #Out2 (S)
#In2 -|N|- #Flag2_1 —— #Out2 (R)
#In3 -|P|- #Flag3 —— #Out3 (S)
#In3 -|N|- #Flag3_1 —— #Out3 (R)
#In4 -|P|- #Flag4 —— #Out4 (S)
#In4 -|N|- #Flag4_1 —— #Out4 (R)
#In5 -|P|- #Flag5 —— #Out5 (S)
#In5 -|N|- #Flag5_1 —— #Out5 (R)
#In6 -|P|- #Flag6 —— #Out6 (S)
#In6 -|N|- #Flag6_1 —— #Out6 (R)

图 10-6　Hand_Control（FB1）程序

Auto_Run（FB2）程序的数据块如图 10-7 所示，数据块中的参数就是 Auto_Run（FB2）的参数。Auto_Run（FB2）程序的如图 10-8 所示，以下介绍 Auto_Run（FB2）程序。

Auto_Run

	名称	数据类型	默认值	保持	从 HMI/OPC..	从 H...
1	▶ Input				☐	☐
2	▶ Output				☐	☐
3	▶ InOut				☐	☐
4	▼ Static				☐	☐
5	▪ ▶ T0	TON_TIME		非保持	☑	☑
6	▪ Flag1	Bool	false	非保持	☑	☑
7	▪ Flag2	Bool	false	非保持	☑	☑
8	▼ Temp				☐	☐

图 10-7 Auto_Run（FB2）程序的数据块

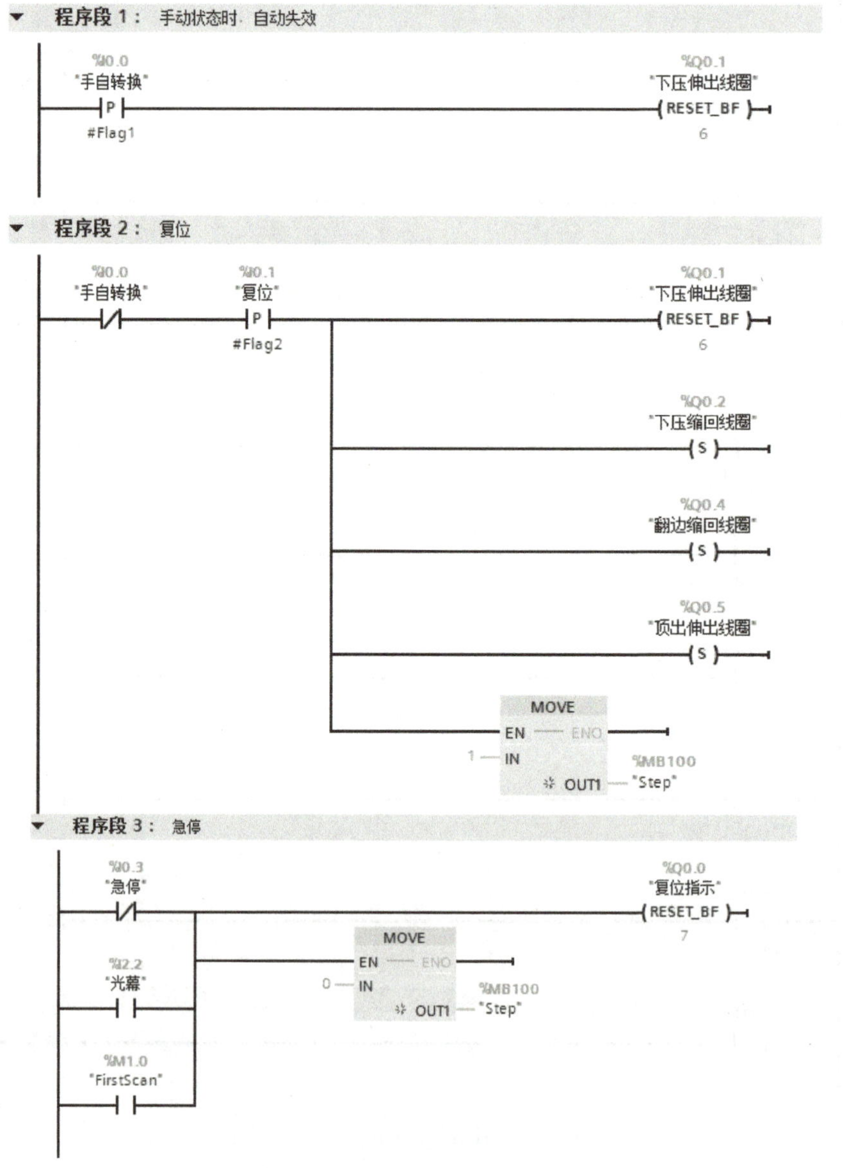

图 10-8 Auto_Run（FB2）程序

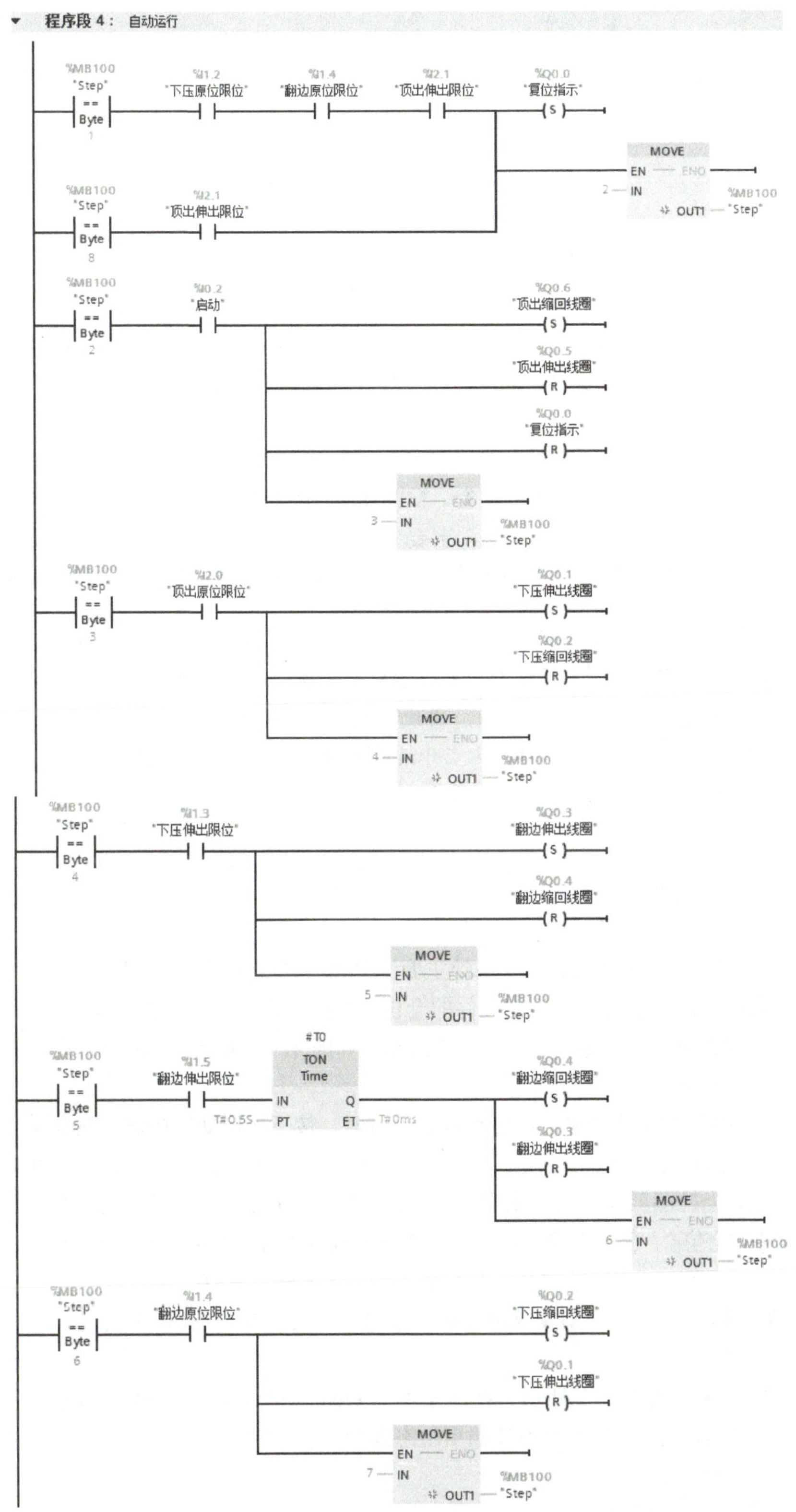

图 10-8 Auto_Run（FB2）程序（续）

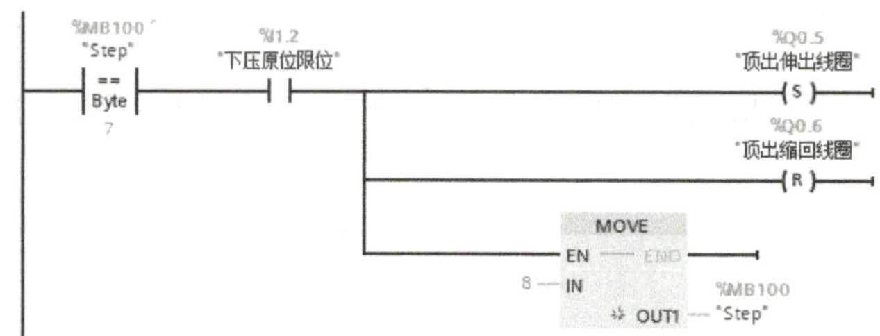

图 10-8　Auto_Run（FB2）程序（续）

程序段 1：当从自动切换到手动状态时，将所有的电磁阀的线圈复位。手动状态没有复位。

程序段 2：自动状态才有复位。复位时就是将下压和翻边气缸缩回，将顶出气缸顶出，再把 MB100=1。

程序段 3：急停、初始状态和当安全光幕起作用时，所有的输出为 0，并把 MB100=0。

程序段 4：是自动模式控制逻辑的核心。MB100 是步号，这个逻辑过程一共有 7 步，每一步完成一个动作。例如 MB100=1 是第 1 步，主要完成复位灯的指示；MB100=2 是第 2 步，主要完成顶出气缸的缩回。这种编程方法逻辑非常简洁，在工程中非常常用，读者应该掌握。

任务小结

① 本任务用“MB100”作逻辑步，每一步用一个步号（MB100=1～7），相比于前面两种逻辑控制程序编写方法，可修改性更强，更便于阅读。

② 本任务的手动程序使用 FB，其上升沿和下降沿的第二操作数使用的是静态参数（如 Flag1），好处是不占用 M 寄存器，更加便利。

10.2　旋转料仓控制系统的设计

微课：旋转料仓控制系统的设计

【例 10-2】 有一台旋转料仓，电气系统主要由 PLC 和步进驱动系统组成，旋转料仓有 4 个仓位，只有仓位 1 是接收工件的仓位，其余仓位是暂存工件的仓位，每个仓位可以存放 3 个零件，零件的高度是 30mm，如图 10-9 所示。要求设计电气控制系统，并编写程序。控制过程如下。

1）系统分为手动和自动状态，在自动状态运行时，按下“启动”按钮，在仓位 1 处的顶杆上升到 90mm，当检测第 1 个工件来到时，顶杆下降至 60mm 处，当检测第 2 个工件来到时，顶杆下降至 30mm 处，当检测第 3 个工件来到时，顶杆下降至 0mm 处。此时，装满的料仓 1 在分度盘的带动下，旋转到仓位 2，仓位 1 清空，继续在仓位 1 放置工件，当所有的 4 个仓位的工件都满仓，人工取走工件。下一个工作循环开始。分度盘的气动原理图如图 10-10 所示。

2）在手动状态时，可以手动操纵顶杆和分度盘。手动控制在 HMI 中实现。

1. 设计原理图

设计电气原理图如图 10-11 所示。在这个图中 Q0.0 是高速脉冲输出，Q0.1 是方向信号，需要与 CPU 1214C 模块脉冲发生器的硬件输出组态匹配。

2. 硬件和工艺组态

（1）新建项目，添加 CPU

打开 TIA Portal 软件，新建项目“环形料仓”，单击项目树中的“添加新设备”选项，添加“CPU 1214C”，勾选“启用系统存储器字节”和“启用时钟存储器字节”，如图 10-12 所示。

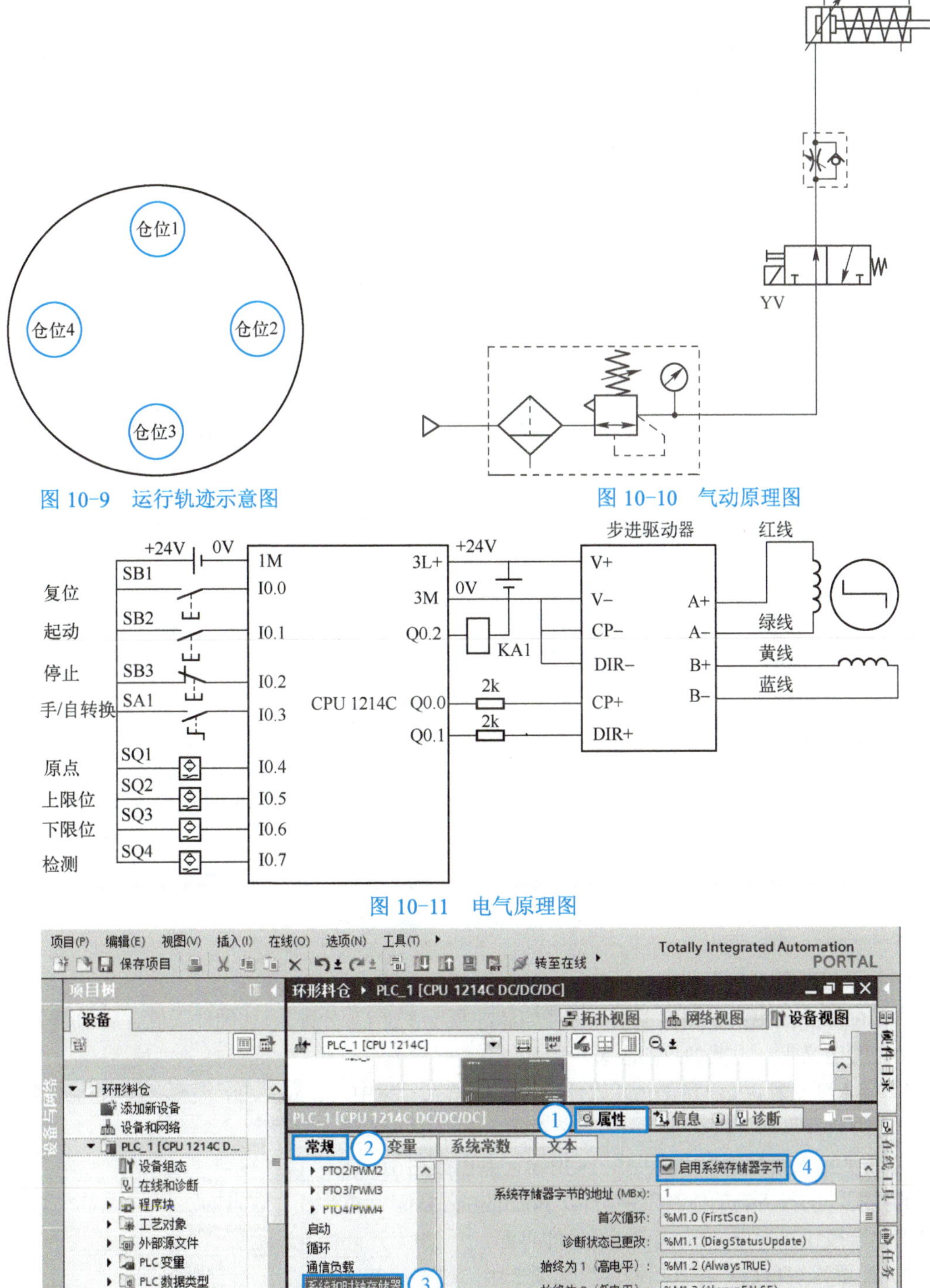

图 10-9　运行轨迹示意图

图 10-10　气动原理图

图 10-11　电气原理图

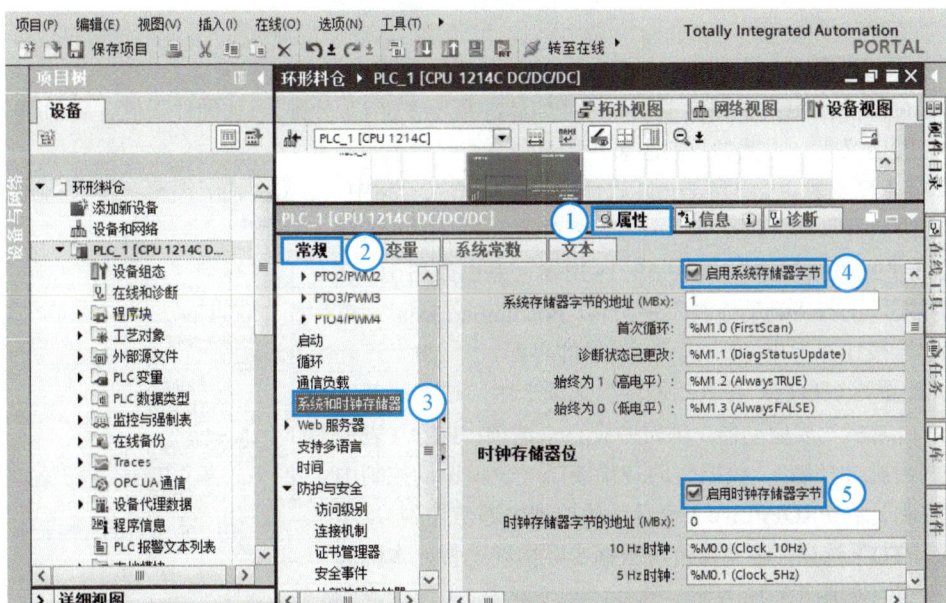

图 10-12　新建项目，添加 CPU

（2）脉冲发生器的组态

组态脉冲发生器如图 10-13 所示，先勾选“启用该脉冲发生器”，再选择信号类型为“PTO”，设置 Q0.0 为高速脉冲输出，Q0.1 为信号方向，这个设置必须与原理图一致。

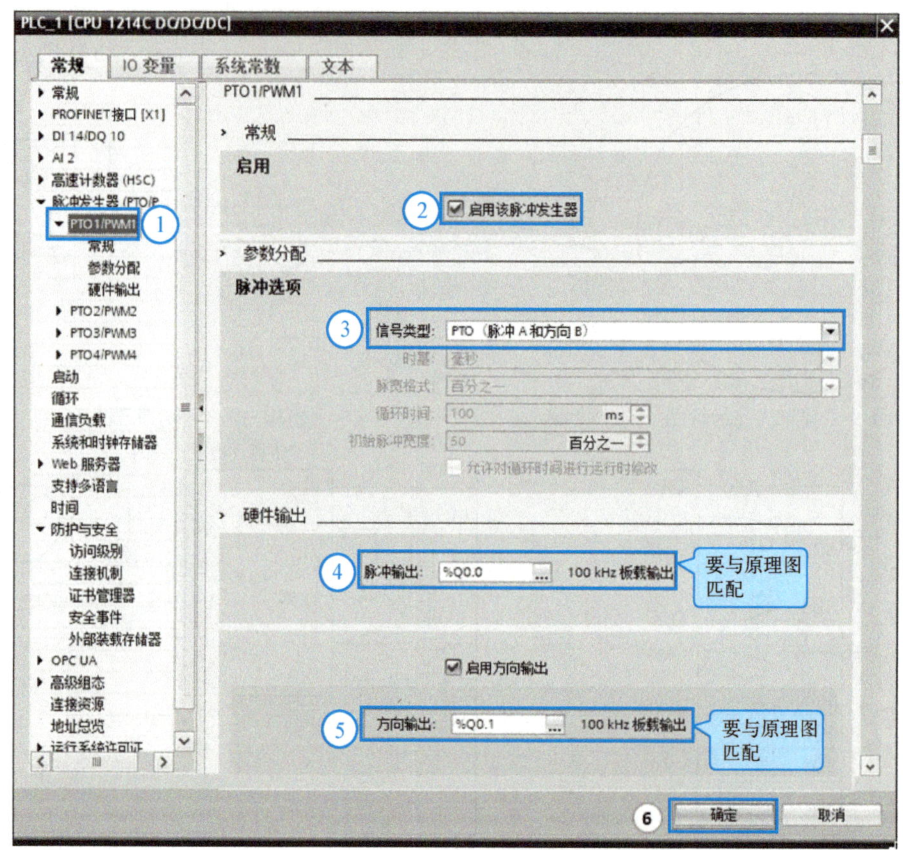

图 10-13　脉冲发生器的组态

（3）工艺对象“轴”配置

参数配置主要定义了轴的工程单位（如脉冲数/分钟、转/分钟）、软硬件限位、启动/停止速度和参考点的定义等。工艺参数的组态步骤如下。

1）插入新对象。在 TIA Portal 软件项目视图的项目树中，选择“环形料仓”→“PLC_1”→“工艺对象”→“插入新对象”，双击“插入新对象”，如图 10-14 所示，弹出如图 10-15 所示的界面，选择“运动控制”→“TO_PositioningAxis”，单击“确定”按钮，弹出如图 10-16 所示的界面。

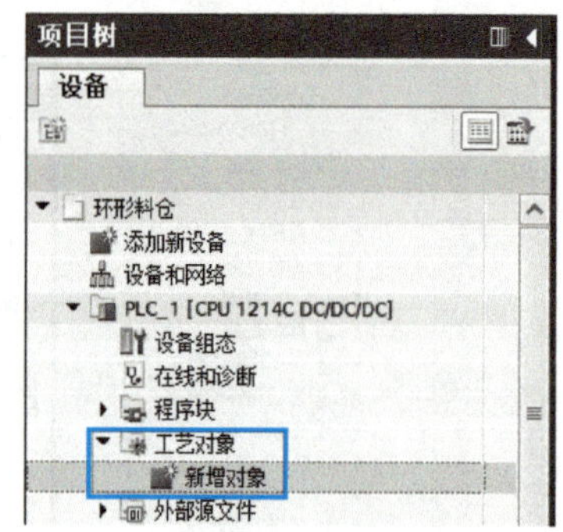

图 10-14　插入新对象

2）配置常规参数。在“功能图”选项卡中，选择“基本参数”→“常规”，“驱动器”项目中有三个选项：PTO（表示运动控制由脉冲控制）、模拟驱动装置接口（表示运动控制由模拟量控制）和 PROFIdrive（表示运动控制由通信控制），本例选择“PTO”选项，测量单位可根据实际情况选择，本例选用默认设置，如图 10-16 所示。

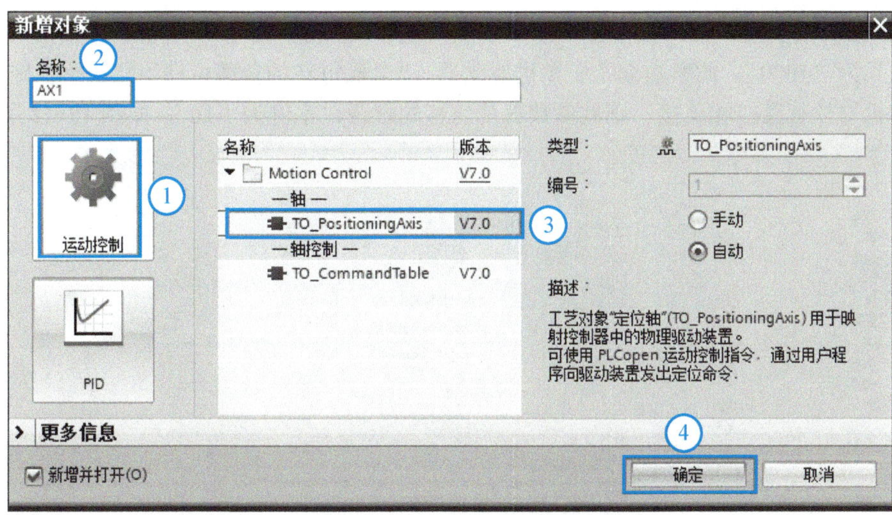

图 10-15　定义工艺对象数据块

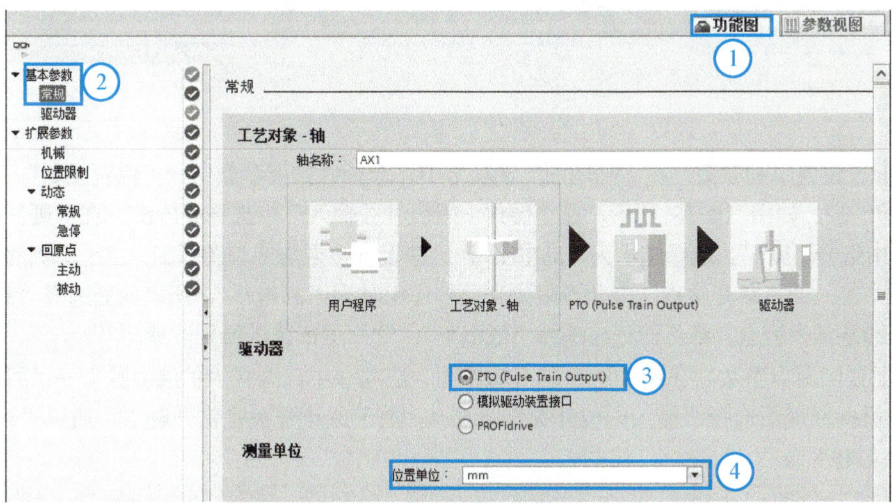

图 10-16　组态常规参数

3）组态驱动器参数。在“功能图”选项卡中，选择“基本参数”→“驱动器”，选择脉冲发生器为“Pulse_1”，其对应的脉冲输出点和信号类型以及方向输出，都已经在硬件配置时定义了，在此不做修改，如图 10-17 所示。

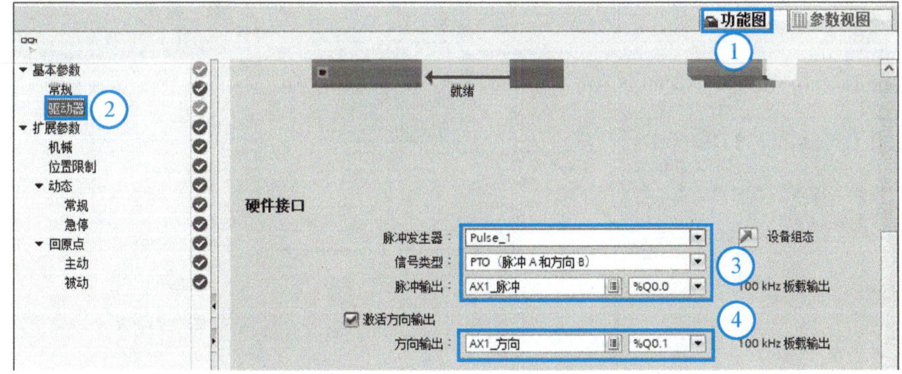

图 10-17　组态驱动器参数

4）组态机械参数。在“功能图”选项卡中，选择“扩展参数”→“机械”，设置“电机每转的脉冲数”为“1000”，此参数取决于步进驱动器。“电机每转的负载位移”取决于机械结构，如步进电动机与丝杠直接相连接，则此参数就是丝杠的螺距，本例为“10”，如图 10-18 所示。

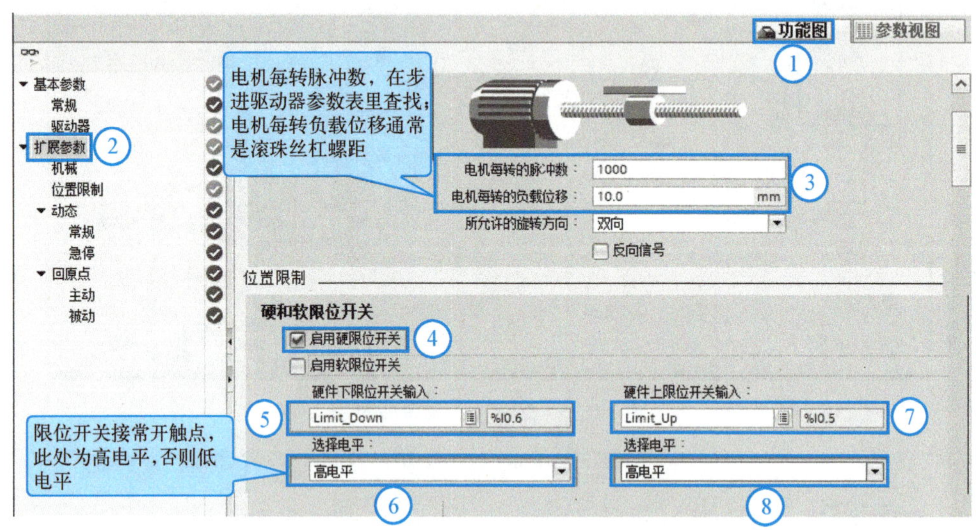

图 10-18　组态机械参数

5）配置位置限制参数。在“功能图”选项卡中，选择“扩展参数”→“位置限制”，勾选“启用硬限位开关”，如图 10-18 所示。在“硬件下限位开关输入”中选择“I0.6”，在“硬件上限位开关输入”中选择“I0.5”，选择电平为“高电平”，这些设置必须与原理图匹配。由于本例的限位开关在原理图中接入的是常开触点，因此当限位开关起作用时为“高电平”，所以此处选择“高电平”，如果输入端是常闭触点，那么此处应选择“低电平”，这一点请读者特别注意。

6）配置回原点参数。在图 10-19 的“功能图”选项卡中，选择“扩展参数”→“回原点”→“主动”，根据原理图选择“输入归位开关”是 I0.4。由于原点开关是常开触点，所以“选择电平”选项是“高电平”。

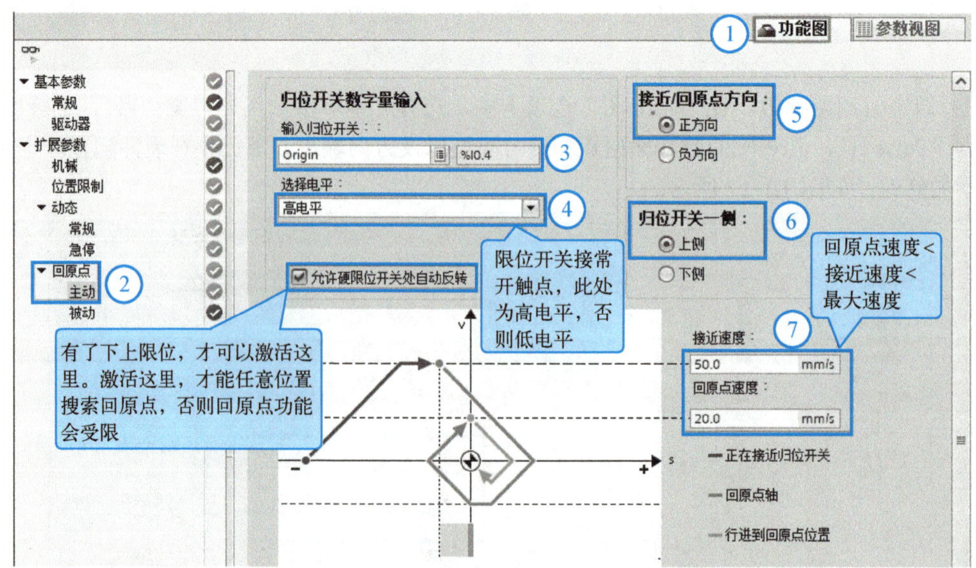

图 10-19　组态回原点

3. 编写程序

创建数据块 DB2，如图 10-20 所示。运动控制程序中需要用到的重要的变量都在此数据块中。PLC 的变量如图 10-21 所示

DB2

	名称	数据类型	起始值
1	Static		
2	Reset_OK	Bool	false
3	Reset_Done	Bool	false
4	Home_Start	Bool	false
5	Home_Done	Bool	false
6	Home_OK	Bool	false
7	Move_Executive	Bool	false
8	Move_Done	Bool	false
9	Move_OK	Bool	false
10	Speed	Real	100.0
11	Position	Real	90.0

图 10-20　数据块 DB2

PLC 变量

	名称	变量表	数据类型	地址
15	Reset	默认变量表	Bool	%I0.0
16	Start	默认变量表	Bool	%I0.1
17	Stp	默认变量表	Bool	%I0.2
18	Auto_Man	默认变量表	Bool	%I0.3
19	Origin	默认变量表	Bool	%I0.4
20	Limit_Up	默认变量表	Bool	%I0.5
21	Limit_Down	默认变量表	Bool	%I0.6
22	Sense	默认变量表	Bool	%I0.7
23	Value	默认变量表	Bool	%Q0.2
24	AX1_脉冲	默认变量表	Bool	%Q0.0
25	AX1_方向	默认变量表	Bool	%Q0.1
26	Step	默认变量表	Byte	%MB200
27	Stf	默认变量表	Bool	%M100.0
28	Str	默认变量表	Bool	%M100.1
29	Rotate	默认变量表	Bool	%M100.2

图 10-21　PLC 的变量

主程序 OB1 如图 10-22 所示。

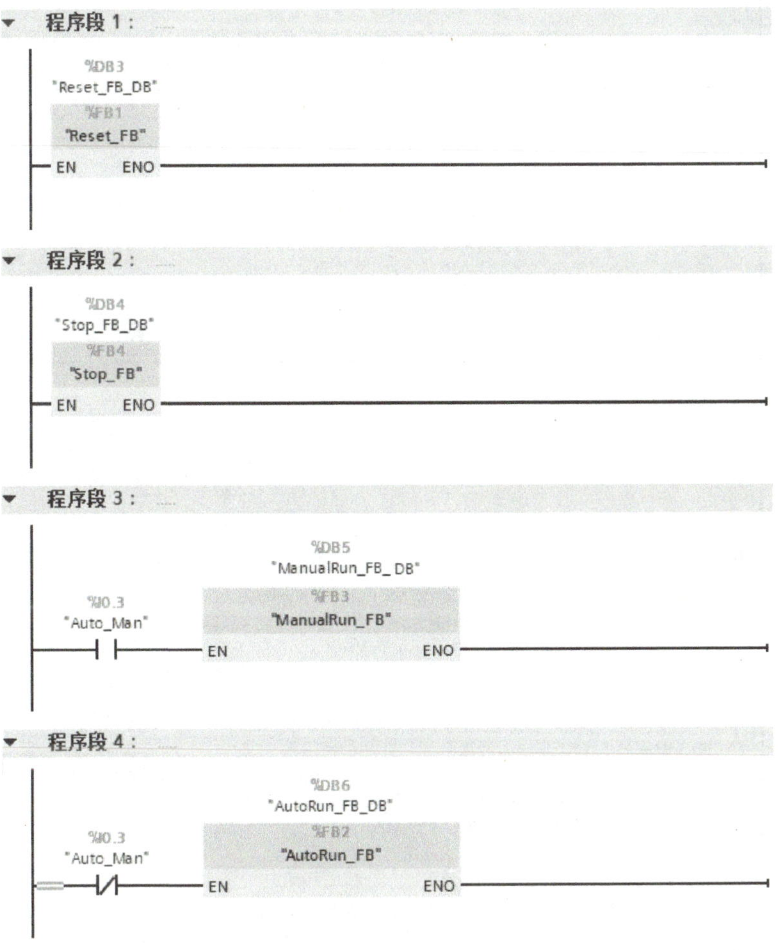

图 10-22　主程序 OB1

故障复位和回参考点程序 Reset_FB 如图 10-23 所示。当按下复位按钮，首先故障复位，延时 0.5s 后，开始对步进驱动系统执行回参考点操作，当回参考点完成后，将回参考点的命令

DB.Home_Start 复位，并将回参考点完成的标志 DB.Home_OK 置位，作为后续自动模式程序运行的必要条件。

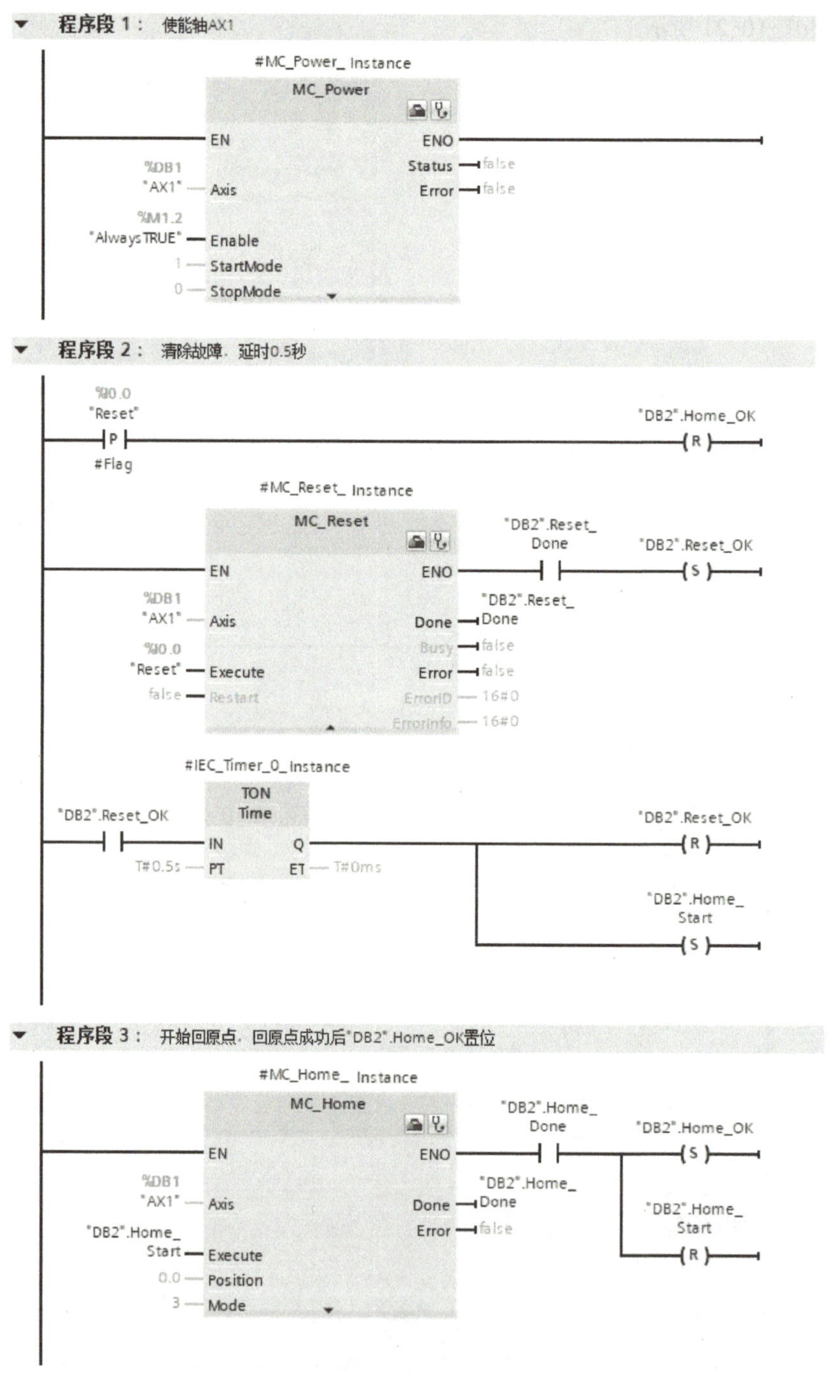

图 10-23　故障复位和回参考点程序 Reset_FB

自动运行控制 Auto_Run 程序块如图 10-24 所示，本程序块使用了多重背景，所以减少了数据块的数量。当按下启动按钮时，“Step” =0，运行到 90mm 处。“Step” =1，感应到工件，运行到 60mm 处。“Step” =2，感应到工件，运行到 30mm 处。“Step” =3，感应到工件，运行到 0mm 处。“Step” =4，分度盘旋转。“Step” =5，系统完成一个工作循环，开始第二个循环。

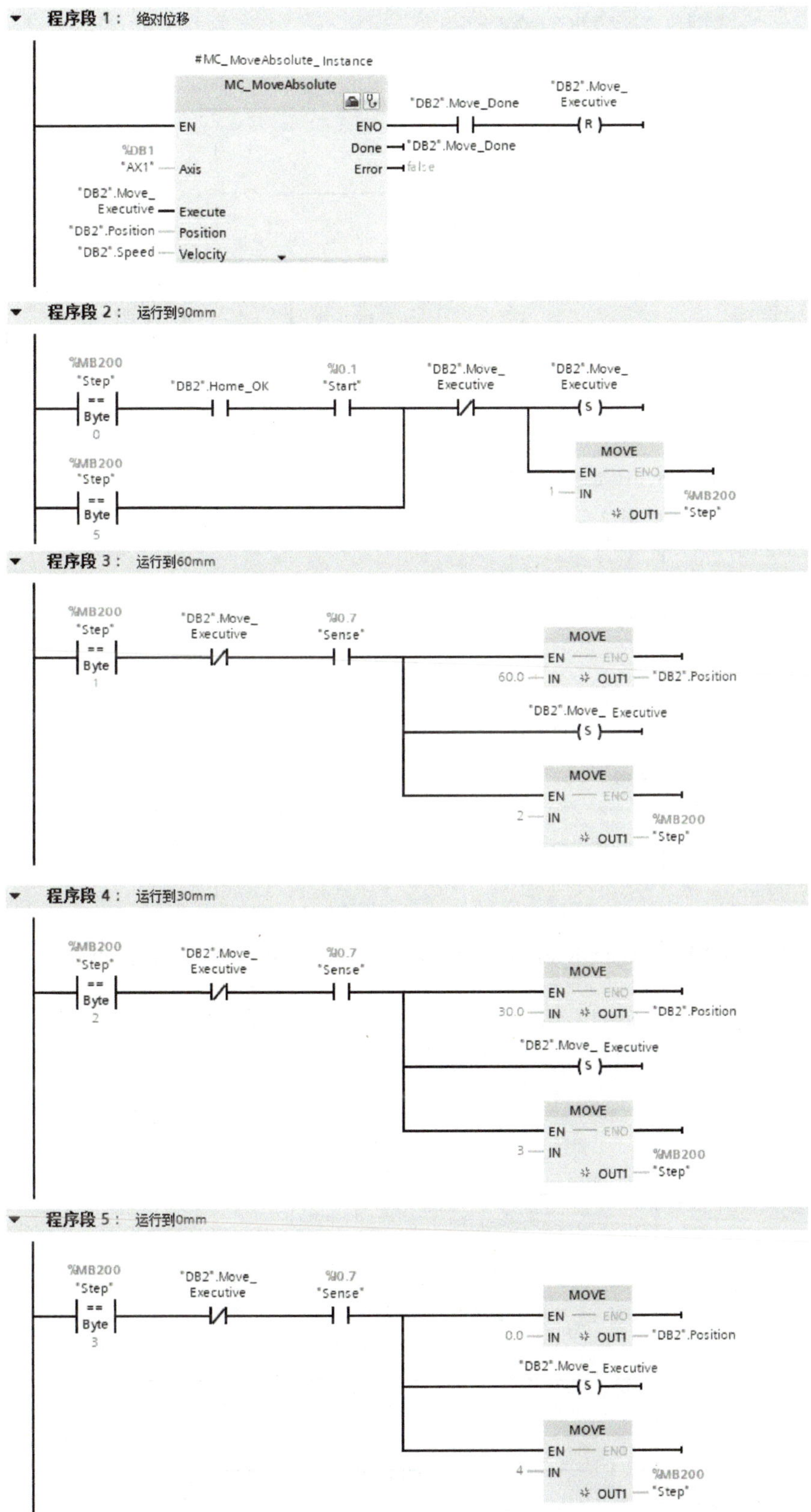

图 10-24　自动运行控制 Auto_Run 程序块

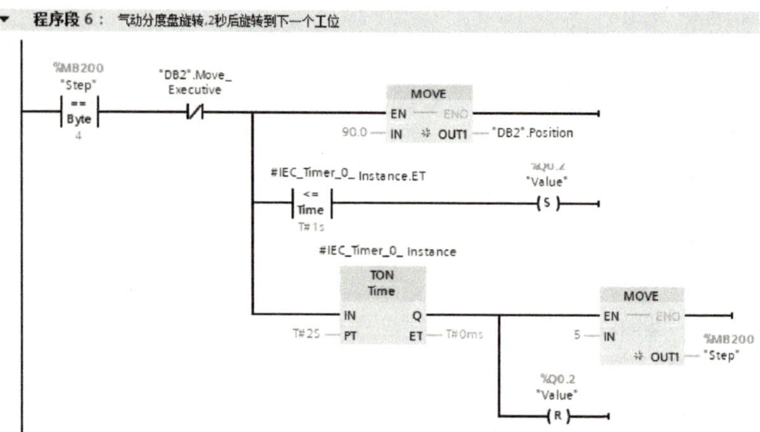

图 10-24　自动运行控制 Auto_Run 程序块（续）

停止运行程序块 Stp_FB 如图 10-25 所示。

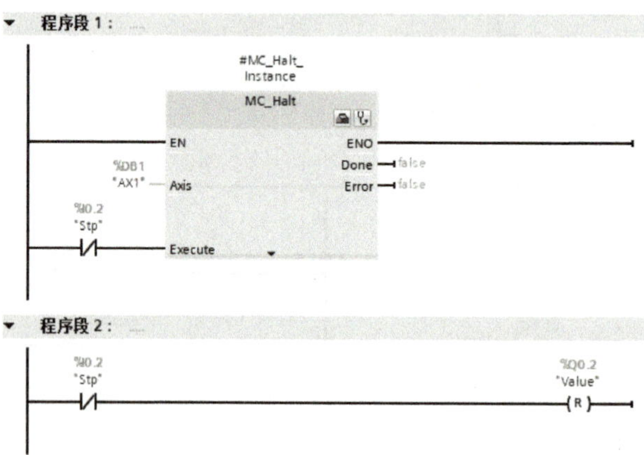

图 10-25　停止运行程序块 Stp_FB

点动运行控制程序块 Manual_FB 如图 10-26 所示，包含步进驱动系统的点动和气动分度盘的点动。

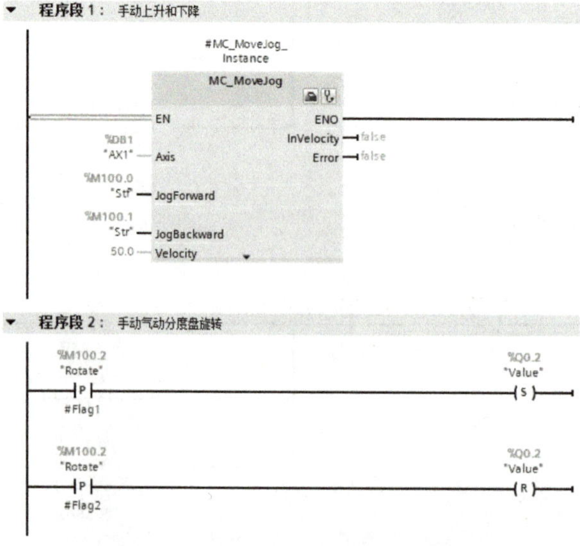

图 10-26　点动运行控制程序块 Manual_FB

参考文献

[1] 奚茂龙，向晓汉. 可编程序控制器技术应用：基于 S7-1200/1500 PLC[M]. 北京：机械工业出版社, 2024.

[2] 崔坚. SIMATIC S7-1500 PLC 与 TIA 博途软件使用指南[M]. 北京：机械工业出版社, 2016.

[3] 廖常初. S7-1200/1500 PLC 应用技术[M]. 2 版. 北京：机械工业出版社, 2021.

[4] 向晓汉. 西门子 PLC 高级应用实例精解：S7-200 SMART+S7-1200/1500 PLC[M]. 北京：机械工业出版社, 2024.

[5] 向晓汉. 西门子 S7-200 SMART PLC 完全精通教程[M]. 2 版. 北京：机械工业出版社, 2024.